国家"十三五"重点图书出版规划项目

"江苏省新型建筑工业化协同创新中心"经费资助

新型建筑工业化丛书

吴　刚　王景全　主　编

装配整体式混凝土结构研究与应用

著　郭正兴　朱张峰　管东芝

东南大学出版社
SOUTHEAST UNIVERSITY PRESS
·南京·

内 容 提 要

本书针对我国装配整体式混凝土结构理论问题与技术特点，以装配整体式剪力墙结构与框架结构为主要研究对象，在系统梳理我国当前各种形式装配整体式混凝土结构技术体系重要特征的同时，全面、系统地阐述了课题组开展的装配整体式混凝土结构所涉及的预制构件钢筋与节点连接技术、结构设计技术、预制与安装技术及工程示范等方面的研究工作及重要成果。本书总结、提炼了课题组近 10 年来的研究与应用成果，内容自成体系，且基本覆盖了装配整体式混凝土结构的方方面面，既是汇集研究成果的理论著作，也是指导工程实践的技术工具书。

本书适用于从事装配式混凝土结构的科研、设计、生产及施工技术人员，也可为高校相关专业师生开展本技术领域教学提供较好的参考与借鉴。

图书在版编目（CIP）数据

装配整体式混凝土结构研究与应用/郭正兴，朱张峰，
管东芝著. —南京：东南大学出版社，2018.6(2019.10重印)
（新型建筑工业化丛书/吴刚，王景全主编）
ISBN 978 - 7 - 5641 - 7057 - 8

Ⅰ. ①装…　Ⅱ. ①郭…②朱…③管…　Ⅲ. ①装配
式混凝土结构-研究　Ⅳ. ①TU37

中国版本图书馆 CIP 数据核字(2017)第 047440 号

装配整体式混凝土结构研究与应用

著　　者	郭正兴　朱张峰　管东芝

出版发行	东南大学出版社
社　　址	南京市四牌楼 2 号　邮编：210096
出 版 人	江建中
责任编辑	丁　丁
编辑邮箱	d. d. 00@163. com
网　　址	http://www. seupress. com
电子邮箱	press@seupress. com
经　　销	全国各地新华书店
印　　刷	江苏凤凰数码印务有限公司
版　　次	2018 年 6 月第 1 版
印　　次	2019 年 10 月第 2 次印刷
开　　本	787 mm×1 092 mm　1/16
印　　张	25
字　　数	547 千
书　　号	ISBN 978-7-5641-7057-8
定　　价	98.00 元

本社图书若有印装质量问题，请直接与营销部联系。电话(传真)：025-83791830

序

改革开放近四十年以来,随着我国城市化进程的发展和新型城镇化的推进,我国建筑业在技术进步和建设规模方面取得了举世瞩目的成就,已成为我国国民经济的支柱产业之一,总产值占 GDP 的 20% 以上。然而,传统建筑业模式存在资源与能源消耗大、环境污染严重、产业技术落后、人力密集等诸多问题,无法适应绿色、低碳的可持续发展需求。与之相比,建筑工业化是采用标准化设计、工厂化生产、装配化施工、一体化装修和信息化管理为主要特征的生产方式,并在设计、生产、施工、管理等环节形成完整有机的产业链,实现房屋建造全过程的工业化、集约化和社会化,从而提高建筑工程质量和效益,实现节能减排与资源节约,是目前实现建筑业转型升级的重要途径。

"十二五"以来,建筑工业化得到了党中央、国务院的高度重视。2011 年国务院颁发《建筑业发展"十二五"规划》,明确提出"积极推进建筑工业化";2014 年 3 月,中共中央、国务院印发《国家新型城镇化规划(2014—2020 年)》,明确提出"绿色建筑比例大幅提高""强力推进建筑工业化"的要求;2015 年 11 月,中国工程建设项目管理发展大会上提出的《建筑产业现代化发展纲要》中提出,"到 2020 年,装配式建筑占新建建筑的比例 20% 以上,到 2025 年,装配式建筑占新建建筑的比例 50% 以上";2016 年 8 月,国务院印发《"十三五"国家科技创新规划》,明确提出了加强绿色建筑及装配式建筑等规划设计的研究;2016 年 9 月召开的国务院常务会议决定大力发展装配式建筑,推动产业结构调整升级。"十三五"期间,我国正处在生态文明建设、新型城镇化和"一带一路"倡议实施的关键时期,大力发展建筑工业化,对于转变城镇建设模式,推进建筑领域节能减排,提升城镇人居环境品质,加快建筑业产业升级,具有十分重要的意义和作用。

在此背景下,国内以东南大学为代表的一批高校、科研机构和业内骨干企业积极响应,成立了一系列组织机构,以推动我国建筑工业化的发展,如:依托东南大学组建的新型建筑工业化协同创新中心、依托中国电子工程设计院组建的中国建筑学会工业化建筑学术委员会、依托中国建筑科学研究院组建的建筑工业化产业技术创新战略联盟等。与此同时,"十二五"国家科技支撑计划、"十三五"国家重点研发计划、国家自然科学基金等,对建筑工业化基础理论、关键技术、示范应用等相关研究都给予了有力资助。在各方面的支持下,我国建筑工业化的研究聚焦于绿色建筑设计理念、新型建材、结构体系、施工与信息化管理等方面,取得了系列创新成果,并在国家重点工程建设中发挥了重要作用。将这些成果进行总结,并出版《新型建筑工业化丛书》,将有力推动建筑工业化基础理论与技术的发展,促进建筑工业化的推广应用,同时为更深层次的建筑工业化技术标准体系的研究奠定坚实的基础。

　　《新型建筑工业化丛书》应该是国内第一套系统阐述我国建筑工业化的历史、现状、理论、技术、应用、维护等内容的系列专著，涉及的内容非常广泛。该套丛书的出版，将有助于我国建筑工业化科技创新能力的加速提升，进而推动建筑工业化新技术、新材料、新产品的应用，实现绿色建筑及建筑工业化的理念、技术和产业升级。

　　是以为序。

清华大学教授
中国工程院院士　　聂建国

2017 年 5 月 22 日于清华园

丛书前言

建筑工业化源于欧洲，为解决战后重建劳动力匮乏的问题，通过推行建筑设计和构配件生产标准化、现场施工装配化的新型建造生产方式来提高劳动生产率，保障了战后住房的供应。从 20 世纪 50 年代起，我国就开始推广标准化、工业化、机械化的预制构件和装配式建筑。70 年代末从东欧引入装配式大板住宅体系后全国发展了数万家预制构件厂，大量预制构件被标准化、图集化。但是受到当时设计水平、产品工艺与施工条件等的限定，导致装配式建筑遭遇到较严重的抗震安全问题，而低成本劳动力的耦合作用使得装配式建筑应用减少，80 年代后期开始进入停滞期。近几年来，我国建筑业发展全面进行结构调整和转型升级，在国家和地方政府大力提倡节能减排政策引领下，建筑业开始向绿色、工业化、信息化等方向发展，以发展装配式建筑为重点的建筑工业化又得到重视和兴起。

新一轮的建筑工业化与传统的建筑工业化相比又有了更多的内涵，在建筑结构设计、生产方式、施工技术和管理等方面有了巨大的进步，尤其是运用信息技术和可持续发展理念来实现建筑全生命周期的工业化，可称为新型建筑工业化。新型建筑工业化的基本特征主要有设计标准化、生产工厂化、施工装配化、装修一体化、管理信息化五个方面。新型建筑工业化最大限度节约建筑建造和使用过程的资源、能源，提高建筑工程质量和效益，并实现建筑与环境的和谐发展。在可持续发展和发展绿色建筑的背景下，新型建筑工业化已经成为我国建筑业的发展方向的必然选择。

自党的十八大提出要发展"新型工业化、信息化、城镇化、农业现代化"以来，国家多次密集出台推进建筑工业化的政策要求。特别是 2016 年 2 月 6 日，中共中央国务院印发《关于进一步加强城市规划建设管理工作的若干意见》，强调要"发展新型建造方式，大力推广装配式建筑，加大政策支持力度，力争用 10 年左右时间，使装配式建筑占新建建筑的比例达到 30％"；2016 年 3 月 17 日正式发布的《国家"十三五"规划纲要》，也将"提高建筑技术水平、安全标准和工程质量，推广装配式建筑和钢结构建筑"列为发展方向。在中央明确要发展装配式建筑、推动新型建筑工业化的号召下，新型建筑工业化受到社会各界的高度关注，全国 20 多个省市陆续出台了支持政策，推进示范基地和试点工程建设。科技部设立了"绿色建筑与建筑工业化"重点专项，全国范围内也由高校、科研院所、设计院、房地产开发和部构件生产企业等合作成立了建筑工业化相关的创新战略联盟、学术委员会，召开各类学术研讨会、培训会等。住建部等部门发布了《装配式混凝土建筑技术标准》《装配式钢结构建筑技术标准》《装配式木结构建筑技术标准》等一批规范标准，积极推动了我国建筑工业化的进一步发展。

　　东南大学是国内最早从事新型建筑工业化科学研究的高校之一，研究工作大致经历了三个阶段，第一个阶段是海外引进、消化吸收再创新阶段：早在 20 世纪末，吕志涛院士敏锐地捕捉到建筑工业化是建筑产业发展的必然趋势，与冯健教授、郭正兴教授、孟少平教授等共同努力，与南京大地集团等合作，引入法国的世构体系；与台湾润泰集团等合作，引入润泰预制结构体系；历经十余年的持续研究和创新应用，完成了我国首部技术规程和行业标准，成果支撑了全国多座标志性工程的建设，应用面积超过 500 万 m²。第二个阶段是构建平台、协同创新：2012 年 11 月，东南大学联合同济大学、清华大学、浙江大学、湖南大学等高校以及中建总公司、中国建筑科学研究院等行业领军企业组建了国内首个新型建筑工业化协同创新中心，2014 年入选江苏省协同创新中心，2015 年获批江苏省建筑产业现代化示范基地，2016 年获批江苏省工业化建筑与桥梁工程实验室。在这些平台上，东南大学一大批教授与行业同仁共同努力，取得了一系列创新性的成果，支撑了我国新型建筑工业化的快速发展。第三个阶段是自 2017 年开始，以东南大学与南京市江宁区政府共同建设的新型建筑工业化创新示范特区载体（第一期面积 5 000 m²）的全面建成为标志和支撑，将快速推动东南大学校内多个学科深度交叉，加快与其他单位高效合作和联合攻关，助力科技成果的良好示范和规模化推广，为我国新型建筑工业化发展做出更大的贡献。

　　然而，我国大规模推进新型建筑工业化，技术和人才储备都严重不足，管理和工程经验也相对匮乏，亟须一套专著来系统介绍最新技术，推进新型建筑工业化的普及和推广。东南大学出版社出版的《新型建筑工业化丛书》正是顺应这一迫切需求而出版，是国内第一套专门针对新型建筑工业化的丛书，丛书由十多本专著组成，涉及建筑工业化相关的政策、设计、施工、运维等各个方面。丛书编著者主要是来自东南大学的教授，以及国内部分高校科研单位一线的专家和技术骨干，就新型建筑工业化的具体领域提出新思路、新理论和新方法来尝试解决我国建筑工业化发展中的实际问题，著者资历和学术背景的多样性直接体现为丛书具有较高的应用价值和学术水准。由于时间仓促，编著者学识水平有限，丛书疏漏和错误之处在所难免，欢迎广大读者提出宝贵意见。

丛书主编　吴　　刚　王景全

前　　言

　　装配整体式混凝土结构除具有"等同现浇"的良好整体性与抗震性能外,较现浇混凝土结构又具有质量可靠、施工快速、节能环保等显著优势,是我国建筑行业转型升级、发展"绿色建筑与建筑工业化"的重要方向,也成为目前我国研发装配式混凝土结构的重要路径。

　　目前,在借鉴国外成熟技术的基础上,在我国标准规范框架的引导下,各具特色的装配整体式混凝土结构技术不断涌现,示范工程在全国范围内大量建设,在短期内我国的装配整体式混凝土结构实现了飞跃式发展。基于"十二五"国家科技支撑计划项目课题"装配式建筑混凝土剪力墙结构关键技术研究"及对装配式混凝土框架结构的持续研究,课题组对装配整体式混凝土结构有了更加深入的理解与全面的认识,相关研究成果已体现在国家或地方标准中,并得到了广泛应用。

　　本书以课题组近10年来在装配整体式混凝土剪力墙结构与框架结构方面所开展的科研工作及取得的重要成果为基础,从装配整体式混凝土结构所涉及的预制构件钢筋连接技术、剪力墙结构与框架结构预制构件节点连接技术、叠合板技术、结构设计技术、预制与安装技术及工程示范等方面进行了全面、系统的阐述。本书内容丰富、结构完整,同时介绍了课题组研发的且经过实践检验的新技术、新工艺,在为设计、制作与施工人员提供直接技术指导的同时,更可作为科研人员的参考与借鉴。

　　本书共分8章,主要内容包括:第1章绪论,系统总结我国及国外装配整体式混凝土结构的技术体系与特点,深度剖析我国装配整体式混凝土结构的发展态势与存在问题;第2章装配整体式混凝土结构钢筋连接技术研究,重点叙述浆锚连接技术及套筒研发的研究工作及重要成果;第3章装配整体式混凝土剪力墙结构节点连接技术研究,重点叙述预制剪力墙竖向连接节点、水平连接节点、预制剪力墙-连梁连接节点、预制剪力墙-楼板连接节点及子结构模型的构造技术研发与试验研究成果;第4章装配整体式混凝土框架结构节点连接技术研究,重点叙述预制框架梁柱不对称混合连接技术、钢绞线锚入式预制混凝土梁柱连接技术及新型梁端底筋锚入式预制梁柱连接节点技术的研发工作与试验研究成果;第5章新型预制叠合板技术研究,重点叙述钢筋桁架叠合板技术与新型预制预应力叠合板技术的研发工作与试验研究成果;第6章装配整体式混凝土结构设计技术研究,重点叙述装配整体式混凝土结构的设计特点、原则、流程与方法、预制构件拆分、预制构件设计及连接设计;第7章构件预制技术与安装工艺研究,重点叙述了构件"游牧式"预制技术、短线法预应力叠合板生产线技术及先墙后梁的安装工艺;第8章工程应用案例,重点叙述了应用本书相关专项技术的代表性工程的实际应用情况。

本书由东南大学土木工程学院郭正兴教授、南京工业大学土木工程学院朱张峰副教授及东南大学土木工程学院管东芝博士执笔完成，本书涉及的研究成果是作者所在课题组与课题组研究生们共同完成的，课题组成员包括东南大学刘家彬副教授，课题组研究生包括博士研究生陈申一、梁培新、段凯元、陈云钢、肖全东、郑永峰、于建兵、吴东岳、杨建等，硕士研究生刘晓楠、王志峰、裴家媛、刘洋、张建玺、袁富、丁桂平、熊鑫鑫、陈乐琦、朱寅、李亚坤、王俊、尹航等。在本书撰写过程中得到课题组的合作单位南京长江都市建筑设计股份有限公司、江苏中南建筑产业集团有限责任公司、龙信建设集团有限公司、江苏华江祥瑞现代建筑发展有限公司、江苏元大建筑科技有限公司等提供的应用工程技术资料，在此表示衷心的感谢。

装配式混凝土结构在我国尚处于起步阶段，课题组仍在开展持续研究，尚有更多、更深层次的问题正在探索过程中，且由于作者理论水平与实践经验有限，书中难免存在不足甚至谬误之处，恳请读者批评指正。

笔 者
2018 年 1 月

目　　录

第**1**章

绪　论

1.1　预制混凝土概述

与原位浇筑的现浇混凝土不同,预制混凝土构件的制作一般在固定的工厂或施工现场临时建设的场地进行预制构件的立模、浇筑与养护,待混凝土达到要求强度后运送或吊装至施工现场,并安装在其设计位置;又与现浇混凝土相同,预制混凝土起源也较早,最早可追溯至 1875 年英国 William Henry Lascell 申请的发明专利"Improvement in the Construction of Buildings"中首次提出的预制混凝土墙板方案。

20 世纪后半叶开始,随着第二次世界大战结束,各国进入了战后重建过程。由于住房紧缺的社会现实需求,预制混凝土得到了快速发展。同时,受益于第二次工业技术革命,大型起重机械的发展、工具式钢模的使用及自动化生产线设备的应用等,使预制混凝土与现浇混凝土的区别有了新的含义,更突出地体现在产品质量、生产成本、施工工艺与环境影响等方面。如今,预制混凝土已经广泛应用于房屋、桥梁、隧道及市政等几乎所有建筑工程领域,扮演着与现浇混凝土同等重要的角色。如世界著名的悉尼歌剧院,其贝壳形尖屋顶[图 1-1(a)]则是由 2 194 块每块重 15.3 t 的弯曲形混凝土预制件,用预应力钢索预压拼接;80% 运行在桥梁上的我国京沪高速铁路,在线路上大量采用 500 t、900 t 等标准预制梁段,并由架桥机逐跨架设,见图 1-1(b);在建的我国港珠澳大桥拱北隧道,采用 33 个巨型预制沉管施工,每节管道长 180 m,宽 37.95 m,高 11.4 m,单节重约 6.9 万吨,见图 1-1(c);近年我国许多城市兴建的地铁工程,则大量采用盾构隧道预制管片,见图 1-1(d)。

与传统现浇混凝土相比,采用工厂化生产方式的预制混凝土技术具有以下特性:

(1)成本可负担性。在相对不是很高的成本投入的前提下,预制混凝土具备工厂制造的卓越品质。由于其良好的外观质量和产品品质,其修补与维护费用也相对较低。

(2)环境友好性。预制混凝土取材一般来自当地天然未加工材料,更可大量利用废旧混凝土、工业废料等原料,工厂化生产可严格控制废水、废渣、废气的产生与排放。

(3)施工高效性。预制混凝土采用工厂生产,将不再受自然环境条件影响,且科学的生产工艺可有效缩短预制混凝土产品生产周期,合理的预制混凝土构件/部品安装工艺可减少现场施工间歇或缩短间歇时间。

（a）悉尼歌剧院屋顶

（b）中国京沪高铁桥梁预制节段梁

（c）港珠澳大桥拱北隧道预制沉管

（d）地铁盾构隧道预制管片

图 1-1　应用预制混凝土的典型案例

（4）质量可控性。工厂化使预制混凝土生产在理想的环境和精确工艺下进行，更便于实施高效的质量管控体系，与其他工业化产品严格的全过程质量控制相同，确保了产品质量。

（5）设计灵活性。预制混凝土可提供丰富的色彩和多变的建筑纹理，灵活的设计使其可满足各类外形要求与装饰效果，从而充分发挥建筑设计师的想象力。

1.2　装配整体式混凝土结构的特点及主要形式

1.2.1　装配整体式混凝土结构的特点

由预制混凝土构件通过适当的连接方法进行连接所形成的整体受力结构，称为预制混凝土结构。按照受力性能与设计理念的不同，预制混凝土结构又可分为等同现浇混凝土结构和装配式混凝土结构。等同现浇混凝土结构，由 ACI 550.1R 中提出的"emulative precast concrete structure"翻译而来，此结构通过连接节点的合理设计与构造，使其整体受力性能与现浇混凝土结构一致，在我国又称之为装配整体式混凝土结构，通过"整体"隐含了等同现浇的要求；装配式混凝土结构，各预制构件间主要通过螺栓连接、焊接连接、预应力筋压接等干性连接,形成整体受力结构,其受力性能与现浇混凝土结构截然不同。

　　装配整体式混凝土结构与装配式混凝土结构的具体差异见表 1-1,从表中可以看出:

表 1-1　装配整体式混凝土结构与装配式混凝土结构的区别

结构类型	装配整体式混凝土结构	装配式混凝土结构
结构分析	与现浇混凝土结构相同	与现浇混凝土结构不同
内力计算	与现浇混凝土结构相同	与现浇混凝土结构不同
构件配筋构造	与现浇混凝土结构基本相同	与现浇混凝土结构不同
连接技术	浆锚连接、后浇混凝土连接、焊接连接、螺栓连接等	焊接连接、螺栓连接等
现场施工	现场有必要的孔道灌浆及混凝土浇筑等湿作业	现场全部为干作业

　　(1)装配整体式混凝土结构由于其性能等同于现浇,其结构分析模型、构件间内力传导方式均可参照现浇混凝土结构进行处理,而预制构件配筋在基本沿用现浇混凝土构件配筋构造的基础上,考虑预制构件间连接节点构造,一般会另外采取进一步加强措施。装配式混凝土结构由于其自身独特的受力性能,其强度、刚度等特性与现浇整体混凝土结构有明显差别,又由于构件间采用局部焊接、螺栓连接,结构内力呈现非连续传力特点,不仅需建立匹配的分析模型,而且构件配筋亦需按所受内力进行设计。

　　(2)装配整体式混凝土结构为实现等同现浇性能,应使预制构件钢筋与混凝土受力状态基本保持与现浇混凝土结构相同。从构件截面层次而言,其所采用的连接技术应保证钢筋受拉及混凝土受压的连续性;从整体结构而言,与砌体结构设置圈梁与构造柱的目的类似,装配整体式混凝土结构一般通过水平叠合构件叠合现浇混凝土或竖向构件间设置后浇段来增加结构的空间共同工作性能,进一步增强结构整体性,后浇混凝土成为重要的连接手段;对于非结构构件与结构构件之间的连接,一般采用简易、可靠的焊接连接或螺栓连接工艺,一方面,满足非结构构件良好锚固及设计受力要求,另一方面,保证施工简便、快速,甚至可实现失效构件的快速修复或更换。

　　(3)与装配式混凝土结构相比,装配整体式混凝土结构在施工过程中存在必要的孔道灌浆及混凝土浇筑等湿作业,但现场模板、脚手架使用量及混凝土浇筑量等均明显小于现浇混凝土结构,仍然可充分体现预制混凝土结构的特点。

　　装配整体式混凝土结构,有机结合了预制混凝土技术与现浇混凝土结构的优点,且由于其具有等同现浇特性,因此,装配整体式混凝土结构较装配式混凝土结构更易于被人们理解与接受,在我国甚至世界范围内都得到了广泛关注与认可,ACI 318 规定"预制混凝土结构,应通过试验与理论分析证实其强度与韧性等同于甚至超过现浇混凝土结构后,方可应用",我国最新颁布的《装配式混凝土结构技术规程》(JGJ 1—2014)即是基于装配整体式混凝土结构所编制,并在第 1.0.1 条条文说明也明确提出"要求装配整体式结构的可靠度、耐久性及整体性等基本上与现浇混凝土结构等同"。

1.2.2 装配整体式混凝土结构的主要形式

根据结构体系的不同,当前装配整体式混凝土结构主要包括装配整体式剪力墙结构与装配整体式框架结构两种形式。

1)装配整体式剪力墙结构

对于装配整体式剪力墙结构,根据构件预制工艺及现场施工工艺的不同,又可分为以下几种主要形式:

(1)"内浇外挂"形式

结构内部全部采用现浇剪力墙,结构外周大量采用预制混凝土模板(Precast Concrete Form,PCF)作为外部剪力墙的外侧模板,水平构件如梁、楼板等采用叠合式构件,其他建筑构件如楼梯、阳台板、空调板等则采用预制构件。"内浇外挂"形式的装配整体式剪力墙结构典型应用案例见图1-2。

（a）现浇内墙

（b）预制楼梯

（c）预制阳台

（d）PCF外墙

图1-2 "内浇外挂"形式案例

此形式的装配整体式剪力墙结构,在设计方面,偏安全地不考虑 PCF 外墙对承载力及刚度的贡献,另外,由于内部剪力墙全部现浇,水平联系构件叠合现浇,其整体性能被认为与现浇剪力墙结构完全等同,因此,可完全遵循现浇混凝土剪力墙结构的设计方法与构造原则,但不可避免地形成了一定程度的材料浪费;在施工方面,PCF 的应用,省去了建筑外周模板及支撑系统的搭设,极大地方便了施工,有利于外墙抗渗漏,结构内部可仍然采用与现浇剪力墙结构相同的施工工艺;在构件预制方面,楼梯、阳台板等典型构件的预制,降低了现场支模及浇筑混凝土的难度,同时在一定程度上发挥了预制混凝土技术的优势。

此形式的装配整体式剪力墙结构较易于被工程界、学术界人士接受,尤其考虑到我国对装配式混凝土结构的研究起步较晚、实践应用经验较少的情况,此形式的装配整体式剪力墙结构将更便于近期内快速推广。

(2)"全装配"形式

剪力墙全部或大部分采用预制构件(剪力墙构件预制率一般在50%以上),上、下层预制墙板通过套筒浆锚连接或浆锚搭接连接等方式进行连接,同层预制墙板通过后浇混凝土连接,水平构件采用叠合式构件,其他建筑构件如楼梯、阳台板、空调板等则同样采用预制构件。"全装配"形式的装配整体式剪力墙结构典型应用案例见图1-3。

(a) 构件预制　　　　　　　　　　　　　　(b) 构件拼装

图 1-3　"全装配"形式案例

此形式的装配整体式剪力墙结构,在设计方面,虽试验已基本证实套筒浆锚连接与浆锚搭接连接均可有效传递钢筋应力,保证所连接的预制墙板间的受力整体性,但考虑到墙板完全预制后进行连接与现浇混凝土剪力墙整体浇筑所存在的差异,一般认为其整体性能与现浇剪力墙结构基本等同,因此,在遵循传统现浇剪力墙结构的设计方法与构造原则的基础上,一般对确保其整体性的连接构造,如钢筋的套筒连接构造、浆锚搭接连接构造、预制墙板间后浇混凝土等,要求采取相关加强措施;在施工方面,由于承重构件大多采用预制或叠合形式,施工现场直接体现了"全装配",充分利用了吊装机械,大量节省了模板与支撑作业量,有效减少了作业人员,但同时对施工技术与质量的要求均有所提高,如预制墙板的安装精度、套筒灌浆或浆锚灌浆的密实度、叠合板间拼缝的高低差等;在构件预制方面,通过合理的拆分设计,可实现构件标准化,充分发挥预制混凝土技术的优势。

此形式的装配整体式剪力墙结构充分应用了预制混凝土技术,将现浇剪力墙结构构件预制化,并通过可靠的连接措施保证结构整体性,达到"等同现浇"性能目标,并已成为装配式混凝土剪力墙结构主要的推广形式。但考虑到其"全装配"特点,尤其对其重要的抗震性能持谨慎态度,因此,在确保安全的前提下,对其应用范围仍然进行了适当限制,如

《装配式混凝土结构技术规程》(JGJ 1—2014)第 6.1.1 条对"全装配"装配整体式剪力墙结构房屋的最大适用高度做出了较同条件现浇剪力墙结构降低 10～20 m 的调整。

(3)"双板叠合"形式

剪力墙采用预制内、外叶墙板,墙板间填充现浇混凝土,形成"双板叠合"剪力墙(国外又称"sandwich wall or double wall")。梁一般采用现浇形式,楼板仍然采用叠合形式,而带钢筋桁架的叠合板形式则最为常用。其他建筑构件如楼梯、阳台板、空调板等则采用常规的预制构件。"双板叠合"形式的装配整体式剪力墙结构典型应用案例见图 1-4。

(a)预制"双板叠合"剪力墙　　　　　　　(b)带钢筋桁架叠合板

图 1-4　"双板叠合"形式案例

此形式的装配整体式剪力墙结构,主要应用于剪力墙分布钢筋区域,且考虑到预制墙板与中部现浇混凝土共同工作性能,限定其适用的最大建筑层数为 18 层。因此,"双板叠合"剪力墙主体结构实质上仍然是现浇混凝土结构,可完全遵循传统现浇剪力墙结构的设计方法与构造原则,但同时也造成了较"内浇外挂"形式更大的材料浪费;在施工方面,与"全装配"相似,现场节省了大量模板与支撑系统,且不存在钢筋套筒灌浆连接或浆锚搭接连接等精细化操作工艺,对施工要求相对较低,但对墙板安装精度仍然有较高要求,同时,现场混凝土浇筑量较大,所需劳动力数量也较多;在构件制作方面,由于预制双板构件的特殊性以及对双板尺寸(双板板厚与距离)精度的严格要求,对构件制作工艺及设备提出了较高要求,我国尚缺乏相应设备制造与研发能力,尚需引进国外生产线设备,而由此带来的前期资金投入往往是十分巨大的。

此形式的装配整体式剪力墙结构可以认为其结构主体仍然是现浇混凝土结构,其性能可保证"等同现浇",而仅是利用预制混凝土技术妥善解决了现场模板支设问题,但由于其预制工艺及生产设备的先进性要求,现阶段对其推广应用尚相对缓慢。

为满足建筑功能要求,以上各种形式的装配整体式剪力墙结构的外墙板可以通过反打工艺一次成型,形成保温、装饰一体化建筑墙板,既可免去施工现场建筑外侧模板的支设及后期装修施工,也可增强保温层、装饰部件等与主体结构连接的可靠性。同时,为解决现浇混凝土结构中后装窗框接缝处的防水问题,外墙板同样可以将窗框预埋在模板内或采用塑料副框,与构件同步预制。因此,窗框整体预制的保温、装饰一体化建筑墙板充分体现了预制混凝土技术的优势,参见图1-5。

（a）面砖反打　　　　　　　　　　　　（b）一体化墙板产品样板

图1-5　一体化建筑外墙板形式案例

2）装配整体式框架结构

对于装配整体式框架结构,根据构件预制工艺及框架节点施工工艺的不同,又可分为以下几种主要形式:

（1）节点现浇

结构构件进行预制拆分时,框架柱、梁均从节点处断开,框架柱可灵活采用全现浇、全预制或部分现浇、部分预制等多种形式,框架梁一般采用叠合形式,可设计成预制钢筋混凝土叠合梁或预制预应力混凝土叠合梁,楼板一般仍然采用叠合形式,同样可设计成预制钢筋混凝土叠合板或预制预应力混凝土叠合板。预制柱间可通过套筒灌浆连接,当采用预制钢筋混凝土叠合梁时,节点连接构造可与现浇框架节点相同,仅节点处混凝土现浇;当采用预制预应力混凝土叠合梁时,节点一般采用键槽式构造,梁端预留键槽并设置连接钢筋,键槽内混凝土与节点混凝土同时浇筑。节点现浇形式的装配整体式框架结构典型应用案例见图1-6。

（a）节点现浇　　　　　　　　　　　　（b）带键槽节点现浇

图1-6　节点现浇形式框架案例

　　此形式的装配整体式框架结构,在设计方面,通过合理的节点构造处理,可顺利实现"强节点、弱构件",并达到"等同现浇"性能目标;在施工方面,水平构件采用叠合形式,节省了大量模板与支撑材料及作业量;在构件制作方面,构件制作工艺简单,质量可靠,尤其预制预应力构件的制作,充分发挥了预制混凝土的技术优势。

　　此形式的装配整体式框架结构,与"全装配"形式装配整体式剪力墙结构相似,即将现浇框架结构构件预制化,通过适当的节点构造及叠合层后浇混凝土保证结构整体性,实现"等同现浇"性能,并已成为当前装配式混凝土框架结构的主要推广形式。

　　(2)节点预制

　　结构构件预制化拆分时,节点可与柱身一体预制,节点侧面预留钢筋与梁钢筋连接,并于梁端设置现浇混凝土;或与梁整体预制(莲藕梁),于梁跨中附近设置现浇混凝土连接。预制柱与节点间通过套筒灌浆连接,楼板采用叠合板并通过后浇混凝土与框架连接。节点预制形式的装配整体式框架结构典型应用案例见图1-7。

　　　　　(a)节点与柱整体预制　　　　　　　　　　(b)节点与梁整体预制

图1-7　节点预制形式框架案例

　　此形式的装配整体式框架结构,在设计方面,由于节点预制,可充分保证"强节点",钢筋套筒灌浆连接及现浇混凝土合理构造,可保证框架梁受力可靠性,叠合板后浇混凝土则起到联系框架柱、梁构件的作用,从而确保结构整体性,因此,可基本实现"等同现浇"性能;在施工方面,节点预制不仅避免了节点处密集钢筋的绑扎作业及节点混凝土强度等级与楼板叠合层后浇混凝土强度等级不一致所导致的麻烦,而且利用预制混凝土的优势,充分保证了框架节点的可靠性,但同时由于节点预制增加了构件吊装的困难,尤其对于莲藕梁的吊装,困难更为突出,另外,梁端部或跨中附近现浇混凝土的模板支设也增加了现场工作量;在构件预制方面,节点与柱整体预制时为便于侧面梁筋伸出,须在模板侧面开孔,而节点与梁整体预制时,须在节点中设置竖向孔道,以便于柱纵向钢筋穿入,这些均增大了构件预制的工艺复杂度,并提高了构件制作质量要求。

　　考虑到我国现阶段构件预制技术及现场吊装水平的限制,以及学术界、工程界人士的接受程度,此形式的装配整体式框架结构虽在结构性能上能达到"等同现浇",但在推广应用上尚相对较少。

作为框架结构重要的建筑构件，建筑外围的围护墙板也可采用预制构件，与装配整体式剪力墙结构的外墙板类似，装配整体式框架结构的预制建筑外围护墙板也可通过反打工艺或模板设计，形成装饰式样及外形多样化的保温、装饰一体化预制外墙板。预制外墙板上部可通过胡子筋锚入叠合板现浇层，下部则一般通过定型连接件与主体框架结构进行连接，形成"外挂墙板"，参见图 1-8。

（a）上部胡子筋锚入楼板叠合层　　　　（b）下部通过连接件与框架梁连接

图 1-8 "外挂墙板"案例

1.3 装配整体式混凝土结构国外典型技术体系

第二次世界大战之后，由于面临基础建设大规模重建的需求，同时劳动力尤其是有经验的熟练技术工人严重匮乏，美国、欧洲及日本等国家或地区开始积极探索工业化建筑体系，装配式混凝土结构则成为重要的发展方向与研究内容，在此过程中形成了大量成熟、可靠并各具特色的装配式混凝土结构体系。

装配整体式混凝土结构由于其整体性好、设计难度小、易于被人们理解接受等优势，成为各个国家或地区研发装配式混凝土结构体系起始阶段的重要方向和切入点。目前，许多国家或地区针对装配整体式混凝土结构开发了系列成熟的技术体系，并已将其纳入到有关标准、规范或指南中，促进了装配整体式混凝土结构体系的应用与完善。

以下基于装配整体式剪力墙结构与装配整体式框架结构两个主要形式，选取有关国家或地区的典型技术体系，对其技术内容及相关构造进行概要介绍。

1.3.1 美国

美国对装配式混凝土结构的开发与研究较早，其中最为著名的研究工作是 20 世纪 90 年代与日本联合开展的预制抗震结构体系（Precast Seismic Structural Systems，PRESSS）研发项目。另外，美国率先将预应力技术引入到预制混凝土结构中，即在装配式混凝土结构中采用预制预应力构件或通过后张预应力技术将预制构件拼接成整体。在美国整个研发历史进程中,预制/预应力混凝土协会(Precast/Prestressed Concrete Institute,PCI)起到了重要的引领与推动作用,其出版发行的 *PCI Design Handbook* 目前已更新至第 7 版,详细规定了预制/预应力混凝土结构的应用范围、设计与分析以及构件、节点的设计与施工等重要方面的要求,对装配式混凝土结构的科研工作与工程应用均具有重要的指导意义和参考价值。

对于装配整体式混凝土结构,美国 Joint ACI-ASCE Committee 550 发布了报告 *Guide to Emulating Cast-in-Place Detailing for Seismic Design of Precast Concrete Structures*,对装配整体式剪力墙结构与框架结构的关键连接节点做法做出了详细规定。

1)装配整体式剪力墙结构推荐连接构造

对于上、下层预制剪力墙板间的水平连接,其典型做法可见图 1-9,并根据剪力墙竖向钢筋的连接方式,分为钢筋搭接连接、钢筋机械连接与钢筋套筒灌浆连接。按照图 1-9 所示连接方式,混凝土压力的连续传递通过预制墙板底部灌浆料实现,钢筋则通过搭接、机械连接或套筒灌浆连接保证钢筋拉、压力的有效传递,同时,通过接头周围灌注灌浆料

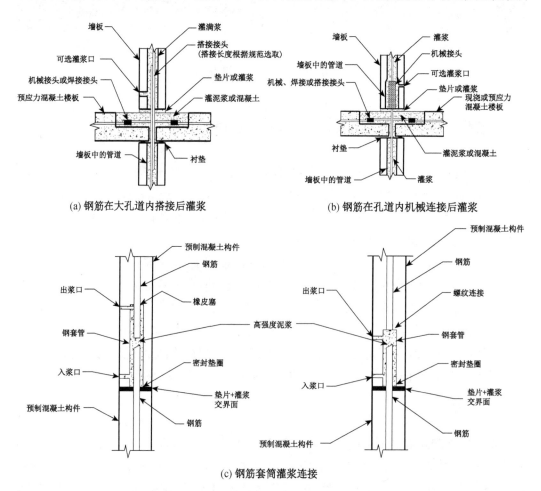

(a) 钢筋在大孔道内搭接后灌浆

(b) 钢筋在孔道内机械连接后灌浆

(c) 钢筋套筒灌浆连接

图 1-9　美国推荐预制剪力墙板水平连接做法

或套筒直接预埋从而有效锚固于预制墙板内。其中，钢筋搭接连接与钢筋机械连接需要提供较大、较长的孔道，以便提供足够的搭接长度或灌浆料填充空间；与其他两种连接方式相比，钢筋套筒灌浆连接的套筒则截面较小且长度有限，但同时，特别强调钢套筒应采用专门设计并经过规范认可的产品，且应采用高强度、低收缩灌浆料。

需要说明的是，当用于剪力墙结构底部预制剪力墙与现浇基础的连接或钢筋可能发生屈服的底部加强部位与其他层墙板间连接时，无论采用哪种形式的连接方式，钢筋接头均应达到 ACI 318 所规定的"Type 2"机械连接性能，即钢筋接头应既能受拉，又能受压，且应至少能发挥 1.25 倍钢筋拉、压屈服强度。

对于同层预制剪力墙间竖向连接，一般采用现浇混凝土实现整体连接，其典型做法见图 1-10，钢筋在现浇区域内进行机械连接、焊接连接或有条件的搭接连接，同时，现浇区域构造连接形式见图 1-10 中(a)、(b)、(c)。其中，(a)适用于对墙体外观无要求的情况，如墙体不外露的电梯井筒的墙体；(b)适用于对墙体外观有专门要求的情况，如建筑结构外墙；(c)适用于与梁连接处且对墙体外观有专门要求的情况。

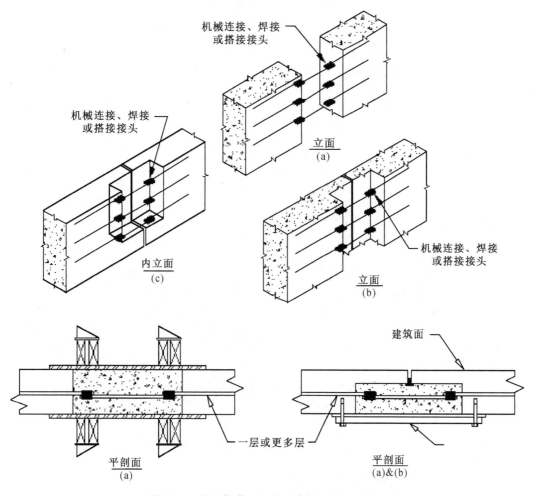

图 1-10 美国推荐预制剪力墙板竖向连接做法

　　同时,给出了部位现浇混凝土模板支设方案,对于(a)需要在墙体内、外侧支模,而(b)、(c)可利用墙体外侧预制薄壁作为外模板,仅需在内侧支设单侧模板,模板可通过预埋件固定在预制墙板上,另外,预制薄壁间拼缝应做好防水构造处理。

　　对于预制墙板与预制楼板之间的连接,按照强连接原则,即要求连接在地震作用过程中始终保持弹性,根据预制楼板形式(全预制板、预制叠合板或预制空心板等)、安装工艺(上层预制墙板安装与现浇混凝土浇筑的先后顺序)、连接节点内楼板底部钢筋贯通情况(不贯通或以斜向钢筋方式穿过节点并锚入另一侧楼板现浇区域内)以及连接位置等,报告给出了如图 1-11 所示的多种连接方式。

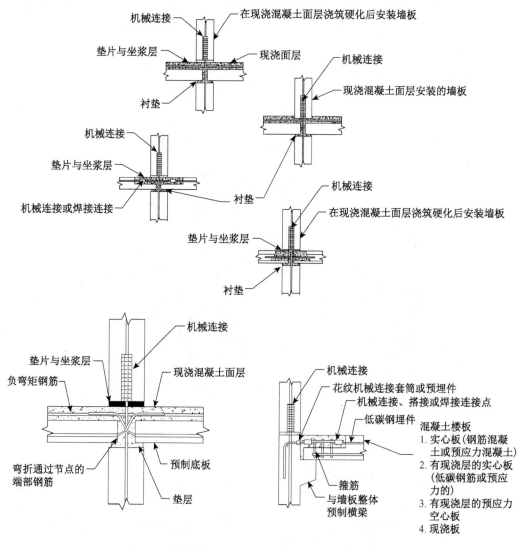

图 1-11　美国推荐预制剪力墙板与预制楼板连接做法

　2) 装配整体式框架结构推荐连接构造

　　对于装配整体式框架结构,一般将构件连接节点设置在受力(尤其是弯矩)较小的部位。因此,框架柱、梁一般均在其反弯点处断开预制,节点与梁、柱整体预制,构件形式常见的有 L 形、T 形、十字形、H 形等,预制构件划分示例见图 1-12。预制柱之间采用钢筋套筒灌浆连接,预制梁之间采用现浇混凝土连接,在现浇区域内梁钢筋通过机械连接、搭接连接、对接焊接或焊接钢板螺栓连接,见图 1-13。

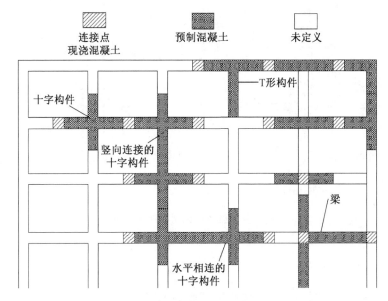

图 1-12 美国推荐装配式框架结构构件划分示例

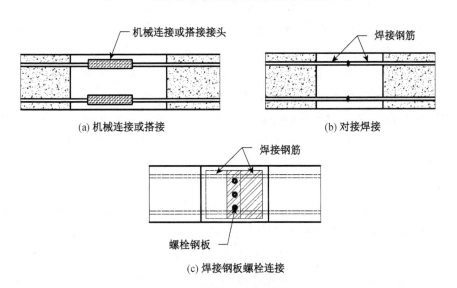

图 1-13 预制梁之间的连接构造

考虑到构件预制、运输及安装的便利性,也可采用直线形预制构件,相应连接构造见图 1-14。节点或与框架梁整体预制,预制梁在节点部位预埋孔道,便于框架柱竖向钢筋穿越,框架柱则在柱根部通过套筒灌浆连接,见图 1-14(a);或采用现浇混凝土,此时框架梁采用叠合构件,底部钢筋伸出并锚入节点内,框架柱同样在柱根部通过套筒灌浆连接,柱头可增设预制牛腿,便于预制梁的临时安装与固定,见图 1-14(b)。

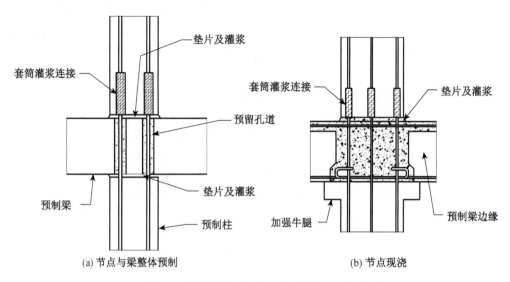

(a) 节点与梁整体预制　　　　　　　(b) 节点现浇

图 1-14　美国推荐直线形预制框架柱、梁连接构造

1.3.2　日本

日本是较早开展预制混凝土结构研发工作的国家之一,于 1963 年成立的日本预制建筑协会对日本国内预制化工法研究与开发工作发挥着巨大的作用,为促进预制技术的发展,专门制定了 PC 工法焊接技术资格认定制度、预制装配住宅装潢设计师资格认定制度、PC 构件质量认定制度和 PC 结构审查制度。

日本的预制混凝土技术则完全遵循"等同现浇"理念,其对混凝土预制化工法定义为"将钢筋混凝土结构分割并制成预制件的技术",其主要应用于壁式结构(即我国剪力墙结构)、框架结构和壁式框架结构(即我国框架—剪力墙结构),相应地形成了对应的混凝土预制化工法,即 W-PC 工法、R-PC 工法和 WR-PC 工法。以下主要介绍具有代表性的 W-PC 工法与 R-PC 工法。

1) W-PC 工法

该工法预制化程度高,主要包括预制剪力墙板、预制楼板(屋面板)及预制楼梯板等构件。其主要应用于 6 层以下的装配式混凝土建筑。

对于预制剪力墙板竖向连接,采用现浇混凝土连接,预制墙板侧面设置抗剪键,键槽内伸出水平钢筋或环筋,并在现浇区域内焊接或搭接。若采用环筋搭接,尚需在环筋内设置竖向钢筋。竖向连接示例见图 1-15。

对于预制剪力墙板水平连接,主要采用钢筋套筒灌浆连接,对涉及剪力墙与连梁间的水平连接节点,也可采用钢板焊接连接。套筒灌浆连接与钢板焊接连接示例见图 1-16。

对于预制剪力墙板与预制楼板的连接,按照连接部位分为两种方式,见图 1-17。当连接位于一般楼层,即预制墙板与预制楼板连接时,预制楼板侧面设置抗剪键,预制剪力

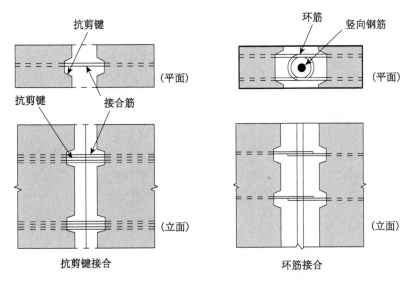

图 1-15 日本推荐预制剪力墙板竖向连接做法

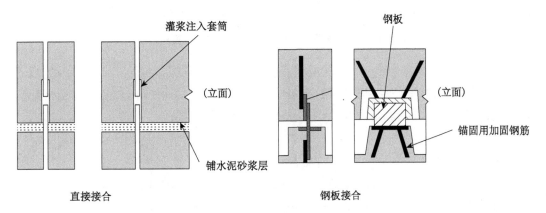

图 1-16 日本推荐预制剪力墙板水平连接做法

墙板顶部伸出钢筋作为销栓钢筋,预制楼板侧面伸出水平钢筋,并通过短钢筋搭接焊将伸出钢筋连接,后浇筑混凝土填充;当连接位于顶部楼层,即预制墙板与预制屋面板连接时,除上述要求外,尚需增设倒 L 形连接钢筋,将销栓钢筋与预制楼板伸出水平钢筋进行搭接焊。

2) R-PC 工法

该工法构造形式多样,主要包括预制柱、预制梁、预制楼板(屋面板)及预制楼梯板等构件。

对于预制柱的水平连接,一般采用钢筋套筒灌浆连接。当考虑到预制柱与预制梁的连接及节点做法时,构造形式较为灵活,主要采用如图 1-18 所示三种主要连接示例。其中,类型 1 底层柱局部现浇,预制柱连接部位位于底层柱高中部,预制梁叠合层混凝土与节点整体浇筑,预制梁端部伸出钢筋弯折锚入节点内,预制梁端部设置抗剪键,由于其具有较好的变形能力,主要用于结构底层;类型 2 节点与柱整体预制,预制柱连接部位位于

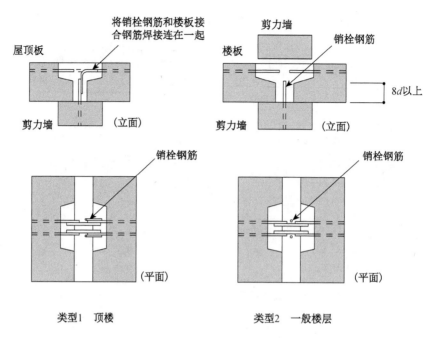

类型1　顶楼　　　　　　　　类型2　一般楼层

图 1-17　日本推荐预制剪力墙板与预制楼板连接做法

层高柱的中部,叠合梁端部一定范围现浇,其通常用于一般楼层;类型 3 采用十字形(列树形)构件,预制柱之间及预制梁之间的连接部位均位于柱或梁的中部,预制梁在连接部位附近局部做成叠合梁形式,并按照图 1-19 所示构造进行连接。

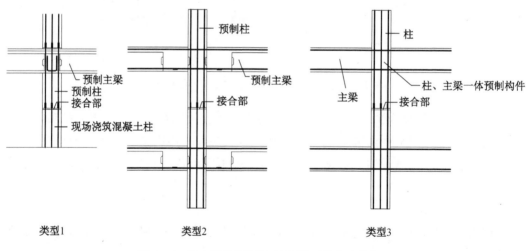

类型1　　　　　　　　　类型2　　　　　　　　　类型3

图 1-18　日本推荐预制柱、预制梁及节点连接做法

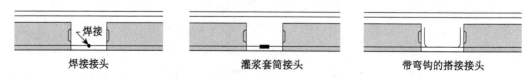

焊接接头　　　　　　灌浆套筒接头　　　　带弯钩的搭接接头

图 1-19　日本推荐预制梁中部连接做法

另外，对于剪力墙、柱及梁等构件预制工艺，也可采用"半预制"构件(图 1-20)，即通过预制混凝土薄壁充当构件的侧模或底模，核心部位混凝土现浇。当该技术用于剪力墙构件时，与前述的"内浇外挂"的预制外墙及"双板叠合"剪力墙类似；当该技术用于框架梁时，叠合梁形式即为其特例，进一步，预制梁可做成 U 形截面构件。

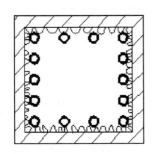

■与结构的柱合为一体实现剪应力的传递

■抗剪键部分的断面、钢筋配置细节

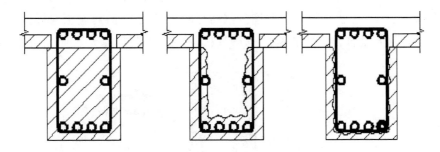

■与PC现场浇筑混凝土接合面的处理

■柱梁接合部的钢筋配置、梁柱筋的构造细节

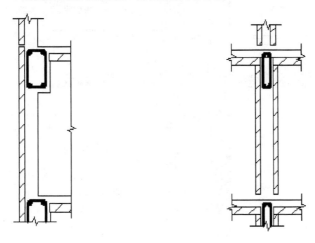

■PC与现场浇筑混凝土的连接方式

■断面、钢筋配置细节　■施工方法

图 1-20　日本"半预制"构件典型形式

1.3.3 欧洲

以法国、德国等国家为代表的欧洲,最早开展了预制混凝土技术的研发与应用。与美国、日本又有所不同,欧洲更注重建筑体系的工业化,因此,其所形成的工业化建筑体系往往具有构件高度自动化生产的特点,具有代表性的结构形式包括装配整体式剪力墙结构体系的"Double Wall"形式(与前述的"双板叠合"基本相同)和装配整体式框架结构体系的"SCOPE"体系。

1) "Double Wall"剪力墙结构

"Double Wall"剪力墙结构的构件制作工厂化程度极高,已具备了专门的自动化流水生产线,结构构造体系简单,构件种类也较少,一般包括预制墙板与预制楼板两种构件。预制墙板由内、外叶墙板组成,钢筋桁架作为连接件使内、外叶墙板可靠连接,中部核心空腔待安装完毕后现场浇筑混凝土;预制楼板采用叠合板,预制底板设置钢筋桁架,增加底板刚度并提供构件吊点。

图1-21~图1-23分别给出了内墙与楼板、外墙与楼板及墙与基础的连接构造,墙板之间主要通过在核心空腔内增设竖向连接钢筋与后浇混凝土连接,墙板与楼板之间则主要通过增设穿越节点的水平附加钢筋(内墙)或锚入节点的附加弯折钢筋(外墙)与叠合层

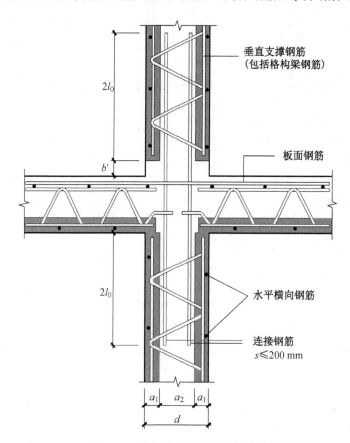

图1-21 Double Wall 预制墙板与预制楼板连接构造(内墙)

现浇混凝土连接;墙与基础间与墙板间类似,仅竖向钢筋采用 U 形构造。另外,外墙节点处外叶墙板可高于内叶墙板,用作节点现浇混凝土的外侧模板。

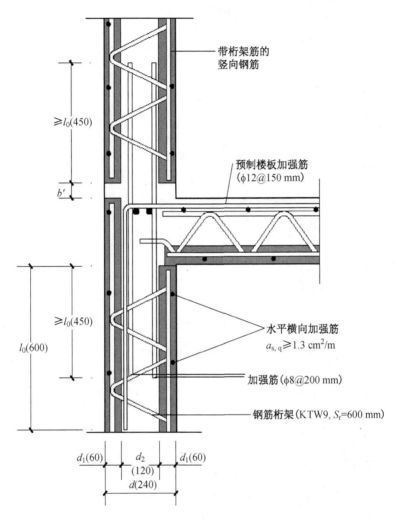

图 1-22　Double Wall 预制墙板与预制楼板连接构造(外墙)

图 1-24 给出 3 种位于不同部位的预制墙板间竖向连接构造,通过内、外墙板尺寸灵活变化,可为现浇混凝土提供外侧模板,通过跨越竖向节点的 U 形连接钢筋与现浇混凝土实现连接。同时,为保证连接处内、外叶墙板连接整体性,要求在连接节点 300 mm 范围内必须设置一道钢筋桁架。

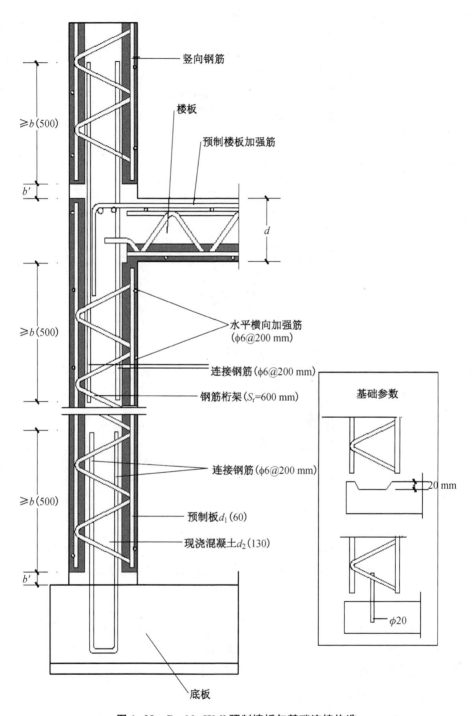

图 1-23　Double Wall 预制墙板与基础连接构造

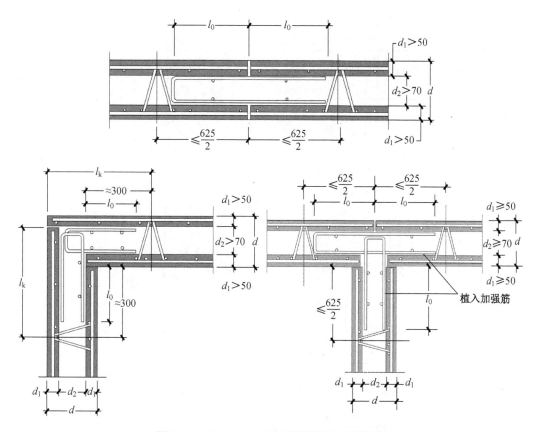

图 1-24 Double Wall 预制墙板竖向连接构造

2)"SCOPE"框架结构体系

由法国研发的"SCOPE"体系,充分利用了预应力技术,其梁、板采用预制预应力构件,柱则仍然采用预制钢筋混凝土构件。

预制柱之间采用预留孔插筋法连接,当采用预制多节柱(多层柱同时预制)时,节点采用混凝土现浇,并应在柱纵筋外侧加焊交叉钢筋(图 1-25),保证构件运输与安装过程的承载力与刚度。预制预应力叠合梁梁端设置键槽,键槽放置跨越节点(中节点)或锚入节点的 U 形钢筋,键槽内混凝土与叠合梁叠合层混凝土现场浇筑,预制柱与预制梁的连接示例见图 1-26。

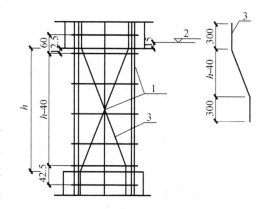

图 1-25 多节柱交叉钢筋设置

1—焊接;2—楼面板标高;3—交叉钢筋;h—梁高

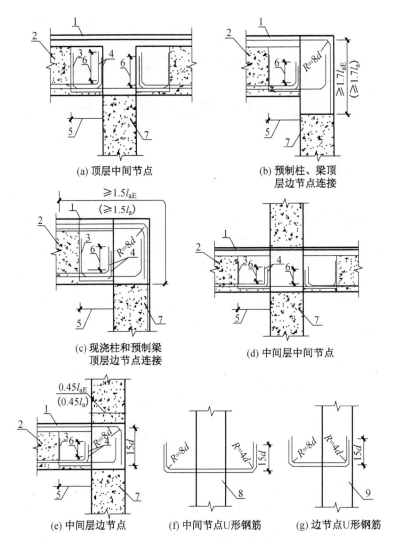

(a) 顶层中间节点　　　　(b) 预制柱、梁顶层边节点连接

(c) 现浇柱和预制梁顶层边节点连接　　　　(d) 中间层中间节点

(e) 中间层边节点　　(f) 中间节点U形钢筋　　(g) 边节点U形钢筋

图 1-26　"SCOPE"体系预制柱、预制梁连接构造

1—叠合层；2—预制梁；3—U形钢筋；4—预制梁中伸出、弯折的钢绞线；5—键槽长度；6—钢绞线弯锚长度；7—框架柱；8—中柱；9—边柱；l_{aE}—受拉钢筋抗震锚固长度；l_a—受拉钢筋锚固长度

1.4　我国装配整体式混凝土结构的发展态势与存在问题

1.4.1　我国装配整体式混凝土结构的发展态势

我国预制混凝土的研发始于 20 世纪 50 年代,当时较多应用于工业厂房、住宅等建筑结构中。早期以装配式大板建筑为代表,其内外墙板、楼板均在工厂预制,基本构件外形一致,都为预制混凝土大板,现场通过预留铁件焊接、预留钢筋现浇及预留螺栓装配等方式进行连接,其主要应用于我国多高层住宅建筑中。在 20 世纪 80 年代初大板建筑的应

用达到了高潮,在北京市、天津市、江苏省、湖南省、四川省等省市得到了大量应用。

自 20 世纪 80 年代中期,由于现浇混凝土技术,尤其是预拌混凝土、模板支架技术的快速发展与成熟,农民工大量涌入城镇带来了充沛、廉价的劳动力,人们对建筑美观要求提高,建筑设计平、立面呈现个性化、多样化、复杂化的特点等历史因素的影响,同时,前期研发的装配式建筑,由于当时材料性能与技术水平的制约,墙板接缝渗漏、隔音与保温效果差等弊病开始逐步显现,再加上唐山地震中装配式建筑的大量破坏,装配式建筑面临严重的"内忧外患",也开始出现发展拐点,大量混凝土预制工厂停产或者转型,更造成了我国预制混凝土技术水平的停滞不前,预制混凝土技术基本在建筑行业被"抛弃",这可从大量高校纷纷取消原有的预制混凝土相关专业可以看出端倪。

20 世纪末,在可持续发展理念的引导下,具有质量可靠、环境影响小等特点的预制混凝土结构重新受到建筑行业与政府部门的重视。近年来,由于我国人口红利的逐渐消失造成的"用工荒"、针对建筑行业产能严重过剩的供给侧结构性改革以及对环境保护、工程质量的高度重视,建筑行业进入技术升级、发展转型的关键阶段。借鉴发达国家的成熟经验、基于我国当前建筑行业现状,我国政府将发展装配式建筑作为建筑行业转型升级的重要突破口,并于 2016 年 9 月明确提出"力争用 10 年左右的时间,使装配式建筑占新建建筑面积的比例达到 30%"。在国家大力推行"绿色建筑及建筑工业化"的大背景下,广大科研单位、施工企业重新开始积极探索适用于我国的装配式混凝土结构体系,国家也相应发布了国家标准《装配式混凝土建筑技术标准》(GB/T 51231—2016)以进一步推动其发展与应用。

在政府积极引导、企业大力发展、科研院所深入研究的综合推动下,装配式混凝土建筑结构体系的发展重新进入了高潮。但是,我们应该认识到,由于近 20 年的发展停滞,我国错过了装配式建筑发展的黄金期,与美国、日本、欧洲等国家或地区相比,我国对预制混凝土技术研究尚处于起步阶段。我国目前装配式混凝土结构的研发基本走的是"引进、消化、吸收、再创新"的道路,研发的总原则采用"等同现浇"理念。世界上成熟技术,如钢筋套筒灌浆连接技术、钢筋浆锚搭接技术、预制预应力混凝土技术等,以及可靠的连接构造做法均被引入进来,并根据我国当前的标准规范框架进行针对性地改进或加强,形成了具有代表性的多种新型装配式混凝土结构体系,在全国范围内的试点应用工程逐渐增多,积累了大量的研究成果与实践经验。

1.4.2 存在的问题

引进国外成熟的技术工艺是快速发展我国预制混凝土技术的有效捷径,但在应用于实际工程中时,尚存在以下问题亟待解决:

1) 构件连接的整体性

预制构件之间的连接整体性直接决定了装配式混凝土结构的抗震性能。虽然既有技术一般均有国外研究基础与应用背景,但具体应用于我国又会带来一系列变化。

(1) 设计应用目标不同所带来的变化

综观前述国外相关技术,虽已具备足够的理论研究基础与实践经验,但由于国家或地区特点不同,其应用范围仍有所局限。例如,美国装配式混凝土结构较多用于多层建筑中,日本适用于高层建筑的 WR-PC 工法其适用的建筑层数也一般限制在 15 层以下,欧洲与美国类似,则广泛应用于低层、多层建筑中。反观我国,由于地少人多,建筑高度将会越来越高,装配式混凝土结构应用于高层甚至超高层是其必然发展趋势,也是提高其生命力的重要发展方向。同时,我国属于地震多发、震灾严重的国家,如欧洲许多国家未考虑的抗震问题,也对我国装配式混凝土结构的研发提出了严峻挑战。

因此,在引入相关成熟技术的基础上,应进一步积极探索,努力开发适用于高烈度抗震设防地区的高层、超高层建筑的装配式混凝土结构体系。

(2) 构造特点不同所带来的变化

构造特点的不同主要体现在装配整体式混凝土剪力墙结构中。

从图 1-9、图 1-11 与图 1-16 中可以发现,包括美国、日本在内的相关国家,认为对于预制剪力墙板水平连接,仅需通过在墙中部设置一排灌浆套筒连接钢筋(美国做法)或甚至仅需在墙端部设置数根灌浆套筒连接钢筋(日本做法)即可满足构件连接整体性要求,这与我国国内目前适用的剪力墙双层配筋构造观点是相违背的。我国目前的做法则是将成熟的钢筋连接技术,包括钢筋套筒灌浆连接技术、钢筋浆锚搭接技术等,直接应用于双层、密布连接钢筋上,但所带来的系列构造变化以及由此产生的连接整体性即抗震性能问题尚需研究才能明确。

又如,从图 1-24 中可以发现,"Double Wall"体系预制墙板端部或墙肢相交处均未设置箍筋,用于不考虑抗震设防要求的低层或多层建筑其整体性是能满足要求的,但对于我国设计情况而言,在关键的约束构件范围内未设置箍筋是明显不足的。因此,既要探索基于既有工厂化生产线的构件配筋与预制技术的改进,也需要深入掌握改进后连接节点的整体性与抗震性能。

(3) 构件制作与安装水平差异所带来的变化

构件制作与安装水平差异主要体现在装配整体式框架结构中。例如,美国、日本均推崇理论上受力较为合理的十字形框架组合构件及节点与梁整体预制的连藕梁,但这对构件制作精度、吊装能力提出了较高要求,由于我国现阶段工厂预制能力、工人操作水平及吊装机械的性能尚不能完全满足要求,因此,必然要求对连接构造作出相应变化,以适应我国现阶段构件制作与安装水平。

综上所述,在构件连接技术上,一方面,需要探索满足应用需求、符合我国构造要求、适应我国预制混凝土技术水平的连接技术,另一方面,应对新型连接技术进行深入研究,探讨其整体性及抗震性能是否能达到"等同现浇"目标。

2) 配套的结构设计技术

虽然我国装配式混凝土结构的研发遵循"等同现浇"理念,其相应的结构或构件设计方法可直接沿用现浇混凝土结构的相关方法,但由此也忽视了装配式混凝土结构的特点,如预制剪力墙板分割、连接用现浇混凝土部位设置、构件连接截面抗剪性能等方面。为促进装配整体式混凝土结构在我国的推广应用,有必要建立系统的、适用的设计方法,为工程实践提供技术指导。

3）配套的构件预制与安装工艺

适用的构件预制与安装工艺是装配整体式混凝土结构得以真正实施的最终途径。基于我国设计原则与方法的预制构件规格、形状与尺寸及构件间连接构造特点，要求建立相应的构件预制工艺，包括工厂流水线的设计、模具设计、钢筋成型技术等；同时，根据构件的分割及连接构造做法，应制定简便、可靠的现场施工构件安装工艺流程、钢筋连接工艺、临时支撑体系与现浇混凝土模板体系，以保证施工质量。

第2章

装配整体式混凝土结构钢筋连接技术研究

装配式混凝土结构与现浇混凝土结构从形式上的明显区别是,构件分割预制造成的拼缝处混凝土不连续和钢筋截断。从力学性能和设计方法角度分析,混凝土仅考虑其抗压,拼缝对其受压性能影响较小,只要采取适当构造措施保证拼缝抗剪性能即可;而钢筋是提供抗拉承载力的重要来源,其截断对钢筋混凝土构件/结构的受力影响极为关键。因此,为实现"等同现浇"的装配整体式混凝土结构,其钢筋连接的可靠性成为关键技术问题,也是我国当前装配式混凝土结构领域的研究重点。

2.1　钢筋连接技术概述

为实现"等同现浇"性能,装配整体式混凝土结构必须采取可靠措施保证钢筋及混凝土受力连续性。因此,预制构件不连续钢筋的连接是装配整体式混凝土结构设计与施工的重要环节,也是保证结构整体性的关键。

传统现浇混凝土结构中常用的钢筋连接技术包括绑扎连接、焊接连接与机械连接三种主要形式,受作业空间、施工工艺等方面的制约,全面应用于装配整体式混凝土结构中将面临种种困难,如绑扎连接需要足够宽度的后浇混凝土以提供足够的钢筋搭接长度,将直接增加现场湿作业量;焊接连接与机械连接需要足够的操作空间,钢筋逐根连接使现场工作量较大,质量也难以保证。因此,对于装配整体式混凝土结构,除后浇混凝土部位或叠合现浇混凝土层,上述三种钢筋连接技术很难直接应用于其预制构件不连续钢筋的连接。

目前,装配整体式混凝土结构预制构件钢筋连接主要采用浆锚连接与套筒灌浆连接两种技术手段。

2.1.1　浆锚连接

将从预制构件表面外伸一定长度的不连续钢筋插入所连接的预制构件对应位置的预留孔道内,钢筋与孔道内壁之间填充无收缩、高强度灌浆料,形成钢筋浆锚连接,目前国内普遍采用的连接构造包括约束浆锚连接和金属波纹管浆锚连接,构造示意详见图 2-1。其中,约束浆锚连接在接头范围预埋螺旋箍筋,并与构件钢筋同时预埋在模板内;通过抽芯制成带肋孔道,并通过预埋 PVC 软管制成灌浆孔与排气孔用于后续灌浆作业;待不连续钢筋插入孔道后,从灌浆孔压力灌注无收缩、高强度水泥基灌浆料;不连续钢筋通过灌浆料、混凝土,与预埋钢筋形成搭接连接接头。金属波纹管浆锚搭接连接采用预埋金属波纹管成孔,在预制构件模板内,波纹管与构件预埋钢筋紧贴,并通过扎丝绑扎固定;波纹管在高处向模板外弯折至构件表面,作为后续灌浆料灌注口;待不连续钢筋伸入波纹管后,从灌注口向管内灌注无收缩、高强度水泥基灌浆料;不连续钢筋通过灌浆料、金属波纹管及混凝土,与预埋钢筋形成搭接连接接头。

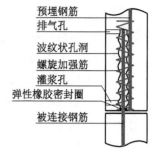

(a) 约束浆锚连接

从图 2-1 中可以看出,约束浆锚连接和金属波纹管浆锚连接明显的区别包括两个方面:①约束浆锚连接采用抽芯成孔,而金属波纹管浆锚连接则采用预埋金属波纹管成孔;②约束浆锚在接头范围内设置螺旋箍筋作为加强筋,而金属波纹管浆锚连接未采取加强措施。同时,对于约束浆锚连接,灌浆料的灌注仅能采用压力灌浆工艺,而金属波纹管浆锚连接可根据实际情况及设计要求,采用压力灌浆或重力式灌浆工艺。另外,两者均采用后灌浆工艺[图 2-2(a)],即待钢筋插入孔道后,再灌注灌浆料。也有采用先灌浆工艺[图 2-2(b)],即先在孔道内注满灌浆料,后将浆锚钢筋插入将多余浆料挤出,该工艺要求孔道设置于下层预制构件的顶部,且一般用于钢筋连接数量不是很多的框架柱中,近年来在国内已较少应用。

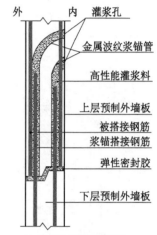

(b) 金属波纹管浆锚连接

图 2-1 钢筋浆锚连接构造示意

(a) 后灌浆工艺

(b) 先灌浆工艺

图 2-2 钢筋浆锚连接灌浆工艺示例照片

无论约束浆锚连接还是金属波纹管浆锚连接,其不连续钢筋应力均通过灌浆料、孔道材料(预埋管道成孔)及混凝土之间的粘结应力传递至预制构件内预埋钢筋,实现钢筋的连续传力。考虑到钢筋搭接连接接头的偏心传力性质,一般对其连接长度有较严格的规定。约束浆锚连接采用的螺旋加强筋,可有效加强搭接传力范围内混凝土的约束,延缓混凝土的径向劈裂,从而提高钢筋搭接传力性能。而对于金属波纹管浆锚连接,也可借鉴其做法,在搭接接头外侧设置螺旋箍筋加强,但应尤其注意控制波纹管与螺旋箍筋之间的净距离,以免影响该关键部位混凝土的浇筑质量。

《装配式混凝土结构技术规程》(JGJ 1—2014)及有关地方标准对钢筋浆锚连接做出了详细规定,归纳如下:①使用前应对接头的力学性能和适用性进行试验验证;②适用于直径 20 mm 及以下的热轧带肋钢筋,且不应用于直接承受动力荷载的构件;③灌浆料 1 d、3 d、28 d 抗压强度分别至少为 35 MPa、55 MPa 和 80 MPa,其他性能要求见 JGJ 1—2014 表 4.2.3;④钢筋浆锚连接长度可按混凝土母材计算得到的受拉钢筋锚固长度(非抗震)或抗震锚固长度(抗震)确定;⑤不宜用于房屋高度大于 12 m 或层数超过 3 层的框架结构预制柱的纵向钢筋连接;⑥不宜用于一级抗震等级剪力墙及二、三级抗震等级底部加强部位的剪力墙的边缘构件竖向钢筋。

2.1.2　套筒灌浆连接

将预制构件断开的钢筋通过特制的钢套筒进行对接连接,钢筋与套筒内腔之间填充无收缩、高强度灌浆料,形成钢筋套筒灌浆连接,其连接构造见图 2-3。不连续钢筋之间通过灌浆料、钢套筒进行应力传递;在钢筋不连续断面,钢套筒则需承担该截面全部应力;钢套筒对灌浆料形成有效约束,进一步提高了灌浆料与钢筋、钢套筒之间的粘结性能。

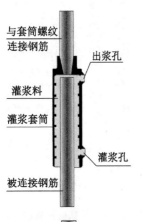

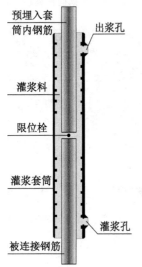

(a) 套筒灌浆连接接头

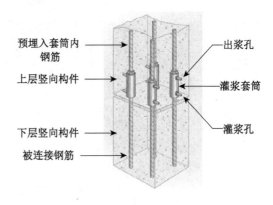

(b) 套筒灌浆连接构件

图 2-3　钢筋套筒灌浆连接构造示意

套筒作为钢筋连接器,最早于 20 世纪 60 年代后期由 Alfred A. Yee 发明,经过不断改良,研发出了成熟的套筒产品,且在发展过程中逐渐形成了全灌浆套筒与半灌浆套筒两种主要产品形式(图 2-4)。套筒早期形式即为全灌浆套筒,套筒两端不连续钢筋均需插入套筒内并通过灌浆实现钢筋连接;半灌浆套筒为后期形成的套筒形式,套筒一端钢筋(一般为预埋钢筋)采用螺纹与套筒连接,另一端钢筋(伸出预制构件表面的不连续钢筋)则仍然采用灌浆锚固于套筒内,半灌浆套筒可进一步缩短套筒长度,且便于构件预制过程中套筒在模板中的定位。

(a) 全灌浆套筒　　　　　　　　　(b) 半灌浆套筒

图 2-4　套筒产品形式示例

目前国内外代表性的套筒产品主要有美国 LENTON® INTERLOK 半灌浆套筒、日本 NMB 全灌浆套筒、日本东京铁钢灌浆套筒、中国台湾润泰全灌浆套筒、深圳现代营造"砼的"半灌浆套筒及北京建茂 JM 半灌浆套筒。除北京建茂采用机械加工成型外,其他套筒均采用球墨铸铁铸造成型。由于各家套筒产品的原材料、加工工艺、表面形状与内腔结构等方面的差异,各自形成了相应的产品标准,并要求采用与各自套筒相配套的专用灌浆料。由于套筒材料特殊性、加工工艺复杂性及产品专用性,套筒及配套灌浆料的产品价格较高,应用于工程中将明显增加造成成本,从而在一定程度上制约了其应用与发展。

《装配式混凝土结构技术规程》(JGJ 1—2014)、《钢筋套筒灌浆连接应用技术规程》(JGJ 355—2015)等对钢筋套筒灌浆连接做出了详细规定,归纳如下:①接头应满足《钢筋机械连接技术规程》(JGJ 107—2010)中Ⅰ级接头的性能要求;②适用于各种受荷条件的构件中直径为 12~40 mm 的受力钢筋连接,钢筋应采用热轧带肋钢筋;③灌浆料 1 d、3 d、28 d 抗压强度分别至少为 35 MPa、60 MPa 和 85 MPa,其他性能要求见 JGJ 355—2015 表3.1.3-1;④钢筋插入灌浆套筒的锚固长度应符合灌浆套筒参数要求,按照目前套筒产品参数统计,锚固长度一般为 6~8d(d 为钢筋直径)。

2.1.3　两种连接技术的比较

浆锚连接与套筒灌浆连接是两种完全不同的钢筋连接技术,具有各自特点,为便于比较与选用,将其进行详细对比,见表 2-1。

表 2-1　浆锚连接与套筒灌浆连接的比较

连接方法	浆锚连接	套筒灌浆连接
连接机理	搭接连接,其连接性能主要由成孔质量、孔洞内壁构造、灌浆料质量及约束钢筋配置等要素决定。	对接连接,属于机械连接范畴,其连接性能主要由套筒参数(如材料强度、壁厚、内腔凹凸构造等)、灌浆料质量等要素决定。
设计方法	无专用设计方法,基于试验结果,按混凝土母材计算得到的受拉钢筋锚固长度或抗震锚固长度确定其连接长度。	无专用设计方法,根据不同套筒产品的技术参数确定其连接长度,其长度一般为 $6\sim8d$。
安全性	合理构造与精心施工可满足钢筋传力要求。 工程应用前应做力学性能以及适用性的验证试验。 工程安全度受构件预制精度(包括连接钢筋位置与成孔位置的误差)、灌浆饱满度直接影响,对构件预制精度及灌浆工艺有严格要求。 一般通过工艺流程控制保证施工质量,必要时可以取芯做破坏性质量检测。	达到钢筋机械连接Ⅰ级接头性能,性能良好。 工程应用前做必要的接头型式检验。 工程安全度受构件预制精度(包括连接钢筋位置与套筒预埋位置的误差)、灌浆饱满度直接且极敏感影响,对构件预制精度及灌浆工艺有极高要求。 一般通过工艺流程控制保证施工质量,有效质量检测方法尚待研发。
经济性	相对成本较低,成本增加主要来源于成孔材料(金属波纹管)、灌浆料、约束螺旋箍筋等。	相对成本较高,成本增加主要来源于高价格的套筒与灌浆料产品。
适用性	对适用的结构高度、结构部位及钢筋直径等均有较严格的限制。	对结构本身及使用部位均无限制,仅由于套筒自身产品规格制约,限制了其适用带肋钢筋的直径。

2.2　钢筋浆锚连接接头结构性能研究

鉴于浆锚连接传力机理及施工工艺的特殊性,为安全应用于实际工程中,国内针对约束浆锚连接与金属波纹管浆锚连接均开展了系列研究工作。

其中,对于约束浆锚连接,黑龙江宇辉建设集团与哈尔滨工业大学合作,开展了系列钢筋锚固性能与搭接性能试验。锚固性能试验考虑了钢筋直径、混凝土强度、锚固长度等主要影响参数,81 个拉拔试件的试验结果表明,约束浆锚连接基本锚固长度可取 0.8 倍按混凝土母材计算得到的基本锚固长度;搭接性能试验则考虑了钢筋直径、混凝土强度、搭接长度等主要影响参数,108 个搭接试件的试验结果及理论分析表明,在合理配置螺旋箍筋的前提下,浆锚钢筋与预埋钢筋的搭接长度取基本锚固长度(无需考虑接头面积百分率为 100% 的搭接长度修正系数 1.6)即可满足钢筋搭接传力要求。另外,东南大学开展了类似的试验,并增加了接头高应力反复拉压试验,试验中考虑了钢筋直径、搭接长度、箍筋体积配箍率、混凝土强度等影响因素,试验结果进一步验证了直径 16 mm 及以下的钢筋搭接长度取基本锚固长度即不会发生粘结滑移破坏,且螺旋箍筋对直径 14 mm、16 mm 钢筋有限制裂缝、改善搭接性能的作用,而对直径 10 mm、12 mm 的钢筋则影响不明显。

对于金属波纹管浆锚连接,其涉及钢筋、灌浆料、波纹管及混凝土多个传力介质,传力途径较约束浆锚连接更为复杂,因此,作者所在课题组开展了系列锚固性能试验、搭接性能试验及技术改进,在掌握其基本力学性能的基础上,进一步改善其传力性能。

2.2.1　金属波纹管浆锚连接接头锚固性能试验

金属波纹管浆锚连接接头存在两个层次的锚固,即钢筋在灌浆料中的锚固及波纹管在混凝土中的锚固,而避免锚固破坏是保证接头发挥搭接传力的前提。由于缺乏对高强度灌浆料浆锚钢筋锚固机理的必要认识,在工程实际应用中并不考虑灌浆料与混凝土材料强度的差异,对其锚固长度的确定仍然沿用钢筋在混凝土母材中锚固长度的确定方法。通过接头锚固性能试验,可以检验金属波纹管浆锚连接锚固性能,探讨既有锚固长度确定方法的可靠性。

采用拉拔试验检验接头锚固性能。结合金属波纹管浆锚连接构造,试件设计中考虑了钢筋直径、混凝土强度、波纹管直径及锚固长度参数的变化,试件设计参数见表 2-2。为方便预制及运输,所有试件按照混凝土强度等级、钢筋直径的不同,整体制作为 9 块平板,试件设计详图见图 2-5。拉拔钢筋强度等级均为 HRB400,C30 混凝土实测立方体抗压强度为 36 MPa,C40 混凝土实测立方体抗压强度为 47 MPa,BY(S)-40 灌浆料实测棱柱体抗压强度为 65 MPa,钢筋材料性能见表 2-3。

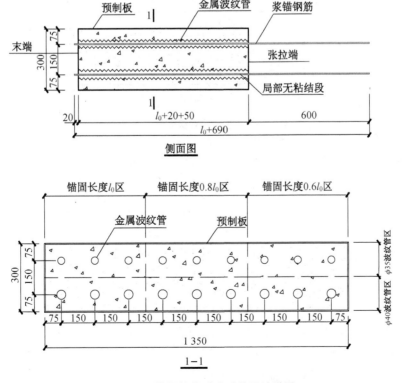

图 2-5　锚固性能试验试件设计详图

表 2-2 锚固性能试验试件参数详表

混凝土 强度等级	钢筋 直径	波纹管 直径	锚固长度(mm)[1]		数量	备注
C30	Φ10	φ35	l_{ab}；$0.8l_{ab}$；$0.6l_{ab}$	$l_{ab}=355$	3×3	相同参 数试件 做 3 个
		φ40	l_{ab}；$0.8l_{ab}$；$0.6l_{ab}$		3×3	
	Φ12	φ35	l_{ab}；$0.8l_{ab}$；$0.6l_{ab}$	$l_{ab}=425$	3×3	
		φ40	l_{ab}；$0.8l_{ab}$；$0.6l_{ab}$		3×3	
	Φ14	φ35	l_{ab}；$0.8l_{ab}$；$0.6l_{ab}$	$l_{ab}=495$	3×3	
		φ40	l_{ab}；$0.8l_{ab}$；$0.6l_{ab}$		3×3	
	Φ18	φ35	l_{ab}；$0.8l_{ab}$；$0.6l_{ab}$	$l_{ab}=635$	3×3	
		φ40	l_{ab}；$0.8l_{ab}$；$0.6l_{ab}$		3×3	
C40	Φ10	φ35	l_{ab}；$0.8l_{ab}$；$0.6l_{ab}$	$l_{ab}=300$	3×3	相同参 数试件 做 3 个
		φ40	l_{ab}；$0.8l_{ab}$；$0.6l_{ab}$		3×3	
	Φ12	φ35	l_{ab}；$0.8l_{ab}$；$0.6l_{ab}$	$l_{ab}=360$	3×3	
		φ40	l_{ab}；$0.8l_{ab}$；$0.6l_{ab}$		3×3	
	Φ14	φ35	l_{ab}；$0.8l_{ab}$；$0.6l_{ab}$	$l_{ab}=415$	3×3	
		φ40	l_{ab}；$0.8l_{ab}$；$0.6l_{ab}$		3×3	
	Φ16	φ35	l_{ab}；$0.8l_{ab}$；$0.6l_{ab}$	$l_{ab}=475$	3×3	
		φ40	l_{ab}；$0.8l_{ab}$；$0.6l_{ab}$		3×3	
	Φ18	φ35	l_{ab}；$0.8l_{ab}$；$0.6l_{ab}$	$l_{ab}=535$	3×3	
		φ40	l_{ab}；$0.8l_{ab}$；$0.6l_{ab}$		3×3	

注：1. l_{ab} 为受拉钢筋的基本锚固长度，按《混凝土结构设计规范》(GB 50010—2010)计算。

表 2-3 锚固性能试验钢筋材料性能详表

钢筋牌号	直径(mm)	屈服强度(MPa)	极限强度(MPa)	伸长率(%)
HRB400	10	430	662	14.3
HRB400	12	432	602	15.2
HRB400	14	445	630	16.8
HRB400	16	438	627	18.3
HRB400	18	440	621	19.7

　　试验采用千斤顶进行加载，并通过液压手动泵上的油压表记录各试件的极限荷载，加载装置见图 2-6。其中，安装过程中在千斤顶下方垫板，垫板中心孔径大于波纹管外径，以便同时考虑波纹管与混凝土锚固性能的影响。

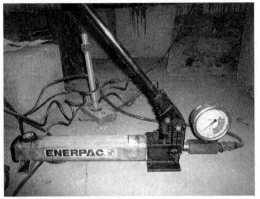

图 2-6　锚固性能试验加载装置

各试件破坏形态均为母材拉断,表明浆锚钢筋及波纹管均具有良好的锚固性能,其典型破坏照片见图 2-7。从试验结果可以发现:①混凝土、金属波纹管、灌浆料与钢筋之间的粘结界面上均未发生破坏,采用金属波纹管成孔并灌浆锚固的钢筋接头可有效传递钢筋应力至混凝土;②本次试验涉及的参数变化范围内,将受拉钢筋的基本锚固长度折减 40%($0.6l_{ab}$),仍然可满足钢筋锚固要求。分析认为,浆锚钢筋仍然按照混凝土强度确定其锚固长度,鉴于灌浆料强度较混凝土高,该方法必然存在一定的保守性。另外,由于波纹管表面波纹提供了天然的粗糙面,与混凝土形成了良好的粘结力,不会发生锚固破坏。

图 2-7　锚固性能试验试件破坏照片

根据试验结果,同时在缺乏灌浆料与钢筋锚固特性研究的基础上,建议采用 $0.8l_{ab}$ 确定浆锚钢筋的锚固长度下限值,采用 $1.0l_{ab}$ 确定浆锚钢筋的搭接长度下限值(按 100% 搭接接头面积百分率考虑,在 $0.6l_{ab}$ 基础上乘以 1.6 的搭接长度修正系数)。该建议被江苏省工程建设地方标准《装配整体式混凝土剪力墙结构技术规程》(DGJ 32/TJ 125—2016)[原《预制装配整体式剪力墙结构体系技术规程》(DGJ 32/TJ 125—2011)]沿用至今。

2.2.2 金属波纹管浆锚连接接头搭接性能试验

按照其传力方式分类,金属波纹管浆锚连接属于搭接连接,因此,在验证其可靠锚固性能的基础上,仍需通过试验进一步检验其搭接传力性能。同时,可通过试验探讨 $1.0l_{ab}$ 的搭接长度下限值是否满足传力要求。

试件材料选用 C30 混凝土,φ40 镀锌金属波纹管,HRB400 级钢筋,BY(S)-40 灌浆料。钢筋直径考虑了 12 mm、16 mm、20 mm 三种规格,钢筋搭接长度分别按照受拉钢筋的基本锚固长度的 1.0 倍、1.2 倍设置,试件设计参数见表 2-4。其中,为了便于预制且进一步反映真实构件条件,试件将同参数的 4 组钢筋接头整体制作为一个试件,共制作 6 个试件。试件截面尺寸取剪力墙常用墙厚 200 mm,试件长度则根据钢筋搭接长度及试验构造确定,试件设计详图见图 2-8。

表 2-4 搭接性能试验试件设计参数详表

钢筋直径(mm)	搭接长度(mm)	试件尺寸(mm×mm×mm)	备注
φ12	425(1.0l_{ab})	200×200×600	相同参数试件做 4 个
φ12	510(1.2l_{ab})	200×200×650	相同参数试件做 4 个
φ16	565(1.0l_{ab})	200×200×700	相同参数试件做 4 个
φ16	680(1.2l_{ab})	200×200×850	相同参数试件做 4 个
φ20	710(1.0l_{ab})	200×200×850	相同参数试件做 4 个
φ20	850(1.2l_{ab})	200×200×1 000	相同参数试件做 4 个

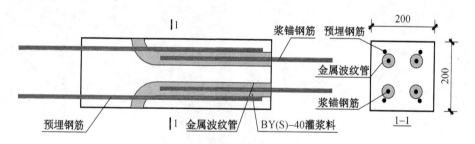

图 2-8 搭接性能试验试件设计详图

试件采用 C30 混凝土实测立方体抗压强度为 35 MPa,BY(S)-40 灌浆料实测棱柱体抗压强度为 62 MPa,钢筋强度等级均为 HRB400,其材料性能见表 2-5。

表 2-5 搭接性能试验钢筋材料性能详表

钢筋牌号	直径(mm)	屈服强度(MPa)	极限强度(MPa)	伸长率(%)
HRB400	12	436	612	14.7
HRB400	16	438	620	16.8
HRB400	20	448	632	17.1

　　试验在东南大学预应力实验室 3 m 张拉台座上进行,预埋钢筋通过夹片锚锚固在张拉台座上,浆锚钢筋则首先在端部与张拉螺杆通过帮条焊连接,再通过连接钢套筒将张拉螺杆与钢绞线连接,试验加载则通过液压千斤顶张拉钢绞线实现。试验加载相关做法及装置见图 2-9。其中,如图 2-9(d)所示,为充分模拟钢筋浆锚接头的偏心传力方式,试件仅通过两端锚固与张拉装置对试件进行约束,而未采取其他侧面约束措施,此做法实际忽略了实际结构构件中钢筋浆锚接头临近部位混凝土的约束作用,放大了偏心受力的不利影响。

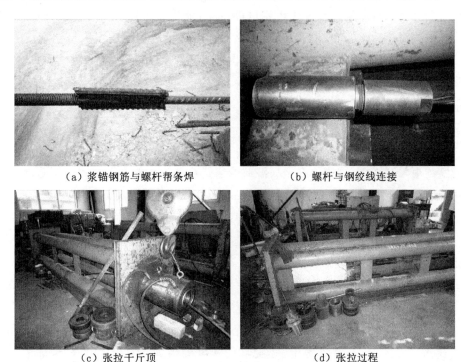

（a）浆锚钢筋与螺杆帮条焊　　　　　　　（b）螺杆与钢绞线连接

（c）张拉千斤顶　　　　　　　　　　　　（d）张拉过程

图 2-9　浆锚钢筋搭接性能试验装置

　　试验结果表明,ϕ12、ϕ16 浆锚钢筋最终均由于母材拉断而破坏[图 2-10(a)],说明搭接长度按 1.0l_{ab} 取值即可满足其搭接传力要求。但由于偏心传力的影响,靠近张拉端的角部混凝土发生崩坏[图 2-10(b)]。分析认为,除浆锚连接固有的传力偏心影响外,由

（a）钢筋拉断　　　　　　　　　　　（b）角部混凝土崩坏

图 2-10　ϕ12、ϕ16 浆锚钢筋搭接性能试验照片

于试件缺乏侧向支撑,导致混凝土部分在自重作用下发生位移,造成钢筋在与混凝土交界处发生弯折,进而偏心影响增大,混凝土崩坏也因此集中在角部局部范围内,而未形成搭接传力可能导致的纵向劈裂裂缝,建议在靠近钢筋搭接接头端部区域应采取加强措施,如设置加密箍筋约束混凝土,延缓混凝土开裂或崩脱。

对于ϕ20浆锚钢筋,由于试验选取螺杆规格过小,导致螺杆先于钢筋母材破坏,但破坏前钢筋均已屈服,且没有明显的锚固滑移破坏特征。

通过金属波纹管浆锚连接接头搭接性能试验,证明了采用$1.0l_{ab}$确定浆锚钢筋的搭接长度下限值对于ϕ12、ϕ16钢筋是足够可靠的,而对于ϕ18钢筋虽未得到直接的数据,但其接头在没有明显滑移特征的前提下,可保证钢筋屈服。同时,为避免试验中出现的试件端头混凝土角部崩坏,增设箍筋应是直接而有效的,而实际结构件中设置的箍筋、水平筋能很好地解决这个问题。

2.2.3　约束金属波纹管浆锚连接接头搭接性能试验

借鉴约束浆锚连接,同样可在金属波纹管浆锚连接接头外周设置螺旋箍筋,通过螺旋箍筋对局部混凝土的围箍作用,形成约束金属波纹管浆锚连接。影响约束金属波纹管浆锚连接接头搭接性能的主要因素包括钢筋直径、搭接长度、螺旋箍筋规格、混凝土强度等级等,为探讨各参数对其性能的影响规律,进行了系列约束金属波纹管浆锚连接接头的搭接性能试验。

试件设计详图见图2-11,试件截面尺寸为150 mm×120 mm,混凝土强度等级考虑C30、C40两种,浆锚钢筋与预埋钢筋强度等级为HRB400,钢筋直径考虑了10 mm、12 mm、14 mm、16 mm与18 mm多种情况,搭接长度l_l则按照三级抗震基本锚固长度l_{aE}的0.8倍、1.0倍与1.2倍确定,螺旋箍筋强度等级为HPB300,直径考虑了4 mm、6 mm两种规格,s为螺旋箍筋螺距,考虑了50 mm、75 mm与100 mm三种情况,d为波纹管外径40 mm,D为螺旋箍筋内径,具体数值则根据浆锚钢筋直径与波纹管外径之和适当放大,并按5 mm模数取值。另外,对于ϕ16、ϕ18较粗的钢筋,仅考虑C40混凝土的情况。每种参数组合的试件做3个,共计360个试件。

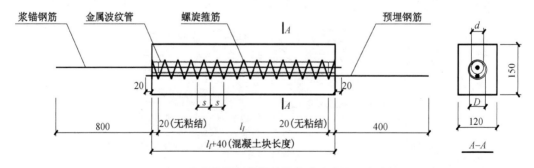

图2-11　约束浆锚钢筋搭接性能试验试件设计详图

试件C30、C40混凝土实测立方体抗压强度为34 MPa、43 MPa,BY(S)-40灌浆料实测棱柱体抗压强度为 65 MPa,钢筋材料性能见表 2-6。

表 2-6　约束浆锚搭接性能试验钢筋材料性能详表

钢筋牌号	直径(mm)	屈服强度(MPa)	极限强度(MPa)
HRB400	10	424.25	553.42
HRB400	12	417.77	582.88
HRB400	14	450.96	640.14
HRB400	16	429.81	602.69
HRB400	18	429.56	616.79

　　鉴于前一批次搭接性能试验中存在的试件安装困难、试件无约束导致钢筋弯折及偏心增大等问题,本次试验专门设计了钢结构加载工装(图 2-12)。试件可直接摆放在钢盒中,在试件侧面与钢盒之间设置聚四氟乙烯板,以减小试件与钢盒之间的摩擦力,两侧端板作为加载千斤顶及钢筋锚具的支座,并于中部附近开槽以便于钢筋的穿越,张拉端的

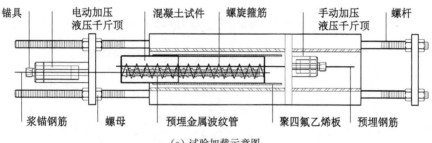

(a) 试验加载示意图

(b) 试验工装照片

(c) 加载照片

图 2-12　约束浆锚钢筋搭接性能试验工装

端板通过螺栓连接在钢盒上,可改变位置,从而适应试件长度的变化。

试件主要有钢筋拉断与钢筋滑移两种破坏形式,典型的破坏照片见图 2-13。对于 10 mm 与 12 mm 直径钢筋试件(各规格 90 个试件),试验破坏时均在钢筋母材处断裂,没有滑移破坏。在加载过程中,钢筋屈服前混凝土表面开裂现象轻微,甚至没有开裂;破坏后试件混凝土块体保持较完整状态,少部分构件有掉角等情况。对于 14 mm 直径钢筋试件(90 个试件),混凝土强度等级为 C30 的试件破坏时全部断于钢筋母材,而混凝土强度等级为 C40 的试件中,有 3 个发生滑移破坏,试验极限荷载和钢筋实测极限荷载十分接近。对于 16 mm 直径钢筋试件,约 1/3 发生滑移破坏。对于 18 mm 直径钢筋试件,则大部分发生滑移破坏。各试件的最终破坏情况见表 2-7。

（a）钢筋拉断

（b）钢筋滑移

图 2-13　约束浆锚钢筋搭接性能试验试件破坏形态

表 2-7　约束浆锚钢筋搭接性能试验试验结果详表[1]

钢筋直径 （mm）	混凝土 强度等级	搭接长度	箍筋构造	破坏情况
10	C30	$0.8 l_{aE}$	φ6@100 φ4@75	钢筋拉断
12	C30	$0.8 l_{aE}$	φ6@100 φ4@75	钢筋拉断
14	C30	$0.8 l_{aE}$	φ6@100 φ4@75	钢筋拉断
16	C40	$0.8 l_{aE}$	φ6@100 φ6@75 φ4@75	部分滑移[2] 极限应力大于 594 MPa[3]
		1.0l_{aE}	φ6@50 φ4@50	钢筋拉断
			φ6@100	钢筋滑移 极限应力小于 594 MPa
			φ6@75 φ4@75	部分滑移[2] 极限应力接近 594 MPa
		1.2l_{aE}	φ6@50 φ4@50	钢筋拉断
			φ6@100 φ4@75	钢筋拉断

续表 2-7

钢筋直径（mm）	混凝土强度等级	搭接长度	箍筋构造	破坏情况
18	C40	$0.8l_{aE}$	φ6@100 φ6@75 φ4@75 φ4@50	钢筋滑移
			φ6@50	部分滑移[2] 极限应力大于 594 MPa
		$1.0l_{aE}$	φ6@100 φ4@75 φ4@50	钢筋滑移
			φ6@75	部分滑移[2] 极限应力大于 594 MPa
			φ6@50	钢筋拉断
		$1.2l_{aE}$	φ6@100 φ4@75	钢筋滑移
			φ6@75	部分滑移[2] 极限应力大于 594 MPa
			φ4@50 φ6@50	钢筋拉断

注：1. 对于钢筋拉断试件，本表仅给出搭接长度最小的试件试验结果；
2. 部分滑移，是指相同试件有的发生钢筋拉断，有的发生钢筋滑移；
3. 接头抗拉强度与连接钢筋的极限强度标准值（HRB400 钢筋为 540 MPa）的比值不小于 1.1，即试验试件极限应力不小于 594 MPa，则满足 JGJ 107—2010 中的 I 级接头及满足 ACI 318 中 Type 1 类单向拉伸强度要求。

钢筋拉断的试件破坏时，靠近张拉端混凝土均会形成横向贯通裂缝，分析认为是由于搭接钢筋在此截面的不连续导致的，且与钢筋直径直接相关，表现在钢筋直径越大，横向开裂越严重；靠近锚固端的角部混凝土多数发生崩裂或出现纵向劈裂裂缝，而张拉端该现象则不明显，分析认为这主要是由于加载工装构造引起的，靠近锚固端钢筋伸出混凝土试件较短，相同偏心距影响下，钢筋弯折程度更大，因而，间接增大了钢筋偏心受拉导致的侧向拉力，导致混凝土拉裂或劈裂，且该现象与钢筋直径及搭接长度有关，表现为钢筋直径越大、搭接长度越长，混凝土掉角与破碎情况越严重；箍筋配置对其受力性能影响则不是很明显，说明对于钢筋拉断试件，其性能主要由钢筋直径与搭接长度决定，但对于混凝土构件的损伤程度影响明显，从图 2-14 可以看出，箍筋配置越高，试件混凝土裂缝越少且角

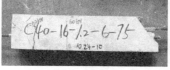

（a）s=50 mm　　　　　　（b）s=75 mm　　　　　　（c）s=100 mm

图 2-14　箍筋螺距对混凝土损伤程度影响

部混凝土崩落程度越轻微。

钢筋拔出的试件破坏时,靠近张拉端混凝土同样会形成横向裂缝;均是预埋钢筋被拔出,且在靠近预埋钢筋的侧面出现贯通的纵向劈裂裂缝[图 2-15(a)],表明由于金属波纹管的有力约束作用,浆锚钢筋的锚固性能优于预埋钢筋,而预埋钢筋由于与金属波纹管绑扎在一起,其混凝土握裹不充分,形成了搭接接头的薄弱部位;螺旋箍筋构造对钢筋拔出试件的性能有明显影响,表现在搭接钢筋规格相同时,箍筋直径越大、间距越小,滑移发生时的荷载越高,即其承载力得到提高。

| （a）纵向劈裂裂缝 | （b）端头混凝土崩坏 |

图 2-15　滑移破坏试件细部破坏照片

无论是钢筋拉断还是钢筋拔出的试件,钢筋均能达到屈服,且随着钢筋直径的增大,试件端部混凝土掉角或破碎情况均更为严重。因此,限制金属波纹管浆锚连接所适用的钢筋直径或要求在较大直径钢筋浆锚连接接头范围内适当配置横向钢筋是有必要的。

另外,由于制作误差,试验存在不可避免的离散性,如表 2-7 中所示,对于 16 mm 钢筋,相同 $\phi6@100$ 箍筋配置条件,$0.8l_{aE}$ 搭接长度试件表现较 $1.0l_{aE}$ 搭接长度试件表现更好,但此情况仅为个例,不致影响整个试验数据规律性。同时,从图 2-14(b)可以发现,螺旋箍筋端头须有水平段,且应按规范要求设置至少一圈半,才能在此关键部位发挥其对混凝土约束裂缝开展的有利作用,试验中由于未注意到这一点,造成混凝土破坏情况较为严重,亦充分体现了箍筋的约束作用。

为保证约束金属波纹管浆锚连接接头搭接性能的可靠性,根据试验统计结果表 2-8 给出了试验涉及的各种条件下螺旋箍筋配置建议。

表 2-8　螺旋箍筋配置建议

钢筋直径(mm)	混凝土强度等级	纵筋搭接长度 l_l	箍筋直径 4 mm	箍筋直径 6 mm
10	C30	0.8 倍 l_{aE}	≤75	≤100
		1.0 倍 l_{aE}		
		1.2 倍 l_{aE}		
	C40	0.8 倍 l_{aE}		
		1.0 倍 l_{aE}		
		1.2 倍 l_{aE}		

钢筋直径(mm)	混凝土强度等级	纵筋搭接长度 l_l	箍筋直径 4 mm	箍筋直径 6 mm
12	C30	0.8 倍 l_{aE}	≤75	≤100
		1.0 倍 l_{aE}		
		1.2 倍 l_{aE}		
	C40	0.8 倍 l_{aE}		
		1.0 倍 l_{aE}		
		1.2 倍 l_{aE}		
14	C30	0.8 倍 l_{aE}	≤75	≤100
		1.0 倍 l_{aE}		
		1.2 倍 l_{aE}		
	C40	0.8 倍 l_{aE}	≤50	≤75
		1.0 倍 l_{aE}		≤100
		1.2 倍 l_{aE}	≤75	
16	C40	0.8 倍 l_{aE}	—	≤50
		1.0 倍 l_{aE}		
		1.2 倍 l_{aE}	≤75	≤100
18	C40	0.8 倍 l_{aE}	—	—
		1.0 倍 l_{aE}		≤50
		1.2 倍 l_{aE}	≤50	

注:箍筋螺距一栏中,"/"表示根据试验结果,不得采用该规格搭接连接。

　　为便于实际工程应用,将试验结果推广至更为普遍的情况,对于采用约束金属波纹管浆锚连接的钢筋,其直径限定在 18 mm 及以下,其各种抗震等级条件下的箍筋配置建议见表 2-9,该表已被江苏省工程建设地方标准《装配整体式混凝土剪力墙结构技术规程》(DGJ 32/TJ 125—2016)采用。

表 2-9　约束金属波纹管浆锚连接用螺旋箍筋选用表

钢筋直径(mm)	抗震等级		
	一级	二、三级	四级
ϕ≤14	$\phi6@50$	$\phi6@75$	$\phi6@100/\phi4@40$
14<ϕ≤18	$\phi8@40$	$\phi6@40$	$\phi6@50$

2.2.4　主要结论

　　金属波纹管浆锚连接接头锚固性能试验表明,由于灌浆料的高强度及金属波纹管的约束效应,浆锚钢筋锚固长度远小于按混凝土母材材料性能计算得到的锚固长度。因此,建议采用 $0.8l_{ab}$ 确定浆锚钢筋的锚固长度,采用 $1.0l_{ab}$ 确定浆锚钢筋的搭接长度。同时,金属波纹管与混凝土之间的粘结界面,由于波纹管表面特性,锚固性能良好。

金属波纹管浆锚连接接头搭接性能试验表明,16 mm 及以下直径的钢筋采用 $1.0l_{ab}$ 确定浆锚钢筋的搭接长度可保证钢筋传力。同时,箍筋或水平钢筋的设置,对于避免或限制接头两端由于偏心受力状态所导致的混凝土开裂及崩落,是十分必要的。

采用螺旋箍筋约束的金属波纹管浆锚连接接头搭接性能试验表明,14 mm 及以下直径的钢筋采用 $0.8l_{ab}$ 确定浆锚钢筋的搭接长度仍可保证钢筋传力,且螺旋箍筋配置对其受力性能影响不明显,但对控制混凝土损伤程度影响明显;而 16 mm 及 18 mm 直径的钢筋则至少采用 $1.0l_{ab}$ 确定浆锚钢筋的搭接长度才可保证钢筋传力,且螺旋箍筋配置对其受力及混凝土损伤控制均有明显影响。

针对金属波纹管浆锚连接技术,通过系列接头结构性能试验,基于试验统计手段,建立的金属波纹管浆锚连接的锚固长度、搭接长度及螺旋箍筋配置的设计建议,为工程应用提供了直接指导。但试验未涉及浆锚连接机理及理论设计方法,在后续研究中将进一步深入与完善。

2.3 钢筋套筒灌浆连接接头结构性能研究

如前所述,用于钢筋连接的浆锚钢套筒已经形成了不同种类、不同规格的定型产品,相关产品标准或技术标准亦已较为完善与成熟。但由于其产品成本较高、通过严格型式检验的产品供应商有限等现实问题,近年来,部分学者基于既有套筒构造,通过工艺创新、结构创新等手段,开展了新型套筒的研发工作,并对其工作机理及结构性能进行了试验研究。

Einea 等人采用普通光圆钢管设计了钢管内壁焊接 1 根、4 根钢筋,钢管端部焊接钢环或钢板等几种构造的全灌浆套筒,并进行了单向拉伸试验。其中,钢管内壁焊接钢筋与钢管端部焊接钢板的套筒被证明由于套筒直径要求较大、安装容差偏小或灌浆料不易密实等原因而不具备可行性,而钢管端部焊接钢环的套筒可保证钢筋连接接头发挥至少 1.25 倍钢筋屈服强度,且钢筋锚固长度仅需 $7d$(d 为钢筋公称直径)即可满足强度要求。Kim 等人在 Einea 等人研发的钢管端部焊接钢板的套筒基础上进行了改进,通过将出气孔从套筒侧壁移至端部焊接钢板上,解决了灌浆料灌注工艺问题,并通过采用改进套筒的预制柱低周反复荷载试验以及钢筋连接接头的单向拉伸与循环加载试验,证明了套筒连接接头的可靠性,并探讨了内壁光圆的套筒的约束性能。Kim 等人设计、制作了一种两端缩口的全灌浆套筒,作者通过接头单向拉伸试验和循环加载试验,对套筒的约束作用进行了研究。Peter 对 NMB 套筒和 LENTON® INTERLOK 套筒钢筋连接接头进行了拉伸试验及疲劳试验,接头强度均至少达到钢筋屈服强度的 1.25 倍,且大部分超过了 1.5 倍,在疲劳荷载作用下两种接头均未发生明显的徐变变形。Ling 等人通过将套筒形状改为锥形、将钢筋端头设置锥形或普通螺母或在钢管壁增加连环肋,以进一步改进套筒连接性能。Ameli 等人将 NMB 全灌浆套筒和 LENTON® INTERLOK 半套筒连接应用于柱脚节点试件,通过低周反复荷载试验发现,两种套筒试件承载力相当,但由于半灌浆套筒连接试件较早地发生了钢筋拔出破坏,表现出相对较差的耗能能力,仅为全灌浆套筒连接试件的不到 50%。Sayadi 等人提出了套筒端部间隔设置多组高强度螺栓(各截面均匀设置 3 个高强度螺栓)加强的钢套筒以及套筒端部设置多道凹槽的 GFRP 套筒,以提高套筒与灌浆料之间的机械咬合能力。中国境内对灌浆套筒研发较晚,目前主要集中在相关预制技术、施工工艺、质量控制及性能检验等方面,由于套筒产品相对较少,部分学者将台湾和国外产品引入国内,并进行了相关接头性能检验,如吴小宝等人对台湾润泰灌浆套筒接头进行了单向拉伸和单向重复拉伸试验,王东辉等人对日本东京铁梁式套筒和柱式套筒进行了接头力学性能试验。

针对既有套筒产品存在的加工工艺复杂、制作费用高、表面光滑与混凝土粘结性能较差等问题,课题组研发了一种新型变形灌浆钢套筒——GDPS(Grouted Deformed Pipe Splice)套筒,其产品构造及加工装置见图 2-16。

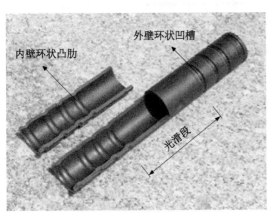

（a）产品构造   （b）产品加工装置

图 2-16   GDPS 套筒

GDPS 套筒由低合金无缝钢管通过三轴滚轮滚轧制成,与既有套筒产品相比,具有以下优点:①采用无缝钢管锯截后滚轧制作,材料来源广泛、价格相对低廉,且避免了对钢棒的切削加工,工艺简单,从而提高了材料利用率并降低了加工成本。②在粘结应力较大的套筒两端局部范围内,设置内、外壁变形段,并通过滚轧一次成型。主动形成的外壁凹槽可引入套筒与周围混凝土的机械咬合作用,被动形成的内壁凸肋可进一步保证灌浆料与套筒之间的粘结强度。套筒变形段由于冷加工,使其强度进一步提高,可进一步保证接头强度。③套筒设计较为灵活,可根据钢筋强度与直径灵活确定套筒材料、壁厚、凹槽数量等参数。

为检验 GDPS 套筒的可行性与可靠性,开展了系列 GDPS 套筒灌浆连接接头的力学性能试验,包括单向拉伸试验与高应力反复拉压试验。并基于试验结果,结合理论分析,探讨了 GDPS 套筒的工作机理。

2.3.1 试件设计

根据套筒构造(套筒材料强度、长度及套筒表面凹槽数量)、灌浆料强度及钢筋直径参数的变化,制作了 37 个接头试件,所涉及的试件设计详图见图 2-17,各试件有关参数取值见表 2-10。为便于说明,对试件进行了编号,以试件 SM-SB-G1-D14 为例,试件名称中的字母表示如下:第一组字母为试验类别,SM 为单向拉伸试验,EC 为高应力反复拉压试验,PC 为大变形反复拉压试验;第二组字母表示套筒类别,分别为 A、B、C、D 四类套筒,其中,A、B 类套筒采用 Q345B 无缝钢管加工,C、D 类套筒采用 Q390B 无缝钢管加工,A、C 类套筒每端四道环状凹槽,B、D 类套筒每端五道环状凹槽;第三组字母表示灌浆料类别,分为 1、2、3 三类灌浆料;第四组字母表示钢筋直径。

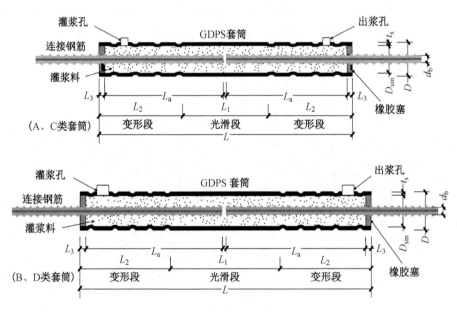

图 2-17 GDPS 试件设计详图

表 2-10 GDPS 试件尺寸及参数

试件编号	编号	d_b (mm)	L (mm)	L_1 (mm)	L_2 (mm)	L_3 (mm)	h_r (mm)	D (mm)	t_s (mm)	L_a (mm)	偏心率 (%)
SM-SB-G1-D14	1	14	260	52	104	0	2.5	42	3.5	128 (9.1d_b)	28.6
	2	14	260	52	104	0	2.5	42	3.5	128 (9.1d_b)	17.3
	3	14	260	52	104	0	2.5	42	3.5	128 (9.1d_b)	32.9
SM-SB-G1-D16	1	16	260	52	104	0	2.5	42	3.5	128 (8.0d_b)	19.4
	2	16	260	52	104	0	2.5	42	3.5	128 (8.0d_b)	24.5
	3	16	260	52	104	0	2.5	42	3.5	128 (8.0d_b)	35.1

续表 2-10

试件编号	编号	d_b (mm)	L (mm)	L_1 (mm)	L_2 (mm)	L_3 (mm)	h_r (mm)	D (mm)	t_s (mm)	L_a (mm)	偏心率 (%)
SM-SA-G1-D16	1	16	260	92	84	0	2.5	42	3.5	128 (8.0d_b)	23.0
	2	16	260	92	84	0	2.5	42	3.5	128 (8.0d_b)	25.7
SM-SC-G2-D16	1	16	264	94	85	13	2.0	42	3.5	112 (7.0d_b)	0
	2	16	268	102	83	13	2.0	42	3.5	114 (7.1d_b)	0
	3	16	270	104	83	13	2.0	42	3.5	115 (7.2d_b)	0
SM-SD-G2-D22	1	22	356	136	110	13	2.5	50	4.5	158 (7.2d_b)	0
	2	22	356	144	106	13	2.5	50	4.5	158 (7.2d_b)	0
	3	22	362	146	108	13	2.5	50	4.5	164 (7.5d_b)	0
SM-SD-G2-D25	1	25	396	176	110	13	2.5	57	5.0	178 (7.1d_b)	0
	2	25	386	166	110	13	2.5	57	5.0	172 (6.9d_b)	0
	3	25	390	170	110	13	2.5	57	5.0	175 (7.0d_b)	0
SM-SD-G3-D25	1	25	390	170	110	13	2.5	57	5.0	174 (7.0d_b)	0
	2	25	396	175	110	13	2.5	57	5.0	178 (7.1d_b)	0
EC-SC-G2-D16	1	16	270	104	83	13	2.0	42	3.5	115 (7.2d_b)	0
	2	16	268	102	83	13	2.0	42	3.5	114 (7.1d_b)	0
	3	16	270	104	83	13	2.0	42	3.5	115 (7.2d_b)	0
EC-SD-G2-D22	1	22	360	140	110	13	2.5	50	4.5	162 (7.4d_b)	0
	2	22	360	140	110	13	2.5	50	4.5	162 (7.4d_b)	0
	3	22	363	151	106	13	2.5	50	4.5	163 (7.4d_b)	0
EC-SD-G2-D25	1	25	397	179	109	13	2.5	57	5.0	181 (7.2d_b)	0
	2	25	395	177	109	13	2.5	57	5.0	180 (7.2d_b)	0
	3	25	398	180	109	13	2.5	57	5.0	181 (7.2d_b)	0
PC-SC-G2-D16	1	16	260	94	83	13	2.0	42	3.5	112 (7.0d_b)	0
	2	16	268	102	83	13	2.0	42	3.5	114 (7.1d_b)	0
	3	16	270	104	83	13	2.0	42	3.5	115 (7.2d_b)	0
PC-SD-G2-D22	1	22	361	141	110	13	2.5	50	4.5	163 (7.4d_b)	0
	2	22	359	147	106	13	2.5	50	4.5	162 (7.3d_b)	0
	3	22	360	140	110	13	2.5	50	4.5	162 (7.3d_b)	0
PC-SD-G2-D25	1	25	392	176	108	13	2.5	57	5.0	178 (7.1d_b)	0
	2	25	405	181	112	13	2.5	57	5.0	185 (7.4d_b)	0
	3	25	395	175	110	13	2.5	57	5.0	180(7.2d_b)	0

注:1. h_r 为套筒内壁凸环肋净高;
　　2. 偏心率=偏心尺寸/套筒半径,偏心尺寸为钢筋中心与套筒中心的偏差值。

制作套筒用无缝钢管、钢筋及灌浆料力学性能分别见表 2-11～表 2-13,无缝钢管与钢筋通过单向拉伸试验获得其各项力学性能参数,灌浆料则通过同条件养护 40 mm×40 mm×160 mm 棱柱体试块测定其抗压强度,并给出了相关配合比及流动度参数。

表 2-11　无缝钢管材料性能

套筒类别	牌号	外径×壁厚 (mm)	屈服应力 f_{sy}(MPa)	极限应力 f_{su}(MPa)	弹性模量 E_s(MPa)
A、B类	Q345B	42×3.5	355	480	$2.06×10^5$
C类	Q390B	42×3.5	395	495	$2.06×10^5$
D类	Q390B	50×4.5	390	505	$2.06×10^5$
D类	Q390B	57×5.0	405	510	$2.06×10^5$

表 2-12　连接钢筋材料性能

直径(mm)	屈服应力 f_{by}(MPa)	极限应力 f_{bu}(MPa)	伸长率(%)	弹性模量 E_b(MPa)
14	430	618	—	$2.0×10^5$
16	440	604	25.3	$2.0×10^5$
22	452	637	22.7	$2.0×10^5$
25	455	625	22.1	$2.0×10^5$

表 2-13　灌浆料材料性能

类别	水料比	28 d 抗压强度 f_m(MPa)	28 d 抗折 强度(MPa)	流动度	
				初始	30 min
1类	0.13	63.0	11.1	—	—
2类	0.12	70.2	14.0	305	290
3类	0.12	75.6	13.3	—	—

2.3.2　单向拉伸试验

1) 试验加载与量测

单向拉伸试验在 500 kN 万能试验机上进行,在套筒与钢筋表面均粘贴电阻应变片,监测试件各测点在加载过程中的应变变化。在试件 SM-SD-G2-D25-1 和 SM-SD-G2-D25-2 中连接钢筋上布置了 6 点 FBG 光栅,测量钢筋锚固段的应力分布。试件加载装置、应变片与光栅布置见图 2-18。

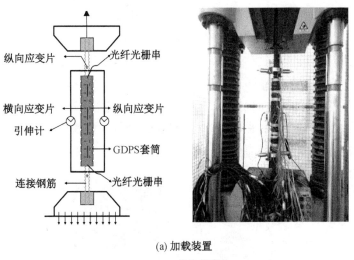

(a) 加载装置

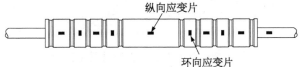

(b) SM-SB-G1-D14、SM-SB-G1-D16及SM-SA-G1-D16系列试件

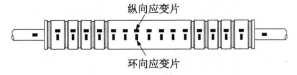

(c) SM-SC-G2-D16、SM-SD-G2-D22及SM-SD-G2-D25系列试件

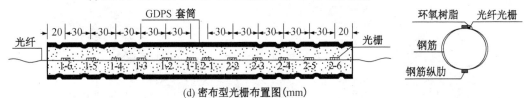

(d) 密布型光栅布置图(mm)

图 2-18　单向拉伸试验加载及测点布置

2）试验破坏形态

试件出现了钢筋断裂、钢筋拔出及套筒断裂三种破坏形态，见图 2-19。

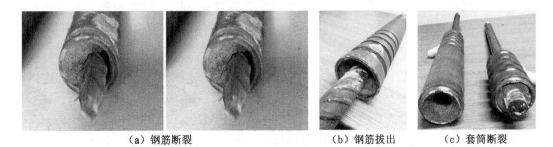

（a）钢筋断裂　　　　　　　　　　　（b）钢筋拔出　　　（c）套筒断裂

图 2-19　单向拉伸试件破坏形态

除 SM-SD-G2-D22-2、SM-SD-G2-D25-2 和 SM-SD-G3-D25-1 外,试件均为钢筋断裂破坏。荷载加至 $f_{byk} \cdot A_b$ 时,对套筒端部灌浆料进行观察,未发现明显的劈裂裂缝,钢筋与灌浆料粘结良好。加载至钢筋屈服($\varepsilon_y = 5\varepsilon_{byk}$),对套筒端部灌浆料进行观察发现,灌浆料出现 2～3 道径向劈裂裂缝,如图 2-20 所示。随着荷载增加,劈裂裂缝不断增多、发展,但套筒的约束作用避免了试件出现劈裂破坏。由于套筒端部灌浆料受到的套筒约束作用较小,并且裂缝在该处最先出现,开展最为充分,在钢筋拉断的瞬间由于剧烈震动产生的应力波造成套筒端部的灌浆料随之呈锥形剥落。

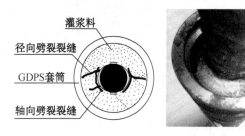

图 2-20 套筒端部灌浆料劈裂形态

选取典型的钢筋断裂试件(SM-SD-G2-D25-1)与钢筋拔出试件(SM-SD-G2-D25-2),并将其沿轴向剖开,如图 2-21 所示,观察试件内部开裂及滑移情况。

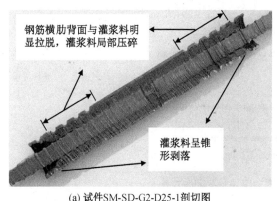
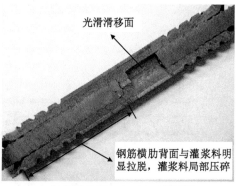

(a) 试件SM-SD-G2-D25-1剖切图   (b) 试件SM-SD-G2-D25-2剖切图

图 2-21 钢筋断裂试件破坏形态

对于钢筋断裂试件,如试件 SM-SD-G2-D25-1,灌浆料在套筒中线及中部第一道肋处呈环形开裂,同时在套筒变形段存在多道劈裂斜裂缝,钢筋横肋、灌浆料及套筒环肋之间的相互作用造成斜裂缝从钢筋横肋指向套筒内壁环肋,最大裂缝宽度 0.1 mm 左右。在套筒变形段可见钢筋从套筒端部逐肋向内部发生了粘结滑移,钢筋横肋背面与灌浆料拉脱(间隙逐肋向内减小),肋前灌浆料被局部压碎,最外侧四道钢筋横肋间的灌浆料已被剪断;在钢筋锚固段的后半部分,钢筋与灌浆料间未见明显拉脱、灌浆料压碎现象。套筒与灌浆料之间粘结良好,全长均未发现明显的拉脱及灌浆料压碎现象,表明套筒与灌浆料之间的粘结强度仍有富余。

对于钢筋拔出试件,如试件 SM-SD-G2-D25-2,与钢筋断裂破坏试件相比主要差异在于:一端连接钢筋由于钢筋横肋之间的灌浆料咬合齿被剪断而产生明显滑移,随着持续加载及滑移发展,滑移面不断地被磨损、锉平,最终形成光滑滑移面。另一端钢筋在锚固段内均可见钢筋横肋背面与灌浆料间拉脱现象(间隙逐肋向内减小),肋前灌浆料被局部压碎,套筒变形段钢筋与灌浆料的咬合齿已全部被剪断。

尽管试件 SM-SD-G2-D22-2、SM-SD-G2-D25-2 和 SM-SD-G3-D25-1 为粘结滑移破坏,但主要是由于连接钢筋进入了强化阶段后的钢筋超强造成。钢筋屈服后,其伸长量显著增加,受泊松效应影响,套筒端部的钢筋直径不断减小,灌浆料握裹作用逐渐削弱并向套筒中部延伸,钢筋与灌浆料之间的机械咬合作用也不断降低。随着荷载不断提高,钢筋横肋之间的灌浆料咬合齿被剪断,则钢筋外周形成新的滑移面。随着持续加载及滑移发展,滑移面不断地被磨损、锉平,最终形成光滑滑移面,钢筋连带肋间灌浆料一起缓慢被拔出。

试件 SM-SD-G3-D25-1 拔出破坏后,将其卸载后重新加载,套筒在靠近中部的第一道凹槽处断裂,断裂荷载为 217.3 kN($0.68P_u$)。GDPS 套筒在滚压过程中,环状凹槽部位产生塑性变形,由于是冷加工,硬化在整个塑性变形过程中起主导作用,套筒的抗力指标随着所承受的变形程度的增加而上升,塑性指标则随着变形程度的增加而逐渐下降。同时,套筒塑性变形后,凹槽处的管壁厚度减小,形成薄弱部位。由于试件 SM-SD-G3-D25-1 的极限荷载较大,并且在第一道凹槽处承担的拉力大于其他凹槽部位,在加工工程中及两次拉伸过程中积累了过大的冷变形,造成套筒在该处断裂。

3)试件结构性能指标

各试件结构性能关键指标列于表 2-14。

表 2-14 GDPS 试件单向拉伸结构性能关键指标

试件名称	编号	$\sigma_{s,max}/f_{syk}$[1,2]	P_u[3] (kN)	τ_r[4] (MPa)	τ_{max}[5] (MPa)	f_u/f_{byk}[6]	f_u/f_{buk}	u_0[7] (mm)	破坏模式
SM-SB-G1-D14	1	0.58	94.1	—	16.71	1.53	1.13		钢筋断裂
	2	0.60	94.5	—	16.79	1.53	1.14		钢筋断裂
	3	0.56	93.1	—	16.54	1.51	1.12		钢筋断裂
SM-SB-G1-D16	1	0.66	120.2	—	>18.68	1.49	1.11		钢筋断裂
	2	0.68	121.9	—	>18.95	1.52	1.12		钢筋断裂
	3	0.69	123.4	—	>19.18	1.53	1.14		钢筋断裂
SM-SA-G1-D16	1	0.70	124.5	—	>19.35	1.55	1.15		钢筋断裂
	2	0.72	124.4	—	>19.33	1.55	1.15		钢筋断裂

续表 2-14

试件名称	编号	$\sigma_{s,max}/f_{syk}^{1,2}$	P_u^3 (kN)	τ_r^4 (MPa)	τ_{max}^5 (MPa)	f_u/f_{byk}^6	f_u/f_{buk}	u_0^7 (mm)	破坏模式
SM-SC-G2-D16	1	0.69	119.4	—	>21.21	1.48	1.10	0.10	钢筋断裂
	2	0.67	119.2	—	>20.80	1.48	1.10	0.06	钢筋断裂
	3	0.71	121.1	—	>20.95	1.51	1.12	0.07	钢筋断裂
SM-SD-G2-D22	1	1.00	238.6	—	>21.85	1.57	1.16	0.09	钢筋断裂
	2	1.00	248.3	12.81 ($0.56\tau_{max}$)	22.88	1.63	1.21	0.08	钢筋粘结滑移
	3	1.00	237.6	—	>20.96	1.56	1.16	0.08	钢筋断裂
SM-SD-G2-D25	1	0.86	299.0	—	>21.39	1.52	1.13	0.08	钢筋断裂
	2	0.95	316.0	13.40 ($0.57\tau_{max}$)	23.40	1.61	1.19	0.10	钢筋拔出
	3	0.92	300.8	—	>21.89	1.53	1.13	0.07	钢筋断裂
SM-SD-G3-D25	1		320.5	12.22 ($0.52\tau_{max}$)	23.45	1.63	1.21		钢筋粘结滑移
	2		300.1	—	>21.47	1.53	1.13		钢筋断裂

注:1. $\sigma_{s,max}$ 为套筒中部最大拉应力;

　　2. f_{syk} 为套筒屈服强度标准值;

　　3. P_u 为接头最大承载力;

　　4. τ_r 为接头残余粘结强度;

　　5. τ_{max} 为接头粘结强度;

　　6. f_u 为接头最大拉应力;

　　7. u_0 为接头试件加载至 $0.6f_{byk}$ 并卸载后在规定标距内的残余变形。

　　所有试件的抗拉强度与连接钢筋的屈服强度的比值 f_u/f_{byk} 在 $1.48\sim1.63$ 之间,均大于 1.25;接头抗拉强度与连接钢筋的抗拉强度标准值的比值 $f_u/f_{buk}\geqslant1.10$,满足 JGJ 107—2010 中 Ⅰ 级接头及满足 ACI 318 中 Type 1 类单向拉伸强度要求。试件 SM-SD-G2-D22-2、SM-SD-G2-D25-2 和 SM-SD-G3-D25-1 之所以出现钢筋粘结滑移或拔出,亦是由于钢筋超强造成的。

　　SM-SB-G1-D14、SM-SB-G1-D16 和 SM-SA-G1-D16 系列试件在制作过程中,钢筋与套筒之间存在不同程度的偏心,偏心率为 $17.3\%\sim35.1\%$。但由于试件钢筋锚固长度较大,试件破坏模式均为钢筋断裂破坏,未出现钢筋粘结滑移破坏形态,试件的极限荷载与钢筋材性试验结果相近,钢筋、灌浆料及套筒相互之间的粘结承载力仍有较大富余。因此,未发现偏心对试件的承载力及破坏形态有明显影响。

　　SM-SC-G2-D16、SM-SD-G2-D22 及 SM-SD-G2-D25 系列试件的残余变形 u_0 均不大于 0.10 mm,满足 JGJ 107—2010 中的 Ⅰ 级接头变形要求。

　　表中套筒中部最大拉应力 $\sigma_{s,max}$ 近似由 $\sigma_{s,max}=E_s\cdot\varepsilon_{s,mid}$ 计算,$\varepsilon_{s,mid}$ 为套筒中部实测

应变。套筒屈服时 $\sigma_{s,\,max}$ 取 f_{syk}，f_{syk} 为钢管屈服强度标准值。结果表明，除 SM-SD-G2-D22 系列试件套筒中部在试件破坏时进入屈服阶段外，其余试件套筒均处于弹性阶段，即 $\sigma_{s,\,max}/f_{syk} < 1.0$。

对于钢筋拔出破坏试件，其极限粘结强度 τ_{max} 可由 $\tau_{max} = P_u/(\pi \cdot d_b \cdot L_a)$ 计算得到，对于钢筋断裂破坏试件，其极限粘结强度未知。残余粘结强度 τ_r 可由残余荷载 P_r 按上式计算得到，P_r 取钢筋拔出阶段的荷载最小值。计算结果表明，钢筋的残余粘结强度均超过平均粘结强度的 50%，满足 CEB-FIP Model Code 1990 中约束混凝土条件下钢筋残余粘结强度可取极限粘结强度的 40% 的建议。

4）试验荷载-位移曲线

单向拉伸试验的典型荷载-位移关系曲线见图 2-22，其中，位移为试验机夹具间的相对位移。

钢筋断裂破坏试件的曲线形状与钢筋材性试验荷载-位移曲线相似，共分四个阶段。上升段试件刚度较大，荷载与位移基本呈线性关系，在该阶段，连接钢筋横肋与灌浆料之间相互挤压，产生微观裂缝，在套筒端部未发现明显的劈裂裂缝；水平段为钢筋屈服阶段；第二个上升段为钢筋强化阶段，在该阶段钢筋与灌浆料之间充分挤

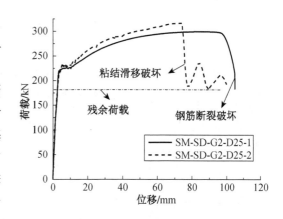

图 2-22　单向拉伸试验荷载-位移曲线

压，肋前灌浆料破碎区不断扩大，灌浆料劈裂裂缝充分开展；下降段则为钢筋颈缩阶段。

粘结滑移破坏试件的曲线第一个上升段及水平段与钢筋断裂破坏时基本重合，进入钢筋强化阶段后，随着钢筋与灌浆料之间咬合齿被剪断，钢筋连带肋间充满的灌浆料一起被缓慢地拔出。由于套筒的约束作用，粘结滑移破坏仍表现出较好的延性，钢筋在拔出过程中荷载-位移曲线呈波浪形，并保持较高的残余强度。这是由于套筒内部灌浆料没有粗骨料，钢筋横肋间的灌浆料虽被压碎，但并没有形成空隙。同时在钢筋拔出阶段，套筒内壁的多道凸环肋对钢筋及灌浆料的滑移有较强的止推作用，之前蓄积在套筒中的应力也开始释放，这在一定程度上弥补了由于滑移面被不断挫平造成的径向约束压力损失，从而使钢筋在拔出过程中仍保持较高的粘结应力。

5）钢筋粘结应力分布规律

图 2-23 为试件 SM-SD-G2-D25-3 采用密布光纤光栅测得的钢筋锚固段钢筋应变随荷载增加的变化规律。从图中可以看出，钢筋屈服前应变-荷载关系基本呈线性，钢筋屈服后应变显著增长，表明光纤光栅工作良好，能够较好地反映钢筋的应变变化。由于钢筋屈服后变形过大，光纤光栅损坏，未能测得后续的钢筋应变。

图 2-24 为试件 SM-SD-G2-D25-3 连接钢筋应变沿锚固段的分布规律。在锚固长度范围内，连接钢筋应变从套筒端部（钢筋加载端）向套筒中部（钢筋自由端）逐渐降低。随

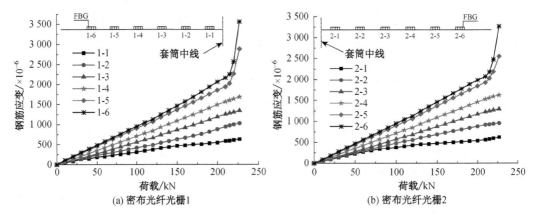

图 2-23　钢筋应变-荷载关系曲线

(a) 密布光纤光栅1　　　(b) 密布光纤光栅2

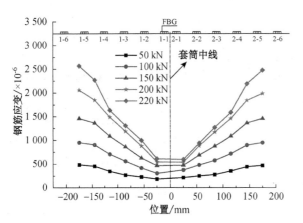

图 2-24　锚固段钢筋应变分布

着荷载的增大,连接钢筋自由端应变变化较小,加载端钢筋应变增长较快,靠近套筒端部的测点 1-5、1-6、2-5、2-6 的应变已进入屈服阶段时,钢筋自由端的应变仅为 600×10^{-6} 左右。两根连接钢筋的应变基本呈对称分布。

利用连接钢筋应变测试结果,将其乘以钢筋的弹性模量 E_b,根据 $\sigma_{bi} = E_b \cdot \varepsilon_{bi}$,可得到各测点的钢筋应力。假设两个测点之间的粘结应力均匀分布,根据钢筋的应力平衡条件可得各分段的平均粘结应力:

$$\tau = \frac{A_b}{u_b} \cdot \frac{\Delta \sigma_{bn}}{l_n} = \frac{d_b}{4} \cdot \frac{\Delta \sigma_{bn}}{l_n} \tag{2-1}$$

式中:$\Delta \sigma_{bn}$ 为相邻测点的钢筋应力差,l_n 为相邻测点的距离,u_b 为钢筋周长,A_b 为钢筋截面积。图 2-25 为根据试验结果计算得到的钢筋粘结应力分布,并采用样条曲线进行了拟合。可以看出,粘结应力在锚固长度范围内并非均匀分布,而是呈马鞍形分布。当荷载较小时,粘结应力的峰值点靠近套筒端部(钢筋加载端),套筒中部(钢筋自由端)附近的粘结应力很小。随着荷载增加,钢筋自由端的粘结应力逐渐增大,峰值点有向钢筋自由端漂移的趋势。同时,随着荷载的增加,

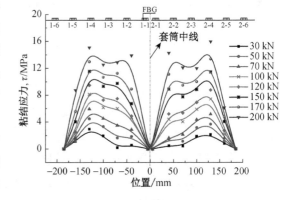

图 2-25　钢筋粘结应力分布

钢筋自由端附近对钢筋粘结强度的贡献逐渐加大,粘结应力分布曲线逐渐变陡。

6) GDPS 灌浆套筒应变变化及分布规律

图 2-26 为荷载-套筒表面轴向应变关系曲线。由图中可见,套筒中部(无肋段)轴向应变为拉应变,套筒变形段凸肋间的轴向应变主要为压应变。除试件 SM-SD-G2-D22-1

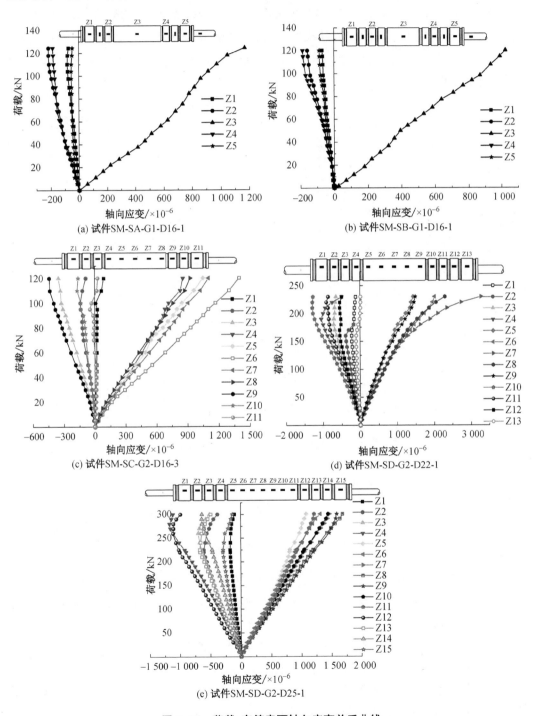

图 2-26 荷载-套筒表面轴向应变关系曲线

由于套筒中部区域屈服,应变呈非线性增长外,其余轴向应变基本呈线性增长。在加载后期(钢筋屈服后),试件 SM-SC-G2-D16-3、SM-SD-G2-D22-1 及 SM-SD-G2-D25-1 变形段应变曲线分别在 95 kN、180 kN 和 240 kN 左右时出现转折,应变增速减缓,并有向拉应变转换的趋势。

图 2-27 为套筒轴向应变沿套筒长度方向的分布曲线,为减小由于灌浆料非匀质性及套筒凸肋处应力集中造成的试验结果的离散,应变值取同型号三个试件应变的平均值。曲线可分三段,左、右端为套筒变形段的应变分布,中部为套筒无肋段的应变分布,以套筒中线近似呈对称分布。

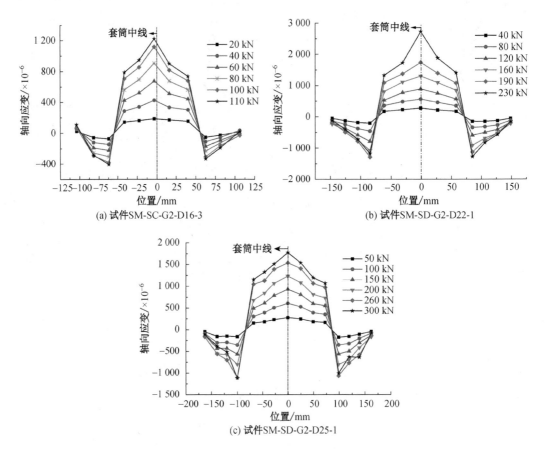

图 2-27　套筒轴向应变分布规律

套筒中部无肋段轴向应变为拉应变,从套筒中线处近似呈指数曲线向两端衰减,并在套筒第一道肋处从拉应变突变为压应变。套筒变形段轴向应变为压应变,峰值位于中部第一道肋外侧,并向套筒端部衰减。

表 2-15 为 SM-SC-G2-D16、SM-SD-G2-D22 和 SM-SD-G2-D25 系列试件套筒光滑段及变形段与灌浆料的平均粘结应力计算结果。

$\tau_{s,1}$ 为套筒光滑段与灌浆料平均粘结应力,近似按式(2-2)计算,$\varepsilon_{s,1}$ 为套筒光滑段端部的轴向应变实测值;A_s 为套筒截面面积;d_b 为钢筋直径。

$$P_{s,1} = \tau_{s,1} \cdot \pi d_b \cdot 0.5L_1 = (\sigma_{s,\text{mid}} - \sigma_{s,1}) \cdot A_s = (\varepsilon_{s,\text{mid}} - \varepsilon_{s,1}) \cdot E_s \cdot A_s \quad (2\text{-}2)$$

$\tau_{s,2}$ 为套筒变形段与灌浆料平均粘结应力,按式(2-3)计算。

$$\tau_{s,2} = \frac{P_{s,2}}{\pi(D - 2t_s) \cdot (L_2 - L_3)} = \frac{P_u - P_{s,1}}{\pi(D - 2t_s) \cdot (L_2 - L_3)} \quad (2\text{-}3)$$

τ_s 为套筒全长与灌浆料的平均粘结应力,按式(2-4)计算。

$$\tau_s = \frac{P_u}{\pi(D - 2t_s) \cdot (0.5L - L_3)} \quad (2\text{-}4)$$

试件破坏时,套筒光滑段与灌浆料的粘结应力主要为摩擦力;对于套筒变形段,粘结应力主要包括摩擦力和机械咬合力。根据表 2-15 的计算结果,套筒光滑段的平均粘结应力仅略小于变形段,套筒光滑段的粘结力 $P_{s,1}$ 约为试件破坏荷载 P_u 的 40%,可以推断套筒变形段与灌浆料的机械咬合力尚未达到峰值,粘结强度仍有较大富余。

表 2-15　套筒-灌浆料平均粘结应力

试件	$\tau_{s,1}$ (MPa)	$P_{s,1}$ (kN)	$\tau_{s,2}$ (MPa)	$P_{s,2}$ (kN)	τ_s (MPa)	$\alpha = P_{s,1}/P_u$
SM-SC-G2-D16	8.70	47.8	9.28	72.1	9.04	0.399
SM-SD-G2-D22	10.59	96.8	11.61	142.0	11.17	0.405
SM-SD-G2-D25	9.12	114.9	12.88	184.5	11.12	0.384

图 2-28 为荷载-套筒环向应变关系曲线,套筒两端变形段和中部光滑段的环向应变均为压应变,其应变绝对值小于同位置处的轴向应变。从图 2-28(a)、(b)、(c)可以看出,试件 SM-SA-G1-D16-1、SM-SB-G1-D16-1 及 SM-SC-G2-D16-3 在荷载小于 95 kN 时,环向应变基本呈线性增长,在荷载为 95 kN 左右时,除套筒中部应变(H6)外,其余部位应变的测量值逐渐随荷载增加的速度减缓,套筒变形段的压应变逐渐减小,试件破坏时 H1 处应变测量结果变为拉应变,表明在加载后期,随着灌浆料劈裂变形的增大,套筒端部的约束作用逐渐显现。

从图 2-28(d)、(e)可以看出,试件 SM-SD-G2-D22-1 和 SM-SD-G2-D25-1 分别在 180 kN 和 240 kN 时,荷载-套筒环向应变关系曲线出现与试件 SM-SC-G2-D16-3 等类似的转折,在之前应变基本呈线性增长。试件 SM-SD-G2-D22-1 由于套筒中部受拉屈服,受泊松效应影响,中部环向应变(H8)呈非线性增长。

图 2-29 为套筒环向应变沿套筒长度方向的分布曲线,为减小由于灌浆料非匀质性及套筒凸肋处应力集中造成的试验结果的离散,应变值取同型号三个试件应变的平均值。该曲线与荷载-轴向应变关系曲线类似,可分为三段,左、右端为套筒变形段的应变分布,中部为套筒无肋段的应变分布,以套筒中线近似呈对称分布。曲线存在三个峰值点,分别为套筒中部和中部两侧第一道肋处。中部无肋段环向应变从套筒中线处近似呈指数曲线向两端衰减,变形段从中部第一道肋处向套筒端部衰减。

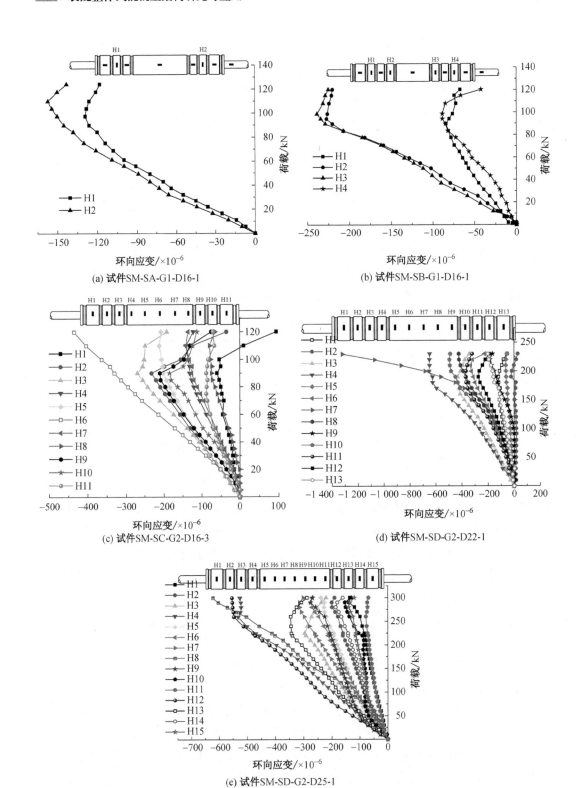

(a) 试件SM-SA-G1-D16-1

(b) 试件SM-SB-G1-D16-1

(c) 试件SM-SC-G2-D16-3

(d) 试件SM-SD-G2-D22-1

(e) 试件SM-SD-G2-D25-1

图 2-28　荷载-套筒环向应变关系曲线

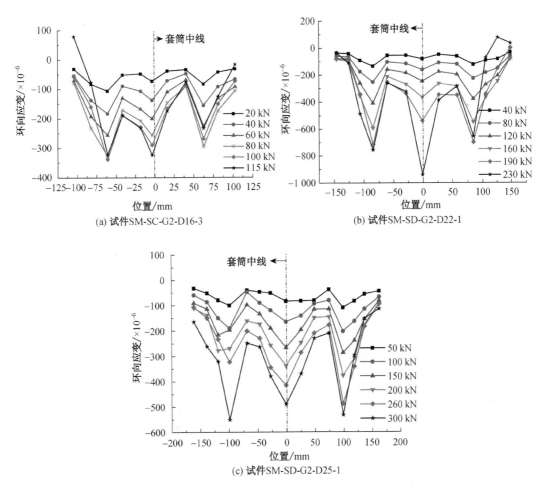

(a) 试件SM-SC-G2-D16-3

(b) 试件SM-SD-G2-D22-1

(c) 试件SM-SD-G2-D25-1

图 2-29　套筒环向应变分布规律

2.3.3　反复拉压试验

1）试验加载与量测

课题组专门设计了可实现反复拉压加载的装置[图 2-30(a)]，该装置通过 2 台穿心式液压千斤顶实现对试件的反复拉压，结合引伸计、力传感器及钢筋应变片[粘贴位置见图 2-30(b)]的实时监测结果对加载过程进行控制。

（a）反复拉压加载装置

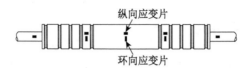

（b）试件应变片布置图

图 2-30　单向拉伸试验加载及测点布置

试件加载制度按照《钢筋机械连接技术规程》(JGJ 107—2010)对钢筋接头型式检验的有关规定确定,开展了高应力反复拉压试验与大变形反复拉压试验,试验加载制度见表 2-16。

表 2-16　反复拉压试验加载制度

试验类别	加载制度		
	拉	压	循环次数
高应力反复拉压试验	$0.9f_{byk}{}^{1}$	$0.5f_{byk}$	20
大变形反复拉压试验	$2\varepsilon_{byk}{}^{2}$	$0.5f_{byk}$	4
	$5\varepsilon_{byk}$	$0.5f_{byk}$	4

注:1. f_{byk} 为钢筋屈服强度标准值;
　　2. ε_{byk} 为钢筋应力为屈服强度标准值对应的应变。

2）试验破坏形态

与单向拉伸试验相似,反复拉压试件同样出现了钢筋断裂与钢筋拔出两种破坏形态。高应力反复拉压试件经过循环加载后,套筒端部灌浆料未见明显劈裂及其他灌浆料破坏现象,钢筋、灌浆料及套筒三者粘结良好,如图 2-31(a)所示。而大变形反复拉压试件经循环加载后,套筒端部灌浆料存在 2～3 道径向劈裂裂缝,如图 2-31(b)所示。亦由此表明,灌浆料的劈裂是在钢筋屈服后,与单向拉伸试件观察到的结果一致。

（a）试件EC-SD-G2-D25-2　　　　　　（b）试件PC-SD-G2-D22-2

图 2-31　反复拉压试件破坏形态

3）试件结构性能指标

表 2-17 和表 2-18 分别为高应力反复拉压试件和大变形反复拉压试件的主要试验结果。可以看出,试件的抗拉强度与连接钢筋屈服强度标准值的比值 f_u/f_{byk} 均在 1.46～1.54 之间,均大于 1.25;抗拉强度与连接钢筋抗拉强度标准值的比值 $f_u/f_{buk} \geqslant 1.10$ 或

发生钢筋断裂破坏,满足 JGJ 107—2010 中Ⅰ级接头及满足 ACI 318 中 Type 1 类单向拉伸强度要求。

高应力反复拉压试件的残余变形 u_{20} 均小于 0.3 mm,大变形反复拉压试件的残余变形 u_4 和 u_8 均小于对应的规范允许值 0.3 mm 和 0.6 mm,满足 JGJ 107—2010 中的Ⅰ级接头变形要求。

通过对比表 2-16、表 2-17、表 2-18 可以发现,钢筋直径 22 mm 反复拉压试件(EC-SD-G2-D22-1、EC-SD-G2-D22-3 及 PC-SD-G2-D22-2)的平均极限粘结强度为 20.60 MPa,较单向拉伸试件 SM-SD-G2-D22-2 降低了 10%;钢筋直径 25 mm 反复拉压试件 PC-SD-G2-D25-3 的极限粘结强度为 20.83 MPa,较单向拉伸试件 SM-SD-G2-D25-2 降低了 11%。这一结果表明,钢筋套筒灌浆连接在反复拉压过程中存在粘结强度的退化现象。

与单向拉伸试验结果类似,接头试件经反复拉压循环后,钢筋的残余粘结强度仍均超过平均粘结强度的 50%,满足 CEB-FIP Model Code 1990 中约束混凝土条件下钢筋残余粘结强度可取极限粘结强度的 40% 的建议。

表 2-17 高应力反复拉压试件结构性能关键指标

试件名称	编号	P_u (kN)	τ_r (MPa)	τ_{max} (MPa)	f_u/f_{byk}	f_u/f_{buk}	u_{20}[1] (mm)	破坏模式
EC-SC-G2-D16	1	121.4	—	>21.00	1.51	1.12	0.13	钢筋断裂
	2	117.1	—	>20.44	1.46	1.08	0.18	钢筋断裂
	3	117.8	—	>20.38	1.46	1.08	0.12	钢筋断裂
EC-SD-G2-D22	1	233.2	11.68 (0.56τ_{max})	20.83	1.53	1.14	0.20	钢筋粘结滑移
	2	233.1	>20.82		1.53	1.14	0.21	钢筋断裂
	3	230.3	10.63 (0.52τ_{max})	20.44	1.51	1.12	0.25	钢筋粘结滑移
EC-SD-G2-D25	1	287.9	—	>20.25	1.47	1.09	0.26	钢筋断裂
	2	299.5	—	>21.19	1.53	1.13	0.22	钢筋断裂
	3	302.9	—	>21.31	1.54	1.14	0.20	钢筋断裂

注:1. u_{20} 为接头试件经高应力反复拉压 20 次后的残余变形。

表 2-18 大变形反复拉压试件结构性能关键指标

试件名称	编号	P_u (kN)	τ_r (MPa)	τ_{max} (MPa)	f_u/f_{byk}	f_u/f_{buk}	u_4[1] (mm)	u_8[2] (mm)	破坏模式
PC-SC-G2-D16	1	115.8	—	>20.57	1.44	1.07	0.15	0.34	钢筋断裂
	2	123.6	—	>21.57	1.54	1.14	0.16	0.34	钢筋断裂
	3	118.1	—	>20.43	1.47	1.09	0.17	0.36	钢筋断裂

续表 2-18

试件名称	编号	P_u(kN)	τ_r(MPa)	τ_{max}(MPa)	f_u/f_{byk}	f_u/f_{buk}	$u_4^{\,1}$(mm)	$u_8^{\,2}$(mm)	破坏模式
	1	233.5	—	＞20.73	1.54	1.14	0.18	0.40	钢筋断裂
PC-SD-G2-D22	2	230.0	11.13 (0.54τ_{max})	20.54	1.51	1.12	0.19	0.43	钢筋粘结滑移
	3	231.1	—	＞20.64	1.52	1.13	0.22	0.47	钢筋断裂
	1	295.2	—	＞21.12	1.50	1.11	0.20	0.46	钢筋断裂
PC-SD-G2-D25	2	291.8	—	＞20.08	1.49	1.10	0.22	0.48	钢筋断裂
	3	294.5	10.75 (0.52τ_{max})	20.83	1.50	1.11	0.25	0.52	钢筋粘结滑移

注：1. u_4 为接头试件经大变形反复拉压 4 次后的残余变形；
  2. u_8 为接头试件经大变形反复拉压 8 次后的残余变形。

4）试验荷载-位移曲线

图 2-32～图 2-34 分别为试件 EC-SC-G2-D16-2、EC-SD-G2-D22-2 及 EC-SD-G2-D25-2 反复拉压加载过程中的荷载-位移曲线，其中位移为通过引伸计测得的变形测量

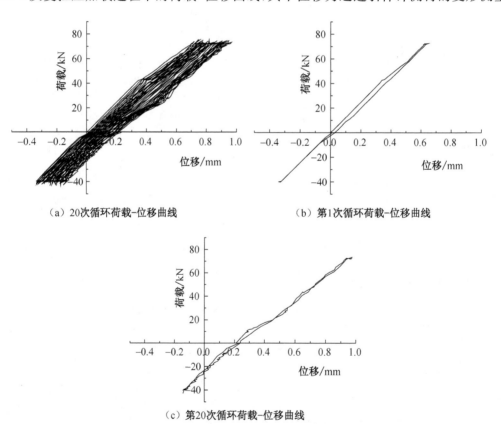

（a）20次循环荷载-位移曲线　　　　（b）第1次循环荷载-位移曲线

（c）第20次循环荷载-位移曲线

图 2-32　试件 EC-SC-G2-D16-2 高应力反复拉压荷载-位移曲线

标距间的位移,测量标距 $L_g = L + 4d_b$,式中 L 为套筒长度,d_b 为钢筋公称直径。试件受拉时荷载为正,受压时荷载为负。为更清楚地表明接头试件在反复拉压荷载作用下的荷载-位移变化规律,将第一次循环及最后一次循环的变化曲线单独绘制。

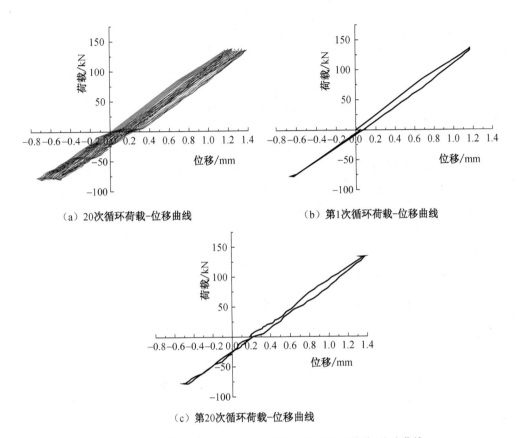

（a）20次循环荷载-位移曲线　　　　　（b）第1次循环荷载-位移曲线

（c）第20次循环荷载-位移曲线

图 2-33　试件 EC-SD-G2-D22-2 高应力反复拉压荷载-位移曲线

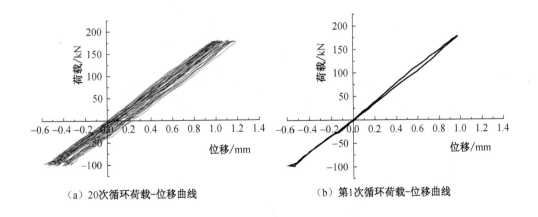

（a）20次循环荷载-位移曲线　　　　　（b）第1次循环荷载-位移曲线

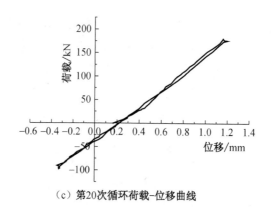

（c）第20次循环荷载-位移曲线

图 2-34　试件 EC-SD-G2-D25-2 高应力反复拉压荷载-位移曲线

随着循环次数的增加，残余变形逐渐增加，但 20 次循环之后，三种规格试件的残余变形均小于 0.30 mm；在第 1 次循环和第 20 次循环中，接头试件的轴向位移随荷载基本呈线性变化，并且接头的刚度基本没有出现退化，这表明在高应力反复拉压过程中钢筋与灌浆料之间的粘结滑移很小，接头的变形以钢筋的弹性变形为主。这也与试验过程中观察到的现象一致：试件经过高应力反复拉压循环加载后，套筒端部（最先出现粘结破坏部位）灌浆料未见明显劈裂裂缝，钢筋、灌浆料及套筒三者粘结良好。

图 2-35 为试件 PC-SC-G2-D16-3、PC-SD-G2-D22-3 及 PC-SD-G2-D25-3 大变形反复

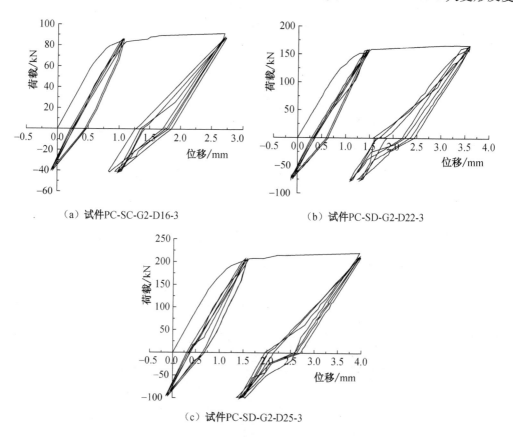

（a）试件PC-SC-G2-D16-3　　　　　　　（b）试件PC-SD-G2-D22-3

（c）试件PC-SD-G2-D25-3

图 2-35　大变形反复拉压典型荷载-位移曲线

拉压加载过程中的荷载-位移曲线,其中横坐标为引伸计夹持点间的位移,试件受拉时荷载为正,受压时荷载为负。由于套筒灌浆连接接头体积较大,且为金属、水泥基材料、钢筋的结合体,其变形能力较差。若采用 JGJ 107—2010 中的测量标距进行加载控制,会造成钢筋应变较大而实际试验拉力变大,检验要求超过常规机械连接接头很多。因此,依据 JGJ 355—2015,测量标距 $L_g = \dfrac{L}{4} + 4d_b$。图中可见:随着循环次数的增加,残余变形逐渐累加,前 4 次循环后的接头残余变形小于后 4 次循环。表明随着钢筋屈服并进入强化阶段,钢筋直径不断减小,灌浆料对钢筋的握裹作用削弱,并且灌浆料开始出现劈裂裂缝,造成钢筋与灌浆料间的粘结滑移增加,接头残余变形增大。

图 2-36 为典型试件 EC-SD-G2-D22-2、EC-SD-G2-D22-3 及 PC-SD-G2-D25-3 循环加载后的单向拉伸荷载-位移曲线,其中横坐标为试验机夹具间的相对位移。该试件经过 8 次大变形反复拉压循环后在拉力作用下最终发生钢筋粘结滑移破坏。由于在反复拉压过程中钢筋已屈服,因此循环加载后试件的荷载-位移曲线中屈服平台消失。除此之外,曲线形状仍与单根钢筋的拉伸荷载-位移曲线相似。在第一个上升段,荷载与位移基本呈线性关系,随后曲线进入钢筋强化阶段。由于钢筋的粘结强度小于其抗拉强度,随着钢筋与灌浆料之间咬合齿被剪断,钢筋连带肋间充满的灌浆料一起被缓慢地拔出。在钢筋拔出阶段,与单向拉伸试件类似,荷载-位移曲线呈波浪形,并保持较高的残余强度,表现出较好的延性。

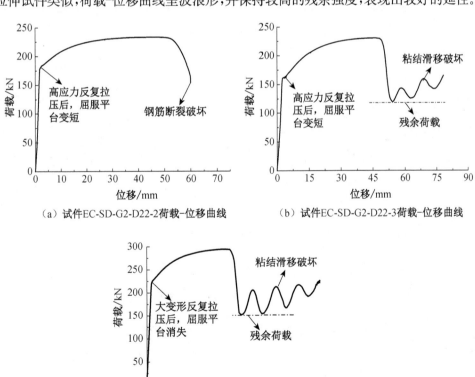

（a）试件EC-SD-G2-D22-2荷载-位移曲线　　（b）试件EC-SD-G2-D22-3荷载-位移曲线

（c）试件PC-SD-G2-D25-3荷载-位移曲线

图 2-36　拉压循环后单向拉伸荷载-位移曲线

5）GDPS 灌浆套筒应变变化及分布规律

图 2-37 为试件 EC-SD-G2-D25-1 和 PC-SD-G2-D22-3 在反复拉压荷载作用下 GDPS 套筒的应变变化。为更清楚地表明套筒在反复拉压荷载作用下的应变变化规律，将第一次循环的荷载-套筒应变关系曲线单独绘制，如图 2-38、图 2-39 所示。由图中可见，在拉力作用下，套筒应变变化与单向拉伸试件一致；在压力作用下，随着荷载方向的改变而由拉应变转为压应变或反之。由于在反复拉压试验中，最大荷载接近或仅略高于屈服荷载，套筒应变随荷载增加始终呈线性变化，未出现单向拉伸试件中的转折点。

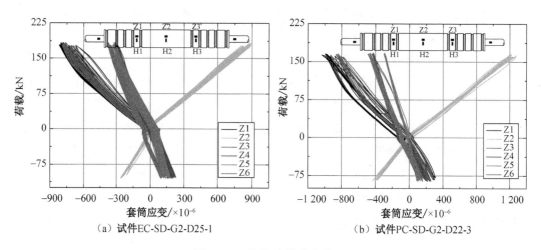

(a) 试件 EC-SD-G2-D25-1　　　　　　(b) 试件 PC-SD-G2-D22-3

图 2-37　荷载-套筒应变关系

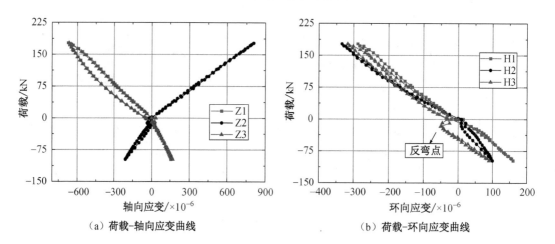

(a) 荷载-轴向应变曲线　　　　　　(b) 荷载-环向应变曲线

图 2-38　试件 EC-SD-G2-D25-1

从图 2-38(a)和图 2-39(a)可以看出，试件在拉力作用下，套筒轴向应变变化曲线的斜率小于在压力作用下的曲线斜率。其原因主要是由于灌浆料的抗压能力大于其抗拉能力，造成试件在压力作用下灌浆料分担了更多的荷载。

试件在拉力作用下，钢筋的"锥楔"作用造成灌浆料产生径向膨胀变形，灌浆料的非弹性性质造成了试件卸载后其中的一部分变形无法恢复，进而造成套筒存在相对较大的环

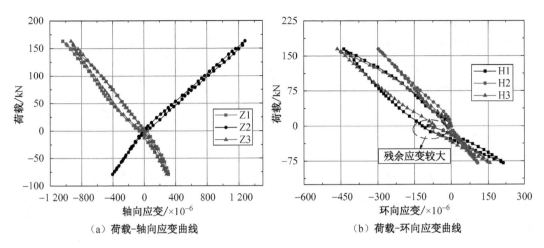

（a）荷载-轴向应变曲线　　　　（b）荷载-环向应变曲线

图 2-39　试件 PC-SD-G2-D22-3

向残余应变，如图 2-38(b)和图 2-39(b)所示，试件 PC-SD-G2-D22-3 的应变片 H1 和 H3 表现更为明显。同时，荷载从零转变为压力时，应变片 H1 和 H3 的变化曲线存在反弯点：当压力较小时，压应变有一个短暂的增长过程，然后随着压力的增大逐渐过渡为拉应变。这主要是由于荷载在从拉力转变为压力的过程中，套筒及灌浆料发生应力重分布，应变滞后造成的。

2.3.4　GDPS 套筒工作机理

钢筋套筒灌浆连接通过钢筋、灌浆料、钢套筒的相互粘结将荷载从一端钢筋传递到另一端钢筋。在拉力作用下，由于钢筋"锥楔"作用产生的灌浆料径向膨胀变形受到套筒的约束，使灌浆料处于有效侧向约束状态，与钢筋的粘结强度显著提高，钢筋锚固长度从而大幅度减小。

在拉力作用下，由于钢筋的锥楔作用，灌浆料产生径向位移，从而在灌浆料径向产生压应力，环向产生拉应力，当环向拉应力超过灌浆料的抗拉强度时，即在钢筋与灌浆料界面处出现劈裂裂缝。同时，灌浆料的径向位移及劈裂膨胀在灌浆料和套筒界面处产生约束应力 f_n，在灌浆料内部产生压应力 σ_g，在套筒环向产生拉应力 σ_s，如图 2-40 所示。

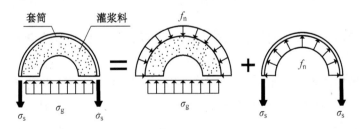

图 2-40　灌浆套筒约束示意图

然而 GDPS 套筒并未表现出上文所述环向拉应力，造成这一现象的原因是由于套筒内腔结构的影响。尽管钢筋套筒灌浆连接均是利用套筒的约束作用提高钢筋的粘结强度,但套筒内腔结构的不同会影响套筒的约束效果及约束机理,对应的套筒应变分布规律也有显著差异。对于 GDPS 套筒,其内腔结构可分为三段,即两端变形段和中部光滑段。套筒应变测量结果表明:光滑段轴向应变为拉应变,变形段主要为压应变,在中部第一道环肋处轴向应变发生突变;套筒环向全长主要表现为压应变。造成这一独特应变规律的原因如下:

(1) GDPS 套筒在两端布有多道环状凹槽和凸肋,在拉力作用下套筒与灌浆料的相互作用造成套筒内壁环肋处存在较大的挤压力,如图 2-41(a)所示。造成凹槽间的筒壁处于局部径向弯曲状态,套筒轴向应力沿径向不均匀分布,外表面受压,内表面受拉2-41(b)。

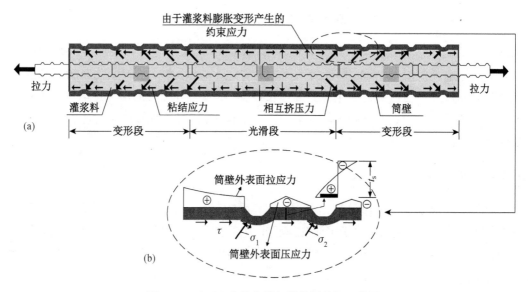

图 2-41 GDPS 套筒内壁与灌浆料的相互作用

(2) 套筒变形段环肋与灌浆料的挤压作用在阻止灌浆料跟随钢筋滑移的同时,其径向分力对灌浆料产生约束,并且该约束在加载初期即随着套筒与灌浆料的相互作用而出现,承担了套筒变形段灌浆料的大部分膨胀变形,从而造成凹槽间的筒壁环向应变始终以压应变为主。

(3) 对于套筒光滑段,在拉力荷载作用下,套筒的桥连作用使套筒中部产生轴向拉应变。

(4) 试件破坏过程及形态表明,灌浆料的劈裂首先在套筒端部出现,从钢筋加载端向自由端(套筒中部)逐渐出现和延伸,因此光滑段内的灌浆料劈裂膨胀相对较小。根据弹性力学理论[式(2-5),式中 ε_θ 为环向应变,σ_θ 为环向应力,σ_r 为径向应力,σ_z 为轴向应力,ν_s 为泊松比],当套筒因灌浆料劈裂膨胀造成的环向拉应变小于因泊松效应(套筒在拉力作用下沿轴向伸长)产生的环向压应变时,则最终的应变为压应变。

$$\varepsilon_\theta = \frac{1}{E_s}(\sigma_\theta - \nu_s \cdot \sigma_r - \nu_s \cdot \sigma_z) \tag{2-5}$$

综上所述,套筒光滑段的约束作用相对滞后,应变的大小取决于灌浆料膨胀变形的大小。若将 GDPS 套筒环肋数量减少至两端各一道,则形成类似于 Einea 等采用的套筒,此时灌浆料将会产生显著的劈裂膨胀变形,钢筋滑移量增加;套筒变形段的约束则与 Ling 等试验采用的锥形套筒类似,在加载初期即随着灌浆料与套筒间的相对滑移而出现,类似于主动约束。同时,由于套筒中部拉应力较大,靠近套筒中部的肋环处往往成为薄弱部位,套筒易在该位置被拉断。因此,可以推断套筒环肋的数量及分布对 GDPS 套筒的约束效果有重要影响,进而影响连接钢筋的粘结性能。

2.3.5　主要结论

GDPS 套筒在加工工艺、套筒构造等方面与现有套筒产品有较大差异,具有加工工艺简单,材料利用率高等优点。通过单向拉伸试验和反复拉压试验,对其破坏模式、结构性能、工作机理等进行了研究,主要得出以下结论:

(1) GDPS 灌浆套筒连接接头的承载力取决于钢筋-灌浆料粘结强度、钢筋抗拉强度及套筒抗拉强度中的较小值。

(2) 套筒端部内壁设置净高 2.0~2.5 mm,间距 20~25 mm 的凸环肋可满足套筒与灌浆料的粘结强度要求,避免接头出现套筒-灌浆料粘结滑移破坏。

(3) 试件的钢筋锚固长度为 6.9~9.1 倍钢筋直径,大部分试件的钢筋锚固长度在 7.0 倍钢筋直径左右。试验结果表明,所有接头的抗拉强度与连接钢筋抗拉强度标准值的比值 $f_u/f_{buk} \geqslant 1.10$ 或接头断于钢筋,满足 JGJ 107—2010、ACI 318—11 中规定的强度要求;同时,残余变形均小于规范要求的允许值,表现出良好的结构性能。

(4) GDPS 套筒的约束作用可避免套筒灌浆连接接头出现劈裂破坏,同时使连接钢筋具有较高的残余粘结强度,其数值大于极限粘结强度的 50%。

(5) 钢筋套筒灌浆连接接头在反复拉压过程中,存在钢筋粘结强度退化现象,平均粘结强度较单向拉伸试件约降低 10%。

(6) 锚固长度内的两根连接钢筋的应变及据此计算的粘结应力基本以套筒中线为对称轴呈对称分布。每根钢筋的粘结应力呈马鞍形分布,钢筋应变从加载端向自由端递减,粘结应力的峰值点靠近加载端并随着荷载的增加有向内漂移的趋势。

(7) 套筒的内腔结构影响套筒的约束机理及应变分布。对于 GDPS 套筒,套筒应变分布与其内腔结构对应,在光滑段和变形段表现出不同的规律。

(8) GDPS 套筒变形段对灌浆料的约束主要来自内壁环肋处相互挤压力的竖向分力,该约束类似于主动约束,在加载初期即随着套筒与灌浆料的相对滑移而出现;套筒光滑段对灌浆料的约束则主要取决于灌浆料劈裂变形的大小,属于被动约束。

第3章

装配整体式混凝土剪力墙
结构节点连接技术研究

装配整体式混凝土结构通过将现浇混凝土结构进行拆分、预制并进行现场吊装、拼接而成,"离散"的预制混凝土构件之间形成大量节点连接,其科学、合理的连接技术是确保其结构整体性、实现"等同现浇"性能目标的关键。

针对装配整体式混凝土剪力墙结构关键部位节点,包括预制剪力墙竖向/水平连接节点、预制剪力墙与连梁连接节点、预制剪力墙与楼板连接节点,开展系列试验研究,并通过子结构模型试验进行了各专项技术的系统验证。

3.1 装配整体式混凝土剪力墙结构节点概述

根据混凝土剪力墙结构特点,装配式混凝土剪力墙结构主要预制构件包括全预制或叠合形式的墙板、楼板(屋面板)、连梁以及阳台板、空调板、楼梯等,各构件间通过受力钢筋连接或现浇混凝土连接形成"等同现浇"的整体结构,参见图 3-1。

节点的分类方式很多,可按照节点所在位置、使用材料与施工工艺、构造形式及设计原则等进行分类。此处按照节点受力特性及其对结构整体性能,尤其是抗震性能的贡献,将装配整体式混凝土剪力墙结构涉及的节点分为结构性节点与非结构性节点两大类。

(a) 全预制剪力墙[1]

(b) 叠合形式剪力墙[2]

（c）带钢筋桁架叠合楼板　　　　　　（d）预制预应力叠合楼板

（e）预制连梁　　　　　　　　　　（f）预制阳台板

（g）预制空调板　　　　　　　　　（h）预制楼梯

图 3-1　装配整体式混凝土剪力墙结构预制构件示例

注：1. 同第 1 章的图 1-3 所示"全装配"剪力墙；2. 同第 1 章的图 1-4 所示"双板叠合"剪力墙。

3.1.1　结构性节点

结构性节点实质上是指由装配整体式混凝土剪力墙结构构件之间相互连接所形成的节点，其直接决定了结构整体性与抗震性能。根据前文所述装配整体式混凝土剪力墙结构构件形式，结构性节点一般包括预制剪力墙竖向连接节点（相邻层剪力墙的连接）、预制剪力墙水平连接节点（同楼层剪力墙的连接）、预制剪力墙-连梁连接节点、预制剪力墙-楼板连接节点及预制剪力墙-填充墙连接节点，各种结构性节点工程示例照片见图3-2。

（a）预制剪力墙竖向连接节点（全预制）　　　　（b）预制剪力墙竖向连接节点（叠合形式）

（c）预制剪力墙水平连接节点

（d）预制剪力墙-连梁连接节点（整体预制）　　（e）预制剪力墙-连梁连接节点（分开预制、现场连接）

（f）预制剪力墙-楼板连接节点（楼板出筋）

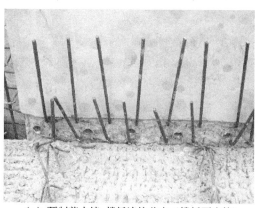

（g）预制剪力墙-楼板连接节点（楼板不出筋）

（h）预制剪力墙-填充墙连接节点（同轴线、
整体预制）

（i）预制剪力墙-填充墙连接节点（相交轴线、
分开预制、现场连接）

图 3-2　装配整体式混凝土剪力墙结构性节点工程照片

1）预制剪力墙竖向连接节点

预制剪力墙是装配整体式混凝土剪力墙结构承受竖向和水平荷载的关键构件,上、下层预制剪力墙间的竖向连接节点将承受压力/拉力、剪力、弯矩综合作用,其节点连接的可靠性直接决定了构件及结构的整体性及抗震性能。

对于全预制剪力墙,其属于第 1 章提到的"全装配"形式剪力墙,剪力墙板竖向连接主要通过剪力墙板竖向钢筋的连接实现[图 3-2(a)],可采用前述的浆锚连接与套筒灌浆连接两种钢筋连接技术,针对其"等同现浇"性能的论证,课题组开展了系列试验研究工作;对于叠合形式剪力墙,则属于第 1 章提到的"双板叠合"形式剪力墙,剪力墙板竖向连接主要通过中部后插钢筋及现浇混凝土实现[图 3-2(b)],在不考虑预制内、外叶墙板对构件及结构抗力的贡献(仅作为永久模板)的前提下,其可直接等同于现浇混凝土结构。但其原型技术引自德国,无抗震设防要求,课题组基于我国抗震设计要求,对其进行了构造改进与试验研究。

2）预制剪力墙水平连接节点

由于实际结构中的剪力墙一般较长,受吊装设备能力、运输车辆尺寸及道路交通条件等的限制,对于较长的剪力墙一般将其分割预制,并在现场通过现浇混凝土连接[图3-2(c)],形成预制剪力墙水平连接节点。该节点需保证人为分割的"较短"的剪力墙通过相互连接后,其受力性能可以与设计状态"较长"的剪力墙等同,其主要发挥墙板间的剪力传递作用,一般通过对现浇混凝土部位、宽度及钢筋在现浇混凝土的锚固等构造设计来满足其受力要求。同时,一般认为预制剪力墙水平连接节点部位的现浇混凝土可以约束其间的预制剪力墙板,加强或改善各预制剪力墙板的协调工作性能,从宏观上发挥类似于砖混或砌体结构中钢筋混凝土构造柱对砖或砌体的约束作用。

3) 预制剪力墙-连梁连接节点

门、窗洞口位置连梁的存在形成了预制剪力墙-连梁连接节点。鉴于连梁一般跨度较小,且有时窗框需与墙板同步预埋,为减少现场安装工作量,连梁可与剪力墙板整体预制[图3-2(d)];当连梁与剪力墙分开预制、现场连接时,连梁一般做成叠合形式,预制剪力墙板在连梁位置留设凹槽,便于连梁底部纵筋弯折锚固,而连梁上部钢筋则锚固于叠合层现浇混凝土中(与叠合楼板混凝土一起浇筑),见图3-2(e)。对于整体预制剪力墙-连梁连接节点,其整体性可完全得到保证,而对于分开预制、现场连接的剪力墙-连梁连接节点则需要进一步论证。

4) 预制剪力墙-楼板连接节点

剪力墙与楼板的连接节点的可靠性是促使各片剪力墙协调工作、保证结构整体性、避免地震中楼板掉落伤人并占据逃生通道的重要条件。

对于装配整体式混凝土剪力墙结构,为保证楼板对结构竖向承重构件(预制剪力墙)的有效拉结作用、确保结构整体工作性能,楼板一般采用叠合形式,而预制剪力墙板一般在楼板厚度范围内与楼板叠合层同步现浇,从而在结构中形成了"暗藏"的连通整个楼层的现浇混凝土层,其形式和作用类似于砖混或砌体结构中钢筋混凝土"圈梁",其与预制剪力墙水平连接节点的现浇混凝土一道,形成了"暗藏"的现浇混凝土框架,对预制剪力墙板形成了有效连接与约束,进一步保证了构件协调工作及结构整体性。

根据叠合板与预制剪力墙连接边缘的底层钢筋出筋情况[图3-2(f)],楼板与预制剪力墙连接节点通常有两种构造。对于楼板底层钢筋伸出的情况,对其伸出长度有一定要求,一般要求底层钢筋跨越墙/梁中线锚固,而面层钢筋按现浇楼板进行设计与施工,此类节点由于预制楼板有钢筋伸出,对楼板的预制、运输、安装等均带来了一定的影响,但对预制剪力墙基本无影响,且有利于现浇层整体施工,目前应用较为普遍;对于楼板底层钢筋不伸出的情况[图3-2(g)],一般采用在预制墙板的楼板叠合层厚度范围内设置连接钢筋,待楼板安装就位后,将连接钢筋弯折锚入叠合层,此类节点虽方便了楼板的预制、运输与安装,但极大地影响了预制剪力墙的制作与施工,且造成连接节点部位现浇混凝土的"隔断",不利于结构整体性,其一般用于剪力墙错层预制[为避免预制剪力墙竖向连接节点均位于同一连接截面,设计上将部分预制剪力墙竖向连接节点设置在楼板面往上一定距离(一般为500~600 mm),从而形成预制剪力墙连接节点位置的"错层"]的情况,目前应用较少。

5）预制剪力墙-填充墙连接节点

为减少现场砌筑作业，装配整体式混凝土剪力墙结构中的填充墙一般尽量采用预制墙板，对其与预制剪力墙之间的连接节点，一般按照其相互之间的位置关系，采用两种构造技术。当相邻的剪力墙与填充墙在同轴线上，且构件拆分时由于种种原因未能恰好将两者拆分，则往往采用将剪力墙、填充墙、连梁（暗藏）整体预制[图 3-2(h)]，填充墙与剪力墙之间实质形成了刚性连接，虽然实际工程中对填充墙进行轻质化、低强化处理，但其对构件及结构性能影响仍需研究；当相邻的剪力墙与填充墙位于相交（一般为正交）轴线时，一般通过填充墙角部与周边剪力墙进行点式连接，在保证填充墙不致倒塌的前提下，尽量弱化其与剪力墙之间的连接。角部点式连接一般通过预埋钢板、附加角钢焊接连接，见图 3-2(i)。

3.1.2 非结构性节点

非结构性节点实质上是指由装配整体式混凝土剪力墙结构非结构构件与主体结构的连接所形成的节点，其对结构整体性能及抗震性能影响程度很小或基本可以忽略。根据前文所述装配整体式混凝土剪力墙结构非结构构件形式，非结构性节点一般包括预制阳台板、预制空调板、预制楼梯与主体结构的影响。需要说明的是，考虑到剪力墙结构主体结构本身刚度较大，此处将预制楼梯对主体结构刚度贡献视为"可以忽略"，将其归属于非结构性节点。各种非结构性节点工程示例照片见图 3-3。

（a）预制阳台板节点　　　　　　　　　　　（b）预制空调板节点

图 3-3　装配整体式混凝土剪力墙非结构性节点工程照片

非结构性节点的设计原则是保证非结构构件与主体结构的可靠连接，因此，常用的连接构造按照构件体型大小，分为两类。当非结构构件体型较大、重量较重时，如阳台板，一般使构件钢筋在连接边缘伸出，锚固在楼板叠合现浇层中，如图 3-3(a)所示；当非结构构件体型较小、重量较轻时，如空调板，可通过结构伸出钢筋并在非结构构件相应位置预留孔道，通过预伸钢筋在预留孔道内的浆锚连接，将非结构构件"挂"在主体结构上，如图 3-3(b)所示。对于预制楼梯的连接，相对比较特殊，虽认为其对主体结构刚度的影响不至于像框架结构那么明显,但仍然采取必要措施尽量降低对主体结构的影响。目前一般采用搁置做法,即将预制楼梯直接搁置在主体结构上,仅留设少量防止滑落的垂直销钉,楼梯与主体结构间可以相互变位,以进一步弱化其对主体结构的不利影响,这从图 3-1 (h)中预制楼梯两端均无钢筋伸出可以看出。

3.2 预制剪力墙竖向连接节点技术研究

基于钢筋金属波纹管浆锚连接技术及双板叠合剪力墙技术,课题组结合我国结构设计原则及抗震性能要求,对其构造进行了针对性改进,并开展了大量试验验证工作,取得了大量成果。

3.2.1 金属波纹管浆锚连接预制剪力墙竖向连接节点技术研究

将钢筋金属波纹管浆锚连接技术应用于预制剪力墙竖向钢筋连接技术,实现预制剪力墙竖向钢筋逐根连接,其连接构造见图 2-1(b),在预制剪力墙构件中的实际应用照片见图 3-4。根据 2.2 节研究结果,金属波纹管浆锚连接可保证钢筋有效搭接传力,但由于其偏心传力影响,其接头端部混凝土不可避免地会过早崩裂或剥落,该特性对剪力墙关键受力部位——边缘构件有较大影响。因此,在预制剪力墙所有竖向钢筋均采用金属波纹管浆锚连接技术的基础上,课题组重点针对边缘构件竖向钢筋连接方式进行系列的改进或创新。

（a）波纹管弯曲成型　　　　　　　　　　（b）波纹管预埋

图 3-4　金属波纹管浆锚连接预制剪力墙应用照片

1）全金属波纹管浆锚连接预制剪力墙连接节点抗震性能研究

（1）试件设计

试验共制作 3 个 1∶1 足尺比例试件,其中,1 个为现浇剪力墙对比试件,1 个为全金属波纹管浆锚连接预制剪力墙外墙试件(以下简称浆锚外墙),1 个为全金属波纹管浆锚连接预制剪力墙内墙试件(以下简称浆锚内墙)。浆锚外墙与浆锚内墙的区别为:①节点位置不同。浆锚外墙节点位置位于楼板面(试件底座顶面)往上 600 mm 处,而浆锚内墙节点位置位于楼板面,如前所述,若实际工程中这样处理,可使结构剪力墙水平节点相互错开,避免潜在薄弱部位的形成,且 600 mm 高度是一个经验性的便于工人现场安装、施工的高度。②节点拼缝构造措施不同。浆锚外墙节点处采用了"外低内高"的 Z 形拼缝[图 2-1(b)],有利于提高拼缝处的防渗漏能力,但制作与安装均较为麻烦,而浆锚内墙由于对其防渗要求相对较低,采用了易于预制和施工的平缝。

所有试件均为一字形剪力墙,试件尺寸相同,均为 200 mm(厚度)×1 700 mm(长度)×2 800 mm(高度),约束边缘构件采用暗柱形式,长度为 400 mm。试件均采用 C30 混凝土制作,混凝土保护层厚度控制在 25 mm 左右。试件墙肢竖向钢筋与水平分布钢筋均采用 HRB400 钢筋,边缘构件箍筋则采用 HPB235 钢筋[试验开展时仍然沿用《混凝土结构设计规范》(GB 50010—2002),HPB235 钢筋仍然允许使用],并保证竖向钢筋配筋率、水平钢筋配筋率及约束边缘构件设计等均保持一致。其中,约束边缘构件配置 6C14 竖向钢筋、A8@200 箍筋;中部竖向分布钢筋为 8C12,水平钢筋为 C10@200。采用 A40 金属波纹管、BY(S)-40 高强、无收缩灌浆料。同时,为了满足加载要求,剪力墙试件顶部设置加载梁,下端设置锚固底座。

为方便描述,对现浇试件、浆锚外墙、浆锚内墙试件分别编号为 XJ、JW、JN。试件配筋详图见图 3-5。

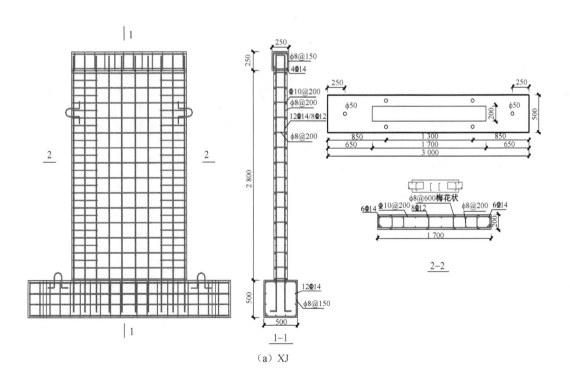

(a) XJ

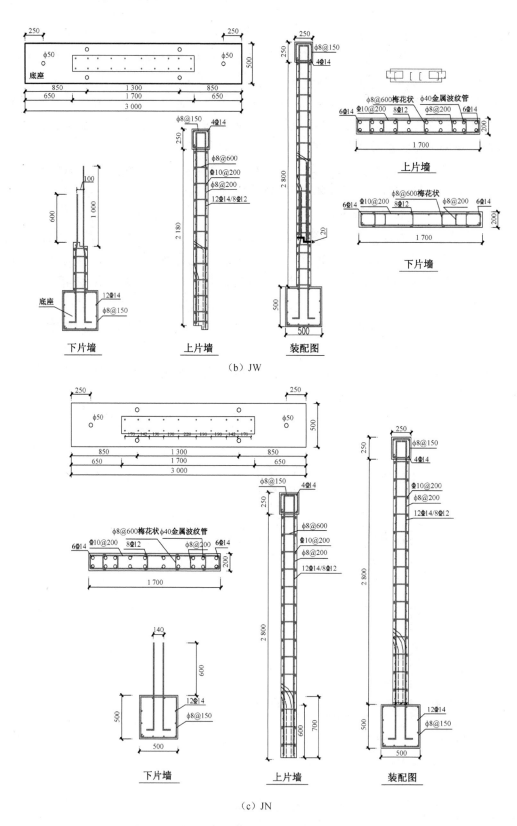

图 3-5　全浆锚剪力墙抗震性能试验试件设计详图

混凝土立方体试块实测抗压强度,XJ 试件为 35.7 MPa,JW、JN 试件均为 35.4 MPa;灌浆料实测强度 72 MPa;钢筋实测材料特性见表 3-1。

表 3-1　钢筋实测材料特性表

钢筋规格	直径 (mm)	屈服强度 (MPa)	极限强度 (MPa)	弹性模量 ($\times 10^5$ MPa)	延伸率 (%)
HPB235	8	330	465	2.10	31
HRB400	10	610	755	2.00	24.5
	12	505	665	2.00	25
	14	510	675	2.00	25

（2）试验加载方案

采用拟静力试验方法,即通过 MTS 在试件加载梁中心低周反复水平荷载。加载采用力和位移双控制度,即试件屈服前按力控制加载,荷载增量在 150 kN 前控制为 50 kN,150 kN 后控制为 20 kN,每级荷载循环 1 次;试件屈服后按位移控制加载,位移增量控制为屈服位移,每级位移循环 3 次,直至试件破坏或变形过大不适于继续加载,试验终止。

试验在东南大学四牌楼校区结构试验室进行,水平加载设备为 1 000 kN 液压伺服控制系统(MTS)。试验时,通过地脚螺杆穿过预留锚固孔将试件锚固于地面上,并在水平方向设置钢梁夹紧试件底座,以防止试验试件沿加载方向出现水平滑移。轴压采用张拉预应力钢绞线方式施加,轴压比控制为 0.10,采用 2 台 60 t 穿心式千斤顶,每台千斤顶配置 4 根 A15.2 1860 级预应力钢绞线,千斤顶置于试件顶部加载分配钢梁上,钢绞线下端锚固在型钢焊接马凳上。试验规定 MTS 外推时为正,内拉时为负。试验加载简图及照片见图 3-6。

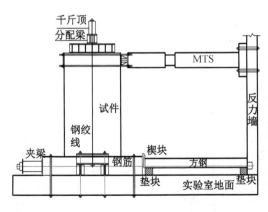

图 3-6　全浆锚剪力墙抗震性能试验加载装置

（3）试验现象与破坏形态

各试件破坏过程相近,均经历了开裂、屈服及破坏阶段,试验过程详述如下:

XJ 试件:加载初期,试件基本上处于弹性状态,加、卸载后残余变形很小。荷载为 210 kN 时,墙体受拉侧距墙底 250～440 mm 位置出现水平裂缝,进入开裂阶段,水平推力为 350 kN 左右时,墙体右侧出现裂缝;随着荷载等级提高,水平弯曲裂缝转变为弯剪斜裂缝,并向对角延伸,400 kN 时出现左右侧裂缝贯通现象,钢筋屈服,试件进入屈服阶段,屈服位移为 15 mm;位移控制加载阶段,直至 45 mm 位移几乎不出现新裂缝,表明此时剪力墙端部塑性铰完全形成,水平力达到最大值 601 kN;至 60 mm 位移等级阶段,墙体根部钢筋裸露,混凝土压碎,承载力下降至极限承载力 85% 以下,试件破坏。

JW 试件:加载初期,试件处于未开裂弹性阶段,加、卸载位移曲线基本重合;荷载至 170 kN 时,水平拼缝处出现裂缝;随着水平力的增加,拼缝处裂缝不断延伸,逐渐形成水平通缝,并且预制墙板开始出现水平裂缝;当荷载达到 350 kN 级时,边缘构件拼缝处竖直分布钢筋屈服,试件进入屈服阶段,屈服位移为 13 mm,试验转为位移控制阶段;水平位移至 −52 mm 时,水平力达到最大值 −613 kN,对 52 mm 级水平位移施加第二次循环时,水平缝两端混凝土压溃,出现大面积剥落,钢筋裸露,为保证试验安全,试验终止。

JN 试件:加载初期,试件基本上处于弹性状态,加、卸载后残余变形很小;荷载至 210 kN 时,水平拼缝处出现裂缝;随着水平力的增加,裂缝不断延伸,至 −290 kN 时水平拼缝处裂缝贯通,且预制墙体出现水平裂缝,荷载继续增加,裂缝向对角线延伸;当荷载达到 −330 kN 级时,边缘构件拼缝处竖直分布钢筋屈服,试件进入屈服阶段,屈服位移为 14 mm,试验转为位移控制阶段;水平位移达到 −42 mm 时,水平荷载达到极限值 −581 kN,之后,随着位移的增加,荷载开始减少,水平位移达到 56 mm 时,水平缝两端混凝土压溃,出现大面积剥落,钢筋裸露,为保证试验安全,试验终止。

对于破坏形态,XJ 试件与 JN 试件相似,而 JW 试件则有明显不同,各试件最终破坏照片见图 3-7。从图中可以看出,XJ、JN 试件均为弯剪破坏形态,其塑性铰靠近墙体根部,因此,破坏集中在墙体根部节点拼缝截面处,而 JW 试件则明显不同,其破坏范围上移,主要集中在节点拼缝处,且下部墙体呈现压剪破坏,且破坏较为严重,而上部墙体则表现为弯剪破坏,且破坏程度轻微。分析认为,节点位置的改变对试件受力有明显影响,对于 JW 试件,节点上移造成节点处截面成为新的薄弱部位,不仅使破坏集中于该部位,而

（a）XJ　　　　　　　　（b）JW　　　　　　　　（c）JN

图 3-7　全浆锚剪力墙抗震性能试验试件破坏形态

且改变了下部墙体的受力状态,即由弯剪变为压剪;同时,通过 XJ 与 JN 试件对比可以发现,未改变试件受力状态的前提下,节点的存在对试件破坏形态无明显影响。

（4）滞回曲线与骨架曲线

试验中各试件的滞回曲线与骨架曲线见图 3-8,从图中可以看出,对于滞回曲线,XJ 试件与 JW、JN 试件滞回环形状近似,均呈反 S 形,虽然带一定的捏缩效应,但滞回环仍

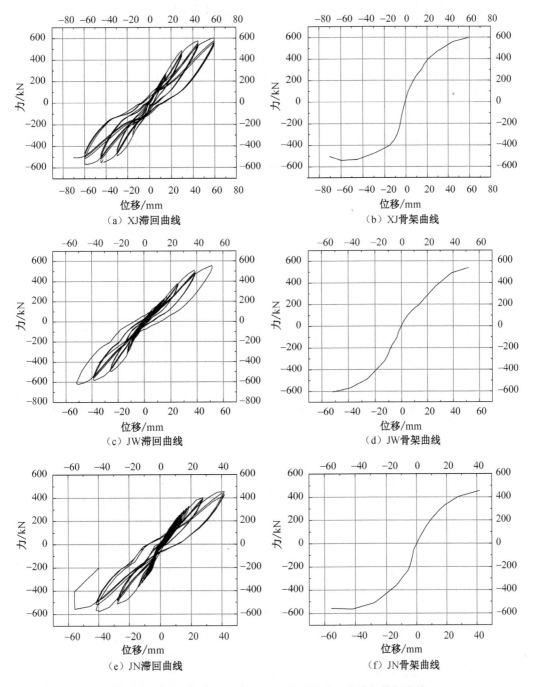

（a）XJ滞回曲线　　　　　　　　（b）XJ骨架曲线

（c）JW滞回曲线　　　　　　　　（d）JW骨架曲线

（e）JN滞回曲线　　　　　　　　（f）JN骨架曲线

图 3-8　全浆锚剪力墙抗震性能试验试件滞回曲线与骨架曲线

然比较饱满;对于骨架曲线,各模型曲线走势基本一致,表现出相近的发展规律,且各曲线均无明显下降段,试验均由于试验位移过大而不适于继续加载而终止,说明试件仍然有一定的安全储备。

(5) 承载能力

各试件的开裂荷载、屈服荷载及峰值荷载见表 3-2。从表中可以看出,对于开裂荷载,JN 试件可以达到与 XJ 试件相同,而 JW 试件则相对较低,且较 XJ 试件降低 19%,分析认为,由于采用了 Z 形拼缝,企口的预制质量及坐浆层的施工质量均在一定程度上受到影响,从而直接导致了 JW 试件开裂荷载的明显降低;对于屈服荷载,JW、JN 试件均小于 XJ 试件,分别降低 12.5%、17.5%,分析认为,由于节点拼缝处混凝土的不连续,使得混凝土抗拉能力不能利用,使得 JW、JN 试件竖向钢筋更早屈服,从而降低了其屈服荷载,另外,由于 JW 试件节点拼缝上移,避开了弯矩最大截面,能在一定程度上延缓钢筋屈服,使得其屈服荷载较 JN 试件有所提高;对于峰值荷载,三个试件表现基本相当,与 XJ 试件相比,JW 试件提高 2%,JN 试件则降低 3.3%,从侧面说明金属波纹管浆锚连接可保证钢筋充分传力,从而保证试件承载能力。

表 3-2　全浆锚剪力墙抗震性能试验试件强度数据表[2]

试件编号	XJ	JW	JN
开裂荷载(kN)	210	170	210
屈服荷载(kN)[1]	400	350	330
峰值荷载(kN)	601	613	581

注:1. 屈服荷载以试件首根竖向钢筋受拉屈服为标志;
　　2. 各级荷载数值均取正向加载时的荷载值。

(6) 刚度特性

采用割线刚度表征试件在各个加载阶段的刚度特性,一般可取各个加载循环正、反向峰值点荷载绝对值之和与位移绝对值之和的比值。

各试件在加载过程中割线刚度的变化,即刚度退化曲线,见图 3-9。从图中可以看出,屈服前,由于拼缝的存在,装配式试件较现浇试件刚度偏低,且由于制作工艺的不同,JW 试件刚度表现最差;屈服后,所有试件刚度表现基本接近。

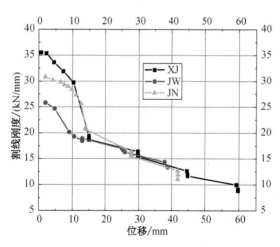

图 3-9　全浆锚剪力墙抗震性能试验试件的刚度退化曲线

(7) 变形能力与延性

定义顶点位移角 $\theta = \Delta / H$,Δ 为测点水平位移,测点取作动器水平加载高度位置，H 为测点高度 2 925 mm。Δ_y 为试件测点的屈服位移，Δ_u 为试件测点的极限位移，即试验终止时的位移，位移延性系数取 $\mu = \Delta_u / \Delta_y$。

各试件变形参数见表 3-3，从表中可以看出，各试件的弹性位移角均大于 1/1 000、极限位移角均大于 1/120，均能满足规范要求的抗震变形要求。与 XJ 试件相比，JW、JN 极限位移偏小，分析认为节点拼缝处混凝土受力集中，较 XJ 试件易更早压溃，而又未采取必要的加强措施，因此，造成全浆锚剪力墙试件的变形能力受到影响。但同时，其位移延性系数相同，表明 JW、JN 试件同样具有良好的抗震变形能力。

表 3-3　全浆锚剪力墙抗震性能试验试件变形数据表

试件	Δ_y (mm)	θ_y	Δ_u (mm)	θ_u	μ
XJ	15	1/195	60	1/49	4
JW	13	1/225	52	1/56	4
JN	14	1/209	56	1/52	4

注：Δ_y、θ_y 分别为试件屈服位移、屈服位移角；Δ_u、θ_u 分别为试件极限位移、极限位移角；μ 为位移延性系数。

（8）耗能能力

采用等效黏滞阻尼系数 h_e 来评价试件的耗能能力，h_e 为耗能系数与 2π 的比值，其中，耗能系数为一个滞回环中加、卸载一周所消耗的能量与加、卸载总能量的比值。

据此计算出各试件在开裂、屈服、极限等加载特征阶段的等效黏滞阻尼系数，列于表 3-4。从表中可以看出，JW、JN 试件耗能能力与 XJ 试件基本接近，但仍然有一定程度降低，分析认为，JW、JN 试件耗能主要依靠节点拼缝处钢筋屈服及混凝土损伤，而该部位混凝土相对于 XJ 试件受力更为集中，而试件中未采取箍筋加密等有效的混凝土约束措施，造成节点拼缝处混凝土较早压溃，影响了其耗能能力的发挥，另外，由于 JW 试件节点上移，避开了受力较大部位，对节点拼缝部位混凝土受力有所改善，其耗能能力又较 JN 试件有所提高。

表 3-4　全浆锚剪力墙抗震性能试验试件耗能数据表

加载特征阶段	XJ	JW	JN
开裂荷载阶段	0.040 83	0.038 002	0.033 49
屈服荷载阶段	0.052 764	0.048 348	0.047 514
极限荷载阶段	0.098 894	0.093 559	0.092 742

（9）试验结论

根据试验结果总体来看，全浆锚剪力墙试件的滞回曲线与骨架曲线与现浇试件相似，表现出良好的抗震性能，且具有与现浇试件相当的峰值承载力、位移延性性能及能量耗散能力。

对于节点位置不同的 JW、JN 试件，节点位置上移，虽可理论上避开受力最不利截面,并通过试验验证了其在一定程度上有利于试件屈服强度及耗能能力的提高,但其明显改变了试件的破坏形态,且 Z 形拼缝构造对试件预制与安装造成了一定困难,尤其企口混凝土及坐浆层质量较难保证,成为试件新的薄弱部位。因此,建议尽量避免采用 JW 形式全浆锚剪力墙,而其防水构造可通过其他途径解决。

对于全浆锚剪力墙试件,靠近节点拼缝部位的混凝土性能尤其重要,根据试验结果分析,该部位混凝土的受压性能直接影响试件的变形能力与耗能能力,制约了试件抗震性能,同时,考虑到全浆锚剪力墙试件节点拼缝部位混凝土受力较现浇剪力墙底部控制截面部位混凝土受力更为集中,因此,有必要对全浆锚剪力墙试件节点附近混凝土,尤其是边缘构件混凝土进行充分约束,保证其抗震能力的充分发挥。

2)矩形螺旋箍筋约束全金属波纹管浆锚连接预制剪力墙连接节点抗震性能研究

(1)构造改进方案

由全金属波纹管浆锚连接预制剪力墙连接节点试验可知,加强节点拼缝部位混凝土,尤其是边缘构件混凝土的约束,对提高其抗震能力极其重要。因此,课题组采用在边缘构件部位最外侧的 4 根竖向钢筋的浆锚连接接头范围内增设矩形螺旋箍筋(图 3-10),以实现对该部位混凝土的有效约束,以期提高节点的变形能力及耗能能力,改善节点的抗震性能。

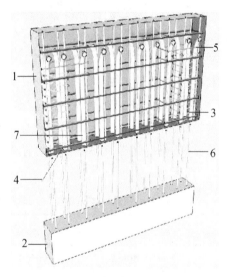

图 3-10　矩形螺旋箍筋约束全金属波纹管浆锚连接预制剪力墙连接节点构造

1—上层预制剪力墙；2—下层预制剪力墙；3—矩形螺旋箍筋；4—水平分布筋；
5—边缘构件箍筋；6—竖向钢筋；7—金属波纹管

(2)试件设计

试验共制作 3 个 1∶1 足尺比例试件,其中,1 个为现浇剪力墙对比试件,2 个为完全相同的矩形螺旋箍筋约束全金属波纹管浆锚连接预制剪力墙(以下简称矩形螺旋箍筋约束全浆锚墙)试件。试件设计过程中,除按构造改进方案在墙肢端部接头范围内增设矩形螺旋箍筋外,将边缘构件箍筋进行了加密处理(间距由 200 mm 减小至 100 mm),以进一步提高对混凝土的约束能力,另外,水平分布钢筋采用在墙肢中部搭接形式,使其在边缘构件连续通过,在一定程度上加强了其对墙肢端部混凝土的约束。

所有试件均为一字形剪力墙,试件尺寸相同,均为 200 mm(厚度)×1 600 mm(长度)×3 200 mm(高度),约束边缘构件采用暗柱形式,长度为 400 mm。试件均采用 C35 混凝土制作,混凝土保护层厚度控制在 25 mm 左右。试件墙肢竖向钢筋与水平分布钢筋均采用 HRB400 钢筋,边缘构件箍筋与矩形螺旋箍筋则采用 HPB235 钢筋[试验开展时仍然沿用《混凝土结构设计规范》(GB 50010—2002),HPB235 钢筋仍然允许使用],同样保证竖向钢筋配筋率、水平钢筋配筋率及约束边缘构件设计等均保持一致。其中,约束边缘构件配置 6C14 竖向钢筋、A8@100 箍筋;中部竖向分布钢筋为 8C12,水平钢筋为 C10@200。采用 A40 金属波纹管、BY(S)-40 高强、无收缩灌浆料。同样,为了满足加载要求,剪力墙试件顶部设置加载梁,下端设置锚固底座。

为方便描述,对现浇试件、矩形螺旋箍筋约束全浆锚墙试件分别编号为 SW1、SW2、SW3。试件配筋详图见图 3-11。

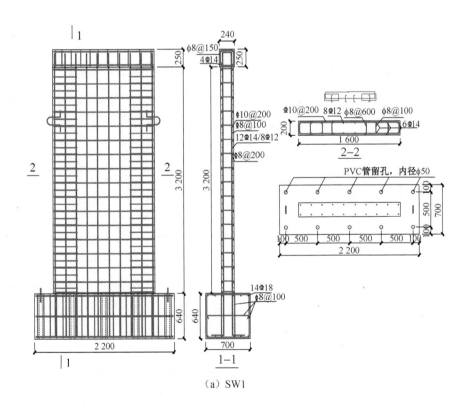

(a) SW1

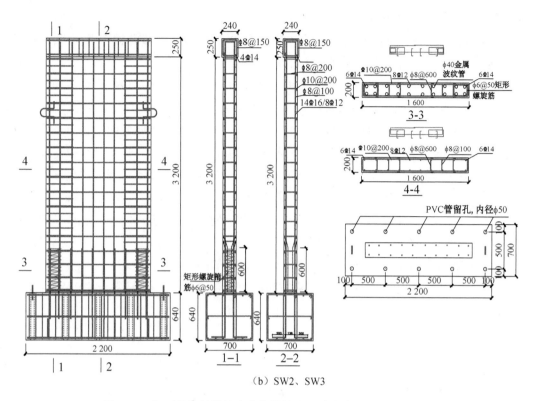

（b）SW2、SW3

图 3-11　矩形螺旋箍筋约束全浆锚墙抗震性能试验试件设计详图

混凝土立方体试块实测抗压强度，SW1 试件为 41.2 MPa，SW2、SW3 试件均为42.1 MPa；灌浆料实测强度 75.1 MPa；钢筋实测材料特性见表 3-5。

表 3-5　钢筋实测材料特性表

钢筋规格	直径 （mm）	屈服强度 （MPa）	极限强度 （MPa）	弹性模量 （×10⁵ MPa）	延伸率 （%）
HPB235	6	320	460	2.10	29
	8	330	465	2.10	31
HRB400	10	610	755	2.00	24.5
	12	505	665	2.00	25
	14	510	675	2.00	25

（3）试验加载方案

同样采用低周反复水平荷载加载方案，并采用力和位移双控制度，即试件屈服前按力控制加载，每级荷载循环 1 次；试件屈服后按位移控制加载，位移增量控制为屈服位移，每级位移循环 3 次，直至试件破坏或变形过大不适于继续加载，试验终止。

试验在东南大学九龙湖校区结构试验室进行，水平加载设备为 1 500 kN 液压伺服控制系统（MTS）。试验时，通过精轧螺纹钢穿过预留锚固孔将试件锚固于地面上，并对精轧螺纹钢施加一定的预应力以增加试件抗滑移能力,同时,在底座两端设置千斤顶将其夹紧,以防止试验时试件出现水平滑移。轴压同样采用张拉预应力钢绞线方式施加,轴压比控制为 0.10,采用 2 台 100 t 穿心式千斤顶,每台千斤顶配置 4 根 A15.2 1860 级预应力钢绞线,千斤顶置于试件顶部加载分配钢梁上,钢绞线下端锚固在试验室地面上。另外,为防止试件在加载过程中发生平面外扭转与倾覆,在试件侧面增设三角钢桁架进行支撑。试验加载简图及照片见图 3-12。试验规定 MTS 外推时为正,内拉时为负。

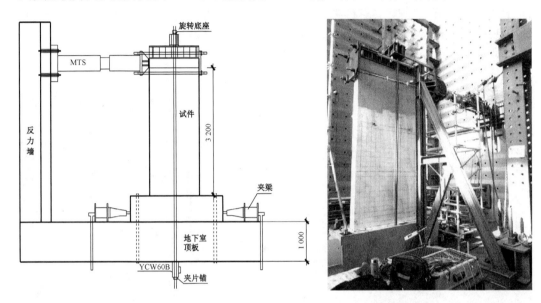

图 3-12　矩形螺旋箍筋约束全浆锚墙抗震性能试验加载装置

（4）试验现象与破坏形态

各试件破坏过程相近,均经历了开裂、屈服及破坏阶段,试验过程详述如下:

SW1 试件:加载初期,试件基本上处于弹性状态,加、卸载后残余变形很小。水平拉力为 150 kN 时,墙体受拉侧底部出现水平裂缝,进入开裂阶段,水平推力为 170 kN 左右时,墙体受拉侧出现水平裂缝;随着荷载等级提高,水平弯曲裂缝转变为弯剪斜裂缝,并向对角延伸,370 kN 时钢筋屈服,试件进入屈服阶段,屈服位移为 18.5 mm;位移控制加载阶段:55.5 mm 位移加载等级阶段,受压侧混凝土出现竖向裂缝;74 mm 位移加载阶段,不再出现新的裂缝,受压区混凝土压碎,受拉区钢筋断裂,试件破坏。

SW2 试件:加载初期,试件处于未开裂弹性阶段,加、卸载位移曲线基本重合;水平推力为 130 kN 时,墙体受拉侧底部出现水平裂缝,进入开裂阶段,水平推力为 150 kN 左右时,墙体受拉侧出现水平裂缝;随着荷载等级提高,水平弯曲裂缝转变为弯剪斜裂缝,并向对角延伸,350 kN 时钢筋屈服,试件进入屈服阶段,屈服位移为 17 mm;位移控制加载阶段:51 mm 位移加载等级阶段,受压侧混凝土保护层剥落;68 mm 位移加载阶段,弯剪斜裂缝延伸至墙根部,受压区混凝土压碎,受拉区钢筋断裂,试件破坏。

SW3 试件:加载初期,试件基本上处于弹性状态,加、卸载后残余变形很小;荷载至

115 kN 时,墙体受拉侧底部出现水平裂缝,进入开裂阶段;随着荷载等级提高,水平弯曲裂缝转变为弯剪斜裂缝,并向对角延伸,330 kN 时钢筋屈服,试件进入屈服阶段,屈服位移为 17 mm;位移控制加载阶段:51 mm 位移加载等级阶段,受压侧混凝土保护层剥落;68 mm 位移加载阶段,无新的裂缝产生,但试件发生明显扭转,受压区混凝土压碎,受拉区钢筋断裂,试件破坏。

对于破坏形态,SW1～SW3 基本相同,均为弯剪破坏,表现为边缘构件竖向钢筋拉断,墙肢角部混凝土压溃,各试件破坏形态见图 3-13。需要说明的是,对于 SW3 试件,由于最终发生试件扭转,其钢筋拉断是由于弯、剪、扭的综合作用结果,且角部混凝土的损伤程度较 SW2、SW3 轻微。

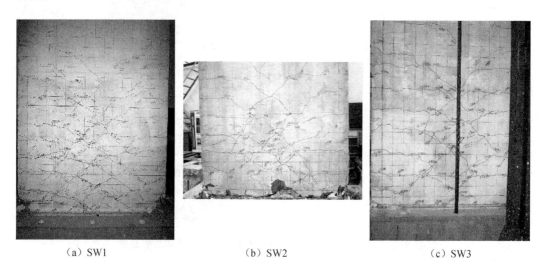

|　(a) SW1　|　(b) SW2　|　(c) SW3　|

图 3-13　矩形螺旋箍筋约束全浆锚墙抗震性能试验试件破坏形态

（5）滞回曲线与骨架曲线

试验中各试件的滞回曲线与骨架曲线见图 3-14,从图中可以看出,对于滞回曲线,各试件滞回环形状近似,均呈反 S 形,滞回环形状较为饱满,表现出良好的滞回性能;对于骨架曲线,各模型曲线走势基本一致,表现出相近的发展规律,试件在峰值荷载后仍能继续保持较高的承载力,表现出良好的延性,也说明矩形螺旋箍筋约束构造及边缘构件箍筋加密措施对提高试件延性具有较好的效果。

（6）承载能力

各试件的开裂荷载、屈服荷载及峰值荷载见表 3-6。从表中可以看出,对于开裂荷载,SW2、SW3 试件较 SW1 试件分别降低 23%、13%,说明节点处混凝土的不连续,丧失了混凝土抗拉强度对试件的开裂荷载的贡献,且在低轴压工况下,其影响较为明显;对于屈服荷载,SW2、SW3 试件较 SW1 试件分别降低 11%、5%,同样由于混凝土不连续导致节点拼缝截面钢筋较早屈服,但影响相对开裂荷载明显较小;对于峰值荷载,SW2、SW3 试件较 SW1 试件分别降低 7%、4%,三者基本接近,而根据试验现象,荷载数值的降低主要是由于矩形螺旋箍筋约束全浆锚墙试件试验过程中不能完全避免的扭转现象。

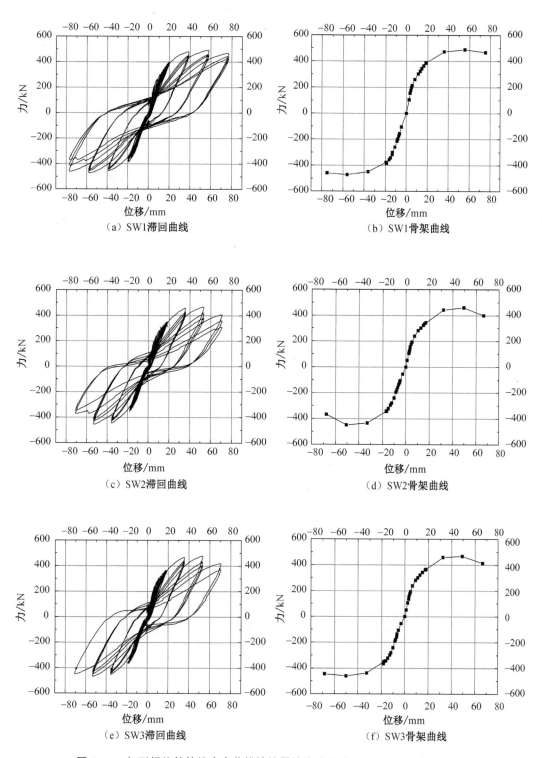

图 3-14　矩形螺旋箍筋约束全浆锚墙抗震性能试验试件滞回曲线与骨架曲线

表 3-6　矩形螺旋箍筋约束全浆锚墙抗震性能试验试件强度数据表

试件编号	SW1	SW2	SW3
开裂荷载(kN)	150	115	130
屈服荷载(kN)	370	330	350
峰值荷载(kN)	482	448	462

注:各级荷载数值均取正、反向荷载值的平均值。

（7）刚度特性

各试件的割线刚度退化曲线见图 3-15，从图中可以看出，在整个加载过程中，三者曲线基本重合，表现出相近的刚度特性。

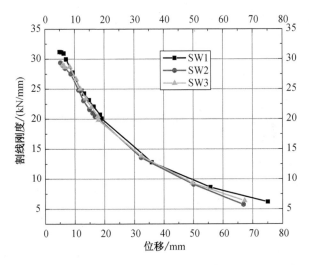

图 3-15　矩形螺旋箍筋约束全浆锚墙抗震性能试验试件刚度退化曲线

（8）变形能力与延性

各试件变形参数见表 3-7，从表中可以看出，各试件的弹性位移角均大于 1/1 000、极限位移角均大于 1/120，均能满足规范要求的抗震变形要求；各试件位移延性系数相同，表明 SW2、SW3 试件具有与 SW1 相当的延性性能，具有良好的抗震变形能力。

表 3-7　矩形螺旋箍筋约束全浆锚墙抗震性能试验试件变形数据表

试件	Δ_y(mm)	θ_y	Δ_u(mm)	θ_u	μ
SW1	18.5	1/173	74	1/43	4
SW2	17	1/188	68	1/47	4
SW3	17	1/188	68	1/47	4

注:Δ_y、θ_y 分别为试件屈服位移、屈服位移角;Δ_u、θ_u 分别为试件极限位移、极限位移角;μ 为位移延性系数。

（9）耗能能力

各试件在开裂、屈服、极限等加载特征阶段的等效黏滞阻尼系数，列于表 3-8。从表中可以看出，随着加载位移增大，钢筋受拉屈服及混凝土塑性变形使得试件耗能增大，滞回环越来越饱满，计算得试件等效黏滞阻尼系数逐渐增大；三者等效黏滞阻尼系数基本接近，矩形螺旋箍筋约束全浆锚墙试件（SW2、SW3）甚至在开裂阶段、屈服阶段的等效黏滞阻尼系数高于现浇剪力墙试件（SW1），表现出较好的耗能能力；与未改进的全浆锚剪力墙试件（表 3-4）比较，可以发现矩形螺旋箍筋约束全浆锚墙试件可充分利用试件屈服后的耗能能力，表现在屈服阶段与极限阶段耗能数据的大幅提高，说明采用矩形螺旋箍筋约束墙肢边缘构件端部混凝土，对改善节点抗震耗能能力，尤其是弹塑性阶段的抗震耗能能力，有明显效果。

表 3-8　矩形螺旋箍筋约束全浆锚墙抗震性能试验试件耗能数据表

加载特征阶段	SW1	SW2	SW3
开裂荷载阶段	0.034 123	0.039 736	0.039 081
屈服荷载阶段	0.039 692	0.041 002	0.046 067
极限荷载阶段	0.155 984	0.142 689	0.126 766

（10）试验结论

根据试验结果总体来看，矩形螺旋箍筋约束全浆锚墙试件的滞回曲线与骨架曲线与现浇试件相似，具有与现浇试件相当的承载力、刚度、位移延性性能及能量耗散能力，表现出良好的抗震性能。

与未进行任何构造加强的全浆锚剪力墙试件相比，采用矩形螺旋箍筋约束边缘构件端部混凝土构造以及边缘构件箍筋加密措施，有效改善了墙肢端部混凝土的受压性能，明显提高了试件的变形能力与耗能能力，其抗震性能得到明显增强。

但在试件预制过程中发现，由于矩形螺旋箍筋的特殊构造，为钢筋绑扎及混凝土浇筑带来了一定的影响，其预制较为麻烦，一定程度上不利于工厂化的高效生产。因此，有必要探索其他可同样实现加强混凝土约束目的的构造改进方案。

3）焊接封闭箍筋约束全金属波纹管浆锚连接预制剪力墙连接节点抗震性能研究

（1）构造改进方案

在边缘构件内部浆锚接头范围内采用焊接封闭箍筋取代传统的 135° 钩头箍筋，且焊接封闭箍筋尺寸可根据竖向钢筋数量及位置灵活设计，其构造示意见图 3-16。一方面，采用闪光对焊焊接接头的箍筋保证了钢筋连续受力，使得钢筋强度可充分发挥，也一定程度提高了箍筋刚度，从而改善了其对混凝土的约束性能；另一方面，根据竖向钢筋配置情况，经过合理设计的焊接封闭箍筋可降低箍筋长宽比以及肢长与直径的比值，可提高箍筋肢抗弯刚度，从而提高其对混凝土的约束性能；最后，与增设矩形螺旋箍筋约束构造不同，采用焊接封闭箍筋无需增加箍筋,因此,其不致造成钢筋过于密集且不利于混凝土浇筑的问题。

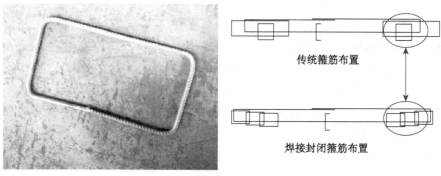

（a）闪光对焊封闭箍筋　　　　　（b）焊接封闭箍筋布置方案

图 3-16　焊接封闭箍筋约束构造示意

（2）试件设计

试验共制作 3 个 1∶1 足尺比例试件,其中,1 个为现浇剪力墙对比试件,2 个为完全相同的焊接封闭箍筋约束全金属波纹管浆锚连接预制剪力墙(以下简称焊接封闭箍筋约束全浆锚墙)试件。试件设计过程中,除按构造方案在墙肢边缘构件内采用焊接封闭箍筋代替传统钩头箍筋外,在墙肢端部最外侧 4 根竖向钢筋处将封闭箍筋进一步加密(间距为 50 mm),形成类似于矩形螺旋箍筋约束全浆锚墙构造,仅是用加密的焊接封闭箍筋代替矩形螺旋箍筋。

所有试件均为一字形剪力墙,试件尺寸相同,均为 200 mm(厚度)×1 700 mm(长度)×3 400 mm(高度)。试件均采用 C35 混凝土制作,混凝土保护层厚度控制在 20 mm 左右。试件墙肢竖向钢筋与水平分布钢筋均采用 HRB400 钢筋,边缘构件箍筋、焊接封闭箍筋及拉筋则采用 HRB335 钢筋,同样保证竖向钢筋配筋率、水平钢筋配筋率及约束边缘构件设计等均保持一致。试件根据 8 度抗震设防要求进行设计与构造,其中,约束边缘构件采用暗柱形式,长度为 400 mm;约束边缘构件配置 8C16 竖向钢筋、B8@100 箍筋;中部竖向分布钢筋为 6C12,水平钢筋为 C10@200。采用 A40 金属波纹管、BY(S)-40 高强、无收缩灌浆料,坐浆层厚度 20 mm。同样,为了满足加载要求,剪力墙试件顶部设置加载梁,下端设置锚固底座。

为方便描述,现浇试件、焊接封闭箍筋约束全浆锚墙试件分别编号为 XJ-1、ZP-1、ZP-2。试件配筋详图见图 3-17。

混凝土立方体试块实测抗压强度,SW1 试件为 41.2 MPa,SW2、SW3 试件均为 42.1 MPa;灌浆料实测强度 75.1 MPa;钢筋实测材料特性见表 3-9。

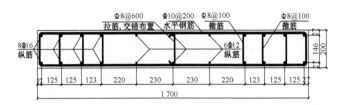

3-3

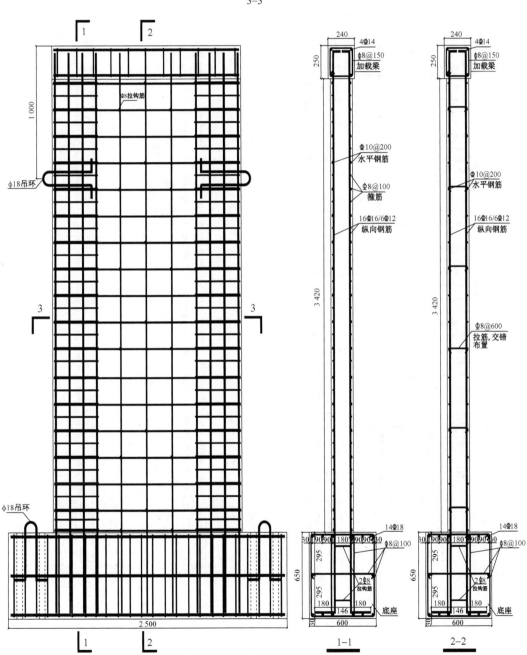

(a) XJ-1

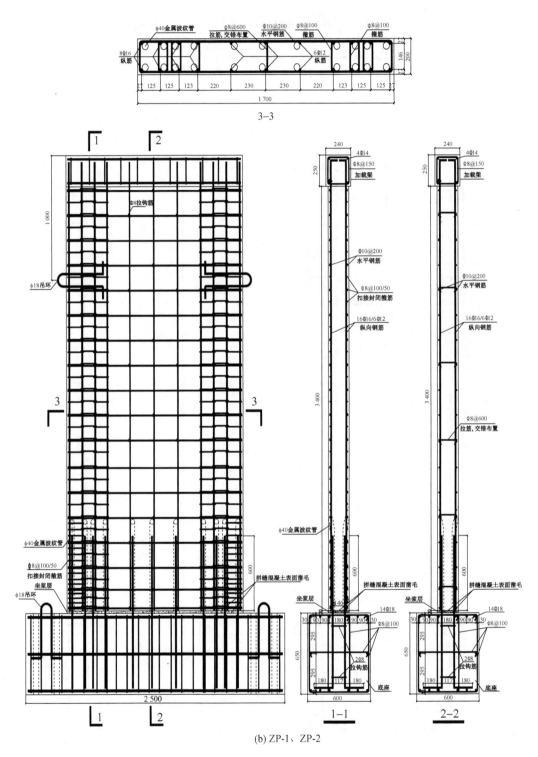

(b) ZP-1、ZP-2

图 3-17　焊接封闭箍筋约束全浆锚墙抗震性能试验试件设计详图

表 3-9　钢筋实测材料特性表

钢筋规格	直径（mm）	屈服强度（MPa）	极限强度（MPa）	弹性模量（×10⁵MPa）	延伸率（%）
HRB335	6	320	460	2.10	29
	8	330	465	2.10	31
HRB400	10	610	755	2.00	24.5
	12	505	665	2.00	25
	14	510	675	2.00	25

（3）试验加载方案

同样采用低周反复水平荷载加载方案，并采用力和位移双控制度，即试件屈服前按力控制加载，每级荷载循环 1 次；试件屈服后按位移控制加载，位移增量控制为屈服位移，每级位移循环 3 次，直至试件破坏或变形过大不适于继续加载，试验终止。

所有试件均在东南大学四牌楼校区结构试验室进行加载试验。水平加载设备均采用 1 000 kN 液压伺服控制系统（MTS）；竖向轴压荷载利用两台穿心式千斤顶张拉预应力钢绞线方式施加，轴压比为 0.1，采用 2 台 100 t 穿心式千斤顶，每台千斤顶配置 4 根 A15.2 1860 级预应力钢绞线，千斤顶置于试件顶部加载分配钢梁上，钢绞线下端锚固在型钢焊接马凳上。试验时，利用地脚螺杆穿过底座预留锚固孔将试件底座锚固在试验室地面槽道上；在水平方向利用加长螺杆把试件底座夹紧，防止试验过程中试件出现水平方向滑移；在剪力墙的两侧面设置防侧移装置，防止剪力墙加载过程中发生平面外倾斜与扭转。试验加载简图及照片见图 3-18。试验规定 MTS 外推时为负，内拉时为正。

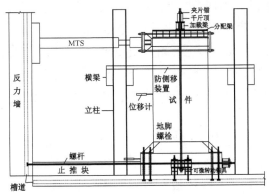

图 3-18　焊接封闭箍筋约束全浆锚墙抗震性能试验加载装置

（4）试验现象与破坏形态

各试件破坏过程相近，均经历了弹性、开裂、屈服及破坏阶段，试验过程详述如下：

XJ-1 试件：加载初期至 ±180 kN，试件基本上处于弹性状态，正、反向加载和卸载后残余变形很小，但受条件限制，加载装置之间及止推块与试件之间有空隙。当加载至

$+200$ kN(拉)时,剪力墙在约 380 mm 和 600 mm 高度出现水平裂缝,此阶段即为开裂阶段。推方向的裂缝出现在加载至-220 kN 时,共 6 条水平裂缝,高度分别约为 190 mm、380 mm、500 mm、810 mm、980 mm 和 1 170 mm。随着加载荷载变大,裂缝逐渐增多,±240 kN 之前裂缝宽度增加不大,最大裂缝宽度 0.12 mm,残余变形还较小。当加载至±300 kN 时,最大裂缝宽度 0.2 mm。当加载至±320 kN 时,部分水平裂缝出现斜向发展趋势,最大裂缝宽度 0.3 mm。此时,试件进入屈服阶段,屈服位移取 $\Delta_y=15$ mm。进入位移控制阶段后,裂缝普遍斜向发展,裂缝宽度增加较快。当加载至 $2\Delta_y$ 时部分裂缝交汇,最大裂缝宽度 0.4 mm,推、拉方向均新增裂缝。当加载至 $3\Delta_y$ 时,不再出现新裂缝,表明此时剪力墙塑性铰完全形成,此时最大裂缝宽度约 1.0 mm,剪力墙根角部混凝土压区出现竖向裂缝,试件受压混凝土开始轻微压碎。当加载至 $4\Delta_y$、$5\Delta_y$ 时,剪力墙裂缝宽度继续加大。当加载至 $6\Delta_y$ 时,压区混凝土严重脱落。当尝试加载 $7\Delta_y$ 时,压区混凝土突然炸响压碎,箍筋、受拉钢筋外露,墙体变形过大,为安全起见停止试验。

ZP-1 试件:加载初期至±180 kN,试件基本上处于弹性状态,正、反向加载和卸载后残余变形很小。当加载至±200 kN 时,推方向和拉方向均出现水平裂缝,此阶段即为开裂阶段。其中推方向水平裂缝有 4 条,高度分别约为 250 mm、490 mm、780 mm 和 990 mm;拉方向水平裂缝有 7 条,高度分别约为 180 mm、380 mm、460 mm、700 mm、850 mm、1 080 mm 和 1 200 mm。随着加载荷载变大,裂缝逐渐增多,但裂缝宽度增加不大,残余变形还较小。当加载至±300 kN 时,最大裂缝宽度 0.14 mm。当加载至±320 kN 时,坐浆层开裂,部分水平裂缝出现斜向发展趋势,最大裂缝宽度 0.2 mm。继续加载至±340 kN 时,试件进入屈服阶段,屈服位移取 $\Delta_y=18.5$ mm。进入位移控制阶段后,裂缝普遍斜向发展,裂缝宽度增加较快。当加载至 $2\Delta_y$ 时部分裂缝交汇,最大裂缝宽度 0.4 mm,推、拉方向仍继续新增斜向裂缝。当加载至 $3\Delta_y$ 时,在试件 2 m 高以上区域出现极少量新裂缝,表明此时剪力墙塑性铰完全形成,此时最大裂缝宽度约 1.2 mm,剪力墙根角部混凝土压区出现竖向裂缝,试件受压混凝土开始轻微压碎。当加载至 $4\Delta_y$、$5\Delta_y$ 时,剪力墙裂缝宽度继续加大,加载至 $5\Delta_y$ 时出现混凝土压碎声响。当尝试加载至 $6\Delta_y$ 时,试件在坐浆层上发生水平旋转,防侧移装置被顶开,同时产生了水平旋转附加的水平位移,造成位移控制加载失效,试验终止。

ZP-2 试件:加载初期至±180 kN,试件基本上处于弹性状态,正、反向加载和卸载后残余变形很小。当加载至-200 kN 时,剪力墙在约 180 mm、470 mm、750 mm、1 080 mm 和 1 290 mm 高度出现 5 条水平裂缝,此阶段即为开裂阶段。推方向的裂缝出现在加载至-220 kN 时,共 2 条水平裂缝,高度分别约为 420 mm 和 600 mm。随着加载荷载变大,裂缝逐渐增多,但裂缝宽度增加不大,残余变形还较小。当加载至±280 kN 时,最大裂缝宽度 0.12 mm。当加载至-300 kN 时,拉方向部分裂缝沿斜向发展。当加载至±320 kN 时,拉方向部分裂缝沿斜向发展。最大裂缝宽度 0.14 mm。此时,试件进入屈服阶段,屈服位移取 $\Delta_y=17.8$ mm。进入位移控制阶段后,裂缝数量快速增加,且陆续斜向发展,裂缝宽度增加较快。当加载至 $2\Delta_y$ 时部分裂缝交汇,最大裂缝宽度 0.5 mm。当

加载至 $3\Delta_y$ 时，在试件 2 m 高以上区域仍然出现少量新裂缝，且剪力墙根角部混凝土压区出现竖向裂缝，混凝土开始轻微压碎。当加载至 $4\Delta_y$ 时，不再出现新裂缝，表明此时剪力墙塑性铰完全形成。当加载至 $5\Delta_y$ 时，试件压区混凝土脱落。当加载至 $6\Delta_y$ 时，试件压区混凝土继续脱落，试件同样发生坐浆层上的水平旋转。加载至第 2 个循环时，钢筋由于受拉、扭、剪组合应力作用而断开，造成试件整体承载力下降。加载至第 3 个循环时，钢筋继续断开，承载力急速下降，试验终止。

对于破坏形态，XJ-1、ZP-1、ZP-2 基本相同，均为弯剪破坏，表现为边缘构件竖向钢筋拉断，墙肢角部混凝土压溃，各试件破坏形态见图 3-19。需要说明的是，对于 ZP-1、ZP-2 试件，由于最终发生试件扭转，其钢筋拉断是由于弯、剪、扭的综合作用结果，扭转直接影响了加载与试件表现，可以预见，若能在试验中完全避免扭转，试件将能表现出更好的性能。

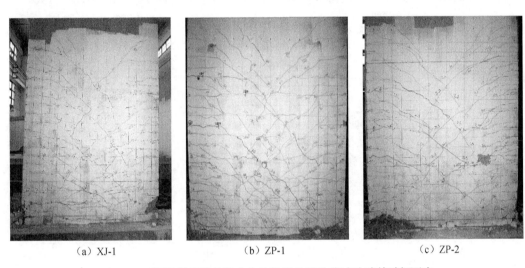

（a）XJ-1   （b）ZP-1   （c）ZP-2

图 3-19   焊接封闭箍筋约束全浆锚墙抗震性能试验试件破坏形态

（5）滞回曲线与骨架曲线

试验中各试件的滞回曲线与骨架曲线见图 3-20，从图中可以看出，对于滞回曲线，各试件滞回环形状近似，均呈反 S 形，滞回环形状较为饱满，表现出良好的滞回性能；对于骨架曲线，各模型曲线走势基本一致，表现出相近的发展规律，骨架曲线下降段都比较平缓，说明后期模型承载力下降缓慢、延性较好，也说明焊接封闭箍筋约束构造对提高试件延性具有较好的效果。

（6）承载能力

各试件的开裂荷载、屈服荷载及峰值荷载见表 3-10。从表中可以看出，对于开裂荷载、屈服荷载、峰值荷载，ZP-1、ZP-2 试件均达到了与 XJ-1 试件相当的水平，表现出良好的强度特性。对于开裂荷载，由于本阶段试验时，对试件预制、安装与灌浆等作业已具备了较为丰富的经验，其节点拼缝处灌浆及坐浆层处理更为细致，一定程度改善了试件的抗裂性能；对于屈服荷载与峰值荷载，部分数据显示的焊接封闭箍筋约束全浆锚墙试件数值更高，分析认为是得益于灌浆料较混凝土具有更高的强度。

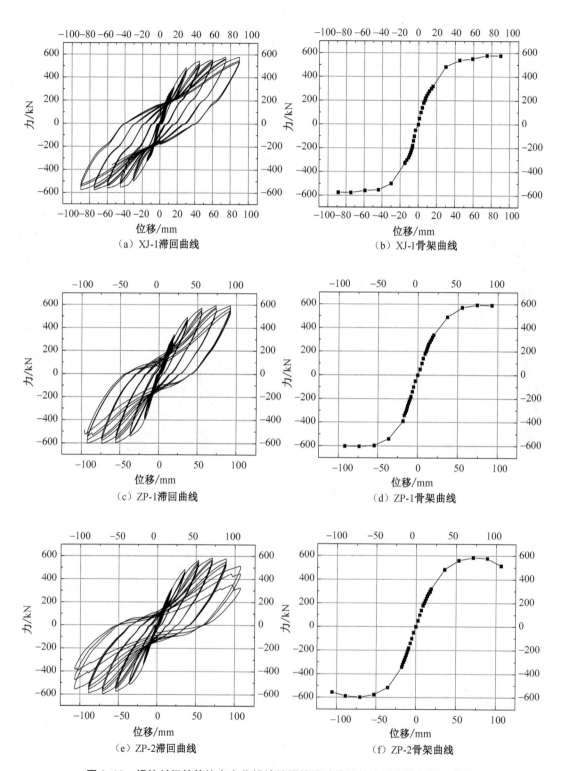

（a）XJ-1滞回曲线

（b）XJ-1骨架曲线

（c）ZP-1滞回曲线

（d）ZP-1骨架曲线

（e）ZP-2滞回曲线

（f）ZP-2骨架曲线

图 3-20　焊接封闭箍筋约束全浆锚墙抗震性能试验试件滞回曲线与骨架曲线

表 3-10 焊接封闭箍筋约束全浆锚墙抗震性能试验试件强度数据表

试件编号	XJ-1	ZP-1	ZP-2
开裂荷载(kN)	200	200	200
屈服荷载(kN)	320	340	320
峰值荷载(kN)	580	605	598

（7）刚度特性

各试件的割线刚度退化曲线见图 3-21，从图中可以看出，除加载初期 ZP-1、ZP-2 试件刚度较 XJ-1 试件较低外，在后续加载过程中，尤其是位移加载过程中，三者曲线基本重合，表现出相近的刚度特性。分析认为，加载初期由于节点水平拼缝处混凝土不连续，在荷载及位移均较小的情况下，该因素较明显地影响了该阶段试件的抗侧刚度，而随着进入位移加载阶段，且随着位移逐渐增大，混凝土抗拉性能对试件刚度的贡献基本可以忽略，因此，各试件刚度趋于一致。

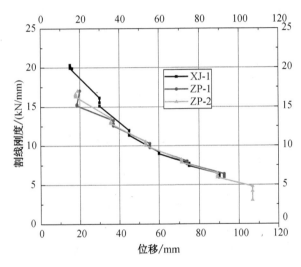

图 3-21 焊接封闭箍筋约束全浆锚墙抗震性能试验试
件刚度退化曲线

（8）变形能力与延性

各试件变形参数见表 3-11，从表中可以看出，各试件的弹性位移角均大于 1/1 000、极限位移角均大于 1/120，均能满足规范要求的抗震变形要求；各试件位移延性系数相同，表明 ZP-1、ZP-2 试件具有与 XJ-1 相当的延性性能，具有良好的抗震变形能力。

表 3-11 焊接封闭箍筋约束全浆锚墙抗震性能试验试件变形数据表

试件	Δ_y(mm)	θ_y	Δ_u(mm)	θ_u	μ
XJ-1	15	1/227	90	1/38	6
ZP-1	18.5	1/184	92.5	1/37	5
ZP-2	17.8	1/191	106.8	1/32	6

注：Δ_y、θ_y 分别为试件屈服位移、屈服位移角；Δ_u、θ_u 分别为试件极限位移、极限位移角；μ 为位移延性系数。

（9）耗能能力

各试件在开裂、屈服、极限等加载特征阶段的等效黏滞阻尼系数，列于表 3-12。随着荷载增大，各试件等效黏滞阻尼系数逐渐增大，且屈服阶段后增幅明显；各试件等效黏滞阻尼系数在各个加载阶段均基本接近，甚至焊接封闭箍筋约束全浆锚墙试件（ZP-1、ZP-2）较现浇试件（XJ-1）具有稍高的等效黏滞阻尼系数；与未改进的全浆锚剪力墙试件（表 3-4）比较，可以发现焊接封闭箍筋约束全浆锚墙试件可充分利用试件屈服后的耗能能力，表现在屈服阶段与极限阶段耗能数据的更大幅度的提高，说明采用矩形螺旋箍筋约束墙肢边缘构件端混凝土，对改善节点抗震耗能能力，尤其是弹塑性阶段的抗震耗能能力，有明显效果；与矩形螺旋箍筋约束全浆锚墙试件（表 3-8）比较，采用焊接封闭箍筋约束构造可达到理想要求，且得益于钢筋绑扎简便、混凝土浇筑质量可靠等更有利因素，其在屈服荷载阶段和极限荷载阶段的耗能能力得到了一定程度的提高。

表 3-12 焊接封闭箍筋约束全浆锚墙抗震性能试验试件耗能数据表

加载特征阶段	XJ-1	ZP-1	ZP-2
开裂荷载阶段	0.029	0.039	0.034
屈服荷载阶段	0.040	0.059	0.054
极限荷载阶段	0.140	0.143	0.139

（10）试验结论

根据直接试验数据来看，采用了焊接封闭箍筋约束全浆锚墙试件，其抗裂性能、承载能力、刚度性能、位移延性及耗能能力与现浇试件相当，具备了良好的抗震性能。

与未进行任何构造加强的全浆锚剪力墙试件及矩形螺旋箍筋约束全浆锚墙试件相比，采用焊接封闭箍筋约束构造可达到与矩形螺旋箍筋约束构造等同的效果，均可保证对墙肢边缘构件端部混凝土的良好约束，有效改善了试件的变形能力与耗能能力。同时，焊接封闭箍筋避免了矩形螺旋箍筋钢筋绑扎及混凝土浇筑难题，更利于工程应用，因此，其作为推荐构造，并已纳入到江苏省工程建设地方标准《装配整体式混凝土剪力墙结构技术规程》（DGJ 32/TJ 125—2016）中。

4）高轴压比焊接封闭箍筋约束全金属波纹管浆锚连接预制剪力墙连接节点抗震性能研究

（1）试验目的

前述试验证明了焊接封闭箍筋约束构造可以达到良好的混凝土约束效果，有效改善了剪力墙构件的抗震性能，且预制、安装均较矩形螺旋箍筋约束构造便利，具有重要的应用前景。但是相关试验均是在较低的轴压比（0.1）条件下进行的，对于受力更为不利的高轴压比条件未能进行实际考察。为进一步探讨焊接封闭箍筋约束全浆锚剪力墙在较高轴压比条件下的实际表现，进行补充试验。

需要说明的是，由于剪力墙截面形状细长且面积较大，同时受限于试验室地面锚固承载力的限制，试验轴压比条件仍然受到极大限制。试验中，经过合理、安全设计，其试验轴压比最高为 0.3。

（2）试件设计

试验共制作 2 个 1：1 足尺比例试件，其中，1 个为现浇剪力墙对比试件，1 个为焊接封闭箍筋约束全金属波纹管浆锚连接预制剪力墙（以下简称焊接封闭箍筋约束全浆锚墙）试件，试件构造设计与前述焊接封闭箍筋约束全浆锚墙试件相同，仅加载轴压比不同。

为方便描述，现浇试件、焊接封闭箍筋约束全浆锚墙试件分别编号为 XJ-4、YZ-4。试件配筋详图可参见图 3-17。

（3）试验加载方案

同样采用低周反复水平荷载加载方案，并采用力和位移双控制度，即试件屈服前按力控制加载，每级荷载循环 1 次；试件屈服后按位移控制加载，位移增量控制为屈服位移，每级位移循环 3 次，直至试件破坏或变形过大不适于继续加载，试验终止。

所有试件均在东南大学九龙湖校区结构试验室进行加载试验。水平加载设备均采用 1 000 kN 液压伺服控制系统（MTS）；竖向轴压荷载利用张拉预应力钢绞线方式施加，轴压比为 0.1。由于其施加荷载较大，采用了 2 台 200 t 穿心式千斤顶及与各个千斤顶配套的 7 根 A15.2 1860 级预应力钢绞线，同时，考虑到试验室地面单孔设计承载力 50 t，钢绞线在地面的锚固采用了十字分配梁构造，以实现各点 4 个锚固孔（单点 200 t，与千斤顶规格相匹配），满足试验加载条件。另外，为防止试件在加载过程中发生平面外扭转与倾覆，在试件侧面增设三角钢桁架进行支撑，且考虑到竖向荷载较大，每个三角桁架分别设置 3 道滚轮抵住试件侧面，作为侧向支撑。试验加载照片见图 3-22。试验规定 MTS 外推时为正，内拉时为负。

图 3-22　高轴压比焊接封闭箍筋约束全浆锚墙抗震性能试验加载装置

混凝土立方体试块实测抗压强度 XJ-4 试件为 34.8 MPa，YZ-4 试件为 36.2 MPa；灌浆料实测强度 75.3 MPa；钢筋实测材料特性见表 3-13。

表 3-13　钢筋实测材料特性表

钢筋规格	直径（mm）	屈服强度（MPa）	极限强度（MPa）	弹性模量（$\times 10^5$ MPa）	延伸率（%）
HRB400	8	580	655	2.00	21
	10	610	685	2.00	24
	12	505	665	2.00	25
	16	515	670	2.00	25

（4）试验现象与破坏形态

各试件破坏过程相近,均经历了弹性、开裂、屈服及破坏阶段,试验过程详述如下:

XJ-4 试件:加载初期至±250 kN,墙体处于未开裂弹性阶段,加载和卸载的荷载-位移曲线基本重合。当加载至±300 kN 时,剪力墙受拉侧底部出现 1 道水平裂缝,进入开裂阶段。随着加载荷载变大,裂缝逐渐增多,当加载至±675 kN 时,边缘构件最外侧受拉钢筋屈服,试件进入屈服阶段,屈服位移取 $\Delta_y = 15$ mm。进入位移控制阶段后,裂缝普遍斜向发展并相互交叉,原有裂缝宽度增加较快,而新裂缝产生较少。当加载至 $3\Delta_y$ 时,不再出现新裂缝,既有裂缝继续斜向发展并相互交叉,剪力墙根部受压混凝土出现竖向裂缝。当尝试加载至 $4\Delta_y$ 时,受拉区混凝土严重脱落,边缘构件最外侧竖向钢筋压弯、箍筋外露,试件承载力急剧下降,停止试验。

YZ-4 试件:加载初期至±225 kN,墙体处于未开裂弹性阶段,加载和卸载的荷载-位移曲线基本重合。当加载至±250 kN 时,剪力墙受拉侧底部出现 1 道水平裂缝,进入开裂阶段。随着加载荷载变大,裂缝逐渐增多,当加载至±650 kN 时,边缘构件最外侧受拉钢筋屈服,试件进入屈服阶段,屈服位移取 $\Delta_y = 15$ mm。进入位移控制阶段后,裂缝普遍斜向发展并相互交叉,原有裂缝宽度增加较快,而新裂缝产生较少。当加载至 $3\Delta_y$ 时,不再出现新裂缝,既有裂缝继续斜向发展并相互交叉,且裂缝宽度增长较快,剪力墙根部受压混凝土出现竖向裂缝。当尝试加载至 $5\Delta_y$ 时,受拉区混凝土严重脱落,边缘构件最外侧竖向钢筋拉断、箍筋外露,试件承载力急剧下降,停止试验。

对于破坏形态,XJ-4、YZ-4 基本相同,均为弯剪破坏,但具体表现有所不同。XJ-4 试件破坏是由于受压混凝土压溃、受压钢筋压屈导致的,而 YZ-4 试件破坏则是由于受拉钢筋拉断、受压混凝土压溃导致的,各试件破坏形态见图 3-23。同时,与较低轴压比条件

（a）XJ-4　　　　　　　　　　（b）YZ-4

图 3-23　焊接封闭箍筋约束全浆锚墙抗震性能试验试件破坏形态

试验结果(图 3-19)比较,可以发现,轴压比的提高增大了试件混凝土竖向应力,使得混凝土主拉应力角度更为倾斜且较快达到混凝土抗拉强度,表现在高轴压比试件裂缝水平段较短且走势更为倾斜。

(5)滞回曲线与骨架曲线

试验中各试件的滞回曲线与骨架曲线见图 3-24,从图中可以看出,对于滞回曲线,各试件滞回环形状近似,均呈反 S 形,滞回环形状较为饱满,表现出良好的滞回性能,但与图 3-20 相比,滞回环捏缩效应更为明显,说明轴压比增大对其耗能能力有所影响;对于骨架曲线,各模型曲线走势基本一致,表现出相近的发展规律,且 YZ-4 试件较 XJ-4 试件在试件屈服后表现更好,在大变形下能更好地保持足够承载力,说明高轴压条件下,焊接封闭箍筋较传统箍筋构造的约束性能优势更为突出,能改善混凝土变形能力,提高试件在大变形阶段性能。

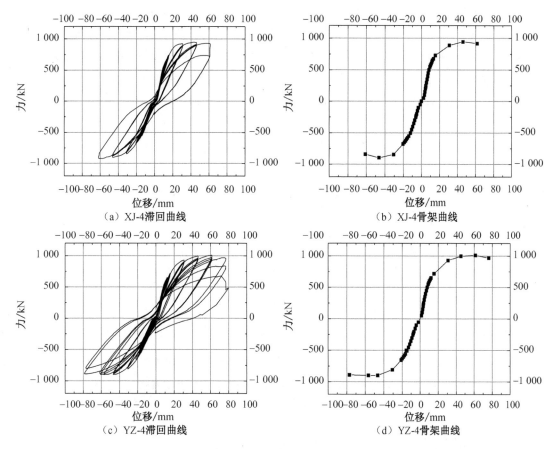

图 3-24　高轴压比焊接封闭箍筋约束全浆锚墙抗震性能试验试件滞回曲线与骨架曲线

(6)承载能力

各试件的开裂荷载、屈服荷载及峰值荷载见表 3-14。从表中可以看出,与 XJ-4 试件比较,YZ-4 试件的开裂荷载由于节点拼缝处混凝土不连续而有所降低外,其屈服荷载与峰值荷载均基本接近,表现出良好的强度特性。同时,与较低轴压比条件试验结果(表3-10)比较,可以发现,轴压比的增大明显提高了试件的承载力。

表3-14 高轴压比焊接封闭箍筋约束全浆锚墙抗震性能试验试件强度数据表

试件编号	XJ-4	YZ-4
开裂荷载(kN)	300	250
屈服荷载(kN)	675	650
峰值荷载(kN)	933	955

注:各级荷载数值均取正、反向荷载值的平均值。

(7) 刚度特性

各试件的割线刚度退化曲线见图3-25,从图中可以看出,与较低轴压比情况类似,加载初期即试件未屈服前,由于节点水平拼缝处混凝土不连续及坐浆层的较早压裂,造成 YZ-4 试件刚度小于 XJ-4 试件,而后续加载过程中,尤其是位移加载阶段,混凝土抗拉对试件刚度贡献基本可以忽略,且混凝土也逐渐压碎,先期削弱 YZ-4 试件刚度的因素影响程度降低甚至消失,使得 YZ-4 试件刚度逐渐逼近 XJ-4 试件,两者表现出相近的刚度特性。同时,与较低轴压比条件试验结果(图3-21)比较,可以发现,轴压比增大,可明显提高试件刚度。

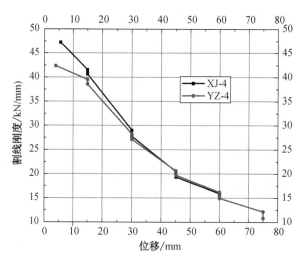

图3-25 高轴压比焊接封闭箍筋约束全浆锚墙抗震性能试验试件刚度退化曲线

(8) 变形能力与延性

各试件变形参数见表3-15,从表中可以看出,各试件的弹性位移角均大于 1/1 000、极限位移角均大于 1/120,均能满足规范要求的抗震变形要求;YZ-4 试件较 XJ-4 试件具有更好的位移延性性能,进一步说明高轴压比条件下,混凝土受压性能对试件整体表现更为关键,而焊接封闭箍筋较传统箍筋提供了更有效的混凝土约束性能;与较低轴压比试验结果(表3-11)相比,轴压比的增大,较为明显地影响了试件的变形能力,造成试件极限位移的明显降低。

表 3-15　高轴压比焊接封闭箍筋约束全浆锚墙抗震性能试验试件变形数据表

试件	Δ_y(mm)	θ_y	Δ_u(mm)	θ_u	μ
XJ-4	15	1/235	60	1/59	4
YZ-4	15	1/235	75	1/47	5

注：Δ_y、θ_y 分别为试件屈服位移、屈服位移角；Δ_u、θ_u 分别为试件极限位移、极限位移角；μ 为位移延性系数。

（9）耗能能力

各试件在开裂、屈服、极限等加载特征阶段的等效黏滞阻尼系数，列于表 3-16。随着荷载增大，各试件等效黏滞阻尼系数逐渐增大，且屈服阶段后增幅明显；各试件等效黏滞阻尼系数在各个加载阶段均基本接近。与较低轴压比试验结果（表 3-12）相比，轴压比的增大，较为明显地降低了试件屈服前的耗能能力，同时对极限阶段的耗能能力有一定程度的提高。分析认为，较高的轴压比有利于试件混凝土抗裂，从而降低了试件屈服前混凝土损伤程度，从而使得试件耗能能力降低；而屈服后混凝土主要发生受压损伤，较高的轴压比反而不利，因此，提高了试件的耗能能力；而混凝土对受拉性能改善更为敏感，因此，屈服前耗能能力的提高幅度明显高于屈服后耗能能力的减小幅度。

表 3-16　高轴压比焊接封闭箍筋约束全浆锚墙抗震性能试验试件耗能数据表

加载特征阶段	XJ-4	YZ-4
开裂荷载阶段	0.018	0.020
屈服荷载阶段	0.029	0.029
极限荷载阶段	0.154	0.153

（10）试验结论

根据直接试验数据来看，在高轴压比条件下，采用焊接封闭箍筋约束全浆锚墙试件，其承载能力、刚度特性、位移延性及耗能能力等，均可达到与现浇试件相当。且由于焊接封闭箍筋构造较传统箍筋构造对混凝土约束性能更优，有效提高了混凝土受压性能，尤其是其材料延性性能，使得焊接封闭箍筋约束全浆锚墙试件的变形能力及大变形条件下保持足够承载力的能力优于现浇试件。

与较低轴压比条件试验结果比较，轴压比的增大可明显提高试件的抗裂性能、承载能力及刚度，可在一定程度上提高试件在弹塑性阶段的耗能能力，但同时明显降低了试件的极限变形能力。

5）约束金属波纹管浆锚连接预制剪力墙连接节点抗震性能研究

（1）构造改进方案

如前所述，约束金属波纹管浆锚连接可抵抗钢筋偏心传力引起的接头周围混凝土径向应力，对较大直径（16 mm、18 mm）浆锚搭接钢筋效果更为明显。当其应用于剪力墙构件时,其连接节点的抗震性能仍然需要通过试验进行检验。

(2) 试件设计

试验共制作 3 个 1∶1 足尺比例试件,其中,1 个为现浇剪力墙对比试件,2 个为完全相同的约束金属波纹管浆锚连接预制剪力墙(以下简称约束浆锚墙)试件。试件构造设计基本保持与前述焊接封闭箍筋约束全浆锚墙试验中的现浇试件一致,仅在钢筋浆锚接头设置 A8@50 螺旋箍筋,形成约束金属波纹管浆锚连接。

为方便描述,现浇试件、约束浆锚墙试件分别编号为 XJ、ZP1、ZP2。约束浆锚墙试件配筋详图见图 3-26。

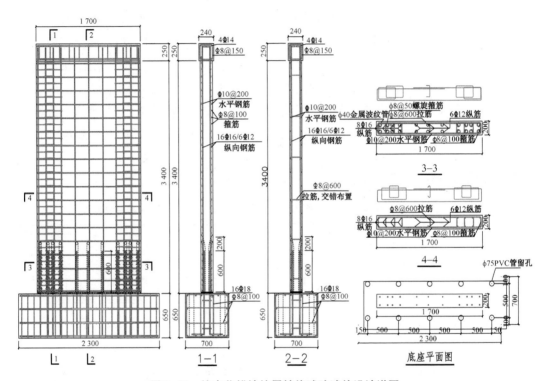

图 3-26　约束浆锚墙抗震性能试验试件设计详图

(3) 试验加载方案

采用低周反复水平荷载加载方案,并采用力和位移双控制度,即试件屈服前按力控制加载,每级荷载循环 1 次;试件屈服后按位移控制加载,位移增量控制为屈服位移,每级位移循环 3 次,直至试件破坏或变形过大不适于继续加载,试验终止。

所有试件均在南京工业大学江浦校区结构试验室进行加载试验。与前述试验加载装置相同,水平加载设备均采用 1 000 kN 液压伺服控制系统(MTS);竖向轴压荷载利用张拉精轧螺纹钢方式施加,轴压比为 0.1;侧向设置了防倾覆与扭转的型钢三脚架。试验加载照片见图 3-27。同样,试验规定 MTS 外推时为正,内拉时为负。

(4) 试验现象与破坏形态

各试件破坏过程相近,均经历了弹性、开裂、屈服及破坏阶段,试验过程详述如下:

图 3-27　约束浆锚墙抗震性能试验加载装置

　　XJ 试件：加载初期至 ±200 kN，墙体处于未开裂弹性阶段，加载和卸载的荷载-位移曲线基本重合。当加载至 ±250 kN 时，剪力墙受拉侧底部出现 1 道水平裂缝，进入开裂阶段。随着加载荷载变大，裂缝逐渐增多，当加载至 ±450 kN 时，边缘构件最外侧受拉钢筋屈服，试件进入屈服阶段，屈服位移取 $\Delta_y = 15$ mm。进入位移控制阶段后，裂缝普遍斜向发展并相互交叉，原有裂缝宽度增加较快，而新裂缝产生较少。当加载至 $3\Delta_y$ 时，不再出现新裂缝，既有裂缝继续斜向发展并相互交叉，剪力墙根部受压混凝土出现竖向裂缝。当尝试加载至 $6\Delta_y$ 时，受拉区混凝土严重脱落，边缘构件最外侧竖向钢筋压弯、箍筋外露，试件承载力急剧下降，停止试验。

　　ZP1 试件：加载初期至 ±200 kN，墙体处于未开裂弹性阶段，加载和卸载的荷载-位移曲线基本重合。当加载至 ±225 kN 时，剪力墙受拉侧底部出现 1 道水平裂缝，进入开裂阶段。随着加载荷载变大，裂缝逐渐增多，当加载至 ±450 kN 时，边缘构件最外侧受拉钢筋屈服，试件进入屈服阶段，屈服位移取 $\Delta_y = 15$ mm。进入位移控制阶段后，裂缝普遍斜向发展并相互交叉，原有裂缝宽度增加较快，而新裂缝产生较少。当加载至 $3\Delta_y$ 时，不再出现新裂缝，既有裂缝继续斜向发展并相互交叉，且裂缝宽度增长较快，剪力墙根部受压混凝土出现竖向裂缝。当尝试加载至 $5\Delta_y$ 时，受拉区混凝土严重脱落，边缘构件最外侧竖向钢筋拉断、箍筋外露，试件承载力急剧下降，停止试验。

　　ZP2 试件：加载初期至 ±200 kN，墙体处于未开裂弹性阶段，加载和卸载的荷载-位移曲线基本重合。当加载至 ±225 kN 时，剪力墙受拉侧底部出现 1 道水平裂缝，进入开裂阶段。随着加载荷载变大,裂缝逐渐增多,当加载至±450 kN时,边缘构件最外侧受拉钢筋屈服,试件进入屈服阶段,屈服位移取 $\Delta_y=15$ mm。进入位移控制阶段后,裂缝普遍斜向发展并相互交叉,原有裂缝宽度增加较快,而新裂缝产生较少。当加载至 $3\Delta_y$ 时,不再出现新裂缝,既有裂缝继续斜向发展并相互交叉,且裂缝宽度增长较快,剪力墙根部受压混凝土出现竖向裂缝。当尝试加载至 $5\Delta_y$ 时,受拉区混凝土严重脱落,边缘构件最外侧竖向钢筋拉断、箍筋外露,试件承载力急剧下降,停止试验。

对于破坏形态,三者基本相同,均为弯剪破坏形态,且均表现为钢筋拉断、边缘混凝土压溃、箍筋外露,各试件破坏形态见图3-28。

(a) XJ (b) ZP1 (c) ZP2

图3-28 约束浆锚墙抗震性能试验试件破坏形态

(5) 滞回曲线与骨架曲线

试验中各试件的滞回曲线与骨架曲线见图3-29,从图中可以看出,对于滞回曲线,各试件滞回环形状近似,均呈反S形,滞回环形状较为饱满,表现出良好的滞回性能。

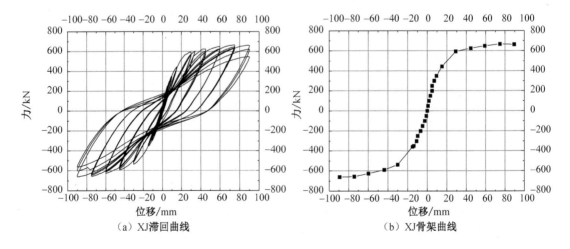

(a) XJ滞回曲线 (b) XJ骨架曲线

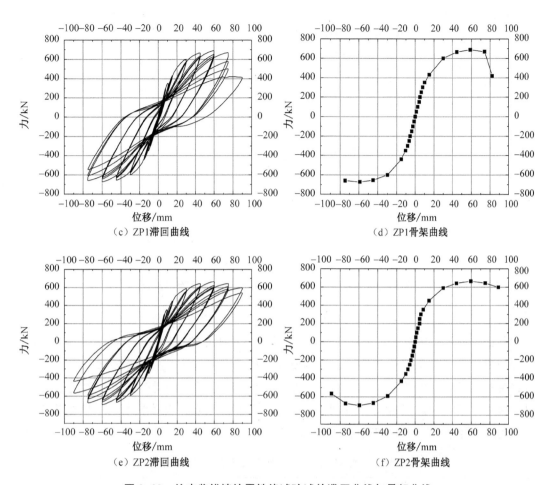

图 3-29 约束浆锚墙抗震性能试验试件滞回曲线与骨架曲线

（6）承载能力

各试件的开裂荷载、屈服荷载及峰值荷载见表 3-17。从表中可以看出，与 XJ 试件比较，ZP1、ZP2 试件的开裂荷载由于节点拼缝处混凝土不连续而有所降低外，其屈服荷载与峰值荷载均基本接近，表现出良好的强度特性。

表 3-17 约束浆锚墙抗震性能试验试件强度数据表

试件编号	XJ	ZP1	ZP2
开裂荷载(kN)	250	225	225
屈服荷载(kN)	450	450	450
峰值荷载(kN)	661	672	679

注：各级荷载数值均取正、反向荷载值的平均值。

（7）刚度特性

各试件的割线刚度退化曲线见图 3-30，从图中可以看出，约束浆锚墙试件刚度特性与现浇试件基本接近，表现出良好的刚度特性。

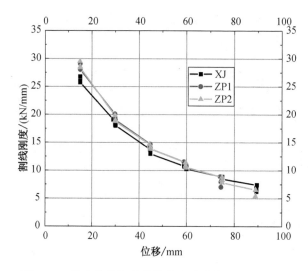

图 3-30　约束浆锚墙抗震性能试验试件刚度退化曲线

（8）变形能力与延性

各试件变形参数见表 3-18，从表中可以看出，各试件的弹性位移角均大于 1/1 000、极限位移角均大于 1/120，均能满足规范要求的抗震变形要求；约束浆锚墙试件具有与现浇试件相当的位移延性系数，其中，ZP1 试件的极限位移及位移延性系数相对较小，根据试验过程分析认为，由于装配式试件存在的沿水平拼缝的扭转在试验中不可避免，导致其承载力较早下降，也影响了其变形能力与延性性能。

表 3-18　约束浆锚墙抗震性能试验试件变形数据表

试件	Δ_y(mm)	θ_y	Δ_u(mm)	θ_u	μ
XJ	15	1/235	90	1/39	6
ZP1	15	1/235	75	1/47	5
ZP2	15	1/235	90	1/39	6

注：Δ_y、θ_y 分别为试件屈服位移、屈服位移角；Δ_u、θ_u 分别为试件极限位移、极限位移角；μ 为位移延性系数。

（9）耗能能力

各试件在开裂、屈服、极限等加载特征阶段的等效黏滞阻尼系数，列于表 3-19。随着荷载增大，各试件等效黏滞阻尼系数逐渐增大，且屈服阶段后增幅明显；各试件等效黏滞阻尼系数在各个加载阶段均基本接近。

表 3-19　约束浆锚墙抗震性能试验试件耗能数据表

加载特征阶段	XJ	ZP1	ZP2
开裂荷载阶段	0.031	0.032	0.035
屈服荷载阶段	0.048	0.051	0.051
极限荷载阶段	0.171	0.166	0.177

（10）试验结论

根据直接试验数据来看,采用了螺旋箍筋约束的约束浆锚墙试件,其抗裂性能、承载能力、刚度性能、位移延性及耗能能力与现浇试件相当,具备了良好的抗震性能。

采用螺旋箍筋约束构造可达到与矩形螺旋箍筋约束构造及封闭箍筋约束构造等同的效果,均可保证对墙肢边缘构件端部混凝土的良好约束,有效改善了试件的变形能力与耗能能力,该构造已被纳入到江苏省工程建设标准《装配整体式混凝土剪力墙结构技术规程》(DGJ32/TJ 125—2016)中。

6）边缘构件 U 形筋/镦头钢筋搭接、混凝土局部现浇的预制剪力墙混合连接节点抗震性能研究

（1）构造设计方案

鉴于金属波纹管浆锚钢筋连接技术的搭接连接特性,为提高边缘构件混凝土受压性能并改善该部位浆锚连接钢筋搭接传力性能,从约束混凝土角度出发,探索了矩形螺旋箍筋约束、焊接封闭箍筋约束及螺旋箍筋局部约束等多种构造措施,并通过试验检验了其抗震性能。此处,从改变边缘构件钢筋连接技术角度出发,提出边缘构件钢筋采用 U 形筋或镦头钢筋搭接、局部混凝土现浇的混合连接技术(图 3-31)。

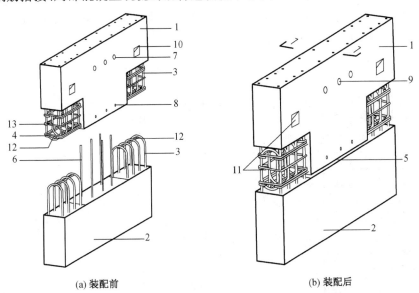

(a) 装配前　　　　　　　　　　　　　　(b) 装配后

图 3-31　混合连接构造示意(以 U 形筋搭接为例)

1—剪力墙上层预制内墙板；2—剪力墙下层预制内墙板；3—竖向 U 形闭合钢筋；
4—水平分布钢筋；5—拼缝处坐浆层；6—竖向浆锚钢筋；7—金属波纹浆锚管；
8—灌浆料；9—浇筑口；10—预留浇筑孔；11—现浇混凝土；12—水平加强钢筋；13—箍筋

混合连接构造利用 U 形筋或镦头钢筋的良好锚固性能,改善了边缘构件竖向钢筋传力性能,并减小钢筋锚固长度,从而降低现浇混凝土高度。中部采用浆锚连接技术,便于现场预制墙板安装及临时固定。另外,现场局部浇筑混凝土有利于节点错缝,可改进节点受力。

（2）试件设计

基于混合连接构造,开展低周反复荷载试验,研究其抗震性能。试验设计中除考虑了

边缘构件 U 形筋或镦头钢筋搭接两种情况外,同时对现浇区域灌注混凝土或灌浆料两种材料进行了探讨。

试验共制作 7 个 1∶1 足尺比例模型,试件详情见表 3-20,各试件设计详图见图 3-32。

表 3-20　混合连接墙抗震性能试验试件详表

试件编号	试件构造	设计详图	备　注
SW1	现浇试件	见图 3-32(a)	对比试件
SW2	基于钢板网成孔灌浆、U 形钢筋对接连接	见图 3-32(b)	基于 U 形筋构造,探讨灌浆与灌注混凝土的工艺性差异及试件抗震性能
SW3	基于钢板网成孔灌细石混凝土、U 形钢筋对接连接		
SW4～SW5	基于钢板网成孔灌浆、镦头钢筋对接连接	见图 3-32(c)	基于镦头钢筋构造,探讨灌浆与灌注混凝土的工艺性差异及试件抗震性能
SW6～SW7	基于钢板网成孔灌细石混凝土、镦头钢筋对接连接		

试件的外形尺寸一致,剪力墙高为 3 200 mm,截面尺寸为 1 600 mm×200 mm,底座长度为 2 200 mm,截面尺寸为 640 mm×700 mm,加载梁的截面尺寸为 240 mm×250 mm,试件的总高度为 4 090 mm。

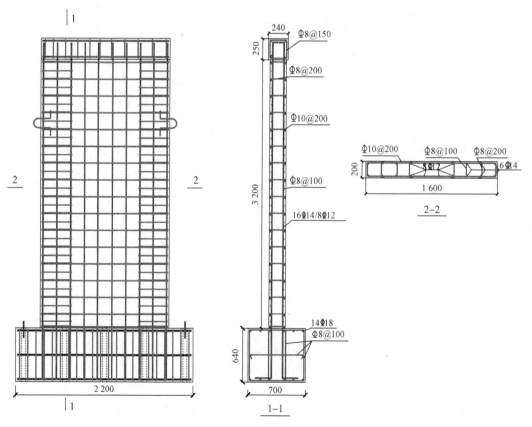

(a) 现浇试件 SW1

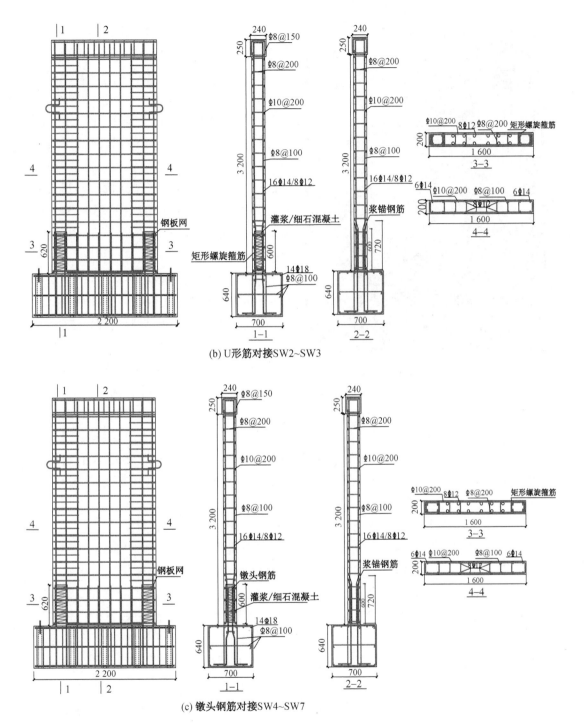

(b) U形筋对接SW2~SW3

(c) 镦头钢筋对接SW4~SW7

图 3-32　混合连接墙抗震性能试验试件设计详图

（3）试验加载方案

采用低周反复水平荷载加载方案,并采用力和位移双控制度,即试件屈服前按力控制加载,每级荷载循环 1 次;试件屈服后按位移控制加载,位移增量控制为屈服位移,每级位

图 3-33 混合连接墙抗震性能试验加载装置

移循环 3 次,直至试件破坏或变形过大不适于继续加载,试验终止。

所有试件均在东南大学九龙湖校区结构试验室进行加载试验。与前述试验加载装置相同,水平加载设备均采用 1 000 kN 液压伺服控制系统(MTS);竖向轴压荷载利用张拉 1860 级预应力钢绞线方式施加,轴压比为 0.1;侧向设置了防倾覆与扭转的型钢三脚架。试验加载照片见图 3-33。同样,试验规定 MTS 外推时为正,内拉时为负。

(4)试验现象与破坏形态

各试件破坏过程相近,均经历了弹性、开裂、屈服及破坏阶段,试验过程详述如下:

SW1 试件:加载初期至 ±150 kN,试件处于未开裂弹性阶段,加载和卸载的荷载-位移曲线基本重合。当加载至 ±170 kN 时,剪力墙受拉侧底部出现 1 道水平裂缝,进入开裂阶段。随着加载荷载变大,裂缝逐渐增多,当加载至 ±370 kN 时,边缘构件最外侧受拉钢筋屈服,试件进入屈服阶段,屈服位移取 $\Delta_y = 18.5$ mm。进入位移控制阶段后,裂缝普遍斜向发展并相互交叉,原有裂缝宽度增加较快,而新裂缝产生较少。当加载至 $3\Delta_y$ 时,不再出现新裂缝,既有裂缝继续斜向发展并相互交叉,剪力墙根部受压混凝土出现明显竖向裂缝。当加载至 $4\Delta_y$ 时,受压区混凝土严重脱落,边缘构件最外侧竖向钢筋拉断,试件承载力下降,停止试验。

SW2 试件:加载初期至 ±110 kN,试件处于未开裂弹性阶段,加载和卸载的荷载-位移曲线基本重合。当加载至 ±115 kN 时,剪力墙与底座交界面受拉侧出现首道水平裂缝,进入开裂阶段。当加载至 ±190 kN 时,现浇区顶部出现水平裂缝。随着加载荷载变大,裂缝逐渐增多,当加载至 ±310 kN 时,边缘构件最外侧受拉钢筋屈服,试件进入屈服阶段,屈服位移取 $\Delta_y = 15$ mm。进入位移控制阶段后,墙肢高处水平裂缝继续形成,原有裂缝宽度增大并斜向发展。当加载至 $3\Delta_y$ 时,不再出现新裂缝,既有裂缝继续斜向发展并相互交叉,现浇区顶部水平裂缝斜向发展,剪力墙根部受压混凝土保护层出现明显竖向裂缝。当加载至 $4\Delta_y$ 时,受压区混凝土保护层严重脱落,边缘构件最外侧竖向钢筋拉断,试件承载力下降,停止试验。

SW3 试件:加载初期至 ±120 kN,试件处于未开裂弹性阶段,加载和卸载的荷载-位移曲线基本重合。当加载至 ±130 kN 时,剪力墙与底座交界面受拉侧出现首道水平裂缝,进入开裂阶段。当加载至 ±190 kN 时,现浇区顶部出现水平裂缝。随着加载荷载变大,裂缝逐渐增多,当加载至 ±310 kN 时,边缘构件最外侧受拉钢筋屈服,试件进入屈服阶段,屈服位移取 $\Delta_y=15.5$ mm。进入位移控制阶段后,墙肢高处水平裂缝继续形成,原有裂缝宽度增大并斜向发展。当加载至 $3\Delta_y$ 时,不再出现新裂缝,既有裂缝继续斜向发展并相互交叉,现浇区顶部水平裂缝斜向发展,剪力墙根部受压混凝土保护层出现明显竖向裂缝。当尝试加载至 $5\Delta_y$ 时,受压区混凝土严重压溃,边缘构件最外侧竖向钢筋拉断,试件承载力下降,停止试验。

SW4 试件:加载初期至 ±110 kN,试件处于未开裂弹性阶段,加载和卸载的荷载-位移曲线基本重合。当加载至 ±120 kN 时,剪力墙与底座交界面受拉侧出现首道水平裂缝,进入开裂阶段。当加载至 ±160 kN 时,现浇区顶部出现水平裂缝。随着加载荷载变大,裂缝逐渐增多,当加载至 ±320 kN 时,边缘构件最外侧受拉钢筋屈服,试件进入屈服阶段,屈服位移取 $\Delta_y=15$ mm。进入位移控制阶段后,墙肢高处水平裂缝继续形成,原有裂缝宽度增大并斜向发展。当加载至 $3\Delta_y$ 时,不再出现新裂缝,既有裂缝继续斜向发展并相互交叉,现浇区顶部水平裂缝斜向发展,剪力墙根部受压混凝土保护层出现明显竖向裂缝。当尝试加载至 $5\Delta_y$ 时,受压区混凝土保护层严重脱落,边缘构件最外侧竖向钢筋拉断,试件承载力下降,停止试验。

SW5 试件:加载初期至 ±110 kN,试件处于未开裂弹性阶段,加载和卸载的荷载-位移曲线基本重合。当加载至 ±120 kN 时,剪力墙与底座交界面受拉侧出现首道水平裂缝,进入开裂阶段。当加载至 ±140 kN 时,现浇区顶部出现水平裂缝。随着加载荷载变大,裂缝逐渐增多,当加载至 ±320 kN 时,边缘构件最外侧受拉钢筋屈服,试件进入屈服阶段,屈服位移取 $\Delta_y=15$ mm。进入位移控制阶段后,墙肢高处水平裂缝继续形成,原有裂缝宽度增大并斜向发展。当加载至 $3\Delta_y$ 时,不再出现新裂缝,既有裂缝继续斜向发展并相互交叉,现浇区顶部水平裂缝斜向发展,剪力墙根部受压混凝土保护层出现明显竖向裂缝。当加载至 $4\Delta_y$ 时,受压区混凝土保护层严重脱落,边缘构件最外侧竖向钢筋拉断,试件承载力下降,停止试验。

SW6 试件:加载初期至 ±110 kN,试件处于未开裂弹性阶段,加载和卸载的荷载-位移曲线基本重合。当加载至 ±120 kN 时,剪力墙与底座交界面受拉侧出现首道水平裂缝,进入开裂阶段。当加载至 ±160 kN 时,现浇区顶部出现水平裂缝。随着加载荷载变大,裂缝逐渐增多,当加载至 ±320 kN 时,边缘构件最外侧受拉钢筋屈服,试件进入屈服阶段,屈服位移取 $\Delta_y=15$ mm。进入位移控制阶段后,墙肢高处水平裂缝继续形成,原有裂缝宽度增大并斜向发展。当加载至 $3\Delta_y$ 时,不再出现新裂缝,既有裂缝继续斜向发展并相互交叉,现浇区顶部水平裂缝斜向发展,剪力墙根部受压混凝土保护层出现明显竖向裂缝。当加载至 $4\Delta_y$ 时,受压区混凝土严重压溃,边缘构件最外侧竖向钢筋拉断,试件承载力下降,停止试验。

SW7 试件:加载初期至 ±110 kN,试件处于未开裂弹性阶段,加载和卸载的荷载-位移曲线基本重合。当加载至 ±120 kN 时,剪力墙与底座交界面受拉侧出现首道水平裂缝,进入开裂阶段。当加载至 ±140 kN 时,现浇区顶部出现水平裂缝。随着加载荷载变大,裂缝逐渐增多,当加载至 ±320 kN 时,边缘构件最外侧受拉钢筋屈服,试件进入屈服阶段,屈服位移取 $\Delta_y = 15$ mm。进入位移控制阶段后,墙肢高处水平裂缝继续形成,原有裂缝宽度增大并斜向发展。当加载至 $3\Delta_y$ 时,不再出现新裂缝,既有裂缝继续斜向发展并相互交叉,现浇区顶部水平裂缝斜向发展,剪力墙根部受压混凝土保护层出现明显竖向裂缝。当加载至 $4\Delta_y$ 时,受压区混凝土严重压溃,边缘构件最外侧竖向钢筋拉断,试件承载力下降,停止试验。

各试件最终破坏形态见图 3-34。所有试件均呈现弯剪破坏形态,且均表现为钢筋拉断、边缘混凝土压溃。

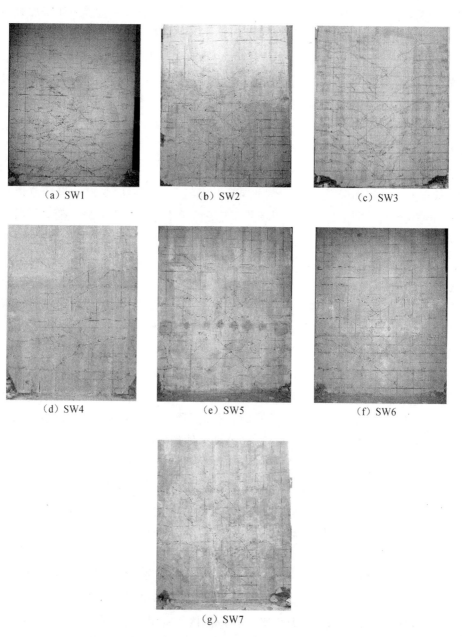

（a）SW1　　　　　　（b）SW2　　　　　　（c）SW3

（d）SW4　　　　　　（e）SW5　　　　　　（f）SW6

（g）SW7

图 3-34　混合连接墙抗震性能试验试件破坏形态

（5）滞回曲线与骨架曲线

试验中各试件的滞回曲线与骨架曲线见图 3-35，从图中可以看出，对于滞回曲线，各试件滞回环形状近似，均呈反 S 形，滞回环形状较为饱满，表现出良好的滞回性能。

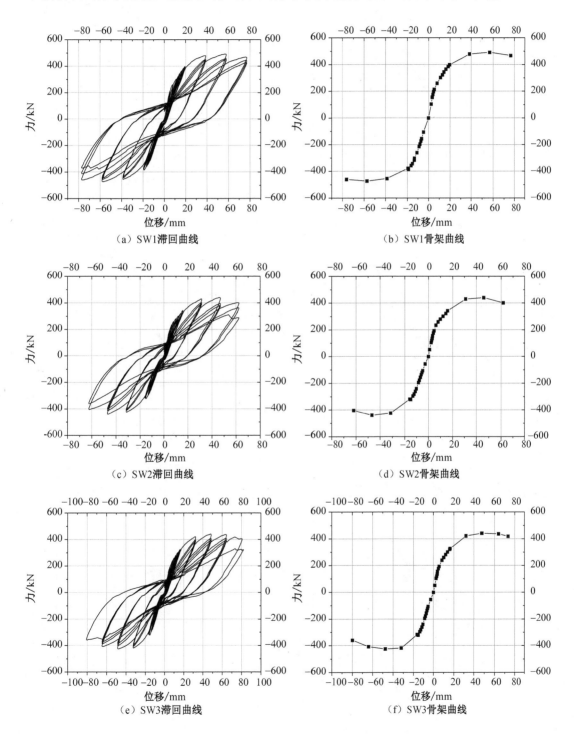

（a）SW1滞回曲线　　　　　　　　　　（b）SW1骨架曲线

（c）SW2滞回曲线　　　　　　　　　　（d）SW2骨架曲线

（e）SW3滞回曲线　　　　　　　　　　（f）SW3骨架曲线

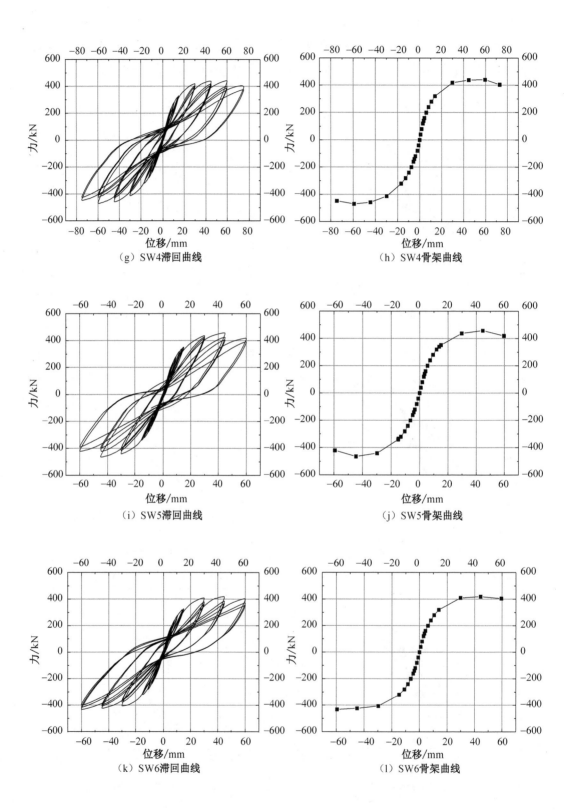

（g）SW4滞回曲线　　　　　　　（h）SW4骨架曲线

（i）SW5滞回曲线　　　　　　　（j）SW5骨架曲线

（k）SW6滞回曲线　　　　　　　（l）SW6骨架曲线

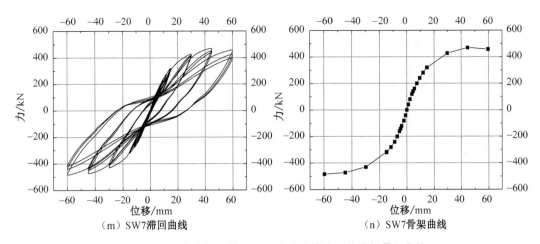

（m）SW7滞回曲线　　　　　　（n）SW7骨架曲线

图 3-35　混合连接墙抗震性能试验试件滞回曲线与骨架曲线

（6）承载能力

各试件的开裂荷载、屈服荷载及峰值荷载见表 3-21。从表中可以看出，与 XJ 试件比较，各混合连接试件的开裂荷载、屈服荷载与峰值荷载均有所降低。分析认为，与前述装配式剪力墙试件相同，由于节点拼缝处混凝土不连续而造成试件开裂荷载降低；而与前述装配式剪力墙试件明显不同的是，节点边缘构件局部现浇，形成的更多新老混凝土结合面在一定程度上削弱了试件承载力，同时，由于试件制作过程中现浇混凝土质量控制不严格，不可避免地存在浇筑质量不一致的问题，反映在各试件在峰值荷载的较大离散性。总体来看，若能严格控制局部现浇混凝土或灌浆质量，混合连接墙试件可以达到良好的强度性能。

同时可以看出，采用镦头钢筋对接连接试件承载力总体上稍高于采用 U 形钢筋对接连接试件，而局部现浇区灌注灌浆料或混凝土对试件承载力无明显的影响。

表 3-21　混合连接墙抗震性能试验试件强度数据表

试件编号	开裂荷载(kN)	屈服荷载(kN)	峰值荷载(kN)
SW1	170	370	482
SW2	115	310	439
SW3	130	310	434
SW4	120	320	456
SW5	120	320	462
SW6	120	320	426
SW7	120	320	478

注：各级荷载数值均取正、反向荷载值的平均值。

（7）刚度特性

各试件的割线刚度退化曲线见图 3-36，从图中可以看出，约束浆锚墙试件刚度特性与现浇试件基本接近，表现出良好的刚度特性。

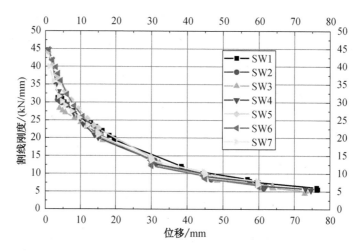

图 3-36　混合连接墙抗震性能试验试件刚度退化曲线

（8）变形能力与延性

各试件变形参数见表 3-22,从表中可以看出,各试件的弹性位移角均大于 1/1 000、极限位移角均大于 1/120,均能满足规范要求的抗震变形要求;混合连接墙试件具有与现浇试件相当甚至更高的位移延性系数,而钢筋形式及局部现浇区材料种类对试件变形能力及延性性能影响不明显。

表 3-22　混合连接墙抗震性能试验试件变形数据表

试件	Δ_y(mm)	θ_y	Δ_u(mm)	θ_u	μ
SW1	18.5	1/173	74	1/43	4
SW2	15	1/213	60	1/53	4
SW3	15.5	1/206	77.5	1/41	5
SW4	15	1/213	75	1/43	5
SW5	15	1/213	60	1/53	4
SW6	15	1/213	60	1/53	4
SW7	15	1/213	60	1/53	4

注:Δ_y、θ_y 分别为试件屈服位移、屈服位移角;Δ_u、θ_u 分别为试件极限位移、极限位移角;μ 为位移延性系数。

（9）耗能能力

各试件在开裂、屈服、极限等加载特征阶段的等效黏滞阻尼系数,列于表 3-23。随着荷载增大,各试件等效黏滞阻尼系数逐渐增大,且屈服阶段后增幅明显;采用 U 形钢筋对接试件耗能能力稍优于采用镦头钢筋对接试件,突出表现在极限荷载阶段,前者等效黏滞阻尼系数高于现浇试件,而后者则低于现浇试件;局部现浇区灌注材料种类对耗能能力则影响不明显。

表 3-23　约束浆锚墙抗震性能试验试件耗能数据表

加载特征阶段	SW1	SW2	SW3	SW4	SW5	SW6	SW7
开裂荷载阶段	0.034 123	0.034 892 9	0.033 282 8	0.044 489 9	0.039 351	0.045 676	0.045 198 7
屈服荷载阶段	0.039 692	0.037 232 3	0.048 714 1	0.046 180 6	0.037 512	0.046 063	0.040 003 8
极限荷载阶段	0.155 984	0.190 521 4	0.175 388 6	0.142 593 2	0.116 719	0.144 401 5	0.135 916 5

（10）试验结论

根据试验数据来看，边缘构件钢筋采用 U 形钢筋或镦头钢筋搭接、局部混凝土现浇的混合连接技术的装配式混凝土剪力墙试件，虽然其结构构造及制作工艺与现浇混凝土试件及前述装配式混凝土试件有较大区别，但仍然表现出良好的滞回性能，具备了足够的承载能力、刚度、位移延性及耗能能力。

边缘构件局部现浇区高度能满足 U 形钢筋及镦头钢筋的锚固要求，试验中均未发生钢筋锚固失效，但钢筋形式对试件耗能能力有一定影响，采用 U 形钢筋对接试件耗能能力稍优于采用镦头钢筋对接试件。而边缘构件局部现浇区所采用材料，即灌注混凝土或灌浆料，对试件抗震性能无明显的直接影响。

同时，由于边缘构件局部现浇，其形成多个新老混凝土结合面，因此，现浇部位的质量控制尤其重要，应严格控制。

7）系列节点技术对比总结

将前述系列节点构造与性能详列于表 3-24，以便对比与参考。

表 3-24　装配式混凝土剪力墙竖向连接节点对比总结

序号	节点技术	构造技术	性能指标	应用状态及建议
1	全金属波纹管浆锚连接	（1）剪力墙全预制； （2）全截面竖向钢筋均采用金属波纹管浆锚连接	（1）整体达到与现浇节点相当的抗震性能； （2）水平拼缝上移构造不利于试件预制与安装； （3）边缘构件混凝土约束不足，不适用于高轴压比条件	（1）纳入国家标准《装配式混凝土建筑技术标准》（GB/T 51231—2016）、行业标准《装配式混凝土结构技术规程》（JGJ 1—2014）及江苏省地方标准《装配整体式混凝土剪力墙结构技术规程》（DGJ32/TJ 125—2016）中； （2）已有大量工程应用； （3）其适用于 6 度 110 m、7 度 90 m 和 8 度（0.2g）70 m 的房屋建筑
2	矩形螺旋箍筋约束全金属波纹管浆锚连接	（1）剪力墙全预制； （2）全截面竖向钢筋均采用金属波纹管浆锚连接； （3）剪力墙边缘构件最外侧 4 根竖向钢筋外周设置矩形螺旋箍筋	（1）整体达到与现浇节点相当的抗震性能； （2）边缘构件混凝土约束良好； （3）钢筋施工较为麻烦，不利于工厂预制	节点构造改进阶段性成果，未有工程应用

续表 3-24

序号	节点技术	构造技术	性能指标	应用状态及建议
3	焊接封闭箍筋约束全金属波纹管浆锚连接	(1) 剪力墙全预制； (2) 全截面竖向钢筋均采用金属波纹管浆锚连接； (3) 剪力墙边缘构件箍筋采用扣接封闭箍筋形式	(1) 整体达到与现浇节点相当的抗震性能； (2) 边缘构件混凝土约束良好； (3) 构件预制简便	(1) 纳入江苏省地方标准《装配整体式混凝土剪力墙结构技术规程》（DGJ32/TJ 125—2016）中； (2) 已有大量工程应用； (3) 其适用于 6 度 120 m、7 度 100 m 和 8 度（0.2g）80 m 的房屋建筑
4	约束金属波纹管浆锚连接	(1) 剪力墙全预制； (2) 全截面竖向钢筋均采用金属波纹管浆锚连接； (3) 剪力墙边缘构件浆锚连接接头采用圆形螺旋筋约束	(1) 整体达到与现浇节点相当的抗震性能； (2) 边缘构件混凝土约束良好； (3) 构件预制简便	(1) 纳入行业标准《装配式混凝土结构技术规程》（JGJ 1—2014）和江苏省地方标准《装配整体式混凝土剪力墙结构技术规程》（DGJ32/TJ 125—2016）中； (2) 其适用于 6 度 120 m、7 度 100 m 和 8 度（0.2g）80 m 的房屋建筑
5	边缘构件 U 形筋/镦头钢筋搭接、混凝土局部现浇的混合连接	(1) 剪力墙大部分预制，边缘构件部位局部现浇； (2) 边缘构件竖向钢筋采用 U 形钢筋或镦头钢筋搭接形式，竖向分布钢筋采用金属波纹管浆锚连接； (3) 局部现浇区高度根据钢筋锚固长度设置，灌注材料采用细石混凝土或灌浆料	(1) 整体达到与现浇节点相当的抗震性能； (2) 局部现浇区与预制部分表现出良好的整体性； (3) 构件预制简便，但局部现浇部位质量需严格控制	(1) 纳入香港屋宇署技术委员会编制的 Code of Practice for Precast Concrete Construction 2016（《预制混凝土建造作业守则 2016》）； (2) 节点构造尝试性改进成果，未有工程应用

3.2.2 双板叠合剪力墙竖向连接节点技术研究

装配式混凝土双板叠合建筑体系（Double-Wall Precast Concrete Building System，简称 DWPC 建筑体系），主要由双板叠合墙与钢筋桁架楼板组成，见图 3-37。双板墙由两片钢筋混凝土预制板组成，两片预制板通过钢筋桁架连接。钢筋混凝土预制板既作为中间现浇混凝土的侧模，也用于承载参与结构工作。钢筋桁架楼板可采用类似墙体的双层夹芯形式（内部发泡）或国内常用的叠合楼板形式。通过在 DWPC 墙体内腔及楼板叠合层后浇混凝土，将 DWPC 墙体与基础、预制楼板以及各层 DWPC 墙体连接成整体。DWPC 建筑体系是欧洲极具代表性的一项成熟的技术，被广泛应用于多层建筑中。

针对双板剪力墙特殊构造，结合高度自动化的流水生产线，其生产过程具体为：首先

（a）预制墙单元　　　　　（b）钢筋桁架叠合楼板　　　　（c）DWPC墙-楼板节点

图 3-37　DWPC 建筑体系预制构件和建筑

预制一侧带钢筋桁架的混凝土板，并养护成型；再浇筑另一侧钢筋混凝土板，在其混凝土初凝前且提前预制的一侧混凝土板达到设计要求强度后，采用专用设备将其翻转并压入新浇筑的另一侧板中，通过数字控制技术严格控制压入深度，以保证双板墙的整体厚度及内部空隙厚度；最后送入养护窑养护成型。其生产过程照片见图 3-38。

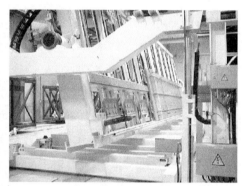

（a）浇筑一侧混凝土板　　　　　　　　　　（b）翻转预制混凝土板

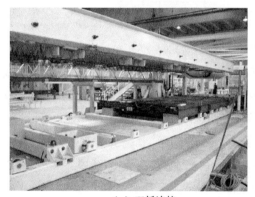

（c）双板连接　　　　　　　　　　　（d）养护成型

图 3-38　DWPC 建筑体系预制墙的生产过程

　　双板叠合墙是 DWPC 建筑体系重要的抗侧力构件，其构件及连接的整体性与抗震性能决定了整体结构的抗震能力；另外，由于其属于"舶来品"，仍然存在与我国设计要求不协调的地方。因此，对双板叠合墙进行了构件构造改进及连接方式创新，而楼板则全部采用钢筋桁架叠合楼板，从两方面确保 DWPC 结构体系的整体性与抗震性能。

　　基于对原 DWPC 建筑体系的构件构造及连接方式改进,对采用不同边缘构造、不同剪跨比的一字形 DWPC 剪力墙试件进行低周反复荷载试验,对试件滞回曲线、骨架曲线、位移延性、刚度退化和耗能能力等进行详细分析,为工程应用提供科学依据。

　　(1)试件设计

　　试验按不同的边缘构造、不同的剪跨比设计制作了 3 组共 11 片剪力墙足尺比例试件(见表 3-25),在试验轴压比为 0.1(设计轴压比 0.168)情况下进行低周反复荷载试验。

表 3-25　双板墙试件分组及明细

组别	编号	剪跨比	墙身高×宽×厚/(mm×mm×mm)	底座截面/(mm×mm)	加载梁截面/(mm×mm)	边缘构件纵筋	水平钢筋配筋率/%	竖向钢筋配筋率/%
1	SW1	3.325	3 200×1 000×200	700×640	240×250	4Φ14	0.39	1.08
	SW2	3.325	3 200×1 000×200	700×640	240×250	4Φ14	0.39	1.08
	SW3	3.325	3 200×1 000×200	700×640	240×250	4Φ14	0.39	1.08
2	SW4	2.078	3 200×1 600×200	700×640	240×250	6Φ14	0.39	0.72
	SW5	2.078	3 200×1 600×200	700×640	240×250	6Φ14	0.39	0.74
	SW6	2.078	3 200×1 600×200	700×640	240×250	6Φ14	0.39	0.74
3	SW7	2.078	3 200×1 600×200	700×640	240×250	8Φ14	0.39	0.92
	SW8	2.078	3 200×1 600×200	700×640	240×250	8Φ14	0.39	0.93
	SW9	2.078	3 200×1 600×200	700×640	240×250	8Φ14	0.39	0.93
	SW10	2.078	3 200×1 600×200	700×640	240×250	8Φ14	0.39	0.93
	SW11	2.078	3 200×1 600×200	700×640	240×250	8Φ14	0.39	0.93

　　第 1 组试件(SW1～SW3)墙体尺寸为 3 200 mm(墙高)×1 000 mm(墙宽)×200 mm(墙厚),剪跨比为 3.325,边缘配筋 4Φ14;第 2 组(SW4～SW6)、第 3 组(SW7～SW11)试件墙体尺寸为 3 200 mm(墙高)×1 600 mm(墙宽)×200 mm(墙厚),剪跨比为 2.078,其中第 2 组试件边缘配筋 6Φ14,第 3 组试件边缘配筋 8Φ14。

　　试件 SW1、SW4、SW7 为每组内对比用现浇剪力墙试件,其余为 DWPC 剪力墙试件。试件 SW8、SW9、SW10 和 SW11 配筋相同,区别在于 SW8 和 SW9 为普通装配式 DWPC 剪力墙试件,SW10 和 SW11 为混合装配式 DWPC 剪力墙试件。试件 SW10 和 SW11 墙肢中部预埋 2 根间距为 175 mm 的 Φ50 PVC 管留孔,各穿入 2 根 1860 级 Φ15.2 钢绞线,试验开始前通过千斤顶进行张拉,每根预应力筋预张力为 100 kN,即试件 SW10 和 SW11 施加的预压力为 400 kN。

　　试件由底座、墙体和加载梁组成。试件底座预制,截面尺寸 700 mm×640 mm。与剪力墙现浇部分整浇的加载梁截面尺寸 240 mm×250 mm。墙体部分总厚度 200 mm,其中 DWPC 剪力墙两侧预制板厚度 50 mm,两侧预制板之间预留空隙 100 mm。

试件使用的混凝土强度等级为 C35,钢筋采用 HRB400 级钢筋,同组试件分布钢筋配筋率基本相同。由于 DWPC 剪力墙试件配筋包含钢筋桁架和螺旋箍筋,其钢筋用量比同组现浇试件稍多。如第 1 组试件中,DWPC 剪力墙试件比现浇试件钢筋用量大约多 39.35 kg。

在试件设计时,根据 DWPC 墙体的特点,为提高 DWPC 剪力墙的整体性能,避免墙肢角部混凝土过早压碎,对 DWPC 试件做了以下构造改进或加强措施:

(a) 焊接封闭箍筋 　　　　　　(b) 连续复合螺旋箍筋

图 3-39　DWPC 试件加强措施

① 剪力墙最外边缘的两根竖向钢筋使用平面桁架形式,提高墙体整体性能;

② 竖向钢筋在剪力墙水平拼缝处利用 U 形筋搭接连接,提高竖向钢筋连接性能;

③ 边缘构件箍筋选用焊接封闭箍筋[图 3-39(a)],提高边缘构件混凝土约束性能;

④ 在边缘构件竖向钢筋搭接连接高度范围加设一连续(或复合)螺旋箍筋,其中 SW2～SW3 选用⌀6@50 连续矩形螺旋箍,SW5～SW6 选用⌀6@50 双重连续矩形复合螺旋箍,SW8～SW9 选用⌀6@50 三重连续圆形复合螺旋箍[图 3-39(b)],以避免墙肢角部混凝土过早压碎。

各试件的配筋见图 3-40。

(a) SW1

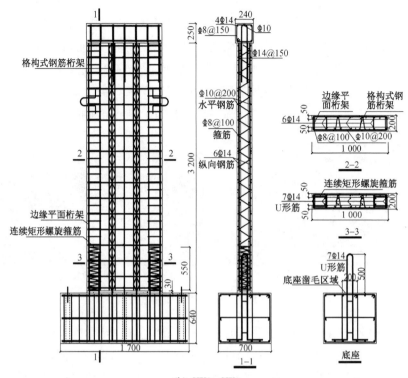

(b) SW2、SW3

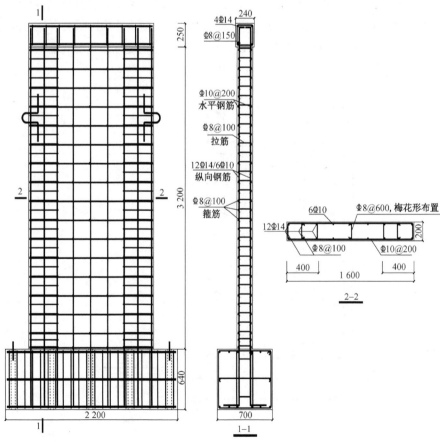

(c) SW4

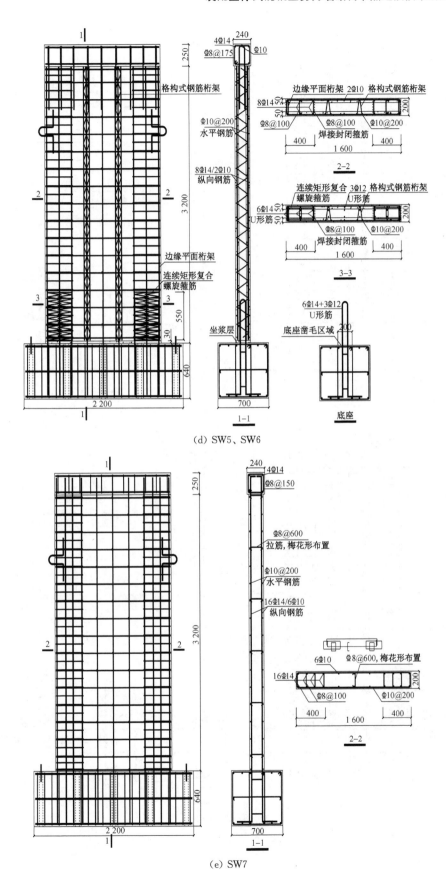

(d) SW5、SW6

(e) SW7

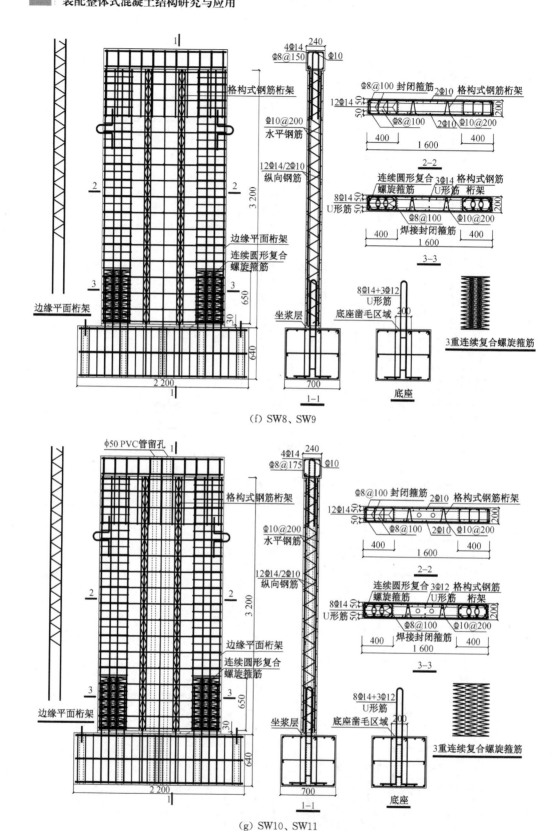

（f）SW8、SW9

（g）SW10、SW11

图 3-40　试件设计详图

（2）试验加载方案

剪力墙试件在基本恒定竖向荷载作用下,施加水平低周反复荷载,进行拟静力试验。水平加载设备为 1 500 kN 液压伺服控制系统(MTS),竖向加载设备为 2 台 600 kN 穿心式千斤顶(YC-60)。为减小竖向加载装置对剪力墙试件的约束以形成悬臂构件,不选用反力架进行竖向加载,而是利用锚固在地板上的钢绞线提供竖向轴力。同时,加载梁处钢绞线的锚固选用带圆弧形可微转动锚具。

试验时,利用地脚螺杆穿过底座预留锚固孔将试件锚固在试验室地面上;利用 2 台手动千斤顶把试件底座夹紧,防止试件在试验过程中出现水平方向滑移;同时在剪力墙试件两侧设置防侧移装置,防止试件在加载过程中发生平面外倾斜,试验加载装置见图 3-41。

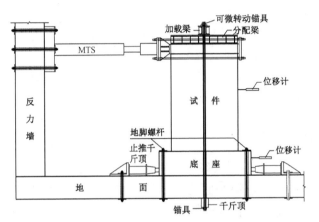

图 3-41　试验加载装置

试验开始前,竖向荷载分三级(10%试加载、50%、100%)通过穿心式千斤顶张拉钢绞线方式施加,每级加载结束时暂停 2 min 并观察试件及加载装置变化。受试验条件限制,试件试验轴压比控制为 0.10(换算成设计轴压比为 0.168),施加总轴力 SW1～SW3 为 470 kN, SW4～SW11 为 750 kN。在试验过程中安排专人调节千斤顶油泵的油压,使千斤顶配套精密油压表读数基本保持恒定,轴力在试验过程仅发生微小变化。

待轴压稳定后,开始施加水平反复荷载,加载分为如下 2 个阶段:①试件屈服前采用单次循环力控制加载,第一级力控制加载不超过预计开裂荷载的 30%;②屈服后采用位移控制加载,每级循环 3 次,直至试件承载力下降到最大承载力的 85% 或试件发生其他破坏为止,试验加载制度示意图见图 3-42。试件的屈服以纵向受力钢筋达到屈服应变来确定。在试验过程中,约定 MTS 作动器外推时为正,内拉时为负。

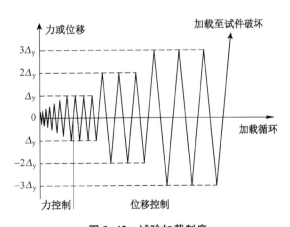

图 3-42　试验加载制度

在本试验的过程中,拟取得的资料数据有:试件墙体的开裂荷载、屈服荷载、极限荷载及对应的位移;试验过程中主要受力钢筋的应变分布规律及变化;试件顶端的荷载-位移(P-Δ)滞回曲线、骨架曲线;裂缝的开展、分布及宽度。

(3) 试验现象与破坏形态

试验过程表明,DWPC 剪力墙试件从开始加载到破坏的全过程分为三个阶段:弹性阶段、带裂缝工作阶段和破坏阶段。在试验过程中,加载梁和剪力墙始终共同工作,墙体预制部分和叠合层始终共同工作,没有发生分层、撕裂等破坏。

剪力墙破坏时,裂缝主要集中在墙体的三分之二高度以内,墙体上部三分之一高度范围内几乎没有裂缝出现。各试件裂缝开展及破坏过程如下:

SW1 试件:现浇剪力墙试件 SW1 为 DWPC 剪力墙试件 SW2 和 SW3 的对比试件,3个试件在试验过程中均施加基本恒定的竖向荷载约 470 kN。0～±60 kN 阶段,荷载与位移呈线性变化,加载和卸载的荷载-位移曲线基本重合,正、反向卸载后残余变形很小,刚度退化几乎为零。加载至+90 kN 时,剪力墙试件在距底座约 630 mm 高处出现水平裂缝,裂缝宽度约 0.1 mm,裂缝开展长度约 230 mm,试件进入开裂阶段。±150 kN 阶段,试件最外侧竖向钢筋屈服,试件进入屈服阶段,此时试件顶点推、拉方向最大位移的平均值约为 25 mm,试件屈服位移取 Δ_y=25 mm。$3\Delta_y$ 阶段,没有新的水平裂缝出现,表明此时剪力墙塑性铰完全形成,剪力墙根角部混凝土压区出现竖向裂缝,部分混凝土被压碎。$4\Delta_y$ 阶段,水平荷载在本加载周期达到峰值,为−215.39 kN,剪力墙根部压区混凝土开始剥落。$5\Delta_y$ 阶段,剪力墙根部混凝土压碎严重,箍筋外露,竖向钢筋拉断,承载力下降超过 15%,试件已破坏,试验结束。

SW2 试件:0～±60 kN 阶段,荷载与位移呈线性变化,加载和卸载的荷载-位移曲线基本重合,正、反向卸载后残余变形很小,刚度退化几乎为零。加载至+90 kN 时,剪力墙试件在距底座约 600 mm 高处出现 1 条水平裂缝,裂缝宽度约 0.06 mm,裂缝开展长度约 190 mm,试件进入开裂阶段。±150 kN 阶段,试件最外侧竖向钢筋屈服,试件进入屈服阶段,此时试件顶点推、拉方向最大位移的平均值约为 20 mm,试件屈服位移取 Δ_y=20 mm。$3\Delta_y$ 阶段,没有新的水平裂缝出现,表明此时剪力墙塑性铰完全形成,剪力墙根角部混凝土压区出现竖向裂缝,部分混凝土被压碎。$5\Delta_y$ 阶段,水平荷载在本加载周期达到峰值,为−218.05 kN,剪力墙根部压区混凝土开始剥落。当加载 $6\Delta_y$ 第一个循环负向(拉)时,连接 U 形钢筋拉断,试件承载力急速下降并超过 15%,试件已破坏,试验结束。

SW3 试件:0～±60 kN 阶段,荷载与位移呈线性变化,加载和卸载的荷载-位移曲线基本重合,正、反向卸载后残余变形很小,刚度退化几乎为零。加载至+90 kN 时,剪力墙试件在距底座约 390 mm 和 780 mm 高处出现 2 条水平裂缝,裂缝宽度分别为约 0.06 mm 和 0.1 mm,裂缝开展长度分别约 60 mm 和 260 mm,试件进入开裂阶段。±150 kN 阶段,试件最外侧竖向钢筋屈服,试件进入屈服阶段,此时试件顶点推、拉方向最大位移的平均值约为 20 mm,试件屈服位移取 Δ_y=20 mm。加载到 $3\Delta_y$ 周期时,没有新裂缝出现,表明此时剪力墙塑性铰完全形成,剪力墙与底座水平坐浆层出现裂缝,压区混凝土出现竖向裂缝。$5\Delta_y$ 阶段,水平荷载在本加载周期达到峰值,为 -228.83 kN,剪力墙根部压区混凝土开始剥落。当加载 $6\Delta_y$ 第一个循环负向(拉)时,连接钢筋拉断,试件承载力急速下降并超过 15%,试件已破坏,试验结束。

SW4 试件:现浇剪力墙试件 SW4 为 DWPC 剪力墙试件 SW5 和 SW6 的对比试件,3 个试件在试验过程中均施加基本恒定的竖向荷载约 750 kN。0~±120 kN 阶段,荷载与位移呈线性变化,加载和卸载的荷载-位移曲线基本重合,正、反向卸载后残余变形很小,刚度退化几乎为零。加载至 +140 kN 时,剪力墙试件在距底座约 130 mm 和 280 mm 高处出现 2 条水平裂缝,裂缝开展长度分别约为 230 mm 和 310 mm,试件进入开裂阶段。±240 kN 阶段,试件最外侧竖向钢筋屈服,试件进入屈服阶段,此时试件顶点推、拉方向最大位移的平均值约为 20 mm,试件屈服位移取 Δ_y = 20 mm。加载到 $3\Delta_y$ 周期时,没有新裂缝出现,表明此时剪力墙塑性铰完全形成,受压混凝土开始轻微压碎,水平荷载上升至 -358.6 kN,压区混凝土出现竖向裂缝;加载到 $4\Delta_y$ 周期时,试件压区混凝土压碎,水平荷载上升至 -372.6 kN。$5\Delta_y$ 阶段,水平荷载在本加载周期达到峰值,为 -383.01 kN,试件压区混凝土压碎。当加载 $6\Delta_y$ 第一个循环正向(压)时,连接钢筋拉断,试件承载力急速下降并超过 15%,试件已破坏,试验结束。

SW5 试件:0~±180 kN 阶段,荷载与位移呈线性变化,加载和卸载的荷载-位移曲线基本重合,正、反向卸载后残余变形很小,刚度退化几乎为零。加载至 +200 kN 时,正向加载没有产生水平裂缝,负向加载至 -200 kN 时,剪力墙试件在距底座约 560 mm 高处出现 1 条水平裂缝,裂缝开展长度约为 440 mm,试件进入开裂阶段。±300 kN 阶段,试件最外侧竖向钢筋屈服,试件进入屈服阶段,此时试件顶点推、拉方向最大位移的平均值约为 15 mm,试件屈服位移取 Δ_y = 15 mm。加载到 $4\Delta_y$ 周期时,不再出现新裂缝,表明此时剪力墙塑性铰完全形成,水平荷载在本加载周期达到峰值,为 -492.1 kN。当加载 $5\Delta_y$ 循环时,试件压区混凝土压碎,受拉区钢筋断裂,试件倾斜严重,承载力急速下降,试件已破坏,停止试验。

SW6 试件:0~±180 kN 阶段,荷载与位移呈线性变化,加载和卸载的荷载-位移曲线基本重合,正、反向卸载后残余变形很小,刚度退化几乎为零。加载至 +200 kN 时,正向加载没有产生水平裂缝,负向加载至 -200 kN 时,剪力墙试件在距底座约 780 mm 高处出现 1 条水平裂缝,裂缝开展长度约为 130 mm,试件进入开裂阶段。±280 kN 阶段,试件最外侧竖向钢筋屈服,试件进入屈服阶段,正、反方向最大位移分别为 12.8 mm 和 -13.2 mm,为便于和试件 SW5 进行比较,本试件屈服位移取 Δ_y = 15 mm。加载到 $4\Delta_y$ 周期时,不再出现新裂缝,表明此时剪力墙塑性铰完全形成。加载到 $5\Delta_y$ 周期时,水平荷载在本加载周期达到峰值,为 -450.98 kN。当加载 $6\Delta_y$ 循环时,试件压区混凝土压碎,受拉区钢筋断裂,承载力下降超过 15%,试件已破坏,停止试验。

SW7 试件:现浇剪力墙试件 SW7 为 DWPC 剪力墙试件 SW8、SW9、SW10 和 SW11 的对比试件,5 个试件在试验过程中均施加基本恒定的竖向荷载约 750 kN。0~

±120 kN阶段,荷载与位移呈线性变化,加载和卸载的荷载-位移曲线基本重合,正、反向卸载后残余变形很小,刚度退化几乎为零。加载至+140 kN时,剪力墙试件在距底座约580 mm高处出现1条水平裂缝,裂缝开展长度约为390 mm,试件进入开裂阶段。±300 kN阶段,试件最外侧竖向钢筋屈服,试件进入屈服阶段,此时试件顶点推、拉方向最大位移的平均值约为15 mm,试件屈服位移取$\Delta_y=15$ mm。加载到$4\Delta_y$周期时,不再出现新裂缝,表明此时剪力墙塑性铰完全形成。加载到$5\Delta_y$周期时,水平荷载在本加载周期达到峰值,为-434.91 kN。加载到$7\Delta_y$周期时,剪力墙根部混凝土压碎严重,箍筋外露,第三次循环时竖向钢筋拉断,试件已破坏,试验结束。

SW8试件:$0\sim\pm180$ kN阶段,荷载与位移呈线性变化,加载和卸载的荷载-位移曲线基本重合,正、反向卸载后残余变形很小,刚度退化几乎为零。加载至+200 kN时,剪力墙试件在距底座约580 mm和790 mm高处出现2条水平裂缝,裂缝开展长度分别为400 mm和50 mm,试件进入开裂阶段。±300 kN阶段,试件最外侧竖向钢筋屈服,试件进入屈服阶段,此时试件顶点推、拉方向最大位移的平均值约为15 mm,试件屈服位移取$\Delta_y=15$ mm。加载到$4\Delta_y$周期时,不再出现新裂缝,表明此时剪力墙塑性铰完全形成,水平荷载在本加载周期达到峰值,为-531.02 kN。加载到$5\Delta_y$周期时,试件压区混凝土压碎,第三次循环时U形筋拉断,试件已破坏,试验结束。

SW9试件:$0\sim\pm200$ kN阶段,荷载与位移呈线性变化,加载和卸载的荷载-位移曲线基本重合,正、反向卸载后残余变形很小,刚度退化几乎为零。正向加载至220 kN时,剪力墙试件在距底座约200 mm高处出现1条水平裂缝,裂缝开展长度约为280 mm,试件进入开裂阶段。±300 kN阶段,试件最外侧竖向钢筋屈服,试件进入屈服阶段,正反方向顶点位移分别为17.1 mm和-12.0 mm,为便于和试件SW8进行对比,试件SW9的屈服位移取$\Delta_y=15$ mm。加载到$4\Delta_y$周期时,不再出现新裂缝,表明此时剪力墙塑性铰完全形成,水平荷载在本加载周期达到峰值,为536.46 kN。加载到$6\Delta_y$周期时,试件压区混凝土压碎,加载至第一个循环正向时构件倾斜,不能继续加载,试验结束。

SW10试件:$0\sim\pm220$ kN阶段,荷载与位移呈线性变化,加载和卸载的荷载-位移曲线基本重合,正、反向卸载后残余变形很小,刚度退化几乎为零。正向加载至240 kN时,剪力墙试件在距底座约630 mm高处出现1条水平裂缝,裂缝开展长度约为140 mm,试件进入开裂阶段。±320 kN阶段,试件最外侧竖向钢筋屈服,试件进入屈服阶段,正反方向顶点位移分别为10 mm和-10.5 mm,屈服位移取$\Delta_y=10$ mm。加载到$4\Delta_y$周期时,不再出现新裂缝,表明此时剪力墙塑性铰完全形成,剪力墙根部混凝土压区开始压碎。当加载至$5\Delta_y$时,试件压区混凝土压碎;当加载至$6\Delta_y$时,试件压区混凝土压碎,加载至第三个循环正向(推)时连接U形筋拉断,承载能力下降约12%,试验结束。

SW11试件:$0\sim\pm240$ kN阶段,荷载与位移呈线性变化,加载和卸载的荷载-位移曲线基本重合,正、反向卸载后残余变形很小,刚度退化几乎为零。正向加载至260 kN时,剪力墙试件在距底座约690 mm高处出现1条水平裂缝,裂缝开展长度约为210 mm,试件进入开裂阶段。±320 kN阶段,试件最外侧竖向钢筋屈服,试件进入屈服阶段,正、反方向位移分别为 11.5 mm 和 -10.4 mm,屈服位移取 $\Delta_y = 11$ mm。加载到 $4\Delta_y$ 周期时,不再出现新裂缝,表明此时剪力墙塑性铰完全形成,剪力墙根部混凝土压区开始压碎。当加载至 $5\Delta_y$ 时,水平承载力上升至 -535.88 kN,试件压区混凝土压碎;当加载至 $6\Delta_y$ 时,试件压区混凝土压碎,水平承载力上升至最大值 -547.89 kN;当加载至 $7\Delta_y$ 时,荷载开始下降;当加载至 $8\Delta_y$ 时,加载至第三个循环负向(拉)时承载能力下降超过 15%,试件破坏,试验结束。

各试件的破坏形态见图 3-43。

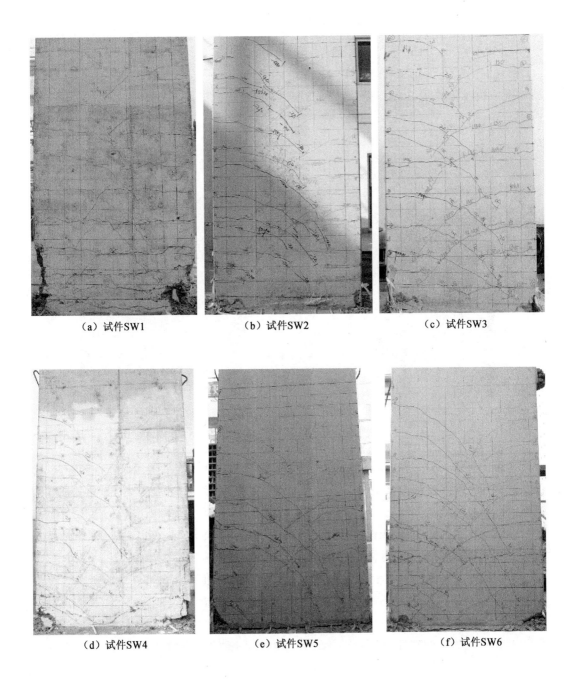

（a）试件SW1　　　　　（b）试件SW2　　　　　（c）试件SW3

（d）试件SW4　　　　　（e）试件SW5　　　　　（f）试件SW6

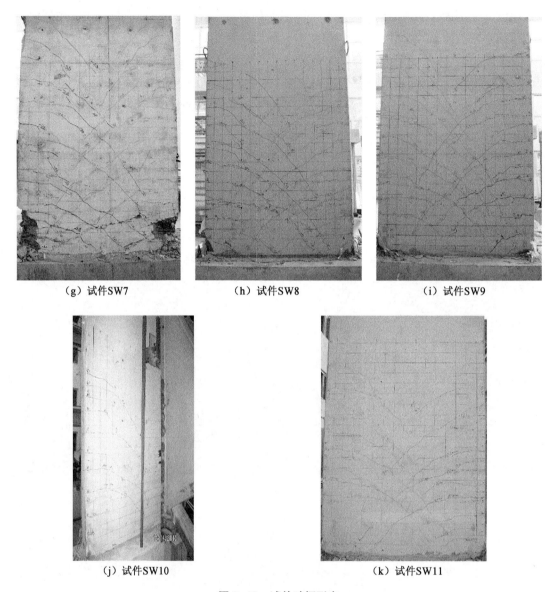

（g）试件SW7　　　　　（h）试件SW8　　　　　（i）试件SW9

（j）试件SW10　　　　　　　　　（k）试件SW11

图3-43　试件破坏形态

剪跨比是影响剪力墙破坏形态的重要参数,剪跨比大于2时一般由受弯性能控制,小于1时由受剪性能控制。试验中3组共11个试件都是剪跨比分别为3.325和2.078的高墙。

本试验3组试件中,同组试件破坏时裂缝发展趋势基本相同,可以发现,混合装配式DWPC剪力墙试件的裂缝数量和普通DWPC剪力墙试件相比要少。

所有试件在试验过程中没有发生斜拉破坏,也没有发生斜压破坏。现浇剪力墙试件SW1最终破坏为弯曲破坏,SW4和SW7最终破坏为弯剪破坏,表现为剪力墙两侧底部混凝土严重压碎剥落,箍筋外露,竖向受力钢筋压曲或拉断。DWPC装配剪力墙试件SW2、SW3最终破坏为弯曲破坏,SW6、SW8、SW10和SW11的最终破坏为弯剪破坏,表现为墙体两侧底部混凝土压碎,或连接 U 形筋拉断。DWPC 装配剪力墙试件 SW5 和 SW9 的最终破坏为倾斜破坏,表现为在加载后期中剪力墙发生平面外倾斜。在发生最终破坏时,所有 DWPC 剪力墙试件两侧预制壁板与中间现浇叠合层混凝土没有出现分离或撕裂,表现出良好的整体工作性能,因此两个叠合面都具有足够的抗剪强度,能保证 DWPC 剪力墙的整体工作。

总体而言,所有试件都属于弯曲破坏或弯剪破坏,比较符合高墙的破坏特征。在试验过程中,没有发现试件的墙体和底座发生明显相对剪切滑移的现象,但 DWPC 装配试件在加载后期墙体和底座之间的水平接缝均已拉开,因此最终破坏时剪力墙根部受压区混凝土压碎或连接 U 形筋被拉断。

(4) 滞回曲线与骨架曲线

本试验每组试件加载点的水平荷载-位移(P-Δ)滞回曲线和骨架曲线分别见图 3-44、图 3-45 和图 3-46。

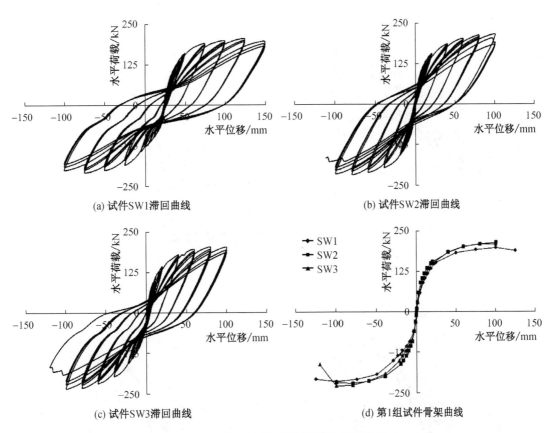

(a) 试件 SW1 滞回曲线

(b) 试件 SW2 滞回曲线

(c) 试件 SW3 滞回曲线

(d) 第 1 组试件骨架曲线

图 3-44　第 1 组试件滞回曲线和骨架曲线

对比图中各试件的滞回曲线,具有如下共性:在试件屈服前,滞回环狭长,面积很小,试件处于弹性工作阶段,滞回环稳定发展;在试件屈服后,滞回环面积逐渐增大,但初期耗能能力仍不大;随着加载控制位移的增大,滞回环有向反 S 形过渡的趋势,面积明显增大,

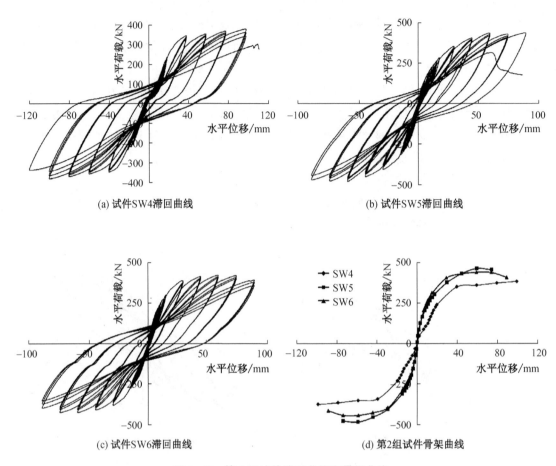

(a) 试件SW4滞回曲线

(b) 试件SW5滞回曲线

(c) 试件SW6滞回曲线

(d) 第2组试件骨架曲线

图 3-45　第 2 组试件滞回曲线和骨架曲线

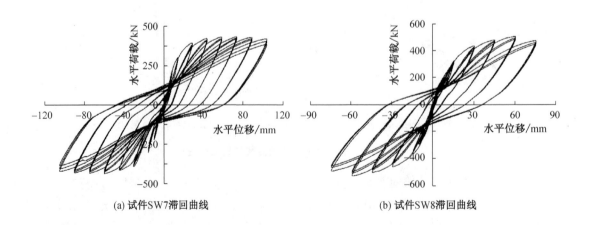

(a) 试件SW7滞回曲线

(b) 试件SW8滞回曲线

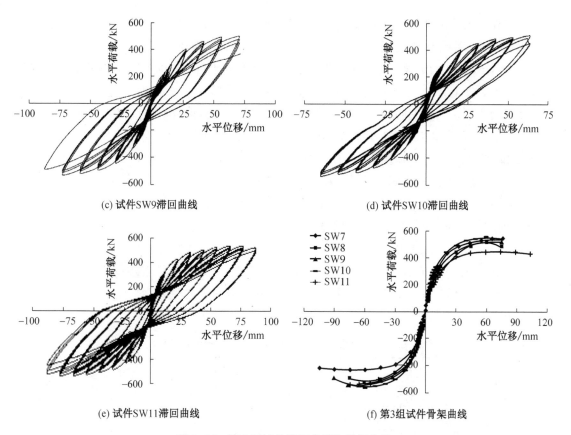

(c) 试件SW9滞回曲线　　　　　　　　(d) 试件SW10滞回曲线

(e) 试件SW11滞回曲线　　　　　　　　(f) 第3组试件骨架曲线

图 3-46　第 3 组试件滞回曲线和骨架曲线

表现了较好的耗能能力,但都出现一定程度的捏缩现象;在同一位移加载级别下,第2、3次加载循环与第1次加载循环相比,强度和刚度均有明显退化。通过对比同时可以发现现浇剪力墙试件的滞回环相对 DWPC 剪力墙试件的滞回环更显丰满,显示 DWPC 剪力墙试件的耗能能力稍低于现浇剪力墙试件。

DWPC 预制装配剪力墙中,第 1 组剪跨比为 3.325 的试件 SW2、SW3 和第 2 组剪跨比为 2.078 的试件 SW5、SW6 分别与同组现浇剪力墙试件 SW1、SW4 的滞回曲线相似,滞回环数量较多且较为丰满,抗震性能与现浇相近。而第 3 组剪跨比为 2.078 的试件 SW8、SW9 与同组现浇剪力墙试件 SW7 相比,滞回曲线形状则略显狭长,试件 SW9 捏缩现象较明显。这是因为 DWPC 预制装配剪力墙试件随着边缘配筋的增多,墙体刚度变大,墙体承载能力提高,滞回曲线丰满程度逐渐降低。

对混合装配式 DWPC 剪力墙试件 SW10 和 SW11,承载力较 SW7～SW9 大,残余变形较 SW7～SW9 小,捏缩效应比较明显。

同时,分析各组试件骨架曲线可以发现,各试件骨架曲线走势基本一致,表现出相近的发展规律,在低周反复荷载作用下都经历了弹性、开裂、屈服、极限和破坏等几个阶段;各骨架曲线后期都经历了一个较平缓阶段,说明在后期试件承载力下降缓慢、位移延性较好,有利于抗震。

现浇剪力墙试件的墙体根部混凝土压溃严重,但在试件破坏前钢筋骨架完好,承载力变化不明显,因此骨架曲线没有明显的下降段,体现出很好的延性。而 DWPC 试件 SW5、SW6、SW8 和 SW9 相对于同组现浇试件刚度较大,承载力较高,后期骨架曲线基本能保持缓慢上升趋势,承载力达到最大值之后剪力墙即发生破坏,这是因为试件在边缘构件区配置较多受力钢筋和连续复合螺旋箍筋,对剪力墙的刚度和强度都有显著影响,破坏时连接 U 形筋拉断或试件倾斜(旋转)导致承载力下降而产生下降段。第 1 组试件中 SW2 和 SW3 的刚度和承载能力与同组现浇试件 SW1 相近,原因在于试件边缘配筋少,并且剪跨比较大,反映出明显的受弯构件受力特征。

对混合装配式 DWPC 剪力墙试件 SW10 和 SW11,承载力为同组试件最高,刚度较大,同时墙体变形恢复能力得到明显提高。

(5)承载能力、变形能力及延性

各试件在开裂、屈服、极限等 3 个加载周期的荷载、加载点位移值、位移延性系数和弹性刚度见表 3-26。其中,屈服位移 Δ_y 根据试验过程中纵向受力钢筋达到屈服应变来确定。

表 3-26　不同加载特征点的承载能力、变形能力和弹性刚度

组别	编号	开裂荷载 F_{cr}(kN)	开裂位移 Δ_{cr}(mm)	弹性刚度 E (kN·mm^{-1})	屈服荷载 F_y(kN)	屈服位移 Δ_y(mm)	极限荷载 F_u(kN)	极限位移 Δ_u(mm)	位移延性系数 μ	极限位移角 θ_u
1	SW1	90	8.73	10.31	150	25	215.39	125	5	1/26.60
	SW2	90	5.44	16.54	150	20	218.05	100	5	1/33.25
	SW3	90	6.94	12.97	150	20	228.83	100	5	1/33.25
2	SW4	140	8.27	16.93	240	20	383.01	100	5	1/27.71
	SW5	200	7.00	28.57	300	15	492.15	75	5	1/44.33
	SW6	200	7.99	27.54	280	15	450.88	90	6	1/36.94
3	SW7	140	6.07	23.06	300	15	434.91	105	7	1/31.67
	SW8	200	6.16	32.47	300	15	531.02	75	5	1/44.33
	SW9	220	8.43	26.10	300	15	536.46	75	5	1/44.33
	SW10	240	5.7	42.09	320	10	567.06	60	6	1/55.42
	SW11	260	7.11	36.58	320	11	547.89	77	7	1/43.12

第 1 组试件(剪跨比 3.325):

① DWPC 装配试件的开裂位移、屈服位移和极限位移与现浇试件的相比较小。其中开裂位移减小约 20.5%～37.7%,屈服位移和极限位移减小约 20%,弹性刚度提高约 25.8%～60.4%。表明现浇试件 SW1 的变形能力要比装配试件 SW2、SW3 的要好,这

是因为本次试验的 DWPC 装配试件在暗柱区竖向钢筋搭接连接范围加设连续矩形螺旋箍筋,加强了该区域混凝土的约束作用,提高了 DWPC 装配试件的刚度,降低了其变形能力。

② 3 个试件的位移延性系数相同,现浇试件 SW1 极限位移角为 1/26.6,装配试件 SW2、SW3 的极限位移角均为 1/33.25。表明 DWPC 装配试件虽然由于刚度的提高导致变形能力有所降低,但仍具有良好的延性和抗倒塌能力。

③ DWPC 装配试件与现浇试件开裂荷载和屈服荷载相同,极限荷载提高约 1.2%～6.2%。这也是因为 DWPC 装配试件在暗柱区竖向钢筋搭接连接范围加设连续矩形螺旋箍筋所致。在试验中,开裂荷载由混凝土开裂控制,屈服荷载由纵向受拉钢筋屈服控制,而极限荷载则由混凝土和钢筋共同控制。连续矩形螺旋箍筋对暗柱核心区混凝土的约束直接提高了构件的承载力。

第 2 组试件(剪跨比 2.078):

① 试件 SW5 和 SW6 的开裂位移、屈服位移和极限位移与现浇试件的相比较小。其中开裂位移减小约 3.4%～15.4%,屈服位移减小约 25%,极限位移减小约 25%～37.5%。表明现浇试件 SW4 的变形能力要比装配试件 SW5、SW6 的要好,这也是因为本次试验的 DWPC 装配试件在边缘构件竖向钢筋搭接连接范围加设连续复合螺旋箍筋,加强了该区域混凝土的约束作用,从而提高了 DWPC 装配试件的刚度,降低了其变形能力。

② 装配试件 SW5 的位移延性系数和现浇试件 SW4 位移延性系数相同,都为 5。试件 SW6 的位移延性系数为 6,比现浇试件 SW4 位移延性系数大。现浇试件的极限位移角为 1/27.71,装配试件 SW5 和 SW6 的极限位移角分别为 1/44.33 和 1/36.94。因此,第 2 组试件均具有较好的延性和抗倒塌能力。

③ 装配试件 SW5 和 SW6 的开裂荷载相同。与现浇试件 SW4 相比,开裂荷载提高约 42.9%,屈服荷载提高约 16.7%～25%,极限荷载则提高约 17.7%～28.5%,弹性刚度提高约 62.7%～68.7%。剪力墙开裂荷载由混凝土开裂荷载控制,试验过程中装配试件开裂荷载有较大的提高,究其原因有二:一是后浇混凝土实测强度较预制混凝土的小;二是试验过程中墙体开裂通过肉眼观察,对现浇试件直接观察墙体表面,而装配试件的裂缝先在内部的后浇混凝土开展,接着发展到墙体表面的预制混凝土板,实际观测到裂缝较试件真实开裂有一个滞后的过程,造成开裂荷载较大的假象。剪力墙极限荷载由混凝土和纵向受力钢筋共同控制,DWPC 剪力墙装配试件极限荷载得到较大提高,是由于:两侧预制混凝土板混凝土实测强度较现浇的高;在边缘构件竖向钢筋搭接连接范围加设 2 重连续复合螺旋箍筋加强了对边缘构件核心区混凝土的约束,不仅提高了试件的刚度,也提高了剪力墙的极限承载力。

第 3 组试件(剪跨比 2.078):

① 试件 SW7 和 SW8 的开裂位移相近,SW9 的开裂位移最大;3 个试件的屈服位移均为 15 mm;试件 SW7 的极限位移为 105 mm,试件 SW8 和 SW9 的极限位移为 75 mm。

表明现浇试件 SW7 的变形能力要比装配试件的要好。这是因为装配试件边缘构件采用封闭箍筋、剪力墙两侧最边缘竖向钢筋采用平面桁架形式和在边缘构件竖向钢筋搭接连接范围加设 3 重连续复合螺旋箍筋等构造改进措施提高了装配试件的刚度,但降低了其变形能力。

② 装配试件 SW8 和 SW9 的位移延性系数较现浇试件 SW7 的小,但仍有 5,能够满足规范要求。现浇试件的极限位移角为 1/31.67,2 个装配试件的极限位移角均为 1/44.33。表明装配试件虽然由于刚度的提高导致变形能力有所降低,但仍具有较好的延性和抗倒塌能力。

③ 装配试件 SW8 和 SW9 的开裂荷载相近,现浇剪力墙试件 SW7 的开裂荷载较小,装配试件开裂荷载提高约 43%～57%,屈服荷载相同,极限荷载则提高约 22%～23%,弹性刚度提高约 13%～41%。与第 2 组试件的情况类似。剪力墙开裂荷载由混凝土开裂荷载控制,试验过程中装配试件开裂荷载有较大的提高,原因有:一是后浇混凝土实测强度较预制混凝土的小;二是试验过程中墙体开裂通过肉眼观察,对现浇试件直接观察墙体表面,而装配试件的裂缝先在内部的后浇混凝土开展,接着发展到墙体表面的预制混凝土板,实际观测到裂缝较试件真实开裂有一个滞后的过程,造成开裂荷载较大的假象。剪力墙极限荷载由混凝土和纵向受力钢筋共同控制,DWPC 剪力墙装配试件极限荷载得到提高,是由于:两侧预制混凝土板混凝土实测强度较现浇的高;在边缘构件竖向钢筋搭接连接范围加设 3 重连续复合螺旋箍筋加强了对边缘构件核心区混凝土的约束,不仅提高了试件的刚度,也提高了剪力墙的极限承载力。

对混合装配式 DWPC 剪力墙试件 SW10 和 SW11:

① 混合装配式 DWPC 剪力墙试件 SW10 和 SW11 的开裂位移与现浇试件 SW7 较接近,并且小于普通 DWPC 剪力墙试件。SW10 和 SW11 的屈服位移分别为 10 mm 和 11 mm,显著低于试件 SW7、SW8 和 SW9 的屈服位移,而极限位移则和试件 SW8 和 SW9 较接近。因此,预应力的施加提高了试件的刚度,但降低了其变形能力。

② 试件 SW10 和 SW11 的位移延性系数分别为 6 和 7,较为接近现浇试件的位移延性系数,与普通装配试件 SW8 和 SW9 相比,位移延性系数得到提高。混合装配式试件的极限位移角分别为 1/55.42 和 1/43.12,接近普通装配试件,即混合装配式试件有较好的延性。

③ 混合装配式试件的开裂荷载得到大幅度提高,提高约 71.4%～85.7%,屈服荷载提高约 6.7%,极限荷载则提高约 26%～30.4%,弹性刚度提高约 58.6%～82.5%。因此在预制墙肢中部设置的无粘结预应力筋,提高了墙体的抗裂性能并延缓钢筋屈服,进而改善墙体的抗震能力。

另外,根据试验结果,可计算出各个试件开裂荷载与极限荷载的比值(F_{cr}/F_u)、屈服荷载与极限荷载的比值(F_y/F_u)和开裂荷载和屈服荷载的比值(F_{cr}/F_y),见表 3-27。

从表 3-27 可以得出以下结论:

① 在开裂荷载与极限荷载的比值方面,3 组试件相差不大,其中第 1 组试件中现浇试

表 3-27　试件荷载比值

组别	编号	开裂荷载 F_{cr}/kN	屈服荷载 F_y/kN	极限荷载 F_u/kN	F_{cr}/F_u	F_y/F_u	F_{cr}/F_y
1	SW1	90	150	215.39	0.418	0.696	0.6
	SW2	90	150	218.05	0.413	0.688	0.6
	SW3	90	150	228.83	0.393	0.656	0.6
2	SW4	140	240	383.01	0.366	0.627	0.583
	SW5	200	300	492.15	0.406	0.610	0.667
	SW6	200	280	450.88	0.444	0.621	0.714
3	SW7	140	300	434.91	0.322	0.690	0.467
	SW8	200	300	531.02	0.377	0.565	0.667
	SW9	220	300	536.46	0.410	0.559	0.733
	SW10	240	320	567.06	0.423	0.564	0.750
	SW11	260	320	547.89	0.475	0.584	0.813

件和装配试件最为接近,即荷载处于极限荷载的约 39.3%～41.8% 时发生开裂,第 2 组试件开裂荷载为极限荷载的 36.6%～44.4%,第 3 组试件开裂荷载为极限荷载的 32.2%～41.0%,混合装配式试件的开裂荷载为极限荷载的 42.3%～47.5%。说明虽然各组试件的开裂荷载和极限荷载相差很大,但每组试件不论是现浇试件还是 DWPC 试件的开裂荷载在各自受力过程中的变化趋势相同。

　　② 在屈服荷载与极限荷载的比值方面,第 1 组试件和第 2 组试件的现浇试件和装配试件的比值相差不大,即第 1 组试件和第 2 组试件的现浇试件和装配试件从开始屈服,到受力钢筋或连接 U 形筋拉断而产生的极限荷载,荷载增幅基本相同,第 1 组试件的荷载增幅约为极限荷载的 30.4%～34.4%,第 2 组试件的荷载增幅约为极限荷载的 37.3%～39%。而第 3 组试件中现浇试件 SW7 的荷载增幅约为极限荷载的 31%,装配试件 SW8、SW9 的荷载增幅约为极限荷载的 43.5%～44.1%,混合装配式试件 SW10、SW11 的荷载增幅约为极限荷载的 41.6%～43.6%。究其原因,是因为第 3 组试件在边缘构件竖向钢筋搭接连接范围加设 3 重连续复合螺旋箍筋加强了对边缘构件核心区混凝土的约束,提高了试件屈服平台的梯度,试件屈服后距极限荷载仍有较大承载空间。而混合装配式试件则由于预应力筋的存在,进一步提高了试件极限承载力。

　　③ 通过对比各试件开裂荷载与屈服荷载的比值,该比值能表征混凝土开裂与钢材屈服之间的关系,比值越小说明试件从混凝土开裂到钢筋屈服之间有越大的加载空间;比值越大,说明试件的开裂和屈服越接近,即试件从开裂到屈服之间加载空间也越小。第 1 组试件的比值均为 0.6;第 2 组试件为:0.583,0.667,0.714;第 3 组试件为 0.467,0.667,

0.733;混合装配式试件为 0.750,0.813。可以发现,在第 2、3 组试件中,装配试件的比值比现浇试件的比值要大,也即装配试件从开裂到屈服期间,混凝土的作用要小一些。混合装配式试件开裂时,钢筋已有较大应力,后续加载很快就达到屈服。

总体而言,随着剪跨比的减小,试件极限位移降低。随着试件端部配筋的增加,试件承载能力得到提高。在试件边缘构件配置连续复合螺旋箍筋,不仅提高了试件的刚度,还提高了试件的极限承载能力,并对试件位移延性有所改善。混合装配式试件由于预应力的存在,试件的刚度和承载力得到更大的提高,但试件开裂后较快达到屈服。

(6) 刚度特性

试件墙体刚度的大小,是影响墙体水平位移和承载力的重要因素。在试验过程中,试件的刚度 K 值随着位移(或水平荷载)的增大而减小,刚度随位移(或水平荷载)增大而减小的快慢反映了试件的变形能力。当刚度随位移(或水平荷载)增大而减小较慢时,说明试件的变形能力较强。在试验的过程中,刚度减小的快慢是变化的。在试件开裂阶段,刚度减小很快,试件从开裂到屈服阶段,刚度减小速度降低,试件屈服之后刚度下降缓慢。各试件的刚度退化曲线见图 3-47。

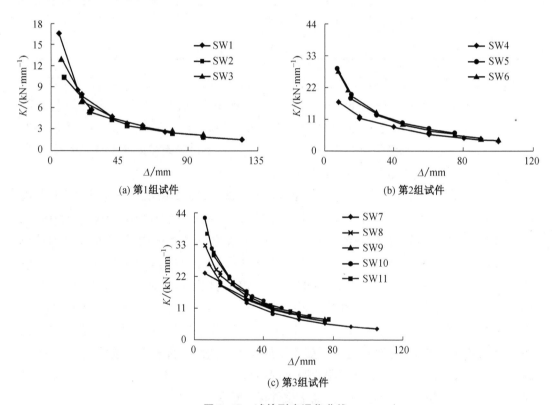

(a) 第1组试件

(b) 第2组试件

(c) 第3组试件

图 3-47 试件刚度退化曲线

对第 1 组试件,由图 3-47(a)可以看出:

① 3 片剪力墙在整个试验过程中刚度退化明显。剪力墙的刚度退化主要集中在加载前期,从开裂到屈服时的刚度退化更明显,试件进入屈服后刚度退化缓慢。

② 现浇试件 SW1 的屈服刚度约为开裂刚度的 55.0%，DWPC 装配试件 SW2、SW3 的屈服刚度约为开裂刚度的 52.1%～55.6%，两者刚度退化基本相同，说明 DWPC 装配试件的两侧预制墙板与中间现浇混凝土构成整体，完全参与结构受力。

③ DWPC 装配试件 SW2、SW3 的刚度退化曲线始终在现浇试件 SW1 的之上，表明 DWPC 装配试件刚度较大。这是因为 DWPC 装配试件在暗柱区竖向钢筋搭接连接范围加设连续矩形螺旋箍筋，提高了暗柱区混凝土的约束作用，使 DWPC 装配试件刚度相对较高，并且减缓了其后期刚度退化。

对第 2 组试件，由图 3-47(b)可以看出：

① 3 片剪力墙在整个试验过程中刚度退化明显。剪力墙的刚度退化主要集中在加载前期，从开裂到屈服时的刚度退化更明显，试件进入屈服后刚度退化缓慢。

② 现浇试件 SW4 的屈服刚度约为开裂刚度的 70.8%，DWPC 装配试件 SW5、SW6 的屈服刚度约为开裂刚度的 69.0%～76.9%，两者刚度退化较为接近，说明 DWPC 装配试件的两侧预制墙板与中间现浇混凝土构成整体，完全参与结构受力。

③ DWPC 装配试件 SW5、SW6 的刚度退化曲线始终在现浇试件 SW4 的之上，表明 DWPC 装配试件刚度较大。这是因为 DWPC 装配试件在边缘构件竖向钢筋搭接连接范围加设 2 重连续复合螺旋箍筋，提高了核心区混凝土的约束作用，使 DWPC 装配试件刚度相对较高，并且减缓了其后期刚度退化。

对第 3 组试件，由图 3-47(c)可以看出：

① 与前两组试件结果类似，3 片剪力墙在整个试验过程中刚度退化明显。剪力墙的刚度退化主要集中在加载前期，从开裂到屈服时的刚度退化更明显，试件进入屈服后刚度退化缓慢。

② 现浇试件 SW7 的屈服刚度约为开裂刚度的 86.6%，DWPC 装配试件 SW8、SW9 的屈服刚度约为开裂刚度的 74.0%～75.9%，装配试件刚度退化程度比现浇试件的略大。这也是因为装配试件实际观测到裂缝较真实开裂晚，试件已有损伤，刚度已经降低的原因。从试验过程来看，装配试件两侧预制墙板与中间现浇混凝土构成整体，全过程完全参与结构受力。

③ DWPC 装配试件 SW8、SW9 的刚度退化曲线始终在现浇试件 SW7 的之上，表明 DWPC 装配试件刚度较大。这是因为 DWPC 装配试件在边缘构件竖向钢筋搭接连接范围加设 3 重连续复合螺旋箍筋，提高了边缘构件核心区混凝土的约束作用，使 DWPC 装配试件刚度相对较高，并且减缓了其后期刚度退化。

④ 混合装配式 DWPC 装配试件 SW10、SW11 的屈服刚度约为开裂刚度的 74.1%～81.9%，刚度退化程度大于现浇试件，略小于普通 DWPC 剪力墙试件，即预应力使得刚度退化更平缓。试件 SW10、SW11 的刚度退化曲线始终在第 3 组其他试件的之上，表明混合装配式 DWPC 装配试件刚度较大。即预应力的施加提高了试件的刚度，并减缓了其后期刚度退化。

总体而言，各组试件中现浇试件的刚度退化曲线较 DWPC 剪力墙试件的刚度退化曲线更平缓。第 1 组试件的剪跨比较大,边缘配筋较少,总刚度较小,混凝土提供的刚度所占比例较高,开裂后试件刚度下降快。第 2 类试件的刚度较高,开裂后刚度下降较快。第 3 类试件的刚度最高,开裂后刚度下降较缓。而施加了预应力的混合装配试件,能进一步提高试件的刚度,并减缓后期刚度退化。

(7) 耗能能力

各试件在不同加载周期的能量耗散系数 E 和等效黏滞阻尼系数 h_e 见表 3-28~表 3-29 所示。

表中斜体加粗、加下划线和斜体加粗并加下划线的数字分别表示试件在开裂荷载周期、屈服荷载周期和极限荷载周期的等效黏滞阻尼系数。

从表可以看出:

① 在试件屈服前,DWPC 剪力墙试件与现浇剪力墙试件的等效黏滞阻尼系数在一定范围内波动,同组试件中现浇和 DWPC 剪力墙试件耗能能力接近或相同;在试件屈服后,随着控制荷载(位移)的增大,等效黏滞阻尼系数均呈明显上升趋势,耗能能力明显增大;在极限荷载周期,剪跨比为 3.325 的第 1 组 DWPC 剪力墙试件的耗能能力与现浇试件最接近,而剪跨比为 2.078 的第 2、3 组 DWPC 剪力墙试件耗能能力比现浇试件有所降低;当控制位移相同时,DWPC 剪力墙试件的耗能能力均能接近或不低于同组现浇对比试件。

② DWPC 剪力墙试件加载点的极限位移 Δ_u 均比同组现浇试件的要小,变形能力较差。这是因为 DWPC 剪力墙试件在边缘构件竖向钢筋搭接连接高度范围加设了连续(复合)螺旋箍筋,加强了边缘构件核心区混凝土的约束作用,提高了 DWPC 剪力墙试件的刚度,降低了其变形能力。

③ 控制位移相同时,混合装配式 DWPC 剪力墙试件的耗能能力得到提高,但变形能力略有降低。

(8) 试验结论

通过本次低周反复荷载试验,主要得出以下结论或建议:

① 本次试验 3 片现浇对比试件,8 片不同剪跨比和边缘构件配筋的 DWPC 剪力墙试件,所有试件在试验过程中均没有发生斜拉破坏,也没有发生斜压破坏。其中第 1 组试件为弯曲破坏,第 2、3 组试件为弯剪破坏,且破坏时预制部分和现浇部分没有分层或撕裂,能共同工作,符合试验目的。

② 与现浇试件相比,装配式 DWPC 剪力墙的抗裂性能和承载能力都得到提高,尤其是预应力混合装配式 DWPC 剪力墙提高更明显,并且在试件破坏时,装配式 DWPC 剪力墙的可见裂缝数量更少,裂缝宽度更小。这主要得益于工厂预制的试件质量较好,混凝土强度能得到保证。因此推广应用装配式混凝土结构有利于改善建筑结构的质量。

③ 第 2、3 组两种相同剪跨比、不同构造措施的 DWPC 剪力墙试件,其破坏形态、变形能力和延性未表现出明显区别,但第 3 组试件开裂性能和承载能力较第 2 组试件有所提高。

表 3-28　不同加载阶段下各试件能量耗散系数

控制加载	30 kN	60 kN	90 kN	105 kN	120 kN	135 kN	150 kN	25 mm	50 mm	75 mm	100 mm	125 mm
SW1	0.31	0.34	0.35	0.31	0.32	0.28	0.27	0.37	0.66	0.78	0.90	1.01
控制加载	30 kN	60 kN	90 kN	105 kN	120 kN	135 kN	150 kN	20 mm	40 mm	60 mm	80 mm	100 mm
SW2	0.33	0.34	0.42	0.32	0.31	0.33	0.32	0.32	0.73	0.82	0.92	1.05
SW3	0.37	0.33	0.38	0.35	0.31	0.36	0.32	0.40	0.64	0.72	0.84	0.97

控制加载	40 kN	80 kN	100 kN	120 kN	140 kN	160 kN	180 kN	200 kN	220 kN	240 kN	20 mm	40 mm	60 mm	80 mm	100 mm
SW4	0.47	0.38	0.30	0.28	0.28	0.24	0.25	0.27	0.33	0.34	0.37	0.58	0.79	0.90	1.02

控制加载	40 kN	80 kN	120 kN	160 kN	200 kN	220 kN	240 kN	260 kN	280 kN	15 mm	30 mm	45 mm	60 mm	75 mm	90 mm
SW5	0.38	0.39	0.39	0.36	0.35	0.27	0.28	0.28	0.32	0.32	0.56	0.63	0.70	0.82	0.82
SW6	0.39	0.39	0.33	0.29	0.26	0.25	0.24	0.24	0.27	0.27	0.53	0.61	0.73	0.82	0.98

控制加载	40 kN	80 kN	120 kN	140 kN	160 kN	180 kN	200 kN	220 kN	240 kN	30 mm	45 mm	60 mm	75 mm	90 mm	105 mm
SW7	0.36	0.27	0.25	0.27	0.25	0.24	0.25	0.25	0.34	0.40	0.63	0.77	0.89	1.00	1.06

控制加载	40 kN	80 kN	120 kN	160 kN	200 kN	220 kN	240 kN	260 kN	280 kN	300 kN	15 mm	30 mm	45 mm	60 mm	75 mm
SW8	0.28	0.28	0.26	0.25	0.23	0.24	0.24	0.26	0.26	0.26	0.31	0.60	0.69	0.80	0.96
SW9	0.37	0.42	0.37	0.31	0.35	0.29	0.27	0.29	0.28	0.29	0.28	0.50	0.62	0.73	0.85

控制加载	40 kN	80 kN	120 kN	160 kN	200 kN	240 kN	260 kN	280 kN	300 kN	320 kN	10 mm	20 mm	30 mm	40 mm	50 mm	60 mm
SW10	0.30	0.30	0.26	0.24	0.26	0.26	0.24	0.24	0.25	0.24	0.29	0.37	0.45	0.51	0.59	0.64

控制加载	40 kN	80 kN	120 kN	160 kN	200 kN	240 kN	260 kN	280 kN	300 kN	22 mm	33 mm	44 mm	55 mm	66 mm	77 mm
SW11	0.29	0.25	0.22	0.21	0.20	0.22	0.21	0.20	0.22	0.44	0.50	0.60	0.68	0.75	0.83

表3-29　不同加载阶段下各试件等效黏滞阻尼系数

控制加载	30 kN	60 kN	90 kN	105 kN	120 kN	135 kN	150 kN	25 mm	50 mm	75 mm	100 mm	125 mm
SW1	0.049	0.053	**0.055**	0.050	0.050	0.045	0.043	0.059	0.105	0.124	**0.142**	0.161

控制加载	30 kN	60 kN	90 kN	105 kN	120 kN	135 kN	150 kN	20 mm	40 mm	60 mm	80 mm	100 mm
SW2	0.052	0.053	**0.066**	0.051	0.049	0.052	0.050	0.051	0.115	0.130	**0.146**	0.167
SW3	0.058	0.053	**0.060**	0.055	0.049	0.056	0.051	0.064	0.101	0.115	0.133	**0.154**

控制加载	40 kN	80 kN	100 kN	120 kN	140 kN	160 kN	180 kN	200 kN	220 kN	240 kN	20 mm	40 mm	60 mm	80 mm	100 mm
SW4	0.074	0.060	0.047	0.041	**0.045**	0.038	0.039	0.043	0.052	0.055	0.058	0.092	0.125	0.143	**0.161**

控制加载	40 kN	80 kN	120 kN	160 kN	200 kN	220 kN	240 kN	260 kN	280 kN	15 mm	30 mm	45 mm	60 mm	75 mm	90 mm
SW5	0.06	0.062	0.062	0.058	**0.055**	0.043	0.044	0.044	0.051	0.089	0.100	**0.110**	0.130		
SW6	0.061	0.062	0.052	0.045	0.041	**0.039**	0.037	0.038	0.042	0.084	0.097	0.115	**0.130**		0.154

控制加载	40 kN	80 kN	120 kN	140 kN	160 kN	180 kN	200 kN	220 kN	15 mm	30 mm	45 mm	60 mm	75 mm	90 mm	105 mm
SW7	0.058	**0.042**	0.039	0.042	0.039	0.037	0.039	**0.040**	0.045	0.063	0.100	0.122	**0.141**	0.158	0.167

控制加载	40 kN	80 kN	120 kN	160 kN	200 kN	220 kN	240 kN	260 kN	280 kN	300 kN	15 mm	30 mm	45 mm	60 mm	75 mm
SW8	0.044	0.045	0.041	0.039	**0.037**	0.039	0.043	0.037	0.044	0.041	0.050	0.096	0.110	**0.126**	0.151
SW9	0.058	0.066	0.059	0.049	0.055	**0.046**	0.046	0.046	0.045	0.045	0.045	0.08	0.099	0.116	**0.134**

控制加载	40 kN	80 kN	120 kN	160 kN	200 kN	240 kN	260 kN	280 kN	300 kN	320 kN	10 mm	20 mm	30 mm	40 mm	50 mm	60 mm
SW10	0.047	0.047	0.042	0.038	**0.041**	0.038	0.038	0.038	0.04	0.046	0.038	0.059	0.071	0.081	0.093	**0.102**

控制加载	40 kN	80 kN	120 kN	160 kN	200 kN	240 kN	260 kN	280 kN	300 kN	320 kN	22 mm	33 mm	44 mm	55 mm	66 mm	77 mm
SW11	0.046	0.039	0.035	0.033	0.032	**0.034**	0.034	0.032	0.036	0.035	0.07	0.079	0.096	0.108	**0.119**	0.83

④ 装配式 DWPC 剪力墙试件和现浇试件的滞回曲线较为相似,随着加载控制位移的增大,滞回环有向反 S 形过渡的趋势。滞回曲线的丰满程度第 1 组试件最高,第 2 组次之,第 3 组最不丰满,并且预应力混合装配式试件残余变形较小,捏缩效应比较明显。装配式 DWPC 剪力墙试件的强度和刚度退化较现浇试件的更为明显。

⑤ 装配式 DWPC 剪力墙试件和现浇试件的骨架曲线走势基本一致。混合装配式 DWPC 剪力墙试件承载力最高,刚度最大,同时墙体变形恢复能力得到明显提高。装配式 DWPC 剪力墙试件的刚度退化曲线始终在现浇试件的之上,但刚度退化较快。

⑥ 通过对试件的等效黏滞阻尼系数 h_e、能量耗散系数 E 进行分析,装配式 DWPC 剪力墙试件的耗能能力接近但略低于现浇试件,但仍具备较好的耗能能力。同时,在边缘构件配置连续螺旋箍筋或复合螺旋箍筋及施加预应力能改善装配式 DWPC 剪力墙试件的耗能能力。

3.3　预制剪力墙水平连接节点技术研究

预制剪力墙作为装配式混凝土剪力墙结构的主要受力构件,其连接节点的可靠性直接决定了结构的整体性与抗震性能。预制剪力墙一般分层预制,较长的剪力墙则进一步划分预制,因此,除集中关注的相邻层预制剪力墙之间的竖向连接节点外,实际工程中尚普遍存在同层相邻剪力墙之间的水平连接节点。对于预制剪力墙水平连接节点,一般用后浇混凝土连接带来解决,竖向钢筋在现场绑扎,水平钢筋则在预制构件侧边预留"胡子筋",锚固在现浇混凝土内,因此,预制剪力墙水平钢筋的连接可靠性是预制剪力墙水平连接节点的关键。

考虑到工厂预制的简便性及现场施工的便利性,针对预制剪力墙水平连接节点,提出了钢筋扣接连接技术,其技术方案见图 3-48,即预制剪力墙水平钢筋采用焊接封闭筋(于

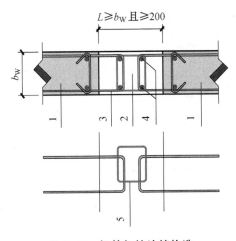

图 3-48　钢筋扣接连接构造

1—预制剪力墙;2—现浇段;3—水平钢筋;
4—竖向钢筋;5—焊接封闭箍筋

墙身中部焊接),外伸钢筋则形成 U 形钢筋,在水平连接节点内附加焊接封闭箍筋,与伸出 U 形水平钢筋在角部扣搭,并在扣搭处插入 4 根竖向钢筋,形成扣接连接形式的预制剪力墙水平连接节点。

钢筋扣接连接构造具有以下优点:

① 节约材料。可充分利用工厂加工的便利性,对剪力墙水平钢筋进行封闭焊接处理,由于 U 形钢筋带来端部加强锚固效果,可有效降低其锚固长度,从而节约钢筋用量,同时可减少现浇混凝土方量。

② 安装简便。预制剪力墙侧边伸出 U 形钢筋无搭接部分,在构件吊装中不存在钢筋碰撞问题,极大地方便了构件安装。

③ 有利于混凝土受力。U 形钢筋扣搭于封闭箍筋,将钢筋拉力直接通过封闭箍筋传递,竖向钢筋起骨架支撑作用,较传统钢筋锚固方式(有搭接的水平钢筋连接)将钢筋拉力通过混凝土传递,混凝土受力将更为有利。

(1) 试验目的

钢筋扣接连接构造与传统钢筋连接方式明显不同,应用中受到普遍质疑的是其不存在搭接长度,仅靠锁扣在竖向钢筋上传递拉力。因此,为检验钢筋扣接连接构造的传力性能,为工程应用提供保障,开展系列构造设计的拉拔试验。

(2) 试件设计

根据钢筋扣接连接构造,分析认为,影响钢筋扣接连接可靠性的主要参数包括:

① 混凝土强度。混凝土强度决定了整个连接节点的抗拉、抗剪强度。

② 水平钢筋强度、直径与间距。水平钢筋参数是确定节点构造的直接依据。

③ 竖向钢筋直径与间距。竖向钢筋参数则决定了其骨架支撑作用的强弱以及 U 形钢筋锚入现浇混凝土的长度。

④ 封闭箍筋的直径。封闭箍筋作为传递与其相扣接的 U 形水平钢筋内力的媒介,同样决定了节点性能。

⑤ U 形钢筋与封闭箍筋的搭接长度。U 形钢筋与封闭箍筋的搭接长度(扣接连接该参数取值为 0)则表示扣接连接与传统钢筋搭接连接做法的关键参数差异。

本次试验在确定上述参数取值时,参考了工程设计实际情况,具体取值如下:

① 考虑到混凝土强度为有利因素,实际工程中剪力墙结构混凝土强度等级一般在 C30 及以上,因此,本次试验混凝土强度等级仅考虑 C30。

② 水平钢筋全部采用 HRB400 钢筋,直径考虑常用的 10 mm、12 mm 两种规格,竖向间距则按构造要求的 200 mm 考虑,水平距离则按 200 mm 厚剪力墙、钢筋保护层 20 mm 左右计算约取 150 mm。

③ 竖向钢筋全部采用 HRB400 钢筋,直径考虑 10 mm、12 mm 两种规格,间距则按构造要求的 200 mm 考虑。

④ 由于构造特点的制约,封闭箍筋的强度、直径及间距则取与水平钢筋相同。

⑤ 由于竖向钢筋间距 200 mm,同时鉴于扣接连接构造特点,U 形钢筋与封闭箍筋的

搭接长度最大 100 mm,本次试验中考虑了 0 mm、50 mm、80 mm 三种情况,三种搭接长度方式的构造示意图见图 3-49。

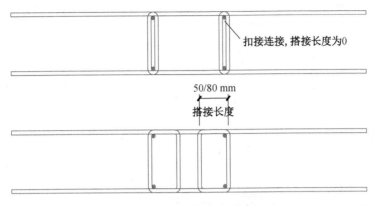

图 3-49 不同搭接长度构造示意图

为真实模拟实际节点受力特性,拉拔试件从实际结构中抽取,同时,为便于试验加载,对 4 根钢筋(即 2 层水平钢筋)进行整体拉拔。按照前述的墙厚 200 mm、竖向与水平钢筋间距 200 mm、水平钢筋保护层厚度约 20 mm,确定试件尺寸为 600 mm(墙长方向)×400 mm(墙高方向)×200 mm(墙厚方向),3 种不同搭接长度的试件设计图见图 3-50。

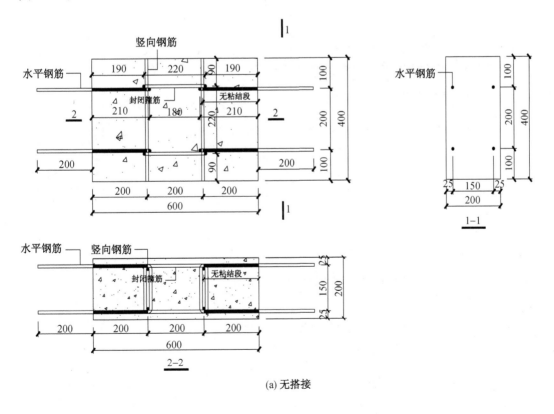

(a) 无搭接

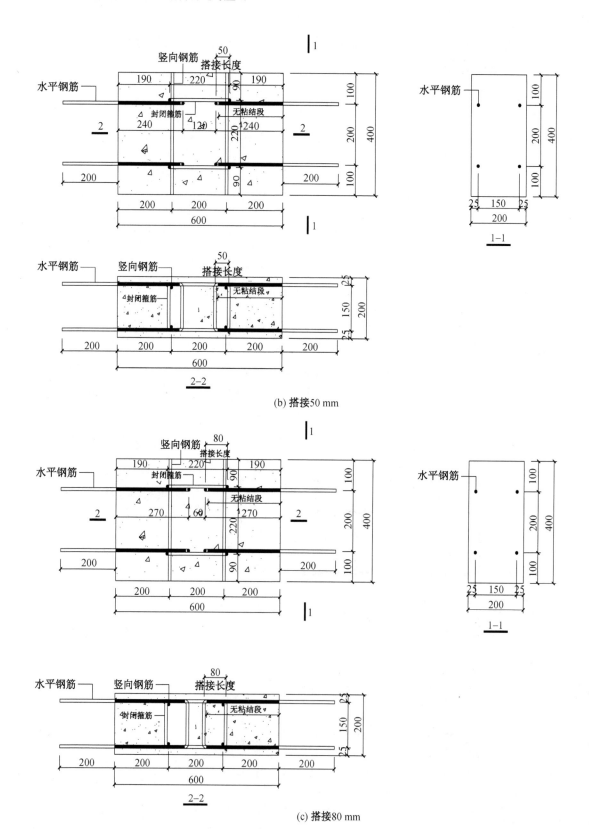

(b) 搭接50 mm

(c) 搭接80 mm

图 3-50　钢筋扣接拉拔试件设计图

同时,为针对性检验扣接构造的传力性能,U 形钢筋水平段全部采用无粘结构造,并通过在钢筋外周裹贴透明胶带实现。

根据所考虑的参数组合,试件设计详表见表 3-30。

表 3-30　钢筋扣接拉拔试件设计详表

水平钢筋直径 (mm)	混凝土强度	水平钢筋间距 (mm)	竖向钢筋直径 (mm)	封闭钢筋直径 (mm)	搭接长度 (mm)	数量	编号
10	C30	200	10	10	0	3	P1、P2、P3
		200	12	10	0	3	P4、P5、P6
12	C30	200	10	12	0	3	P7、P8、P9
		200	12	12	0	3	P10、P11、P12
10	C30	200	10	10	80	3	P13、P14、P15
		200	12	10	80	3	P16、P17、P18
	C30	200	10	10	50	3	P25、P26、P27
		200	12	10	50	3	P28、P29、P30
12	C30	200	10	12	80	3	P19、P20、P21
		200	12	12	80	3	P22、P23、P24
	C30	200	10	12	50	3	P31、P32、P33
		200	12	12	50	3	P34、P35、P36
试件总数:						36	

对试件制作的混凝土及钢筋进行材料力学性能测试,获得试件材料性能的真实参数。

C30 混凝土制作了同条件养护立方体试块,经统计,其抗压强度实测值为 36.16 MPa。

ϕ10 钢筋屈服强度 458 MPa,极限强度 589 MPa;ϕ12 钢筋屈服强度 442 MPa,极限强度 610 MPa。

(3)试验加载方案

试件采用专门加工的装置进行加载,并通过预紧手段,基本实现 4 根钢筋的同步拉拔。试验装置设计图及实物照片见图 3-51。另外,为便于拉拔钢筋锚固,在钢筋端头通过双面帮条焊,与大直径螺杆连接。

(4)试验结果

试验结果汇总于表 3-31。

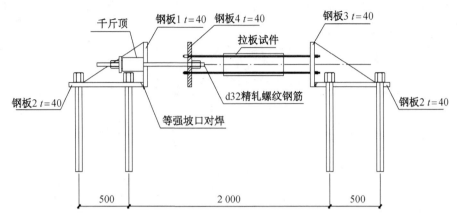

图 3-51　拉拔加载装置

表 3-31　钢筋扣接拉拔试件试验结果

试件编号	试件描述	屈服荷载(kN)	破坏荷载(kN)	破坏形态	破坏照片
P1	φ10 水平钢筋、φ10 竖向钢筋、搭接长度 0	137	183	张拉端 1 根钢筋拉断	
P2	同 P1	141	184	钢筋断于混凝土内部	

续表 3-31

试件编号	试件描述	屈服荷载(kN)	破坏荷载(kN)	破坏形态	破坏照片
P3	同 P1	140	181	张拉端 1 根钢筋拉断	
P4	φ10 水平钢筋、φ12 竖向钢筋、搭接长度 0	143	193	张拉端 2 根钢筋拉断	
P5	同 P4	133	191	锚固端 2 根钢筋拉断	
P6	同 P4	141	183	张拉端 1 根钢筋拉断	
P7	φ12 水平钢筋、φ10 竖向钢筋、搭接长度 0	200	223	试件正截面断裂,裂缝位于距锚固端约 20 cm 处	
P8	同 P7	202	222	试件正截面断裂,裂缝位于距锚固端约 20 cm 处	

续表 3-31

试件编号	试件描述	屈服荷载(kN)	破坏荷载(kN)	破坏形态	破坏照片
P9	同 P7	202	220	试件正截面断裂，裂缝位于距锚固端约 20 cm 处	
P10	ϕ12 水平钢筋、ϕ12 竖向钢筋、搭接长度 0	205	234	试件正截面断裂，裂缝位于距锚固端约 25 cm 处	
P11	同 P10	203	242	试件正截面断裂，裂缝位于距锚固端约 20 cm 处	
P12	同 P10	205	234	试件正截面断裂，裂缝位于距锚固端约 20 cm 处	
P13	ϕ10 水平钢筋、ϕ10 竖向钢筋、搭接长度 80 mm	142	187	张拉端 1 根钢筋拉断	
P14	同 P13	137	178	钢筋断于混凝土内部	

试件编号	试件描述	屈服荷载(kN)	破坏荷载(kN)	破坏形态	破坏照片
P15	同 P13	142	194	锚固端 1 根钢筋拉断	
P16	φ10 水平钢筋、φ12 竖向钢筋、搭接长度 80 mm	137	184	张拉端 1 根钢筋拉断	
P17	同 P16	140	190	锚固端 1 根钢筋拉断	
P18	同 P16	144	188	锚固端 1 根钢筋拉断	
P19	φ12 水平钢筋、φ10 竖向钢筋、搭接长度 80 mm	204	220	试件正截面断裂，裂缝位于距锚固端约 25 cm 处	
P20	同 P19	—	—		
P21	同 P19	205	232	试件出现斜裂缝	

试件编号	试件描述	屈服荷载(kN)	破坏荷载(kN)	破坏形态	破坏照片
P22	φ12 水平钢筋、φ12 竖向钢筋、搭接长度 80 mm	202	230	试件正截面断裂，裂缝位于距张拉端约 25 cm 处	
P23	同 P22	203	235	试件正截面断裂，裂缝位于距张拉端约 25 cm 处	
P24	同 P22	201	240	试件正截面断裂，裂缝位于距张拉端约 25 cm 处	
P25	φ10 水平钢筋、φ10 竖向钢筋、搭接长度 50 mm	140	181	螺杆发生滑丝	
P26	同 P25	141	191	张拉端 1 根钢筋拉断	
P27	同 P25	141	187	张拉端 1 根钢筋拉断	

试件编号	试件描述	屈服荷载(kN)	破坏荷载(kN)	破坏形态	破坏照片
P28	φ10 水平钢筋、φ12 竖向钢筋、搭接长度 50 mm	142	182	钢筋断于混凝土内部	
P29	同 P28	141	187	锚固端 1 根钢筋拉断	
P30	同 P28	—	—	—	—
P31	φ12 水平钢筋、φ10 竖向钢筋、搭接长度 50 mm	203	223	试件正截面断裂，裂缝位于距张拉端约 20 cm 处	
P32	同 P31	202	233	试件正截面断裂，裂缝位于距张拉端约 23 cm 处	
P33	同 P31	203	234	试件正截面断裂，裂缝位于距张拉端约 21 cm 处	
P34	φ12 水平钢筋、φ12 竖向钢筋、搭接长度 50 mm	—	—	螺杆发生滑丝	
P35	同 P34	200	230	试件正截面断裂，裂缝位于距张拉端约 20 cm 处	

试件编号	试件描述	屈服荷载(kN)	破坏荷载(kN)	破坏形态	破坏照片
P36	同 P34	202	237	试件正截面断裂，裂缝位于距张拉端约 26 cm 处	

注：由于制作过程发生问题，P20、P30 试件遗漏。

根据表 3-31 的结果，进一步分析可得到以下结论：

① φ10 水平钢筋连接试件均为钢筋母材拉断破坏，说明对于 φ10 水平钢筋，采用试验设计的各种构造均能满足钢筋连接可靠性要求。

② φ12 水平钢筋连接试件均为试件混凝土受拉破坏，说明 φ12 水平钢筋连接试件强度由混凝土强度等级及试件截面几何参数决定，同时，该现象的发生也由 U 形钢筋水平段全部无粘结导致。另外，破坏时钢筋应力均超出了钢筋抗拉强度标准值的 1.25 倍（500 MPa），根据 ACI 318 第 12.14.3.2 的规定，可以认为试验设计的各种构造均能保证钢筋抗拉强度充分发挥。

③ 对于 φ12 水平钢筋连接试件，比较 P7～P9 与 P10～P12 试件，可以发现，对于扣接形式（搭接长度为 0）的试件，其破坏荷载与竖向钢筋直径大小有关，随着竖向钢筋直径增大，所提供的骨架支撑作用更强，破坏荷载随之增大，按平均值计算，竖向钢筋直径由 10 mm 增大至 12 mm，试件破坏荷载则从 221.6 kN 提高至 236.6 kN，提高约 6.77%。

④ 对于 φ12 水平钢筋连接试件，分别比较 P19～P21 与 P22～P24、P31～P33 与 P34～P36 试件，可以发现，对于有搭接的试件，其破坏荷载与竖向钢筋直径大小无明显关系，因其更主要通过搭接部分混凝土传递内力。

⑤ 对于 φ12 水平钢筋连接试件，比较 P7～P9、P19～P21、P31～P33 试件，可以发现，当竖向钢筋直径较小（小于水平钢筋直径）时，搭接长度对试件破坏荷载有一定影响，搭接长度 0、50 mm、80 mm 所对应的试件破坏荷载平均值分别为 221.6 kN、226 kN、230 kN。

⑥ 对于 φ12 水平钢筋连接试件，比较 P10～P12、P22～P24、P34～P36 试件，可以发现，当竖向钢筋直径较大（等于水平钢筋直径）时，搭接长度对试件破坏荷载无明显影响，搭接长度 0、50 mm、80 mm 所对应的试件破坏荷载平均值分别为 236.6 kN、235 kN、233.5 kN，且无搭接而通过竖向钢筋传力的扣接形式试件表现出最高的承载力。

⑦ 通过比较每组 3 个同条件试件的破坏荷载，可以发现，无搭接长度的扣接形式试件承载力较为稳定，而有搭接而依靠混凝土传力的试件承载力有一定程度离散。

（5）试验结论

根据本次试验结果及相关初步分析，可以得到相关结论与建议如下：

① 钢筋扣接连接通过钢筋间直接传递钢筋内力,传力途径简单、明确,具备较为稳定的承载力。

② 钢筋搭接与钢筋扣接可以被认为是保证水平钢筋有效传力的两种等同构造,但其受力特性有所不同。

钢筋搭接依靠混凝土传力,由于混凝土材料性能差异,表现为试件破坏荷载有所离散,其对混凝土质量要求较高。

钢筋扣接直接通过钢筋间传力,竖向钢筋在水平钢筋内力传递至焊接封闭箍筋的过程中,作为支撑骨架,其强度与刚度对连接节点的受力性能极为关键。通过本次试验结果建议,竖向钢筋强度应与水平钢筋相同,且直径应不小于水平钢筋直径。

3.4 预制剪力墙-连梁连接节点技术研究

装配整体式剪力墙结构应具有多道抗震防线,设计中只要能保证"强墙弱连梁、更强节点",连梁即可作为第一道抗震防线,而剪力墙为结构主要抗侧力及承重构件,为结构第二道抗震防线。课题组开展了中间层边节点(T 形外墙、连梁、板节点)的抗震性能试验,并结合有限元分析软件 ANSYS 对试验进行了理论分析,探讨了节点装配构造的优化。

(1)试件设计

试验节点取自试点工程(海门中南世纪城 33# 楼)的标准层,采用 1∶1 足尺比例模型,共做 5 个试件,其中现浇节点 2 个,作为对比试件,装配式试件 3 个,试件尺寸及剪力墙、梁、板构件配筋率保持一致。

试件材料、截面尺寸及配筋均取自试点工程设计施工图,试件预制及现浇混凝土强度等级均为 C30,受力钢筋及连接钢筋采用 HRB400 级热轧钢筋,箍筋采用 HPB235 级热轧钢筋,混凝土保护层厚度剪力墙为 30 mm,梁、板均为 25 mm。鉴于实际试验条件,选取合适的剪力墙、梁及板构件的尺寸,使得试验中约束条件尽量与截取节点的理论边界条件接近。现浇试件及装配式试件制作详图见图 3-52。

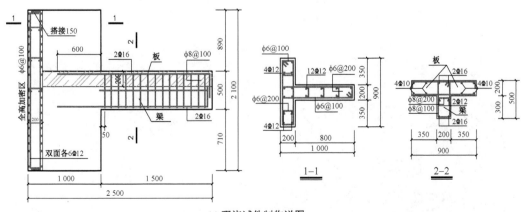

(a) 现浇试件制作详图

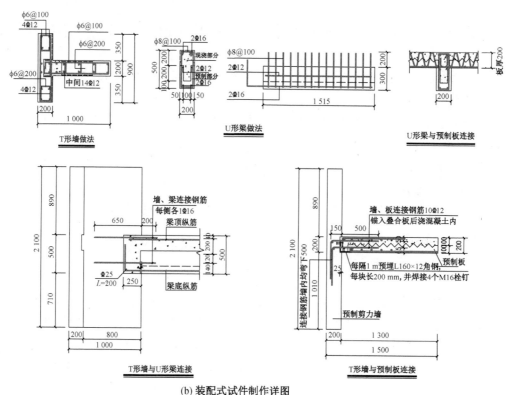

T形墙做法

U形梁做法

U形梁与预制板连接

墙、梁连接钢筋
每侧各1Φ16

梁顶纵筋

梁底纵筋

T形墙与U形梁连接

墙、板连接钢筋10Φ12
锚入叠合板后浇混凝土内

每隔1 m预埋L160×12角钢，
每块长200 mm，并焊接4个M16栓钉

预制剪力墙

T形墙与预制板连接

(b) 装配式试件制作详图

图 3-52　预制剪力墙-连梁连接节点试件设计详图

试件在江苏东南特种加固公司的生产基地制作,制作过程严格按照试点工程的制作方法和安装施工。其中,现浇试件采用传统的整体支模、一次浇筑的施工方法制作,装配式试件首先预制剪力墙翼缘板及腹板、叠合梁和叠合板构件,待预制构件达到要求强度时,进行构件吊装,绑扎钢筋,浇筑现浇混凝土,形成整体节点。现浇试件采用卧式浇筑,以便于施工;叠合构件叠合面进行凿毛处理并清除浮浆,现浇混凝土浇筑前,对预制构件表面进行喷水湿润,并注意不能有积水;全部试件采用两次浇筑混凝土的方式,即预制构件及现浇试件为第一批次混凝土,NPC试件现浇部分为第二批次混凝土。

现浇试件及 NPC 试件制作见图 3-53。

（a）现浇试件制作

（b）预制剪力墙腹板

（c）预制剪力墙翼缘板

（d）预制叠合板

（e）预制叠合梁

（f）节点安装

图 3-53　预制剪力墙-连梁连接节点试件制作过程

　　试件制作材料根据设计结果选用，并预留混凝土试块及钢筋试样进行材料性能试验，从而获得真实的材料强度，以便于后续分析。

　　装配式试件预制部分混凝土立方体抗压强度标准值为 38.14 MPa，装配式试件后浇混凝土及现浇试件混凝土立方体抗压强度标准值为 37.18 MPa。钢筋材料特性见表 3-32。

表 3-32　钢筋实测材料特性（预制剪力墙-连梁连接节点试件）

钢筋规格	直径 （mm）	屈服强度 （MPa）	极限强度 （MPa）	弹性模量 （×10⁵ MPa）	延伸率 （%）
HPB235	6	316	456	2.10	25
	8	318	465	2.10	29
HRB400	6	495	664	2.00	23
	8	526	684	2.00	25
	10	452	624	2.00	28
	12	480	649	2.00	31
	16	506	659	2.00	34

　　为便于后续分析,对各试件进行编号。现浇试件编号为 QLB-XJ1、QLB-XJ2,NPC
试件编号为 QLB-ZP1、QLB-ZP2、QLB-ZP3。

　　(2)试验加载方案

　　为掌握装配式节点的强度、刚度、延性及抗震性能等,确定加载方案为拟静力试验,即
低周反复荷载试验,并与现浇试件进行比较,对装配式试件的抗震能力做出评价。

　　试验过程中,对 T 形墙肢上、下端进行固结约束处理,并在 T 形墙肢顶部施加恒定轴
压,轴压比为 0.20,在梁端施加竖向往复荷载,向下为正,向上为负。试验加载简图及现
场照片见图 3-54。

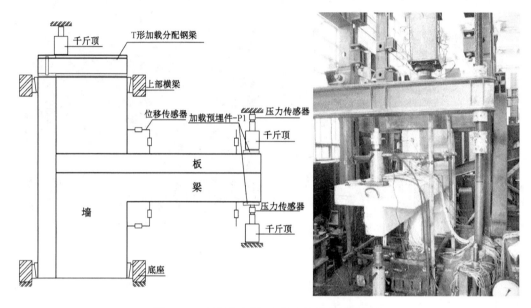

图 3-54　预制剪力墙-连梁连接节点试件加载

　　试验加载采用力和位移混合控制,屈服前以力控制加载,屈服后以屈服位移控制加
载,每级循环 2~3 次,直至试件承载力下降至极限承载力的 85% 以下或试件变形太大不
适于继续加载为止。试验加载制度见图 3-55。

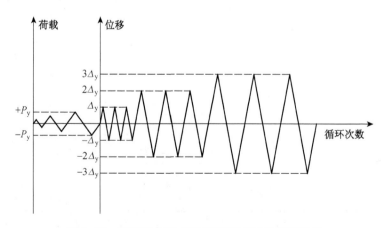

图 3-55　预制剪力墙-连梁连接节点试件加载制度

（3）试验现象

5 个试件均为梁端塑性铰区破坏，节点区仅有部分轻微裂缝扩展。

全部试件受力全过程大致可分为以下三个阶段：未裂阶段即线弹性阶段、开裂后至受拉主筋屈服阶段、受拉主筋屈服后的破坏阶段。

试件 QLB-XJ1：加载初期，试件基本上处于弹性状态，加、卸载后残余变形很小。当正向荷载达到＋44.4 kN 时，板面靠近墙根部出现裂缝，然后，反向荷载达到－32.4 kN 时，梁底靠近墙根部出现裂缝。此阶段即为开裂阶段，后直接加载到屈服，期间裂缝逐渐增多，裂缝宽度增加不大，残余变形还较小。试验表明，当正向荷载达到＋64.9 kN（$\Delta_y=$ 2.31 mm）时，梁顶受拉钢筋屈服，然后，反向荷载达到－66.4 kN（$\Delta_y=4.27$ mm）时，梁底受拉钢筋屈服。进入位移控制阶段后，裂缝由梁、板根部向自由端发展，裂缝也由受弯竖裂缝向斜裂缝发展，主裂缝宽度增加较快，到 $3\Delta_y$ 后几乎不出现新裂缝，表明此时梁根部塑性铰完全形成。到 $6\Delta_y$ 试件受压混凝土压碎，箍筋外露，试件已破坏，停止试验。破坏形态照片见图 3-56（a）。

试件 QLB-XJ2：加载初期，试件基本上处于弹性状态，加、卸载后残余变形很小。当正向荷载达到＋36.8 kN 时，板面靠近墙根部出现裂缝，然后，反向荷载达到－36.7 kN 时，梁底靠近墙根部出现裂缝。此阶段即为开裂阶段，后直接加载到屈服，期间裂缝逐渐增多，裂缝宽度增加不大，残余变形还较小。试验表明，当正向荷载达到＋62.9 kN（$\Delta_y=$ 3.91 mm）时，梁顶受拉钢筋屈服，然后，反向荷载达到－63.3 kN（$\Delta_y=5.03$ mm）时，梁底受拉钢筋屈服。进入位移控制阶段后，裂缝由梁、板根部向自由端发展，裂缝也由受弯竖裂缝向斜裂缝发展，主裂缝宽度增加较快，到 $3\Delta_y$ 后几乎不出现新裂缝，表明此时梁根部塑性铰完全形成。到 $6\Delta_y$ 试件受压混凝土压碎，承载力下降至极限承载力的 85% 以下，试件已破坏，停止试验。破坏形态照片见图 3-56（b）。

试件 QLB-ZP1：加载初期，试件基本上处于弹性状态，加、卸载后残余变形很小。当正向荷载达到＋57 kN 时，板面靠近墙根部出现裂缝，然后，反向荷载达到－46 kN 时，梁底靠近墙根部出现裂缝。此阶段即为开裂阶段，后直接加载到屈服，期间裂缝逐渐增多，裂缝宽度增加不大，残余变形还较小。试验表明，当正向荷载达到＋85 kN（$\Delta_y=$ 3.74 mm）时，梁顶受拉钢筋屈服，然后，反向荷载达到－91 kN（$\Delta_y=10.19$ mm）时，梁底受拉钢筋屈服。进入位移控制阶段后，裂缝由梁、板根部向自由端发展，裂缝也由受弯竖裂缝向斜裂缝发展，主裂缝宽度增加较快，到 $3\Delta_y$ 后几乎不出现新裂缝，表明此时梁根部塑性铰完全形成。到 $9\Delta_y$ 试件受压混凝土压碎，承载力下降至极限承载力的 85% 以下，试件已破坏，停止试验。破坏形态照片见图 3-56（c）。

试件 QLB-ZP2：加载初期，试件基本上处于弹性状态，加、卸载后残余变形很小。当正向荷载达到＋64 kN 时，板面靠近墙根部出现裂缝，然后，反向荷载达到－44 kN 时，梁底靠近墙根部出现裂缝。此阶段即为开裂阶段，后直接加载到屈服，期间裂缝逐渐增多，裂缝宽度增加不大，残余变形还较小。试验表明，当正向荷载达到＋83 kN（$\Delta_y=3.2$ mm）时，梁顶受拉钢筋屈服，然后，反向荷载达到－71 kN（$\Delta_y=10$ mm）时，梁底受拉钢筋屈服。

　　进入位移控制阶段后,裂缝由梁、板根部向自由端发展,裂缝也由受弯竖裂缝向斜裂缝发展,主裂缝宽度增加较快,到 $4\Delta_y$ 后几乎不出现新裂缝,表明此时梁根部塑性铰完全形成。到 $9\Delta_y$ 试件承载力下降至极限承载力的 85% 以下,试件已破坏,停止试验。破坏形态照片见图 3-56(d)。

　　试件 QLB-ZP3:加载初期,试件基本上处于弹性状态,加、卸载后残余变形很小。当正向荷载达到+61 kN 时,板面靠近墙根部出现裂缝,然后,反向荷载达到−44 kN 时,梁底靠近墙根部出现裂缝。此阶段即为开裂阶段,后直接加载到屈服,期间裂缝逐渐增多,裂缝宽度增加不大,残余变形还较小。试验表明,当正向荷载达到+77 kN(Δ_y=2.99 mm)时,梁顶受拉钢筋屈服,然后,反向荷载达到−55 kN(Δ_y=2.61 mm)时,梁底受拉钢筋屈服。进入位移控制阶段后,裂缝由梁、板根部向自由端发展,裂缝也由受弯竖裂缝向斜裂缝发展,主裂缝宽度增加较快,到 $4\Delta_y$ 后几乎不出现新裂缝,表明此时梁根部塑性铰完全形成。到 $10\Delta_y$ 试件受压混凝土压碎,承载力下降至极限承载力的 85% 以下,试件已破坏,停止试验。破坏形态照片见图 3-56(e)。

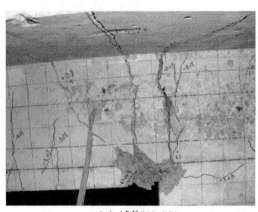

（a）试件QLB-XJ1

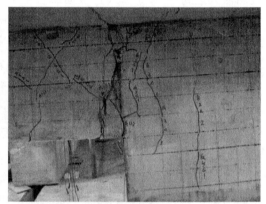

（b）试件QLB-XJ2

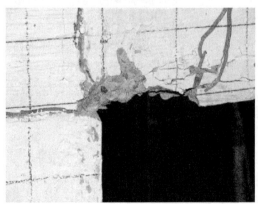

（c）试件QLB-ZP1

（d）试件QLB-ZP2

（e）试件QLB-ZP3

图 3-56　预制剪力墙-连梁连接节点试件破坏形态

（4）试验结果分析

各试件的滞回曲线与骨架曲线列于图 3-57,其中,QLB-XJ2 为第一个加载试件,屈服位移选取比较保守,加载不充分,加载位移到 15 mm;QLB-ZP3 试件加载中间阶段正向压力传感器出现问题,后经几个循环的调试才恢复正常,因此,正向滞回曲线部分在中间阶段出现与整体曲线不一致的偏离现象。

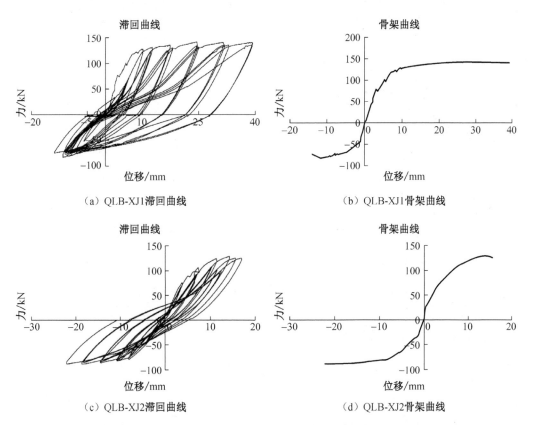

（a）QLB-XJ1滞回曲线　　　　　　　　　（b）QLB-XJ1骨架曲线

（c）QLB-XJ2滞回曲线　　　　　　　　　（d）QLB-XJ2骨架曲线

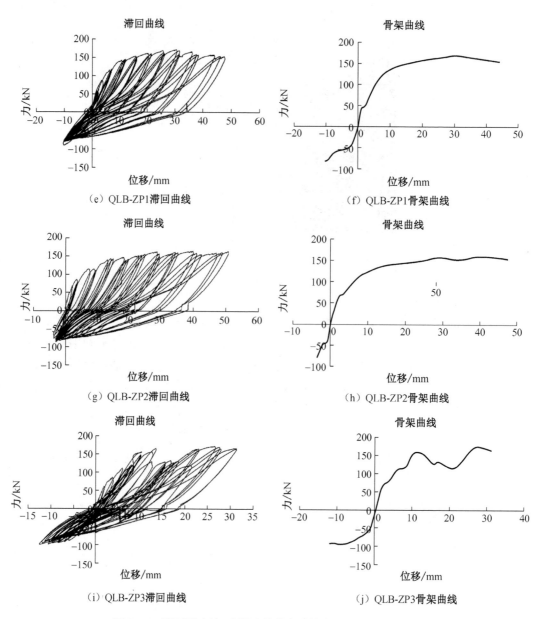

图 3-57 预制剪力墙-连梁连接节点试件滞回曲线与骨架曲线

对比 5 个试件试验结果,详细结果列于表 3-33。

表 3-33 试验结果对比(预制剪力墙-连梁连接节点试件)

项目	QLB-XJ1	QLB-XJ2	QLB-ZP1	QLB-ZP2	QLB-ZP3
开裂荷载(kN)	44.4	36.8	57	64	61
屈服荷载(kN)	64.9	62.9	85	83	77
极限荷载(kN)	142	—	170	160	171
位移延性系数	6	—	9	9	10

注:各级荷载数值均取正向加载时的荷载值;极限荷载及位移延性系数取试验终止时的相应数值。

初步对比看来,NPC 试件较现浇试件开裂荷载、屈服荷载、极限荷载以及位移延性系数都得到了一定的提高。

从滞回环的形状来看,NPC 试件及现浇试件均呈反 S 形,NPC 试件的滞回环明显出现了捏缩现象,反向加载循环较正向加载循环捏缩效应更明显。分析认为,板的存在,使得"T"形截面反向加载较正向加载时混凝土受压区面积不同,同时由于正向加载引起试件混凝土损伤、钢筋屈服以及试件残余变形造成。但是,NPC 试件滞回环水平段较现浇的短,说明 NPC 试件钢筋滑移没有现浇试件明显。总的来说,NPC 试件耗能与现浇试件相近,这也可从计算得到的各特征阶段下各试件等效黏滞阻尼系数的对比(表 3-34)中得到证实。

表 3-34   等效黏滞阻尼系数对比(预制剪力墙-连梁连接节点试件)

加载阶段	QLB-XJ1	QLB-XJ2	QLB-ZP1	QLB-ZP2	QLB-ZP3
开裂阶段	7.95%	7.86%	6.29%	7.22%	6.85%
屈服阶段	14.77%	14.25%	13.32%	14.67%	13.78%
极限阶段	16.25%	—	14.57%	15.51%	14.97%

注:QLB-XJ2 试件加载不充分,未列出相应结果。

5 个试件在各级循环平均刚度退化曲线见图 3-58。从图中可以看出,现浇试件和 NPC 试件刚度退化曲线基本重合(QLB-ZP3 试件加载中期正向曲线根据整体曲线做了修正),表现出一致的规律性。

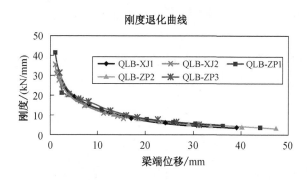

图 3-58   预制剪力墙-连梁连接节点试件刚度退化曲线

另外,除 QLB-XJ2 试件为首个试验试件,屈服位移定得较小,残余变形还不明显,试验不够充分,其他此类节点的滞回曲线明显向位移正向偏移,分析认为,正、反向反复加载造成的结构损伤、钢筋屈服,以及自重的作用,使得试件正向位移的残余变形逐级增大且不可恢复,造成了每级加载循环之后试件梁、板逐渐下沉,表现在滞回曲线上即图形向正向位移方向移动。

综合分析看来,由于节点区连接钢筋的存在,与现浇试件相比,装配式试件承载力和位移延性得到提高,刚度和耗能能力基本接近,表现出相当的抗震性能。

（5）试验有限元分析

低周反复荷载试验涉及混凝土的开裂以及裂缝闭合、混凝土局部压碎、钢筋的包辛格效应、钢筋与混凝土之间的粘结退化以及混凝土和钢筋的应力刚化等非线性及塑性因素，目前仍然没有一个有限元软件能精确模拟出结构在低周反复荷载作用下的受力全过程。

在兼顾计算精度和效率的基础上，结合有限元分析软件 ANSYS，并从试件低周反复荷载试验的骨架曲线出发，即仅模拟节点的正向单向加载，直至破坏，以此对试件破坏全过程进行近似分析。分析认为，只要弹性阶段有限元计算得到的荷载-位移曲线与骨架曲线逼近，即可认为该模型能足够准确地反映试件的实际受力状态，并可作为代表性模型，以此模型探讨装配式试件构造优化。

① 有限元模型的建立

由于模型仅考虑弹性阶段的精确性，因此不考虑钢筋与混凝土的粘结滑移；试验中新、老混凝土强度等级一致并都经过了足够长时间的养护期，且全部试验均未发现新、老混凝土界面滑移和破坏，并且预制、后浇混凝土强度相差大约 1 MPa，为方便建模，不考虑两部分混凝土龄期和强度差异的影响；同时由于墙、梁以及板内配筋比较均匀，混凝土单元采用带筋的 Solid65 单元，建立现浇试件的整体式模型。混凝土本构关系采用多线性等向强化模型 MISO，不考虑其抗拉强度，抗压应力-应变曲线采用《混凝土结构设计规范》（GB 50010—2002）附录 C.2.1 条推荐单轴受压的应力-应变曲线数学模型，并根据实测混凝土极限抗压强度标定其中所需参数。破坏准则采用 Willam-Warnker 五参数准则，不考虑混凝土压碎。钢筋本构关系采用双线性随动强化模型 BKIN，抗拉强度采用实测值，应力-应变曲线屈服后为水平段，即不考虑钢筋屈服后强化，可近似考虑包辛格效应。

装配式试件与现浇试件最大的区别在于墙、梁连接钢筋，为分析连接钢筋的受力状况，采用 Link8 单元模拟连接钢筋，其他同现浇试件。其中，图 3-59（b）采用矢量模式显示连接钢筋。

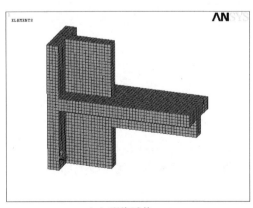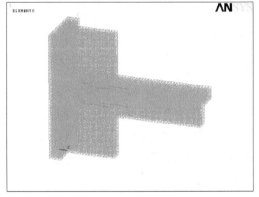

（a）现浇试件　　　　　　　　　　（b）装配式试件

图 3-59　预制剪力墙-连梁连接节点试件有限元模型

② 计算结果的分析比较

骨架曲线表征节点恢复力与变形的关系以及在低周反复荷载作用下的变形过程，是节点抗震性能的重要体现。现浇试件以及 NPC 试件试验实测骨架曲线与有限元计算曲线的对比见图 3-60。

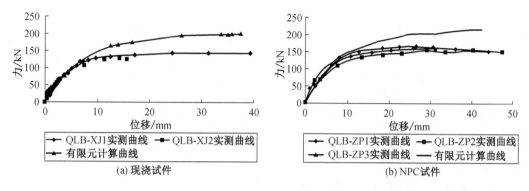

图 3-60　骨架曲线实测与计算结果的比较（预制剪力墙-连梁连接节点）

由图 3-60 可以看出，初始阶段即屈服前，节点处于弹性阶段塑性未充分发展，节点非线性因素不明显，有限元计算曲线能较好地吻合实测曲线；至加载后期即屈服后，特别是接近极限荷载时，随着混凝土开裂加剧和局部压碎、节点附近受拉钢筋与混凝土粘结退化、钢筋处于反复拉压状态的包辛格效应等各类非线性和塑性因素的影响越来越显著，而这些因素对节点承载力都有一定的削弱作用，虽然实际钢筋的应变硬化理论上可继续提高节点承载力，但综合各种因素，提高幅度非常有限，表现在图 3-60 中屈服后骨架曲线较平缓。另一方面，有限元模型没有考虑钢筋的应变硬化，仅是对钢筋的包辛格效应的一种近似考虑，仍然不能充分考虑前述各因素对节点承载力的影响，因此，屈服后有限元计算值仍有较多提高，表现在图 3-60 中计算曲线较实测曲线有一较陡、较长的上升段，造成有限元计算值较实测值偏大。但是，计算曲线的整体趋势和实测曲线一致。可以用单调加载下的荷载-位移曲线来近似评价节点在低周反复荷载作用下的受力性能。

特征荷载实测值与有限元计算值的对比见表 3-35。

表 3-35　特征荷载实测与计算结果的比较（预制剪力墙-连梁连接节点试件）

试件	屈服荷载/kN			极限荷载/kN		
	实测值	计算值	平均误差	实测值	计算值	平均误差
QLB-XJ1	64.9	68.65	7.43%	142	201.90	42.18%
QLB-XJ2	62.9	68.65		—	201.90	
QLB-ZP1	85	87.04	6.58%	170	216.49	29.63%
QLB-ZP2	83	87.04		160	216.49	
QLB-ZP3	77	87.04		171	216.49	

试件屈服荷载有限元计算值与实测值较接近，而极限荷载有限元计算值较实测值分

别提高了约30%和50%,说明低周反复荷载作用下对试件极限承载力影响较大,而对试件屈服荷载影响不大。

同时,现浇试件极限荷载有限元计算值与实测值比较,平均误差为49%,大于装配式试件的29.63%。分析认为,加载后期更靠近截面中部的连接钢筋开始发挥作用,使得装配式试件屈服后实测承载力得到较现浇试件更大的提高,从图3-60中也可以看出屈服后的实测曲线装配式试件具有比现浇试件更陡、更长的上升段,这也减小了与有限元计算值的差距。显然,装配式试件有限元计算值相对现浇试件应更接近实测值。

装配式试件较现浇试件屈服荷载、极限荷载分别提高了约31.9%和23.2%,但是,由于连接钢筋的存在,用钢量比现浇试件高,经计算用钢量增加了14.15%,但相对于试件承载力的提高来说用钢量增加不大,并可通过工业化制作与安装效率的提高来降低造价。

(6)节点构造分析

图3-61为实测装配式试件梁根部同一截面处位于截面上缘连接钢筋及梁顶纵筋应变变化图。墙体后浇混凝土凹槽深度为250 mm,造成梁顶纵筋锚入墙体较短,在钢筋还未屈服时,此250 mm深度范围内后浇混凝土与预制墙体混凝土界面间产生裂缝(见图3-56中梁根部沿后浇界面产生的裂缝),梁转动主要依靠连接钢筋,从而发生应力

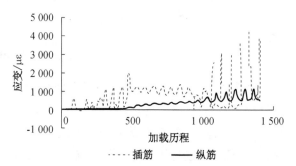

图3-61 实测连接钢筋和梁纵筋应变变化(预制剪力墙-连梁连接节点)

重分布,造成梁顶纵筋强度未得到充分利用。装配式试件由于连接钢筋的存在,提高了试件的承载能力,加载后期试件的承载力及延性基本由连接钢筋提供,梁纵筋贡献相对较少。因此,对装配式节点连接钢筋构造必须进行分析,保证节点和整体结构的承载力、刚度和延性。

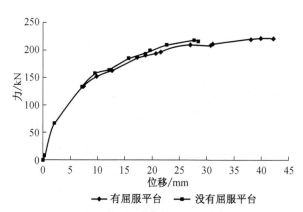

图3-62 不考虑和考虑钢筋强化荷载-位移曲线对比(预制剪力墙-连梁连接节点)

① 连接钢筋种类确定

连接钢筋的延性性能对节点整体延性影响较大,图3-62为连接钢筋采用没有屈服平台的钢筋本构关系计算得到的荷载-位移曲线与初始模型曲线的对比,可以看出,节点后期承载力得到一定提高,但延性明显降低并有突然破坏的趋势。对于NPC节点,为同时保证延性和承载能力要求,应采用延性较好、有明显屈服台阶、屈服强度满足承载力要求的钢筋。因此,推荐采用HRB400级

热轧钢筋,而 HPB235 级热轧钢筋强度较低,不宜采用。

② 连接钢筋长度分析

连接钢筋长度主要是保证其强度和延性的充分发挥,即节点范围内钢筋需达到其屈服强度而不发生粘结锚固破坏。即连接钢筋长度只要满足大于将连接钢筋从最大应力点(此处为钢筋屈服强度)延伸至连接钢筋的最近自由端的连接钢筋长度和锚固长度两者的较大值。考虑到塑性铰范围内连接钢筋全部屈服,此处最大应力点应从塑性铰两端算起。而钢筋在节点内的锚固要求由受拉的应力状况来决定,因此,此处主要对受拉连接钢筋长度讨论。

根据现行规范对钢筋能达到其屈服强度的锚固长度计算公式,可以得到节点区连接钢筋锚固长度为 $40d≈650$ mm。试验节点连接钢筋长度为:伸入墙内 650 mm,伸入梁内 200 mm。其破坏阶段受拉连接钢筋应力分布见图 3-63(a),图中"MX"位置即为墙、梁界面。由图可以看出,连接钢筋伸入墙内远侧应力为 0,伸入梁内 200 mm 范围内应力都很大,连接钢筋长度必须进行调整,调整前必须首先得到连接钢筋塑性铰范围以及梁内自由端即应力为 0 位置。

因此,将连接钢筋长度调整为:伸入墙内 $40d≈650$ mm,伸入梁内 $60d≈1\,000$ mm。见图 3-63(b),图中"MX"位置即为墙、梁界面。计算得到节点塑性铰范围内钢筋屈服范围为:伸入墙内 100 mm,伸入梁内 600 mm。同时,连接钢筋两端应力均为 0。由之前论述可以得到连接钢筋合理长度为:伸入墙内 100 mm+650 mm=750 mm,约为 $45d$,伸入梁内 600 mm+650 mm=1\,250 mm,约为 $75d$。

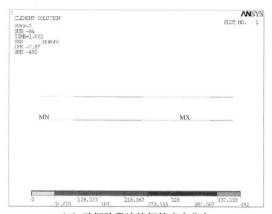
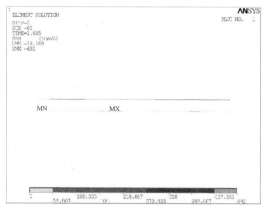

(a) 破坏阶段连接钢筋应力分布　　　　　(b) 调整后破坏阶段连接钢筋应力分布

图 3-63　破坏阶段连接钢筋应力分布(预制剪力墙-连梁连接节点)

(7) 试验研究结论

① 试验表明:NPC 试件较现浇试件承载力、位移延性均得到一定的提高,刚度和耗能能力基本接近,表现出与现浇试件相当的抗震性能。虽然用钢量由于使用连接钢筋有所提高,但相对于性能的提高该比例不大。综合分析看来,预制装配式剪力墙结构具有良好的经济性。

② 结合 ANSYS 采用单调加载下的荷载-位移曲线来近似评价节点在低周反复荷载作用下的受力性能,该方法具有可行性和可操作性,可用来评价节点的抗震能力。

③ 通过试验及有限元分析,对 NPC 节点连接钢筋构造进行了初步分析。分析认为,采用延性较高的 HRB400 级热轧钢筋,连接钢筋长度取为伸入墙内 $45d \approx 750$ mm、伸入梁内 $75d \approx 1\,250$ mm,可保证 NPC 节点的承载力以及抗震性能。

3.5 预制剪力墙–楼板连接节点技术研究

装配整体式剪力墙结构须保证水平荷载在同层各竖向构件(剪力墙)之间的可靠传递,形成空间受力体系,并且防止地震中楼板塌落伤人及影响紧急疏散,因此,在地震作用下装配整体式剪力墙结构墙板节点在面内必须具有足够的强度和刚度,在面外则必须具有必要的强度和延性。由于墙板节点在面内的性能一般较容易得到满足,为此,仅需对装配整体式剪力墙结构的墙板节点在面外的抗震性能进行试验研究。结合试验和有限元分析手段,分析该类节点的承载能力和变形能力、受力机理、破坏模式等,从而掌握其抗震性能,并基于有限元模型对可能影响其抗震能力的相关参数进行了详细分析,为后续研究提供试验及理论基础。

(1) 试件设计

试验节点同样取自试点工程(海门中南世纪城 33# 楼)的标准层,采用 1∶1 足尺比例模型,共做 4 个试件,其中现浇试件 2 个,作为对比试件,装配式试件 2 个,试件尺寸及剪力墙、板构件配筋率保持一致。

试件材料、截面尺寸及配筋均取自试点工程设计施工图,试件预制及现浇混凝土强度等级均为 C30,受力钢筋及连接钢筋采用 HRB400 级热轧钢筋,箍筋采用 HPB235 级热轧钢筋,混凝土保护层厚度剪力墙为 30 mm,板为 25 mm。鉴于实际试验条件,选取合适的剪力墙、板构件的尺寸,使得试验中约束条件尽量与截取节点的理论边界条件接近。

现浇试件及装配式试件制作详图见图 3-64。

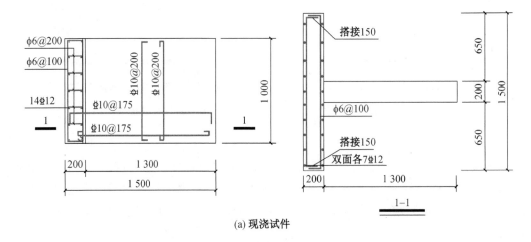

(a) 现浇试件

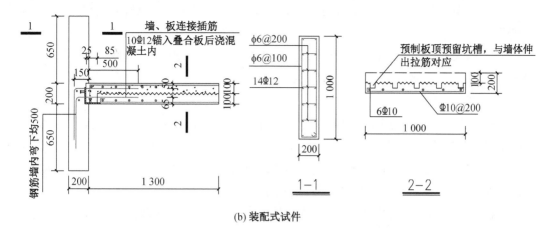

(b) 装配式试件

图 3-64   预制剪力墙-楼板连接节点试件设计详图

试件同样在江苏东南特种加固公司的生产基地制作,制作过程严格按照试点工程的制作方法和安装施工,现浇及装配式试件制作过程见图 3-65。

（a）现浇试件制作　　　　　　　　　　　（b）预制内墙板

（c）预制叠合板　　　　　　　　　　　　（d）装配式试件安装

图 3-65   预制剪力墙-楼板连接节点试件制作过程

制作所用混凝土及钢筋的批次与预制剪力墙-连梁节点相同,其材料力学性能可从前文获得。

为便于后续分析,对各试件进行编号。现浇试件编号为 QB-XJ1、QB-XJ2,NPC 试件编号为 QB-ZP2、QB-ZP3。

（2）试验加载方案

为掌握装配式节点的强度、刚度、延性及抗震性能等,确定加载方案为拟静力试验,即低周反复荷载试验,并与现浇试件进行比较,对装配式试件的抗震能力做出评价。

试验过程中,对剪力墙上、下端进行固结约束处理,并在剪力墙肢顶部施加恒定轴压,轴压比为 0.15,在板端施加竖向往复荷载,向下为正,向上为负。为加载方便,板端采用集中荷载加载形式,未能采用理想的线荷载加载形式。试验加载简图及现场照片见图 3-66。

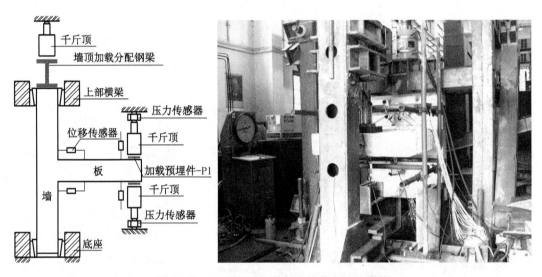

图 3-66　预制剪力墙-楼板连接节点试件加载

试验加载采用力和位移混合控制,屈服前以力控制加载,屈服后以屈服位移控制加载,每级循环 2～3 次,直至试件承载力下降至极限承载力的 85% 以下或试件变形太大不适于继续加载为止。

（3）试验现象

4 个试件均为板根部塑性铰区破坏,节点区未出现明显裂缝,叠合板整体性良好,未出现沿叠合面的分层裂缝。试验均是因变形太大不适于继续加载而终止,承载力未见明显降低。

与 T 形外墙、梁、板节点相同,全部试件受力全过程大致可分为以下三个阶段:未裂阶段即线弹性阶段、开裂后至受拉主筋屈服阶段、受拉主筋屈服后的破坏阶段。

试件 QB-XJ1:加载初期,试件基本上处于弹性状态,加、卸载后残余变形很小。当正向荷载达到 +26 kN 时,板面靠近墙根部出现裂缝,然后,反向荷载达到 −19 kN 时,板底靠近墙根部出现裂缝,此阶段即为开裂阶段。后直接加载到屈服,期间裂缝增加并不多,裂缝宽度增加较快,但残余变形还较小。试验表明,当正向荷载达到+30 kN(Δ_y=9 mm)时,板顶受拉钢筋屈服,然后,反向荷载达到−24 kN(Δ_y=14 mm)时,板底受拉钢筋屈服。进入位移控制阶段后,主裂缝宽度增加更快,残余变形显著增大,屈服后几乎不出现新裂缝,表明此时板根部塑性铰完全形成。到4Δ_y试件受压混凝土压碎,承载力下降至极限承载力的85%以下,试件已破坏,停止试验。破坏形态照片见图3-67(a)。

　　试件 QB-XJ2:加载初期,试件基本上处于弹性状态,加、卸载后残余变形很小。当正向荷载达到+20 kN时,板面靠近墙根部出现裂缝,然后,反向荷载达到−13 kN时,板底靠近墙根部出现裂缝,此阶段即为开裂阶段。后直接加载到屈服,期间裂缝增加并不多,裂缝宽度增加较快,但残余变形还较小。试验表明,当正向荷载达到+27 kN(Δ_y=7.34 mm)时,板顶受拉钢筋屈服,然后,反向荷载达到−32 kN(Δ_y=7.6 mm)时,板底受拉钢筋屈服。进入位移控制阶段后,主裂缝宽度增加更快,残余变形显著增大,屈服后几乎不出现新裂缝,表明此时板根部塑性铰完全形成。到4Δ_y试件受压混凝土压碎,板纵筋外露,变形太大,不适于继续加载,停止试验。破坏形态照片见图3-67(b)。

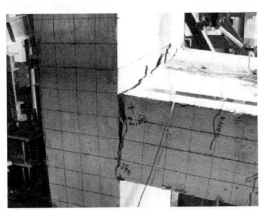

（a）试件QB-XJ1

（b）试件QB-XJ2

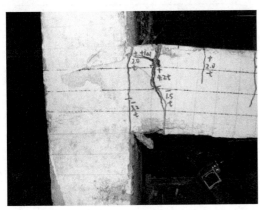

（c）试件QB-ZP2

（d）试件QB-ZP3

图3-67　预制剪力墙-楼板连接节点试件破坏形态

试件 QB-ZP2:加载初期,试件基本上处于弹性状态,加、卸载后残余变形很小。当正向荷载达到 +20 kN 时,板面靠近墙根部出现裂缝,然后,反向荷载达到 −15 kN 时,板底靠近墙根部出现裂缝,此阶段即为开裂阶段。后直接加载到屈服,期间裂缝增加并不多,裂缝宽度增加较快,但残余变形还较小。试验表明,当正向荷载达到 +42 kN($\Delta_y = 3.85$ mm)时,板顶受拉钢筋屈服,然后,反向荷载达到 −32 kN($\Delta_y = 7.7$ mm)时,板底受拉钢筋屈服。进入位移控制阶段后,主裂缝宽度增加更快,残余变形显著增大,屈服后几乎不出现新裂缝,表明此时板根部塑性铰完全形成。到 $4\Delta_y$ 试件向下残余变形过大,不适于继续加载,停止试验。破坏形态照片见图 3-67(c)。

试件 QB-ZP3:加载初期,试件基本上处于弹性状态,加、卸载后残余变形很小。当正向荷载达到 +21 kN 时,板面靠近墙根部出现裂缝,然后,反向荷载达到 −16 kN 时,板底靠近墙根部出现裂缝,此阶段即为开裂阶段。后直接加载到屈服,期间裂缝增加并不多,裂缝宽度增加较快,但残余变形还较小。试验表明,当正向荷载达到 +47 kN($\Delta_y = 3.84$ mm)时,板顶受拉钢筋屈服,然后,反向荷载达到 −33 kN($\Delta_y = 8$ mm)时,板底受拉钢筋屈服。进入位移控制阶段后,主裂缝宽度增加更快,残余变形显著增大,屈服后几乎不出现新裂缝,表明此时板根部塑性铰完全形成。到 $4\Delta_y$ 试件向下残余变形过大,不适于继续加载,停止试验。破坏形态照片见图 3-67(d)。

（4）试验结果分析

各试件的滞回曲线与骨架曲线列于图 3-68,滞回环均较饱满,反映了较好的耗能能力。

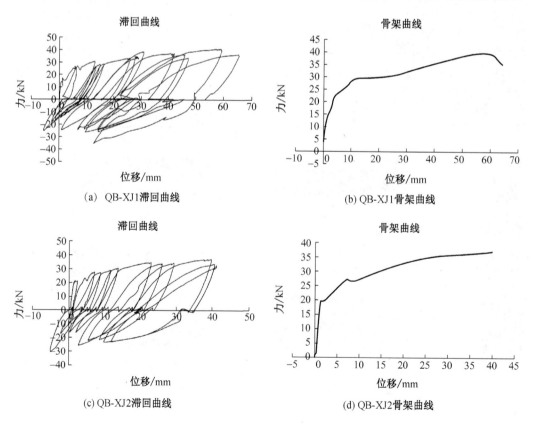

(a) QB-XJ1滞回曲线

(b) QB-XJ1骨架曲线

(c) QB-XJ2滞回曲线

(d) QB-XJ2骨架曲线

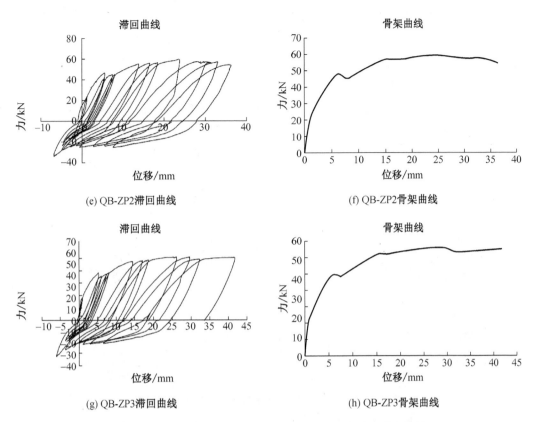

(e) QB-ZP2滞回曲线　　　　　　(f) QB-ZP2骨架曲线

(g) QB-ZP3滞回曲线　　　　　　(h) QB-ZP3骨架曲线

图 3-68　预制剪力墙-楼板连接节点试件滞回曲线与骨架曲线

对比 4 个试件试验结果,详细结果列于表 3-36。

表 3-36　试验结果对比(预制剪力墙-楼板连接节点试件)

项 目	QB-XJ1	QB-XJ2	QB-ZP2	QB-ZP3
开裂荷载(kN)	26	20	20	21
屈服荷载(kN)	30	27	42	47
极限荷载(kN)	38	37	56	59
位移延性系数	4	4	4	4

注:各级荷载数值均取正向加载时的荷载值;极限荷载及位移延性系数取试验终止时的相应数值。

　　初步对比看来,装配式试件开裂荷载与现浇试件的相近,而屈服荷载、极限荷载均得到一定程度的提高,位移延性系数均为 4,满足延性需求。同时,试验均因变形过大不适于加载而终止,各试件的位移延性系数应该还要大于 4,说明装配式试件具有良好的延性性能。

　　初步分析认为,装配式试件附加的连接钢筋的存在使其屈服荷载、极限荷载得到提高,而试件开裂时,变形很小,连接钢筋未得到利用,因此,对开裂荷载影响较小,甚至因剪力墙与板之间拼缝的存在,使其开裂荷载略低于现浇试件的开裂荷载。

综合分析来看,与现浇试件相比,装配式试件具有较高的强度、相近的延性性能,表现出良好的抗震性能。

(5) 试验有限元分析

① 有限元模型的建立

有限元模型的单元选取、材料属性、相关假设和简化与预制剪力墙-连梁连接节点类似,在此不再赘述。

建立的有限元模型见图 3-69,其中,图 3-69(b)采用矢量模式显示连接钢筋。

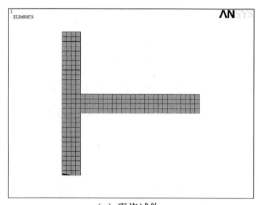

(a) 现浇试件   (b) 装配式试件

图 3-69 预制剪力墙-楼板连接节点试件有限元模型

② 计算结果的分析比较

特征荷载有限元分析结果与试验实测结果的对比列于表 3-37,有限元分析得到的荷载-位移曲线与实测的骨架曲线对比见图 3-70。

表 3-37 特征荷载实测与计算结果的比较(预制剪力墙-楼板连接节点试件)

试件	屈服荷载 F_y^T(kN)	极限荷载 F_u^T(kN)	屈服荷载计算值 F_y^c(kN)	极限荷载计算值 F_u^c(kN)	F_y^c/F_y^T	F_u^c/F_u^T
QB-XJ1	30	38	31	46	1.03	1.21
QB-XJ2	27	37	31	46	1.15	1.24
QB-ZP2	42	56	46	69	1.10	1.23
QB-ZP3	47	59	46	69	1.10	1.17

结合表 3-37 和图 3-70 可以发现,无论是现浇试件模型还是 NPC 试件模型,有限元分析结果与实测结果基本接近,仅屈服荷载后曲线偏离较多,分析认为,单调加载模式未考虑到低周反复荷载作用下混凝土开裂及局部压碎、钢筋的包辛格效应以及钢筋与混凝土之间的粘结退化等引起强度降低的因素,造成曲线有所偏离。两者整体趋势一致,均保持了较好的延性,极限荷载后有一较长的水平段,未出现明显的强度退化。

分析试验应变数据发现,加载采用在板端施加集中荷载的方式,现浇试件板边缘和中

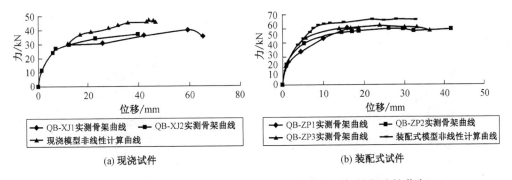

(a) 现浇试件   (b) 装配式试件

图 3-70　骨架曲线实测与计算结果比较（预制剪力墙-楼板连接节点）

部受力纵筋内力分配不均匀，各受力纵筋没有得到充分利用［图 3-71(a)］；而 NPC 试件各连接钢筋受力状态相近，均得到充分利用［图 3-71(b)］，表现出良好的整体受力特性。图中部分钢筋应变数据有较大突变，是由于钢筋屈服后应变片应变过大甚至损坏导致的。有限元分析结果见图 3-72，与试验结果规律一致。

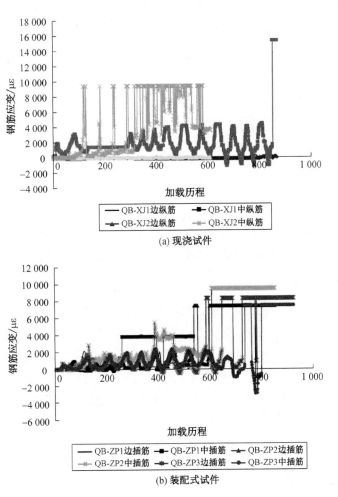

(a) 现浇试件

(b) 装配式试件

图 3-71　各加载阶段钢筋应变分布（预制剪力墙-楼板连接节点）

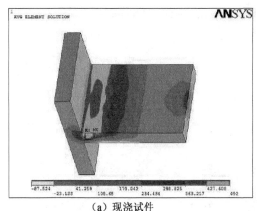 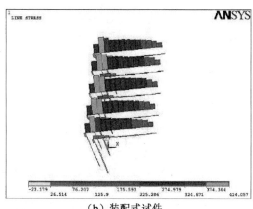

（a）现浇试件　　　　　　　　　　（b）装配式试件

图 3-72　有限元模型钢筋应力分布（预制剪力墙-楼板连接节点）

现浇试件与装配式试件均是板根部塑性铰区弯曲破坏，图 3-73 给出现浇试件和装配式试件有限元模型的计算结果，其计算结果可正确反映其破坏模式。

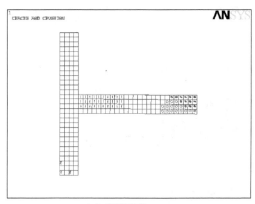 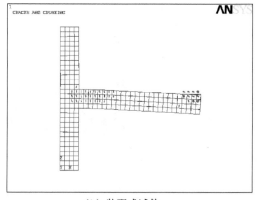

（a）现浇试件　　　　　　　　　　（b）装配式试件

图 3-73　有限元模型计算破坏模式（预制剪力墙-楼板连接节点）

（6）节点构造分析

已完成的试验将剪力墙与板节点与现浇节点进行了同条件下的对比，试验结果证明了剪力墙与板节点具有相近的延性变形能力、较高的承载能力（极限承载能力平均提高约 53%）和良好的整体受力特性，但是，装配式试件较现浇试件用钢量提高 26%，节点构造仍然需要进一步优化，以进一步减少连接钢筋，提高材料利用率。同时，试验中未考虑的可能影响该节点抗震能力的一些因素，如剪力墙肢轴压力，连接钢筋强度、直径、数量及长度，以及剪力墙、板受力钢筋配筋率等。

在已有试验基础上，基于有限元模型，针对各影响参数进行计算，比较不同参数条件下的单调荷载-位移曲线，分析各个参数对该节点抗震能力的影响规律。

① 剪力墙轴压比的影响

由于试验条件限制，同时考虑到加载的可行性及安全性，试验取用了低轴压比 0.15。

依据《建筑抗震设计规范》(GB 50011—2010)的规定,二、三级剪力墙的轴压比限制达 0.6,因此,选取轴压比为 0、0.4、0.6 分别进行分析计算,同时保持其他条件不变,计算结果见图 3-74。

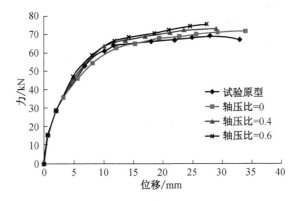

图 3-74   剪力墙轴压比分析结果(预制剪力墙-楼板连接节点)

② 连接钢筋强度的影响

鉴于当前推广使用 HRB400 级以上的更高强度的钢筋,此处考虑了 HRB500 和 HRB335 两种强度等级情况,计算结果见图 3-75。

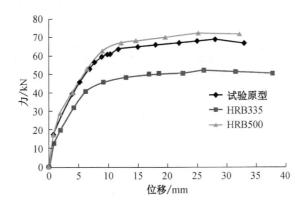

图 3-75   连接钢筋强度分析结果(预制剪力墙-楼板连接节点)

③ 连接钢筋直径的影响

保证钢筋品种和强度等级不变,对连接钢筋直径为 8 mm、10 mm 两种情况进行补充分析,与试验情况(直径为 12 mm)的有限元分析结果比较见图 3-76。通过比较发现,直径为 10 mm 时即可满足其受力要求,为节约钢材,推荐采用 10 mm 直径的连接钢筋。

④ 连接钢筋数量的影响

试验结果显示 10 根 ϕ12 的 HRB400 钢筋已能满足连接可靠性要求,此处考虑 12 根和 8 根两种情况对节点强度和刚度的影响,即改变连接钢筋间距来改变钢筋数量。计算结果见图 3-77。

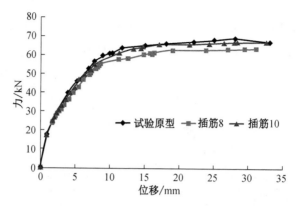

图 3-76　连接钢筋直径分析结果（预制剪力墙-楼板连接节点）

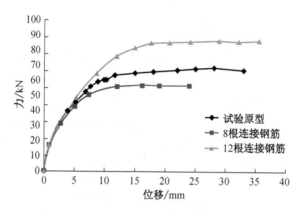

图 3-77　连接钢筋数量分析结果（预制剪力墙-楼板连接节点）

⑤ 连接钢筋长度的影响

试验中连接钢筋长度采用构造长度，并未完全考虑钢筋的锚固要求。根据《混凝土结构设计规范》（GB 50010—2010），试验中连接钢筋应有的锚固长度约为 425 mm，按此锚固长度配置连接钢筋，若能仍然保证节点可靠性，可节约钢筋，因此，这里对连接钢筋锚入板内 425 mm 长进行计算，计算结果见图 3-78。

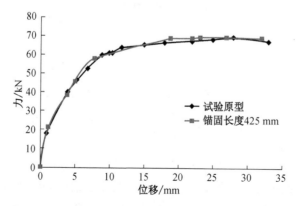

图 3-78　连接钢筋长度分析结果（预制剪力墙-楼板连接节点）

⑥ 板受力钢筋配筋率的影响

鉴于试验中裂缝及破坏主要在板根部出现,剪力墙中未出现明显损伤,因此,此处仅考虑板纵向配筋率的变化对节点荷载-位移曲线的影响。

板受力钢筋配筋率一般以钢筋间距表示,试验间距为 175 mm,此处,考虑到《混凝土结构设计规范》(GB 50010—2010)规定,本次试验板受力钢筋间距不能超过 250 mm,因此,取钢筋间距为 150 mm 及 200 mm 进行计算,计算结果见图 3-79。

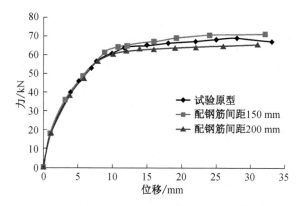

图 3-79 板受力钢筋配筋率分析结果(预制剪力墙-楼板连接节点)

将上述参数分析结果的详细数据列于表 3-38。

表 3-38　有限元参数分析详细结果(预制剪力墙-楼板连接节点试件)

参数		开裂荷载(kN)	开裂位移(mm)	屈服荷载(kN)	屈服位移(mm)	极限荷载(kN)	计算终止位移(mm)
轴压比	0.00	16.6	0.85	45.6	5.6	71.6	33.9
	0.15*	17.7	0.91	45.9	5.2	69	33
	0.40	16.6	0.85	46.3	5.1	73	29
	0.60	16.6	0.85	46.9	4.9	75.3	27.4
连接钢筋强度	HRB335	17.7	0.9	30.5	3.9	50.5	37.7
	HRB400*	17.7	0.9	46	5.2	69	33
	HRB500	17.7	0.9	48	5.5	72.4	32.3
连接钢筋直径	8 mm	17.7	0.9	41	4.9	63.7	31
	10 mm	17.7	0.9	44	5.1	67	32.5
	12 mm*	17.7	0.9	46	5.2	69	33
连接钢筋数量	8 mm	17.4	0.9	40	4.7	57.3	23.9
	10 mm*	17.7	0.9	46	5.2	69	33
	12 mm	17.7	0.9	57	6.8	86.8	35.5

续表 3-38

参数		开裂荷载(kN)	开裂位移(mm)	屈服荷载(kN)	屈服位移(mm)	极限荷载(kN)	计算终止位移(mm)
连接钢筋长度	500 mm*	17.7	0.9	46	5.2	69	33
	425 mm	17.7	0.9	45.8	5.1	68.9	32
板受力纵钢筋间距	150 mm	17.8	0.8	47	5.3	70.8	32
	175 mm*	17.7	0.9	46	5.2	69	33
	200 mm	16.8	1.1	45	5.2	65.5	31
现浇试件实测结果		—	—	27	—	37	—

注:1. 表中带 * 参数,代表试验原型;

2. 屈服荷载、屈服位移以连接钢筋开始屈服为准;

3. 由于有限元分析对荷载预测较准确,因此,现浇试件实测结果仅列出荷载相关数据。

对于剪力墙轴压比,对节点承载力和变形没有明显影响。分析认为,由于节点破坏集中在板根部,而剪力墙的轴压荷载对该部分没有明显影响,但是,由于该轴向荷载对墙、板连接处有一定约束作用,限制了裂缝向该范围发展,使其极限荷载有所提高,同时,轴压约束了连接处的剪切变形,随着轴压比增大,节点各阶段变形相应有所减小。对于连接钢筋强度,对节点承载力有明显影响,随着强度提高,承载力几乎呈线性增长,而节点变形基本未受影响。此处需要说明的是,HRB400 与 HRB500 分析结果很相近,试验原型分析采用的钢筋强度为实测值 492 MPa,与设计取 HRB500 钢筋强度标准值 500 MPa 很接近,因此,两者分析结果相差不大。对于连接钢筋直径,直径为 10 mm 时即可满足其受力要求,为节约钢材,推荐采用 10 mm 直径的连接钢筋。对于连接钢筋数量,影响规律和连接钢筋强度相同。对于连接钢筋长度,可以发现,取现行规范确定的受拉钢筋锚固长度,几乎不影响节点的受力性能,因此,建议连接钢筋伸入板内 425 mm 即可。对于板受力纵筋间距,由于节点破坏位于板根部,板受力纵筋间距的减小,即提高了板的配筋率,相应提高了节点抵抗开裂的能力,也在一定程度上提高了其极限荷载,但由于屈服由连接钢筋控制,因此,对其屈服荷载影响不明显。同时对比发现,间距 150 mm 和 175 mm 两者相差并不明显。为节约钢筋,建议采用 175 mm 间距即可。

(7)试验研究结论

① 试验及有限元分析表明:与现浇试件相比,装配式试件具有相近的延性变形能力、较高的承载能力和良好的整体受力特性。装配式墙板节点具有良好的抗震性能。

② 建立的有限元模型能在一定程度上反映试件的抗震性能,并与试验数据吻合较好,可作为今后参数分析的基准模型。

③ 通过有限元参数分析可知,轴压比对节点性能没有明显影响,设计中可以忽略;连接钢筋强度和数量的增多虽可提高节点承载力,但对节点变形能力影响复杂,需结合延性要求及板配筋情况合理确定,此处仍然建议试验原型中采用的 10 根 HRB400 钢筋,但直

径可降低,取 10 mm;另外,连接钢筋取规范确定的受拉钢筋锚固长度,板受力纵筋间距取 175 mm 即可满足要求;同时,可以发现装配式墙板节点的抗震能力主要由连接钢筋的配置情况及其与板抗弯能力的协调作用效果决定,在后续研究中应对连接钢筋构造及设计方法进行深入研究,以便指导工程设计。

3.6 装配整体式混凝土剪力墙子结构抗震性能研究

为系统验证钢筋连接技术、预制剪力墙竖向/水平连接节点、预制剪力墙-连梁连接节点及预制剪力墙-楼板连接节点的综合可靠性,开展了子结构模型抗震性能试验,拟通过试件制作与安装以检验相关技术的施工可行性与便利性,通过抗震性能试验验证其"等同现浇"性能,并结合必要的理论分析为工程设计与实际应用提供指导。

对于子结构抗震性能试验,模拟地震振动台试验是掌握模型在模拟地震作用下的受力状态、裂缝开展、出铰顺序以及破坏形态等最为合理的试验方案。但是经过调研,国内最大的振动台(位于中国建筑科学研究院)尚不能满足相关试验要求。同时,由于试验场地及试验仪器的制约,做大型结构的足尺比例试件的试验缺少必要条件。另外,考虑到装配式混凝土结构由于构件制作及连接构造的特殊性,试件比例过小会导致试件制作困难或由于"尺寸效应"导致试验失真。因此,系列子结构模型试验仍然采用低周反复荷载试验来对其抗震性能进行评价。

3.6.1 四层子结构模型抗震性能试验

综合检验钢筋金属波纹管浆锚连接接头、金属波纹管浆锚连接预制剪力墙竖向连接节点、钢筋扣接连接预制剪力墙水平连接节点、预制剪力墙-连梁连接节点及预制剪力墙-楼板连接节点的整体性及抗震性能。

(1)模型设计

本次试验模型设计经历了两个过程,即试验原型为某 18 层高层住宅结构的设计和计算,以及试验模型根据试验原型设计结果按相似比例缩尺及装配式转化。

试验原型为某 18 层高层住宅结构,每层层高 2.9 m,开间 8×4.5 m=36 m,进深 2×5.5 m=11 m,长宽比为 36/11=3.27,高宽比为 2.9×18/11=4.75,结构原型平面图见图 3-80。平面布置规则对称,竖向承重构件和水平抗侧力构件均为剪力墙。结构安全等级为二级,抗震设防烈度为 7 度,设计基本地震加速度为 0.15g,场地类别为 I 类,抗震等级二级,根据我国现行规范按现浇结构并采用工程设计软件 PKPM 进行设计。

一层剪力墙、连梁混凝土强度等级 C35,楼板混凝土强度等级 C30,二层至十八层剪力墙、连梁混凝土强度等级 C30,楼板混凝土强度等级 C30,剪力墙和楼板厚度均为 200 mm。剪力墙、连梁主筋采用 HRB400 级热轧钢筋,箍筋采用 HPB235 级热轧钢筋,楼板受力钢筋及分布钢筋均采用 HRB400 级热轧钢筋。

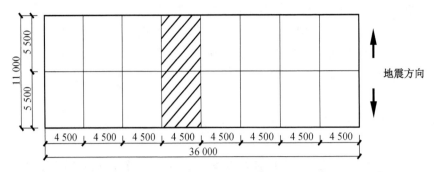

图 3-80　结构原型平面图（四层子结构模型试验）

经 PKPM 软件计算，原型结构第四层所受上部楼层的总的竖向荷载为 15 320 kN；第四层等效地震剪力为 X 向 1 368.72 kN，Y 向 1 360.04 kN；第三层地震剪力为 X 向 21.77 kN，Y 向 21.50 kN；第二层地震剪力为 X 向 14.51 kN，Y 向 14.33 kN；第一层地震剪力为 X 向 7.26 kN，Y 向 7.17 kN。

考虑到试验设备及场地的能力，同时鉴于地震作用较大方向接近结构横向，试验模型截取图 3-80 中阴影部分的底部四层的横向抗震结构单元，并进行了 1/2 比例缩尺，模型尺寸及荷载等各参数均按相似比例进行转化，同时，保持剪力墙、连梁及楼板构件配筋率一致。

模型基础为实体基础，尺寸为 4 300 mm×7 000 mm×550 mm，并根据试验室地面锚孔预留 ϕ80 孔洞，以便将模型锚固在地面上。顶部增设两道 400 mm×850 mm×5 600 mm通长大梁，以便与加载设备连接。模型设计详图见图 3-81。

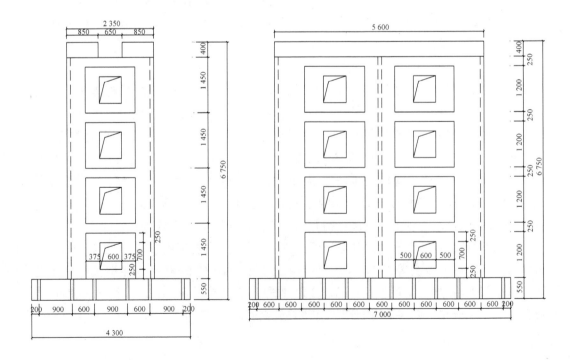

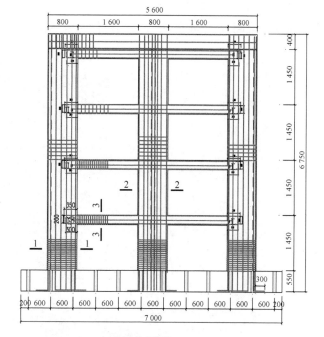

结构平面布置图 1:100

结构左视图 1:100

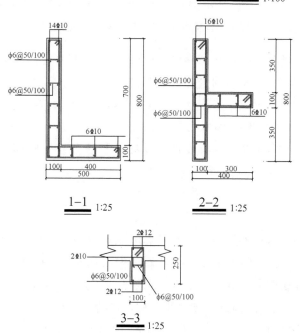

1—1 1:25

2—2 1:25

3—3 1:25

图 3-81 模型设计详图（四层子结构模型试验）

在构件拆分的基础上,进行构件连接的深化设计,构件拆分详见图 3-82,各层包括 7 块竖向剪力墙构件和 2 块水平楼板构件,总计 36 块构件,图中仅给出了第 1 层竖向剪力墙构件划分示意图,水平构件及其他层构件并未示出。

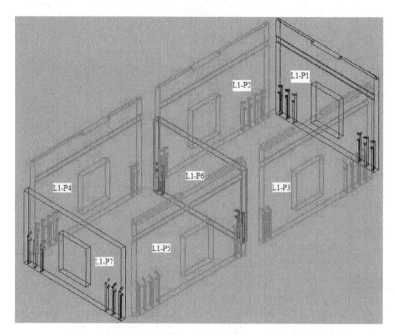

图 3-82　模型第 1 层构件拆分示意图(四层子结构模型试验)

竖向剪力墙构件有竖向连接和水平连接两种构造,梁与剪力墙整体预制,楼板构件采用叠合现浇,预制楼板厚 50 mm,各种连接构造见图 3-83。

模型各预制构件安装过程为:基础就位、浇筑→第一层剪力墙按一定顺序安装剪力墙构件 L1-P1～L1-P7,然后安装楼板 L1-F1,最后安装楼板 L1-F2→最后调整构件垂直和水平,灌注剪力墙浆锚灌浆料→绑扎现浇连接带及叠合板上层钢筋并立模板→浇筑第一层混凝土→对其他层重复上述过程。以第一层为例,模型安装、浇筑过程详见图 3-84。

(2)试验加载方案

为保证加载时模型与地面不发生相对滑动影响试验效果,模型与地面通过对基础周边 20 根 φ32 精轧螺纹钢施加预应力压紧,每根精轧螺纹钢的张拉控制力为 300 kN。

由于第四层等效地震剪力值远大于底部三层各层地震剪力值,同时考虑试验设备限制及加载方便,仅对第四层墙肢顶部施加水平低周反复荷载。

试验时根据 PKPM 软件计算得第四层剪力墙顶组合轴力设计值并经相似关系转化后将结果(换算后轴力总计 3 830 kN)施加于试件墙肢顶部轴压,轴压通过顶部横向钢梁分配,并通过张拉各钢梁两端钢绞线获得。理论上中间墙肢轴压为两边墙肢的 2 倍,因此,中间墙肢顶部设两根钢梁,各根钢梁上钢绞线总张拉力控制为 957.5 kN。

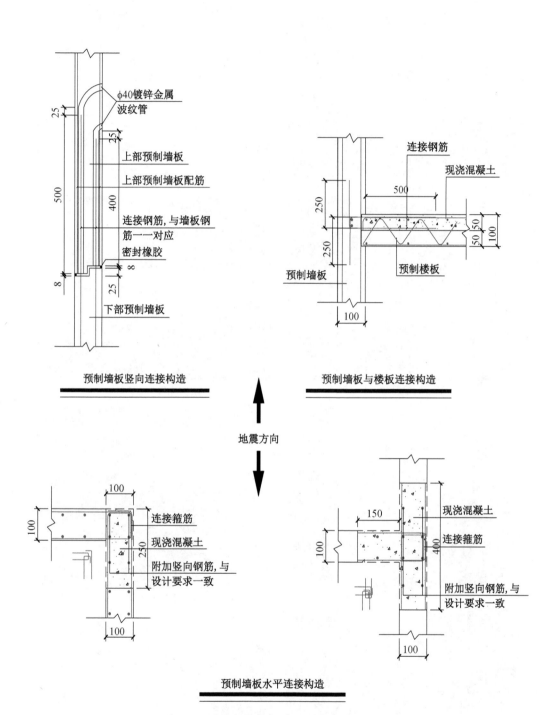

图 3-83 典型连接构造(四层子结构模型试验)

（a）基础就位

（b）基础浇筑

（c）一层剪力墙板定位及临时支撑

（d）L1-P3安装就位

（e）L1-P2安装就位

（f）L1-P1安装就位

（g）L1-P5安装就位

（h）L1-P4安装就位

（i）L1-P6安装就位

（j）L1-P7安装就位

（k）L1-F1安装就位

（l）L1-F2安装就位

（m）灌注灌浆料

（n）钢筋绑扎及立模板

（o）浇筑一层混凝土

（p）一层模板拆除

图 3-84 模型安装、浇筑过程（四层子结构模型试验）

试验加载装置详见图 3-85。

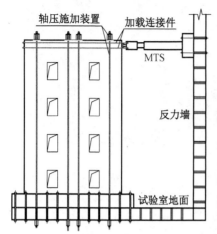

图 3-85 试验加载装置(四层子结构模型试验)

试验采用力控制加载,每级循环1 次,试验直至试件破坏或达到加载设备最大工作能力终止,试验加载过程见图 3-86。

（3）试验现象

400 kN 荷载级别时,模型一层剪力墙根部出现弯曲裂缝;600 kN 荷载级别时,模型一层纵向洞口角部出现主拉应力斜裂缝;800 kN 荷载级别时,模型二层剪力墙拼缝处出现水平裂缝;1 500 kN荷载级别时,模型二层剪力墙

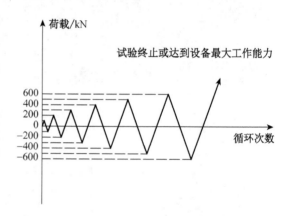

图 3-86 试验加载制度(四层子结构模型试验)

根部出现弯曲裂缝,且洞口间连梁剪切斜裂缝贯通,模型三层剪力墙根部也出现轻微裂缝;1 700 kN荷载级别时,模型中间剪力墙及填充墙出现贯通斜裂缝;1 800 kN 荷载级别时,模型裂缝继续扩展,试验设备已至最大工作能力,试验停止。试验终止时模型纵墙裂缝照片见图 3-87。

模型在试验过程中整体性表现良好,特别是上、下层预制剪力墙纵向拼缝处裂缝出现较晚,且随荷载等级提高扩展速度较慢,二层水平裂缝在 800 kN 荷载级别时出现,直至1 800 kN荷载级别时时才贯通。

（4）试验结果分析

模型实测滞回曲线、骨架曲线、刚度退化曲线及耗能系数变化曲线见图 3-88。模型滞回曲线呈反 S 形,模型承载能力持续稳定上升;模型开裂后刚度有所下降,后又趋于稳定,到 1 300 kN 荷载级别时,刚度出现较明显下降,表征试件屈服,此时模型刚度为初

图 3-87　模型纵墙裂缝图(四层子结构模型试验)

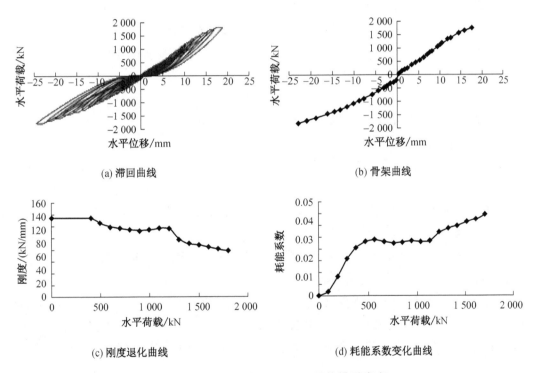

(a) 滞回曲线

(b) 骨架曲线

(c) 刚度退化曲线

(d) 耗能系数变化曲线

图 3-88　试验实测数据(四层子结构模型试验)

始弹性刚度的 72.57%,试验结束时的模型刚度为初始弹性刚度的 58.17%,模型屈服后刚度退化速度较慢;耗能系数的变化也有明显规律,模型开裂和屈服均使耗能系数显著增加,模型屈服后,耗能系数近似呈线性增长。

　　试验实测关键数据及静力弹塑性分析计算结果列于表 3-39。模型实际强度和刚度较计算结果偏大,且满足我国现行规范要求。同时,试件屈服荷载与分析的弹塑性最大荷载几乎相同,说明试件在我国"中震"下将仍然处于弹性阶段。

表 3-39 试验及静力弹塑性分析结果(四层子结构模型试验)

	弹性最大荷载(kN)	弹性最大位移(mm)	屈服荷载(kN)	屈服位移(mm)	弹塑性最大荷载(试验终止荷载)(kN)	弹塑性最大位移(试验终止位移)(mm)
试验 T	400	2.965	1 300	13.4	1800	23.04
静力弹塑性分析 P	257	2.941	925	11.5	1 296	43.5
规范要求	—	5 800/1 000=5.8	—	—	—	5 800/120=48.3
T/P	1.56	1.01	1.41	1.16	1.39	0.53

虽然试验未进行到试件破坏阶段,但模型裂缝开展已经比较充分,可合理预测模型的破坏形态。分析认为,模型破坏形态将为连梁剪切破坏和剪力墙根部弯剪破坏,这和传统现浇剪力墙结构的设计目标一致。

通过以上试验结果可以发现,模型承载能力和刚度完全满足规范要求,虽然试验进行至近 2 倍(由表 3-39 计算得,23.04/13.4=1.72)试验屈服位移阶段,但承载力未见明显下降,应该还有较大的安全余度。

(5) 试验结论

根据试验结果分析,认为有以下几个方面需特别注意:

① 填充墙效应

试验模型的填充墙采用与剪力墙及洞口连梁整体预制的形式,填充墙与剪力墙形成了刚性连接,填充墙增大了剪力墙的肢厚比,上、下洞口间填充提高了连梁截面高度,使其结构强度、刚度及整体性得到明显增强,并产生了"筒体效应",即剪力墙结构受力趋向于筒体结构,强度和刚度得到明显提高。

当前住宅内隔墙、分户墙、填充墙等横向墙肢较多,对于结构横向抗震,"筒体效应"将较明显,而纵向墙体由于开门窗洞口较多,此效应将没有那么明显。

我国现行现浇结构设计规范仅用刚度调整系数对地震力进行放大来考虑填充墙对结构刚度的贡献,并不考虑其承载力的贡献,对砖砌或"悬挂式"填充墙这样处理是恰当的,但对于预制装配式混凝土剪力墙结构,由于填充墙可能与剪力墙、连梁整体预制,其对承载力的贡献将不可忽略。

② 局部现浇带效应

局部现浇带是提高试件强度和刚度的另外一个因素。局部现浇带约束了内侧预制剪力墙沿水平拼缝的滑移,当水平裂缝出现后这一约束作用将增强,这也是试验中水平拼缝处水平裂缝扩展较慢的原因。

而裂缝一般跨过局部现浇带与预制剪力墙界面连续扩展,且试验中未发现有沿该界面的竖向裂缝出现,说明其与预制剪力墙整体工作性能良好,这也是其发挥约束作用的前提条件。

③ 抗震性能评价

通过试验可以发现,NPC 结构可满足我国抗震设防要求,但同时其实测强度和刚度超出计算结果很多,结构将在我国"中震"下仍然保持弹性,这将影响其延性,在"大震"来临时,由于塑性开展不充分,刚度下降及结构阻尼增加有限,导致增大"大震"地震力的同时又减小结构耗能能力,但由于刚度较大,按"大震不倒"确定的延性要求又可适当下降。因此,对其在"大震"下的抗震性能评价比较复杂,可能仅依据我国规范抗震设防要求进行评价还不够,必要时应进行精细的动力弹塑性分析,考察其在"大震"下的表现。

3.6.2　二层子结构模型抗震性能试验

综合检验焊接封闭箍筋约束全金属波纹管浆锚连接预制剪力墙连接节点、钢筋 GDPS 套筒灌浆连接、钢筋扣接连接预制剪力墙水平连接节点、预制剪力墙-连梁连接节点及预制剪力墙-楼板连接节点的整体性及抗震性能。

根据预制剪力墙竖向连接节点采用的具体技术,分为焊接封闭箍筋约束全金属波纹管浆锚连接(简称约束浆锚)子结构和钢筋 GDPS 套筒灌浆连接(简称 GDPS 连接)子结构模型两个系列试验。

1) 约束浆锚子结构抗震性能研究

(1) 模型设计

课题组对某试点工程全装配式剪力墙高层住宅结构进行了静力推覆分析和罕遇地震下的动力弹塑性时程分析。该工程底部四层采用现浇剪力墙结构,第五层起采用装配式剪力墙结构,因此第五层为该工程的关键楼层。静力推覆分析和研究结果表明:该结构的第五层的剪力墙应力较大,剪力墙破坏较为明显,计算得到的试点工程第五层装配式剪力墙混凝土部分受压损伤因子分布情况见图 3-89。

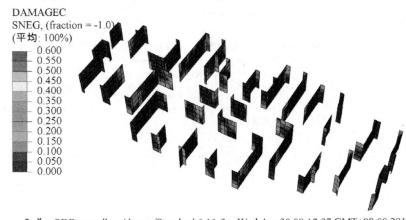

图 3-89　试点工程第五层剪力墙极限状态下混凝土损伤分布(约束浆锚子结构模型试验)

由试点工程结构第五层的剪力墙混凝土损伤因子分布情况可知：试点工程结构的 Y 方向剪力墙配置较多，结构 Y 方向剪力墙混凝土损伤因子相对较小；而 X 方向配置的剪力墙数量较少，所以试点工程结构中 X 方向布置的剪力墙混凝土损伤情况较为严重。因此试点工程在 X 方向配置的剪力墙成为该工程的关键。

根据以上混凝土损伤分布特点和试点工程结构 X 方向的剪力墙分布情况，选取了如图 3-90 所示的四片装配式剪力墙及其开间范围内的相应装配式叠合连梁和楼板，形成了改进型金属波纹管成孔浆锚连接装配式剪力墙的空间结构模型。

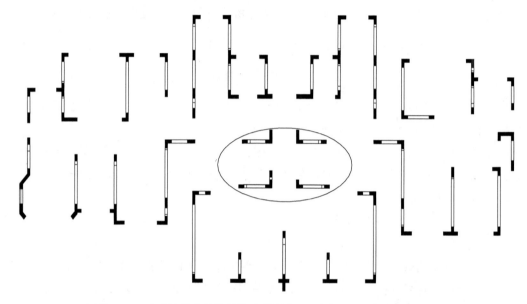

图 3-90　试验墙体在整体结构中的位置（约束浆锚子结构模型试验）

模型所需构件包括装配式墙体翼缘和腹板 8 对，装配式纵向叠合连梁 4 根，装配式横向叠合连梁 8 根，底座 4 块以及装配式叠合楼板 6 块。模型构件编号及配筋情况见表 3-40。模型构件尺寸、配筋及拼装构造见图 3-91～图 3-97。

表 3-40　构件编号及配筋表（约束浆锚子结构模型试验）

编号	构件名称	纵向钢筋	水平钢筋	闭合扣搭构造箍筋	连梁纵筋	连梁箍筋	楼板配筋
QZ-1	墙体翼缘	12Φ6	φ6@100	φ4@50			
QZ-2	墙体腹板	8Φ6+10φ6	φ6@100	φ4@50			
DZ-1	底座	36Φ4	Φ8@50				
DZ-2							
LL-1	纵向连梁				3Φ8	Φ6@50	
LL-2	横向内连梁				3Φ12	Φ6@50	
LL-3	横向外连梁				3Φ12	Φ6@50	

编号	构件名称	纵向钢筋	水平钢筋	闭合扣搭构造箍筋	连梁纵筋	连梁箍筋	楼板配筋
DB-1	叠合楼板						φ6@100 双向
DB-2							

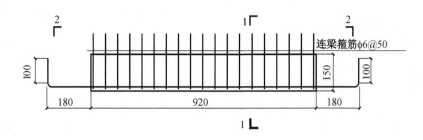

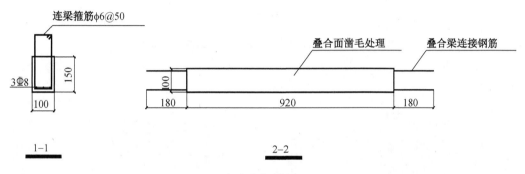

(a) 纵向叠合连梁 LL-1

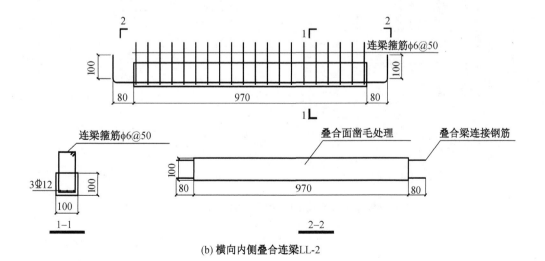

(b) 横向内侧叠合连梁 LL-2

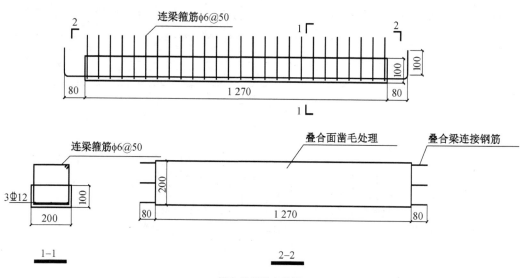

(c) 横向外侧叠合连梁LL-3

图 3-91 叠合连梁配筋(约束浆锚子结构模型试验)

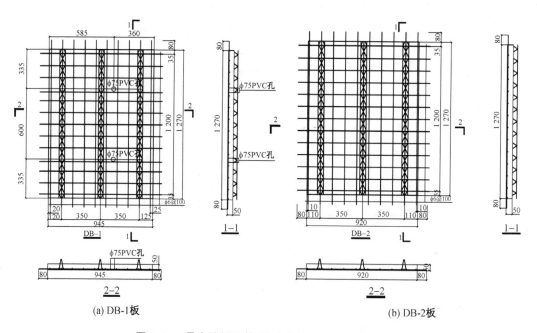

(a) DB-1板   (b) DB-2板

图 3-92 叠合楼板配筋(约束浆锚子结构模型试验)

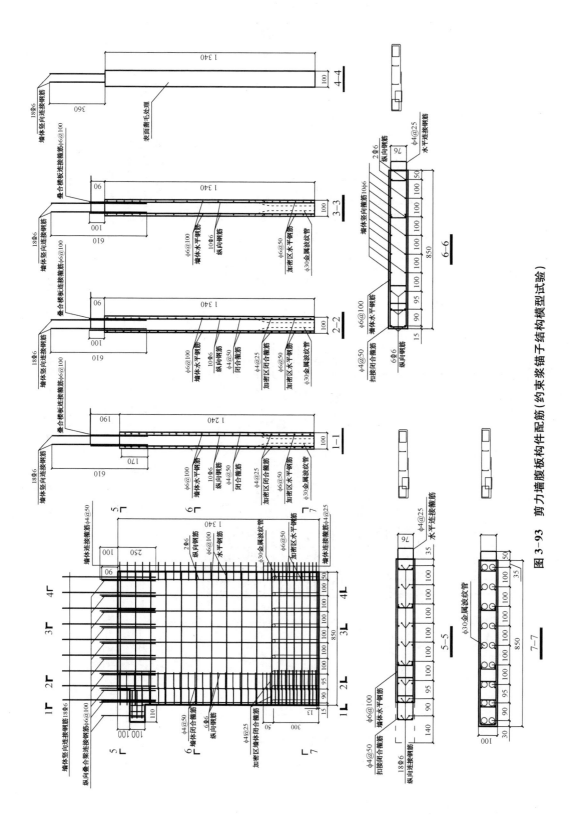

图 3-93　剪力墙腹板构件配筋（约束浆锚子结构模型试验）

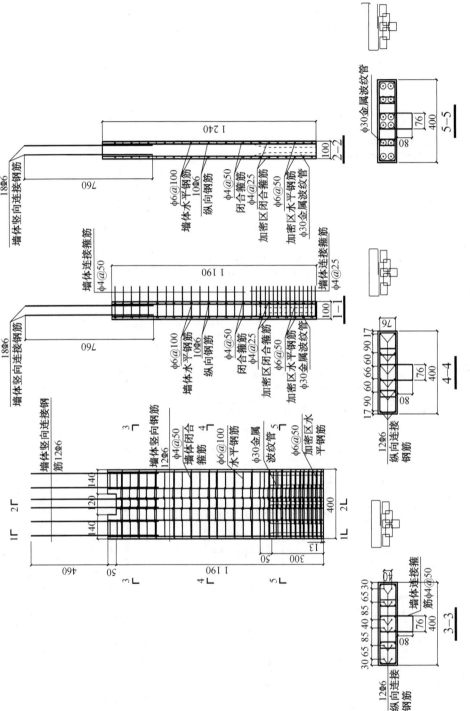

图 3-94 剪力墙翼缘构件配筋（约束浆锚子结构模型试验）

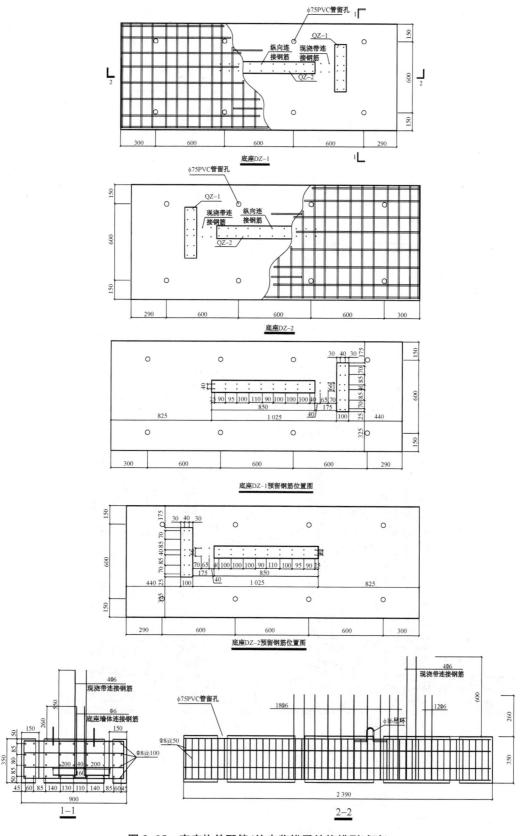

图 3-95   底座构件配筋（约束浆锚子结构模型试验）

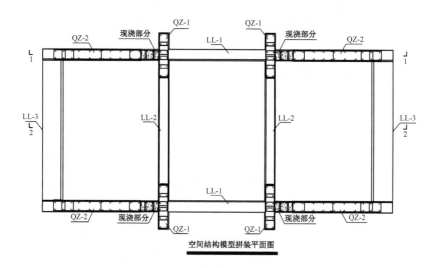

空间结构模型拼装平面图

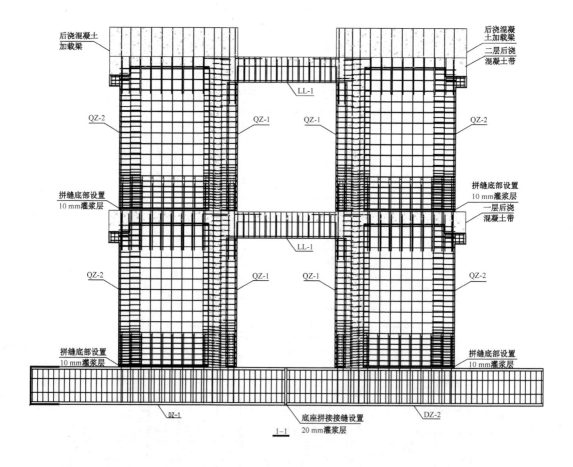

1—1

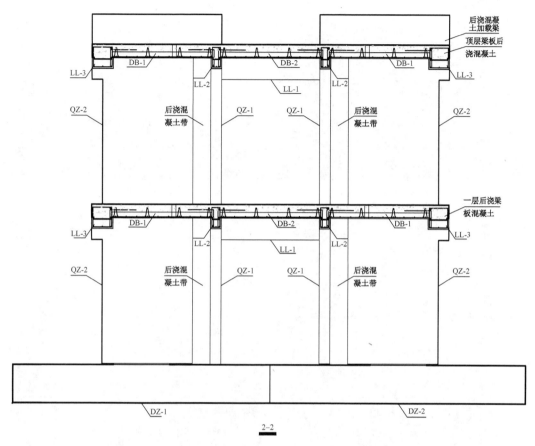

图 3-96　模型拼装节点示意图（约束浆锚子结构模型试验）

（a）一层装配式构件定位

（b）一层混凝土浇筑

（c）二层装配式构件定位

（d）二层混凝土浇筑

（e）模型侧视图

（f）模型俯视图

图 3-97　模型制作过程（约束浆锚子结构模型试验）

模型制作用钢筋力学性能数据见表 3-41。

表 3-41　钢筋力学性能数据（约束浆锚子结构模型试验）

钢筋类型	实际直径	屈服荷载 （kN）	屈服强度 （MPa）	极限荷载 （kN）	极限强度 （MPa）	伸长率（%）
C6	5.4	12.48	545	13.87	605.8	9.8
	5.4	12.39	541	13.68	597.4	10.3
	5.4	12.05	526.4	15.58	593.2	9.6
平均	5.4	12.31	537.47	14.38	598.8	9.9

钢筋类型	实际直径	屈服荷载 (kN)	屈服强度 (MPa)	极限荷载 (kN)	极限强度 (MPa)	伸长率(%)
A4	3.6	5.621	552.2	6.551	643.5	12.5
	3.6	5.481	538.4	6.936	681.4	9.7
	3.6	5.719	561.8	6.744	662.4	11.6
平均	3.6	5.61	550.8	6.74	662.43	11.27

注:测伸长率时,试件原标距长度为试件直径的 10 倍。

　　模型中的装配式墙体、叠合连梁构件以及后浇混凝土强度均为 C35,装配式叠合楼板的下层预制板所采用混凝土强度等级为 C40。实测混凝土立方体试块抗压强度标准值为:楼板 41.42 MPa、连梁 35.67 MPa、剪力墙 35.66 MPa、后浇带 34.64 MPa。

　　(2) 试验加载方案

　　空间结构模型的低周反复加载装置简图及加载装置现场照片如图 3-98～图 3-99 所示。试验构件底部锚固于实验室地面,采用直径 32 mm 精轧螺纹钢筋预张拉的方法对构件底座施加轴向压力,通过构件底面与实验室地面的摩擦力限制构件的水平滑移,每根精轧螺纹钢筋施加的竖向压力为 250 kN,构件底座共计设置 24 根精轧螺纹钢筋,施加的总竖向压力为 6 000 kN,竖向压力所产生的摩擦力能够完全抵消水平荷载,有效限制试验构件底座和实验室地面之间的相对滑移。试验构件顶部采用千斤顶和钢绞线施加竖向压力,试验构件各墙肢的竖向压力轴压比为 0.24,采用八台 600 kN 千斤顶并联同步加载,对整个试验构件施加 2 400 kN 竖向压力。

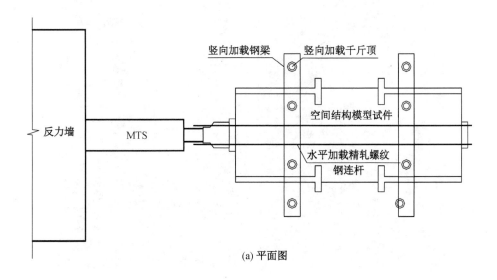

(a) 平面图

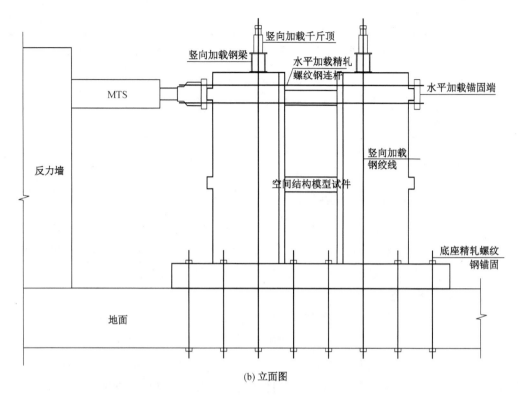

(b) 立面图

图 3-98　加载装置示意图（约束浆锚子结构模型试验）

图 3-99　加载装置实物图（约束浆锚子结构模型试验）

开展低周反复荷载加载试验,试验加载分为力控制加载和位移控制加载两个阶段,构件屈服前采用力控制加载,力控制加载每级荷载循环 1 次;构件屈服后进入位移控制加载,位移控制加载时每级循环 3 次,直至试件承载力下降至极限承载力的 85% 以下或试件变形太大而不适于继续加载为止。

(3)试验现象

空间结构模型包含较多的墙体、连梁和楼板构件,试验构件的墙体水平编号如图 3-100 所示,墙体竖向编号按照楼层表示,连梁的编号按照连梁两端所连墙体编号和楼层数进行。

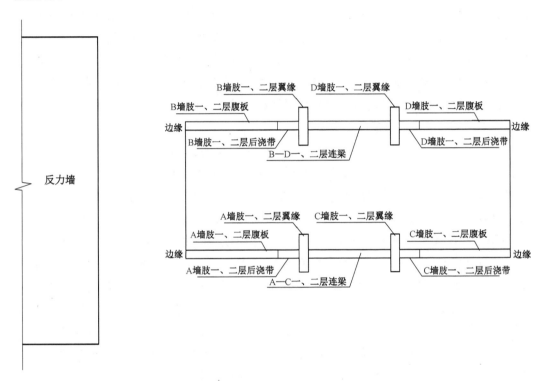

图 3-100　构件编号(约束浆锚子结构模型试验)

① 力控制阶段

试验加载初期,试验构件无明显现象,构件处于完全弹性状态,直至加载至 ±200 kN,试验构件开始出现明显的可观测现象,之后的试验主要现象如下,其中正向荷载为推力,负向荷载为拉力:

水平荷载 ±200 kN:水平荷载加载至 +200 kN,部分装配式剪力墙墙肢拼缝出现了较小的相对滑移,其中 B 墙肢水平滑移量为 0.011 mm,C 墙肢水平滑移量为 0.059 mm,相对滑移非常小,可以忽略,而 A、D 墙肢并未出现相对滑移。除滑移外无其他明显现象。水平荷载加载至 −200 kN,C 墙肢腹板外边缘底部出现拼缝开裂,而其他墙肢无明显开裂现象,这表明 C 墙肢底层坐浆层已经部分出现粘结失效。

水平荷载 ±250 kN:水平荷载加载至 +250 kN,剪力墙墙体尚未出现可见裂缝;A、

B、C、D 四墙肢的水平相对滑移均较 200 kN 时有所增加,除 C 墙肢外,其余墙肢的水平相对滑移量均未超过 0.1 mm,而 C 墙肢的拼缝相对滑移量为 0.11 mm。C 墙肢因构件制作偏差导致的接缝初始缺陷和竖向荷载在四墙肢的分布不均匀等原因,较早地出现了界面粘结失效,从而导致了 C 墙肢的接缝界面相对滑移量大于其他墙肢。水平荷载加载至−250 kN,A—C 一层连梁和 B—D 一层连梁在梁端拼缝位置出现了裂缝,裂缝宽度约 0.02 mm,此时连梁的纵向钢筋最大应变为 0.001,连梁尚未屈服。

水平荷载±300 kN:水平荷载加载至+300 kN,MTS 测得的荷载-位移关系曲线仍为线性关系,试验构件仍然处于弹性阶段,B 墙肢出现第一条水平裂缝,裂缝宽度约 0.02 mm,长度约 23 cm,裂缝为水平裂缝,裂缝位置距离剪力墙底部拼缝位置超过 40 cm,处于剪力墙浆锚区边缘;其余墙肢未出现可见裂缝。C 墙肢装配式拼缝的水平相对滑移量为 0.129 mm,其余墙肢的装配式接缝水平界面相对滑移量均未超过 0.1 mm。水平荷载加载至−300 kN,各墙肢均未出现新增可见裂缝;空间结构模型的荷载-位移曲线仍然为线性关系;C 墙肢的拼缝水平相对滑移量为 0.102 mm,其余各墙肢的装配式拼缝水平相对滑移量仍然未超过 0.1 mm。

水平荷载±350 kN:水平荷载加载至±350 kN 时,空间结构模型的墙肢没有明显现象;A—C 一层连梁和 B—D 一层连梁的梁端接缝位置出现多条竖向裂缝,裂缝宽度从 0.02 mm 到 0.04 mm 不等,裂缝长度从 80 mm 到 280 mm 不等,此时测得的连梁纵向钢筋应变均未超过 0.002,最大达到 0.001 821,此时连梁尚未屈服但已经接近屈服状态。MTS 测得的荷载-位移曲线中构件的刚度未出现明显的退化,整体结构仍处于弹性阶段。

水平荷载±400 kN:水平荷载加载至+400 kN,A—C 一层连梁和 B—D 一层连梁的梁端拼缝截面处的裂缝继续发展;A 墙肢腹板未出现任何可见裂缝,B 墙肢腹板位置新出现 4 条水平裂缝,裂缝长度约 10 cm,裂缝宽度约 0.02 mm,之前出现的旧裂缝继续扩展,新出现的裂缝位置均在距离预制拼缝底部 50 cm 之内,位于浆锚区段边缘。水平荷载加载至−400 kN,C、D 两墙肢腹板内出现第一条水平裂缝,裂缝长度约 10 cm,裂缝位于距离预制装配式拼缝底部 40~50 cm 范围内,处于钢筋浆锚区段边缘。装配式剪力墙墙肢裂缝首先出现在浆锚区段边缘,说明浆锚区段内的墙体性能得到加强,而浆锚区段边缘是墙体性能的薄弱部位,容易较早开裂。C 墙肢的装配式拼缝水平相对滑移量达到 0.198 mm,其他墙肢的水平相对滑移量仍未超过 0.1 mm。

水平荷载±450 kN:水平荷载加载至+450 kN,B 墙肢腹板内的裂缝开始出现明显的倾斜发展趋势,B 剪力墙墙肢开始由弯曲破坏向弯剪破坏发展;A 墙肢仍未出现可见裂缝。此时连梁裂缝继续开展,A—C 一层连梁的纵向钢筋应变达到 0.002 037,一层连梁已经屈服;MTS 测得的荷载-位移曲线开始表现出一定的结构刚度退化。水平荷载加载至−450 kN,D 墙肢的一层剪力墙腹板内出现一条明显的倾斜裂缝,C 墙肢腹板内的裂缝没有明显发展。构件整体的裂缝发展表现为 B、D 墙肢裂缝发展较快,而 A、C 墙肢无新裂缝;A、C 墙肢的相对滑移量此时分别达到 0.19 mm 和 0.232 mm,而 B、D 墙肢的相对滑移量最大为 0.07 mm,未超过 0.1 mm;A、C 墙肢和 B、D 墙肢存在明显的受力不均,说明结构构件存在一定的尺寸偏差或加载千斤顶存在一定的竖向荷载加载不均匀,致使 B、D 墙肢承受的竖向荷载较大,从而造成 B、D 剪力墙的相对滑移量较小而裂缝能够均匀和快速地向墙板内发展,A、C 剪力墙因相对滑移量较大而主要变形集中在拼缝位置,而装配式墙肢的开裂破坏较少。

水平荷载±500 kN:水平荷载加载至+500 kN,A、D 墙肢腹板内均出现了可见裂缝,其中,A 墙肢腹板内出现第一条裂缝,裂缝高度距离坐浆层底部 50 cm,位于浆锚区边缘,长度约 25 cm;B 墙肢除腹板内斜向裂缝进一步扩展,在距离墙肢坐浆层 100~120 cm 范围内出现两条新水平裂缝,裂缝长度约 10 cm。相对滑移量仍然为 A、C 墙肢的相对滑移量大于 B、D 墙肢的相对滑移量,A、C 墙肢的相对滑移量分别为 0.09 mm 和 0.158 mm,B、D 墙肢的相对滑移量分别为 0.078 mm 和 0.009 mm。此时各墙肢一层剪力墙纵向钢筋最大应变量均已超过 0.002,墙肢纵向钢筋屈服。水平荷载加载至−500 kN,C 墙肢腹板内的裂缝仅有一条沿水平方向扩展了约 20 cm,其余裂缝没有明显扩展;相对 C 墙肢,D 墙肢的裂缝扩展更为明显,扩展长度较长,其裂缝出现明显的倾斜发展趋势;此时 A、C 墙肢的相对滑移量达到 0.23 mm 和 0.67 mm,明显大于 B、D 墙肢的 0.079 mm 和 0.014 mm。A、C 墙肢出现了较大的相对滑移但裂缝发展较少,而 B、D 墙肢的相对滑移量较小而裂缝发展较为明显,表明空间结构模型存在一定的尺寸偏差,此外,由于试验采用八台千斤顶串联同步加载竖向力,虽然经过严格的标定,但仍然可能由于安装偏差而造成八台千斤顶的竖向力分布不均,从而造成各墙肢承受的竖向力出现差别。MTS 所测得的荷载-位移曲线开始出现较为明显的结构刚度退化,因此认为此时构件已经进入屈服阶段,MTS 测得的顶点最大位移为 18 mm。

② 位移控制阶段

试验力控制加载阶段最后通过 MTS 测得的结构顶点屈服位移为 18 mm。MTS 测得的力加载阶段荷载-位移滞回曲线存在较大的捏缩现象,滞回环呈 Z 形,表明 MTS 加载端部与构件之间存在较大的相对滑移。为了试验测试的精确,位移控制加载阶段的每级位移加载幅值定为 5 mm。每级位移荷载往返循环三次,首次加载至正反向峰值位移时,保持位移不变并持续 5 min,观察空间结构模型的裂缝开展及破坏情况,之后两次循环通过 MTS 测得的结构荷载-位移滞回曲线观察试验现象及构件受力变化,加载至峰值位移时不再暂停。

水平位移±23 mm:第一次循环加载至+23 mm,A 墙肢出现两条新裂缝,一条为水平裂缝,距离预制装配式拼缝坐浆层底部 30 cm 位置,处于浆锚区域内,另外一条为倾斜弯剪裂缝,裂缝初始位置距坐浆层底部约 63 cm 位置,裂缝倾斜向下发展。B 墙肢出现新裂缝数量多于 A 墙肢,共出现 5 条新裂缝,新裂缝的出现位置均在浆锚区域以上。A、B 墙肢原有旧裂缝继续倾斜向下扩展,但 B 墙肢的旧有裂缝扩展程度大于 A 墙肢,表明 B 墙肢受力仍然大于 A 墙。C 墙肢此时处于翼缘受拉状态,在剪力墙翼缘部位浆锚区域内出现水平裂缝,裂缝延伸至剪力墙腹板内之后倾斜向下发展,其宽度较小,长度约 30 cm;D 墙肢未出现裂缝。一层连梁的梁端裂缝继续扩展,裂缝宽度达到 0.4 mm,并有新的竖向裂缝出现。

第一次循环加载至−23 mm，A、B两墙肢无新裂缝出现，C墙肢腹板边缘部位的浆锚区域内出现三条新增水平裂缝，原有旧裂缝继续扩展，并出现倾斜方向发展的趋势。D墙肢无新出现裂缝，原有裂缝继续沿倾斜方向发展。

水平位移±28 mm：第一次循环加载至＋28 mm，A、B墙肢内无新增裂缝，旧有裂缝继续沿倾斜方向向下扩展，但A墙肢的裂缝扩展程度明显低于B墙肢；C、D两墙肢在翼缘部的旧有裂缝继续沿倾斜方向向下扩展，C墙肢在墙肢翼缘部位的浆锚区域之外出现了新的水平裂缝，裂缝倾斜向下发展并扩展至剪力墙腹板内，D墙肢在墙肢翼缘部位浆锚区域内出现三条水平裂缝，其中仅有一条倾斜向下扩展至墙肢腹板内；对比C、D墙肢的裂缝发展，C墙肢的裂缝扩展程度明显大于D墙肢。第一次循环加载至−28 mm，A墙肢出现一条新增裂缝，裂缝以水平裂缝的形式在剪力墙翼缘内出现，并扩展至A墙肢的剪力墙腹板内，进入腹板内之后倾斜向下扩展；B墙肢翼缘部位未见明显的新增裂缝。C墙肢腹板部位浆锚区域以上出现两条新增裂缝，其他原有裂缝继续扩展，并开始出现倾斜向下的发展趋势，但倾斜程度并不明显；D墙肢腹板内距离底座高度约25 cm位置出现一条新水平裂缝，其余原有裂缝的扩展程度较小，D墙肢的裂缝扩展程度不如C墙肢。此时MTS测得的结构荷载-位移滞回曲线表明，正向加载时的结构反力明显大于反向加载时的结构反力，正向反力达到830 kN，而反向反力仅有609 kN，说明MTS加载端部与结构构件的连接部位连接不牢，随着荷载的增大连接缝隙增大从而出现了较大的相对滑移，致使结构正反向受力出现了较大偏差。因此决定下一级加载时，正向位移为33 mm而反向调整为38 mm。

水平位移＋33 mm和−38 mm：第一次循环加载至＋33 mm，A墙肢腹板内的裂缝仍然没有明显的新增裂缝或裂缝长度扩展，而另一侧的B墙肢开裂较为全面，正向加载裂缝已近乎遍布整个墙肢腹板，部分原有正向加载裂缝已扩展至墙体底部坐浆层位置或竖向后浇墙体位置。C墙肢的翼缘部位出现两条新水平裂缝，裂缝延伸至墙体腹板并继续沿倾斜方向向下发展，新裂缝的扩展程度较小，其长度约为25 cm，仅在后浇剪力墙墙体内扩展，未扩展至预制剪力墙墙板内。D墙肢的正向裂缝开裂程度要大于C墙肢，D墙肢的翼缘墙体内新出现一条水平裂缝，长度约20 cm，裂缝扩展至剪力墙腹板的后浇墙体内，但并未扩展进入预制装配式腹板墙体内；原有裂缝继续扩展，其中两条裂缝扩展进入预制装配式剪力墙的腹板构件内。第一次循环加载至−38 mm，A墙肢出现较多的新裂缝，原有裂缝扩展程度较大，共新增两条倾斜裂缝，裂缝初始位置位于A墙肢翼缘部位距离墙底坐浆层约50～70 cm位置，倾斜向下扩展超出后浇剪力墙区域，并继续扩展进入预制剪力墙腹板构件内，之后裂缝继续倾斜向下发展，并终止于接近墙体底部位置。与A墙肢位于同一侧的B墙肢裂缝扩展程度不如A墙肢明显，所有裂缝均未超出B墙肢后浇剪力墙区域。C墙肢顶部出现较多的新裂缝，裂缝所在位置接近空间结构模型的一层楼板，距离空间结构模型底层拼缝约1～1.4 m，裂缝水平延伸约20 cm后开始倾斜向下发展，其中一条裂缝的扩展程度较大，沿倾斜方向扩展长度约1 m；其他原有反向加载裂缝也有了较大程度的扩展,多条裂缝的扩展长度超过 1 m,多数反向加载裂缝扩展至墙体底部或剪力墙后浇区域。D 墙肢的裂缝扩展规律与 C 墙肢的相似,在距离底部拼缝约 1 m 高度的位置出现新裂缝,裂缝沿倾斜向下扩展,扩展长度约 1.1 m,直接由预制剪力墙腹板构件扩展至剪力墙后浇区域内,其余原有裂缝也已扩展至接近墙体底部的位置,此时最大裂缝宽度接近 1.0 mm。各墙肢的腹板外侧底部混凝土开始出现剥落。

水平位移+38 mm 和−43 mm:第一次循环加载至+38 mm,A 墙肢裂缝新增和扩展现象较少,其裂缝分布数量和分布范围均不如 B 墙肢,B 墙肢整个墙体内的裂缝继续扩展。C、D 两墙肢无新增裂缝,原有裂缝继续扩展。连梁继续发生开裂变形,连梁的开裂破坏集中在两端部位,并有混凝土压碎剥落现象,此时连梁两端已经形成塑性铰。第一次循环加载至−43 m,A 墙肢接近一层楼板位置出现新裂缝,裂缝起点位于 A 墙肢翼缘部位并距离底部拼缝约 1.2 m,裂缝沿斜向向下发展,扩展程度非常明显,一直向下扩展至距离底部拼缝约 30 cm 位置。B 墙肢的裂缝发展规律与 A 墙肢类似,裂缝起点位于 B 墙肢翼缘部分距离底部坐浆层约 1.25 m 的位置,裂缝倾斜向下发展,并在扩展超出后浇剪力墙区域后继续在预制剪力墙腹板构件内扩展,裂缝最终扩展至距离底部坐浆层约 30 cm 位置。C 墙肢的裂缝长度和裂缝宽度继续扩展,部分裂缝的扩展已经进入后浇剪力墙区域。D 墙肢在距离墙体底部拼缝约 1.3 m 的高度位置出现集中裂缝,裂缝倾斜向下发展,扩展长度约 70 cm。各墙肢腹板底部的混凝土剥落现象继续加剧。

水平位移+43 mm 和−48 mm:第一次循环加载至+43 mm,A、B 墙肢腹板内未出现新增裂缝,仅在原有裂缝基础上继续扩展,裂缝宽度继续增大。C、D 两墙肢内的原有裂缝继续扩展,其宽度和长度继续增大,其中 C 墙肢出现一条新的独立弯剪斜裂缝,裂缝起点位于预制装配式腹板构件和后浇墙体的交接部位距离墙底坐浆层约 1 m 高度的位置,裂缝沿 60°角倾斜向下发展,终止于预制装配式腹板构件中部浆锚区域边缘,距离墙体底部坐浆层约 50 cm。第一次循环加载至−48 mm,各墙肢裂缝均无新增裂缝,说明墙体已完全开裂,各墙肢仅在原有裂缝基础上不断扩大延伸。各墙肢腹板底部混凝土均出现压碎剥落。DH3816 应变仪的大部分应变片已经失效,由于水平位移较大且墙体开裂已经较为完全,出于安全考虑,撤走全部百分表和位移计并取消裂缝观测。

水平位移+48 mm 和−53 mm:加载时各墙肢腹板边缘的混凝土及连梁端部混凝土严重剥落,不断地出现混凝土掉落并传出清脆的混凝土剥离声音,进行反向加载时墙体内传出钢筋拉断的声音,MTS 测得的构件荷载-位移滞回曲线显示结构所能承受的荷载开始出现较快的下降。

水平位移+53 mm 和−58 mm:当第一次循环加载+53 mm 时,MTS 测得的结构反力为 789 kN,已经低于结构最大反力的 85%,空间结构模型的各墙肢和连梁混凝土继续压碎崩落,此时,认为结构已经完全破坏。在完成第一次循环−58 mm 加载后试验完全结束。整个加载过程中改进型金属波纹管成孔钢筋浆锚连接预制装配式剪力墙空间结构模型未出现平面外失稳的问题。

模型裂缝分布形态见图 3-101～图 3-104。

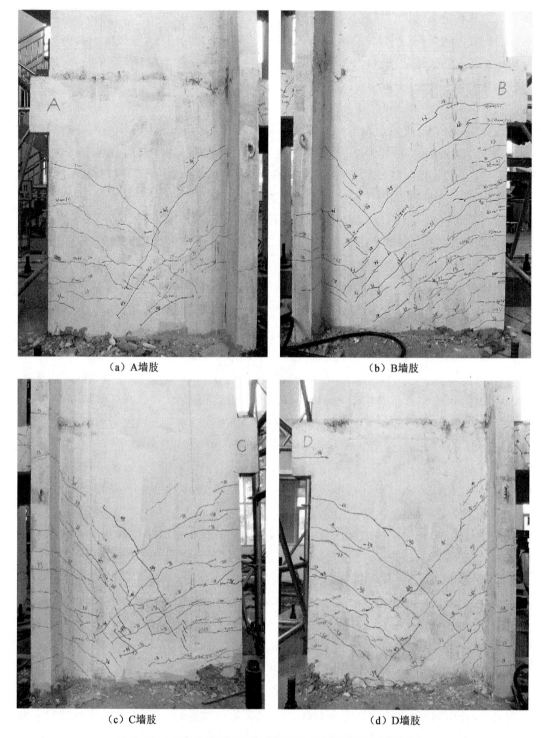

（a）A墙肢 （b）B墙肢

（c）C墙肢 （d）D墙肢

图 3-101 墙肢外面裂缝分布情况（约束浆锚子结构模型试验）

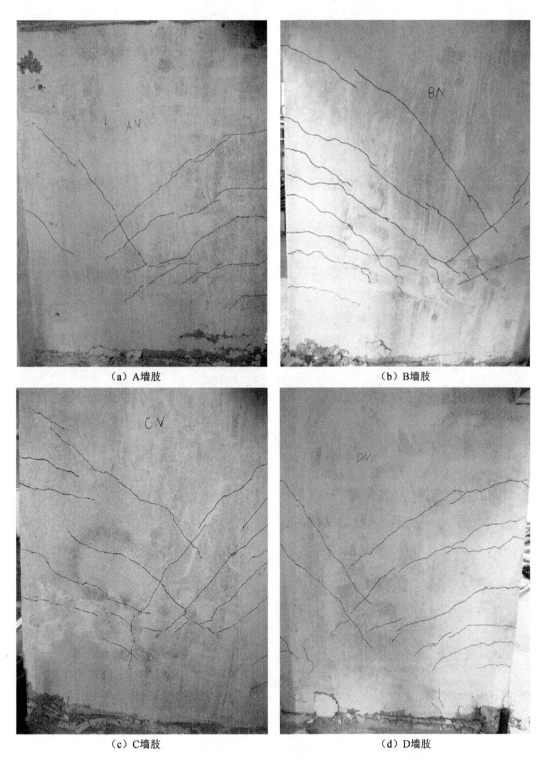

（a）A墙肢 （b）B墙肢

（c）C墙肢 （d）D墙肢

图 3-102　墙肢内面裂缝分布情况（约束浆锚子结构模型试验）

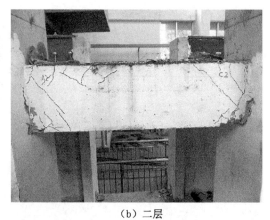

（a）一层 　　　　　　　　　　　　　（b）二层

图 3-103　A—C 连梁裂缝分布情况（约束浆锚子结构模型试验）

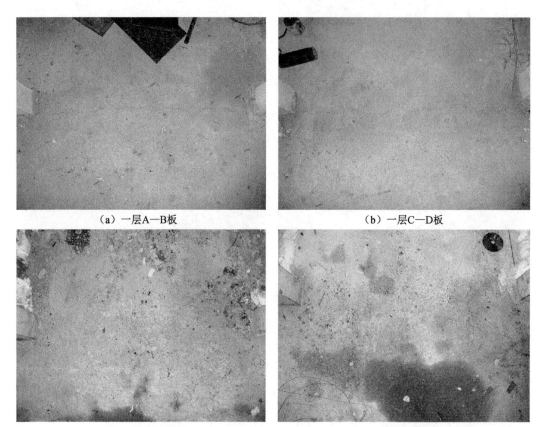

（a）一层A—B板 　　　　　　　　　　（b）一层C—D板

（c）二层A—B板 　　　　　　　　　　（d）二层C—D板

图 3-104　叠合楼板拼缝顶面集中裂缝（约束浆锚子结构模型试验）

（4）试验结果分析

模型的荷载-位移滞回曲线如图 3-105 所示，具有以下特点：

① 空间结构模型的荷载-位移曲线随着荷载的增大呈现出明显的弹塑性变化，可分为三个阶段：弹性阶段、弹塑性刚度退化阶段和强度退化阶段。

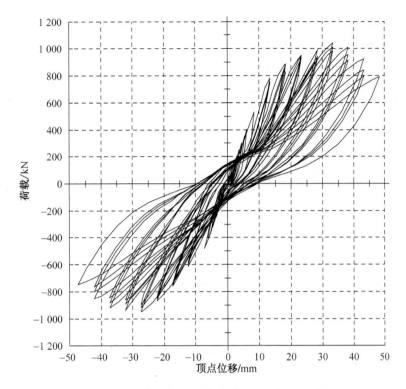

图 3-105　滞回曲线(约束浆锚子结构模型试验)

② 在试验构件开裂前,结构的滞回环面积很小,骨架曲线中荷载和位移基本呈线性关系,在往复荷载作用下,刚度退化不明显,残余变形很小,结构基本处于弹性工作阶段。

③ 空间结构模型加载至 300 kN 时,部分墙体坐浆层出现开裂,连梁出现较多裂缝并且连梁纵向钢筋开始屈服,从此时开始空间结构模型的滞回环面积开始增大,结构的耗能能力开始增强,表明连梁的屈服较早,起到了第一道抗震耗能的作用。

④ 在试验构件开裂后至位移加载阶段前,空间结构模型的滞回环面积有所增大,但增大幅度较小。空间结构模型的荷载-位移滞回曲线在加载段近似保持直线,未出现明显的刚度退化,可以判断出空间结构模型仍然处于弹性阶段,空间结构模型的滞回环在此阶段逐渐出现反 S 形发展趋势。

⑤ 试验进入位移控制加载阶段后,空间结构模型出现了较为明显的刚度退化现象,并随着荷载的增大而刚度退化现象逐渐明显,空间结构模型在卸载后存在较大的残余变形,表明空间结构模型的塑性逐渐明显。随着加载的进行,空间结构模型的荷载-位移滞回环所围面积逐渐增大。试验结构的滞回环形状呈较窄的梭形和反 S 形的复合形状,存在捏拢现象。

⑥ 空间结构模型进入荷载下降段后,滞回环仍然为梭形和反 S 形的复合形状,且滞回环面积有所增大,存在一定的捏缩现象,但捏拢程度并不明显,表明结构进入承载力下降段后仍然具有较好的变形能力和耗能能力。

⑦ 加载最后一级:MTS 缸体位移为正向 53 mm 反向 58 mm 位移时,由于结构墙肢

边缘的混凝土破坏和钢筋拉断,结构的承载力低于最大承载力的85%,此时认为试验构件破坏,然而该级加载得到的构件滞回环呈梭形和反S形的复合形状,说明空间结构模型在破坏阶段仍然具有一定的耗能性能。

模型的骨架曲线如图3-106所示,其具有以下特点:

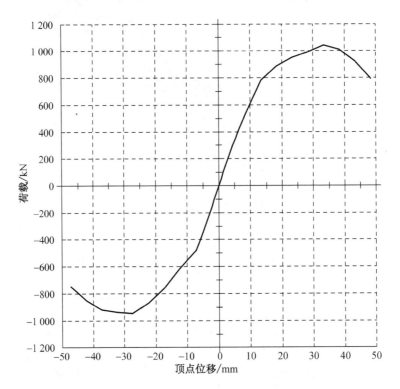

图 3-106　骨架曲线(约束浆锚子结构模型试验)

① 空间结构模型的荷载-位移骨架曲线可以分为三个阶段:弹性阶段、弹塑性刚度退化阶段和强度退化阶段。

② 空间结构模型在力控制加载阶段,构件的荷载-位移骨架曲线基本处于弹性阶段。虽然加载至300 kN时部分墙体坐浆层和空间结构模型的连梁开始逐渐开裂,空间结构模型的纵向钢筋开始屈服,但空间结构模型整体的荷载-位移骨架曲线并未出现明显的加载刚度降低,空间结构模型的荷载-位移骨架曲线仍然在弹性阶段。结合图3-105 中的荷载-位移滞回曲线可知,加载至300 kN以后空间结构的荷载-位移滞回曲线的滞回环面积开始逐渐增大,表明连梁的开裂和连梁纵向钢筋的屈服起到了第一道抗震防线的作用,较早的屈服耗能,且未对空间结构模型整体的力学性能产生明显影响。

③ 试验结构进入位移控制加载阶段后,剪力墙构件和连梁不断开裂和结构内钢筋的逐渐屈服,试验构件的刚度开始逐渐出现较为明显的刚度退化,结构的骨架曲线表现出较为明显的弹塑性特性。

④ 当加载至MTS的缸体正向位移为43 mm时,空间结构模型的荷载-位移骨架曲

线出现反力峰值点,最大荷载达到 1 042.5 kN。峰值点过后,随着结构的连梁和墙肢的混凝土的损伤累积,结构的反力逐渐降低,加载至最后阶段时墙体的纵向连接钢筋拉断,该阶段为构件的破坏阶段。

⑤ 空间结构模型的荷载-位移骨架的弹性阶段在骨架曲线中所占比例较大,结构在弹性阶段的刚度和屈服荷载均较大;空间结构模型的荷载-位移骨架曲线表现出了较为明显的弹塑性刚度退化,空间结构模型的弹塑性刚度退化阶段在骨架曲线中占有一定的比重;空间结构模型的强度退化阶段相对较短,表明结构在极限荷载后的延性性能较差。

根据空间结构模型的荷载-位移骨架曲线,计算得到空间结构模型的主要力学性能参数如下:

① 开裂荷载

空间结构模型的开裂荷载按照以下三条原则进行确定:(a)加载过程中出现第一条裂缝时,取前一级荷载值作为开裂荷载实测值;(b)在规定的持荷时间内出现裂缝的,取本级荷载与前一级荷载的平均值作为开裂荷载实测值;(c)在规定的持荷时间结束后出现裂缝的,取本级荷载作为开裂荷载实测值。

试验现象表明,空间结构模型的接缝粘结开裂荷载为 200 kN,连梁开裂荷载为 250 kN,浆锚连接装配式剪力墙墙体的首条裂缝出现时的荷载为 300 kN。作为主要纵向受力构件的装配式剪力墙为本次试验的主要观测和研究构件,因此空间结构模型以纵向装配式剪力墙构件的开裂为准,确定开裂荷载为 300 kN。

② 屈服荷载和屈服位移

空间结构模型的组成构件包括浆锚连接装配式剪力墙、装配式叠合梁和叠合楼板,各构件的受力和性能的差别造成其屈服荷载各有不同。试验观测得到的空间结构模型构件屈服机理为:一、二层连梁首先屈服,之后一层装配式剪力墙的纵向连接钢筋屈服。试验观测到连梁的屈服荷载为 350 kN,浆锚连接装配式剪力墙的屈服荷载为 350 kN,当荷载为 500 kN 时四个剪力墙墙肢底层纵筋均出现屈服。但单个构件内的纵向钢筋应变达到屈服应变后,MTS 测得的空间结构模型荷载-位移曲线中并未表现出明显的刚度退化,因此空间结构模型的屈服荷载需根据空间结构模型荷载-位移骨架曲线进行确定。

采用"通用屈服弯矩法"计算曲线的屈服荷载:过空间结构模型荷载-位移骨架曲线上的 $0.6F_p$ 和 F_p 峰值点作水平线,分别交荷载-位移骨架曲线于 A 点和 B 点,作过原点和 A 点的直线交过 B 点的水平线于 C 点,C 点的位移为 Δ_y,过 C 点的竖向直线与荷载-位移骨架曲线交点 D 的纵坐标便是空间结构模型的力学屈服点,具体见图 3-107。

③ 极限荷载和破坏位移

空间结构模型的极限荷载按照以 MTS 电液伺服试验机所测得的空间结构模型荷载-位移骨架曲线的峰值荷载作为空间结构模型的极限荷载。空间结构模型的破坏位移取空间结构模型荷载-位移骨架曲线下降段荷载值为峰值荷载 0.85 倍时的点所对应的位移值。峰值荷载和破坏位移的确定如图 3-107 所示。空间结构模型的荷载-位移骨架曲线上最终确定的力学参数如表 3-42 所示。

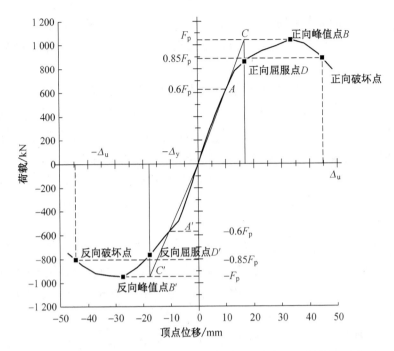

图 3-107 力学屈服点的确定及主要性能点（约束浆锚子结构模型试验）

表 3-42 模型试验测试性能参数（约束浆锚子结构模型试验）

	开裂荷载 （kN）	屈服荷载 （kN）	屈服位移 （mm）	极限荷载 （kN）	极限位移 （mm）	破坏位移 （mm）
正向	300	859.4	17.06	1 042.5	33.34	44.77
反向		764.5	17.64	946.1	27.34	44.53

　　试验测得的各级循环荷载下的强度退化系数见表 3-43,模型的强度退化系数均在 0.9～1.0 之间,表明模型强度退化现象并不严重,结构承载力并没有表现出明显的降低,同级加载时结构的塑性变形均匀发展,证明了改进型金属波纹管成孔钢筋浆锚连接的可靠性。

表 3-43 各级循环荷载下模型强度退化系数（约束浆锚子结构模型试验）

级数	第一级:1+:781.22,1-:-613.5				第二级:2+:886.5,2-:-757.8			
循环次数	1++	1+++	1——	1———	2++	2+++	2——	2———
峰值荷载	753.9	743.6	−590.7	−582.1	881.2	824.7	−744.9	−742.3
退化系数	0.96	0.95	0.96	0.95	0.97	0.91	0.98	0.98
级数	第三级:3+:948.6,3-:-869.7				第四级:4+:992,4-:-946.1			
循环次数	3++	3+++	3——	3———	4++	4+++	4——	4———
峰值荷载	942.6	926.4	−849.3	−835.0	943.4	925.2	−917.1	−897.3
退化系数	0.98	0.96	0.98	0.96	0.97	0.96	0.97	0.95

续表 3-43

级数	第五级:5+:1 042,5-:-937				第六级:6+:1 009,6-:-918.3			
循环次数	5++	5+++	5--	5---	6++	6+++	6--	6---
峰值荷载	1 011	981.5	-892	-857.9	954.7	914.3	-881.1	-847.4
退化系数	1	0.99	0.97	0.93	0.97	0.93	0.96	0.92

级数	第 7 级:7+:925.3,7-:-850.7							
循环次数	7++	7+++	7--	7---				
峰值荷载	842.7	793.3	-801.3	-763.4				
退化系数	1	0.99	0.97	0.93				

注:表中荷载单位为 kN;1(+1)表示第一级荷载时的第 1 次循环正向加载,其余类推。

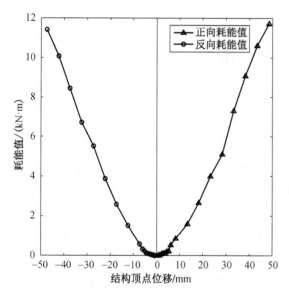

图 3-108 模型整体耗能值(约束浆锚子结构模型试验)

④ 耗能能力

在低周反复荷载作用下,滞回环所围面积受到结构的强度退化和刚度退化的影响。基于在低周反复加载试验中所测得的结构荷载-位移滞回曲线,采用近似积分法计算同一位移加载量级下 3 个循环正、反向滞回环的平均面积分别作为该加载量级下的结构正、反向耗能值。模型的整体耗能值见图 3-108,可知空间结构模型的整体耗能能力具有以下特征:

在力控制加载阶段,空间结构模型的耗能值随着结构顶点位移的增大缓慢增大,但整个力控制加载阶段空间结构模型的耗能值较小,此时虽然连梁钢筋在 350 kN 时已经屈服,但由于连梁较弱,并未对空间结构模型耗能值的提高起到明显作用,空间结构模型整体处于弹性阶段。

进入位移控制加载阶段之后,空间结构模型的耗能值随着顶点位移的增大而显著提高,整个构件的耗能值较大,并且耗能值与空间结构模型的顶点位移近似呈线性关系,表明了空间结构模型在位移控制加载阶段内,空间结构模型的塑性随顶点位移的增大而均匀发展,没有出现明显的耗能值降低的趋势。

空间结构模型的正反向加载耗能值最大分别达到 11.71 kN·m 和 11.41 kN·m,最大滞回耗能值对应的滞回环峰值位移分别为 48.34 mm 和 47.37 mm,已经处于结构荷载-位移滞回曲线的下降段;此外,空间结构模型的滞回耗能值随着空间结构模型的顶点位移的增大而呈线性增大,并未因为空间结构模型的承载力进入下降段而出现滞回耗能值的降低,表明空间结构模型具有较好的耗能能力,在结构承载力降低的情况下仍然保持了持续的滞回耗能值的增长。

位移控制加载阶段中,MTS 缸体位移为 33 mm 时对反向加载位移值进行了扩大,由 33 mm 扩大为 38 mm,而通过空间结构模型外置位移计的测量结果调整后,对应图 3-108 中位移值分别为 −12.47 mm 和 +13.34 mm,在以上两点位置空间结构模型的耗能值没有出现明显的突变,因此证明通过增大反向加载时 MTS 缸体的位移消除了 MTS 加载端头与构件之间的相对滑移,使得加载后期空间结构模型的反向加载更为准确。

(5) 试验结论

① 低周反复荷载作用下,空间结构模型经历了弹性阶段、塑性累积阶段和破坏阶段。试验过程中,装配式叠合连梁和装配式剪力墙均发生明显的开裂破坏,空间结构模型所采用的金属波纹管成孔钢筋浆锚连接未发生明显的连接失效,证明了改进型金属波纹管成孔钢筋浆锚连接的连接性能安全可靠。

② 加载过程中,空间结构模型的一、二层连梁在同一级加载荷载内同时发生开裂,并在开裂后连梁纵向钢筋迅速屈服;连梁屈服后,空间结构模型的荷载-位移滞回曲线没有表现出明显的刚度退化现象。这表明空间结构模型的连梁性能较弱,在空间结构模型当中率先破坏,满足"强剪力墙弱连梁"的要求。

③ 连梁开裂后,随着加载的进行剪力墙各墙肢开始相继开裂。剪力墙的开裂率先集中在墙体浆锚区域以上部位,初始裂缝为受弯开裂的水平裂缝形式;随着水平荷载的增大,裂缝数量逐渐增多,并在剪力墙浆锚区域内开始出现开裂;加载到一定程度后,剪力墙裂缝开始倾斜发展,最终剪力墙的开裂裂缝为典型的弯剪型裂缝。

④ 加载过程中,四个剪力墙墙肢的开裂过程存在差异,并且墙肢裂缝的发展与拼缝的水平相对滑移量相关。其中 B、D 墙肢的初期开裂较为明显,其拼缝相对滑移量几乎为零;而 A、C 墙肢的初始开裂较少,且拼缝相对滑移量明显大于 B、D 墙肢。这证明了空间结构模型的初始尺寸偏差造成了各墙肢的初始受力状态不同,A、C 墙肢承受的竖向荷载较小因而造成了其相对滑移较大,相对滑移对拼缝连接钢筋造成影响,从而使得 A、C 墙肢拼缝位置的连接钢筋所传递的内力较小,因此 A、C 墙肢开裂较少。但加载后期,各墙肢的裂缝分布几乎一样,初始偏差只对加载初期的影响较为明显。

⑤ 空间结构模型加载过程中,所有叠合构件及后浇混凝土的连接性能较好,叠合连梁的叠合层以及剪力墙的水平拼缝均未在加载过程中出现明显的开裂现象。

⑥ 空间结构模型最终的破坏形态为:装配式叠合连梁端部集中破坏,形成塑性铰;装配式剪力墙发生弯矩破坏,剪力墙腹板部位的混凝土压碎,纵向连接钢筋在受拉时发生部分断裂;由于试验加载所设置的轴压比较大并且改进型金属波纹管成孔钢筋浆锚连接的性能可靠,空间结构模型的剪力墙底部竖向拼缝未出现明显的剪切破坏。空间结构模型的最终破坏形态表现出较好的抗震性能,体现了多道抗震设防和强剪弱弯的抗震设计要求。

⑦ 空间结构模型的荷载-位移滞回曲线存在一定的捏缩现象,滞回环形状为梭形和

反 S 形的复合形状,由于空间结构模型所采用的轴压比较大,且剪力墙墙肢为明显的低矮剪力墙,因此其滞回曲线的耗能能力有限。

⑧ 空间结构模型的骨架曲线包括弹性阶段、开裂阶段、塑性发展阶段和破坏下降阶段,由荷载-位移骨架曲线可知:空间结构模型的正、反向加载系数分别为 2.62 和 2.52,其延性相对较弱,主要原因是轴压比较大和剪力墙尺寸较为低矮,试验最终测得的空间结构模型承载力较大,正、反向承载力分别为 1 042 kN 和 937 kN。

⑨ 空间结构模型的耗能值-位移曲线表明,加载初期空间结构模型的耗能值较低,即使在装配式叠合连梁屈服后,其耗能值仍然没有明显提高;直至加载至位移控制阶段,剪力墙发生明显的破坏后,空间结构模型的耗能值才有了大幅度提高。这表明空间结构模型的预制装配式叠合连梁的性能较弱,其主要耗能由竖向剪力墙构件提供,因此连梁作为剪力墙结构第一道抗震耗能构件,应当在满足"强剪力墙弱连梁"的要求下,其性能不能过弱,应具有较大的耗能能力。

2) GDPS 连接子结构抗震性能研究

(1) 模型设计

模型设计与约束浆锚子结构模型相同,仅预制剪力墙竖向连接节点方式不同,其中第一层全部为 GDPS 套筒灌浆连接,第二层为 GDPS 套筒灌浆连接和约束浆锚连接两种连接方式的组合,即剪力墙边缘构件采用 GDPS 套筒灌浆连接、中间分布钢筋采用约束浆锚连接。

(2) 试验加载方案

与约束浆锚子结构模型的试验加载方案相同。

(3) 试验现象

为方便描述,构件编号与约束浆锚子结构模型相同。

① 力控制阶段

试验加载初期,水平荷载达到±200 kN 之前,GDPS 连接子结构模型无明显现象,处于完全弹性状态。当荷载加至±200 kN,开始出现明显的可观测现象,各级荷载下的试验主要现象如下:

水平荷载±200 kN:水平荷载加载至+200 kN,一层连梁 B—D 的 B 端与一层墙肢翼缘 B 的相交处下部混凝土(即拼缝位置下部)出现第一条竖向裂缝,裂缝长度约 4.1 cm,宽度约 0.02 mm,此时连梁的纵向钢筋最大应变为 762 $\mu\varepsilon$,连梁未屈服。部分预制装配式剪力墙墙肢拼缝出现了较小的相对滑移,其中 A 墙肢腹板水平滑移量为 0.025 mm,D 墙肢腹板水平滑移量为 0.043 mm,相对滑移非常小,可以忽略,而 B、C 墙肢并未出现相对滑移。水平荷载加载至−200 kN,D 墙肢腹板外边缘底部拼缝位置以及 B 墙肢翼缘外边缘底部拼缝位置沿墙肢长方向出现拼缝水平开裂,其中 D 墙肢腹板外边缘底部裂缝长度约 10 cm,B 墙肢翼缘外边缘底部墙肢长方向裂缝长度约 4 cm,而其他墙肢无明显开裂现象,表明 B、D 墙肢底部坐浆层已经部分出现粘结失效。

水平荷载±250 kN:水平荷载加载至+250 kN,D 墙肢腹板外边缘底部以及 B 墙肢翼缘外边缘底部与底座拼缝的水平裂缝闭合,B—D 一层连梁在 D 端拼缝位置的上部出现了竖向裂缝,裂缝长度约 3.2 cm,宽度约 0.02 mm,一层连梁 B—D 的 B 端与一层墙肢翼缘 B 的相交处下部混凝土(即拼缝位置下部)的竖向裂缝变长,长度约 9 cm,宽度增长到约 0.03 mm,此时连梁的纵向钢筋最大应变为 826 $\mu\varepsilon$,连梁尚未屈服。A、B、C、D 四墙肢的水平相对滑移量均较 200 kN 时有所增加,除 D 墙肢外,其余墙肢的水平相对滑移量均未超过 0.1 mm,而 D 墙肢的拼缝相对滑移量为 0.124 mm。水平荷载加载至—250 kN,C 墙肢腹板外边缘底部拼缝出现水平开裂,裂缝长度约 9 cm,宽度约 0.02 mm;B—D 一层连梁在 D 端底部拼缝位置出现了水平裂缝,裂缝长度约 7 cm,宽度约 0.02 mm,原有竖向裂缝长度及宽度均略有增加,此时连梁的纵向钢筋最大应变为 837 $\mu\varepsilon$,连梁尚未屈服。D 墙肢腹板外边缘底部以及 B 墙肢翼缘外边缘底部的水平裂缝长度变大,其中 D 墙肢腹板外边缘底部裂缝长度约 27 cm,B 墙肢翼缘外边缘底部墙肢裂缝由沿长度方向扩展到沿墙厚度方向,总长度约 9 cm。

水平荷载±300 kN:水平荷载加载至+300 kN,剪力墙墙体、连梁本身尚未出现可见裂缝,原有拼缝处裂缝长度均变长,宽度均有所增大。其中,B—D 一层连梁在 D 端拼缝位置的上部的竖向裂缝向下扩展,裂缝长度约 5.2 cm,宽度约 0.03 mm,一层连梁 B—D 的 B 端与一层墙肢翼缘 B 的相交处下部混凝土(即拼缝位置下部)的竖向裂缝明显变长,长度约 16 cm,宽度也增长到约 0.04 mm,此时连梁的纵向钢筋最大应变为 931 $\mu\varepsilon$,连梁尚未屈服。此时,各墙肢的水平滑移均增长较为明显,其中 A 墙肢水平滑移量为 0.105 mm,B 墙肢水平滑移量为 0.065 mm,C 墙肢水平滑移量为 0.082 mm,而 D 墙肢水平滑移量为 0.153 mm。D 墙肢由于构件制作偏差、灌浆不均匀导致的接缝初始缺陷和竖向荷载在四墙肢的分布不均匀等原因,较早地出现了界面粘结失效,从而导致了 D 墙肢的接缝界面相对滑移量大于其他墙肢。水平荷载加载至—300 kN,各墙肢均未出现新增可见裂缝;空间结构模型的荷载-位移曲线仍然表现为线性关系;D 墙肢的拼缝水平相对滑移量为 0.132 mm,其余各墙肢的装配式拼缝水平相对滑移量均未超过 0.1 mm。

水平荷载±350 kN:水平荷载加载至+350 kN,MTS 测得的荷载-位移关系曲线仍为线性关系,试验构件仍然处于弹性阶段。B 墙肢出现第一条水平裂缝,裂缝宽度约 0.02 mm,长度约 21 cm,裂缝为水平裂缝,裂缝到剪力墙底部拼缝位置的高度约 20 cm,处于 GDPS 连接上部;预制装配式剪力墙墙肢裂缝首先出现在 GDPS 连接上部,说明 GDPS 连接区段内的墙体的性能得到加强,而 GDPS 连接上部是墙体性能的薄弱部位,容易较早开裂。二层连梁 A—C 的 A 端上部出现斜向裂缝,长度约 7 mm,宽度约 0.02 mm;一层连梁 A—C 的 A 端与一层墙肢翼缘 C 的相交处下部混凝土(即拼缝位置下部)出现竖向裂缝,裂缝长度约7.1 cm,宽度约 0.02 mm,此时连梁的纵向钢筋最大应变为 1 262 $\mu\varepsilon$,连梁尚未屈服;其余墙肢未出现可见裂缝。A 墙肢水平滑移量为 0.132 mm,B 墙肢水平滑移量为 0.106 mm,C 墙肢水平滑移量为 0.119 mm,而 D 墙肢水平滑移量为 0.178 mm。水平荷载加载至—350 kN,D 墙肢出现第一条水平裂缝,裂缝宽度约 0.02 mm,长度约22 cm,裂缝为水平裂缝,裂缝到剪力墙底部拼缝位置的高度约 18 cm,位于钢套筒浆锚区边缘;二层连梁 A—C 的 A 端及 C 端均出现若干条斜向裂缝;空间结构模型的荷载-位移曲线仍然表现线性关系。

各墙肢的拼缝水平相对滑移量均有所增大,其中 D 墙肢水平滑移量为 0.173 mm。

水平荷载±400 kN:水平荷载加载至正向+400 kN,A—C 一、二层连梁和 B—D 一、二层连梁的梁端出现若干条斜向裂缝,拼缝截面处的裂缝继续发展,B—D 一层连梁的纵向钢筋最大应变达到 1 729 με,连梁尚未屈服;MTS 测得的荷载-位移曲线仍然为直线。A 墙肢腹板距离底部约 19 cm 高度处出现第一条水平裂缝,B 墙肢腹板新出现 3 条水平裂缝,位置分别位于第一条水平裂缝附近的上部及下部,裂缝长度约 23 cm,裂缝宽度约 0.02 mm,之前出现的旧裂缝继续扩展。水平荷载加载至−400 kN,C 墙肢腹板内出现 2 条水平裂缝、D 墙肢腹板内出现 1 条水平裂缝,裂缝长度约 23 cm,裂缝位于距离预制装配式拼缝底部 25～40 cm 高度范围内,处于钢筋浆锚区段上部。

水平荷载±450 kN:水平荷载加载至+450 kN,A、B 墙肢腹板内均又出现若干条水平裂缝,此时连梁裂缝也继续增多,并且由端部向中部扩散,B—D 一层连梁的纵向钢筋最大应变达到 2 009 με,一层连梁屈服;MTS 测得的荷载-位移曲线开始表现出一定的结构刚度退化。A 墙肢水平滑移量为 0.167 mm,B 墙肢水平滑移量为 0.119 mm,C 墙肢水平滑移量为 0.131 mm,而 D 墙肢水平滑移量为 0.202 mm。水平荷载加载至−450 kN,C、D 墙肢腹板内出现若干条水平裂缝,连梁裂缝也继续增多,同时由端部向中部扩散。各墙肢的拼缝水平相对滑移量均有所增大,其中 D 墙肢水平滑移量为0.189 mm。

水平荷载±500 kN:水平荷载加载至+500 kN,A、B 墙肢腹板内的裂缝开始增多并出现倾斜发展趋势,连梁裂缝也继续增多,并且继续由端部向中部扩散;MTS 测得的荷载-位移曲线开始表现出一定的结构刚度继续退化。此时一层剪力墙纵向钢筋最大应变量为 1 982 με,墙肢纵向钢筋接近屈服。水平荷载加载至−500 kN,C、D 墙肢腹板内的裂缝开始增多并出现倾斜发展趋势,连梁裂缝也继续增多,并且继续由端部向中部扩散。

水平荷载±550 kN:水平荷载加载至+550 kN,A、B 墙肢腹板内出现若干条新增水平裂缝,原有裂缝不断延伸,并出现较为明显的倾斜发展趋势,剪力墙墙肢开始由弯曲破坏向弯剪破坏发展;连梁新裂缝增加非常明显,而且所有裂缝沿整个连梁基本呈均匀分布,而非集中于连梁两端。A 墙肢水平滑移量为 0.194 mm,B 墙肢水平滑移量为 0.163 mm,C 墙肢水平滑移量为 0.176 mm,而 D 墙肢水平滑移量为 0.227 mm。此时各墙肢一层剪力墙纵向钢筋最大应变量均已超过 2 000 με,墙肢纵向钢筋屈服。水平荷载加载至−550 kN,C、D 墙肢腹板内出现若干条新增水平裂缝,原有裂缝不断延伸,并出现较为明显的倾斜发展趋势,剪力墙墙肢开始由弯曲破坏往弯剪破坏发展;连梁新裂缝增多非常明显,而且所有裂缝沿整个连梁基本呈均匀分布,不是集中于连梁两端。A 墙肢水平滑移量为 0.191 mm,B 墙肢水平滑移量为 0.169 mm,C 墙肢水平滑移量为 0.178 mm,而 D 墙肢水平滑移量为 0.214 mm。MTS 所测得的荷载-位移曲线开始出现较为明显的结构刚度退化,因此认为此时构件已经进入屈服阶段,MTS 测得的正向顶点最大位移为8.458 mm,负向最大位移为 8.758 mm。

② 位移控制阶段

试验力控制加载阶段最后通过 MTS 测得的结构顶点位移平均值为 8.61 mm,四个墙肢水平滑移的平均值为 0.188 mm,取空间结构模型的屈服位移 $\Delta=8.61-0.188=8.42$ mm,之后转为位移加载,每级位移荷载往返循环三次。首次加载至正反向峰值位移时,保持位移不变并持续 5 min,观察空间结构模型的裂缝开展及破坏情况,之后两次循环通过 MTS 测得的结构荷载-位移滞回曲线观察试验现象及构件受力变化,加载至峰值位移时不再暂停。各位移加载阶段的试验现象如下:

水平位移 $\pm\Delta$:第一次循环加载至 $+\Delta$,A 墙肢外边缘底部出现一条竖向裂缝,长度约为 8 cm,位于 GDPS 连接区,A、B 墙肢的原有裂缝长度有所变长并斜向下延伸,宽度有所增大,一层连梁 A—C 靠近 C 端下侧出现一条斜裂缝,并由下部斜向上发展,另外,所有连梁裂缝数目继续增加,长度有所变长,新旧裂缝开始呈现交叉分布。第一次循环加载至 $-\Delta$,C、D 墙肢的原有裂缝长度有所变长并斜向下延伸,宽度有所增大,但未出现新裂缝,连梁裂缝数目继续增加,长度变长,新旧裂缝交叉分布越来越明显。

水平位移 $\pm2\Delta$:第一次循环加载至 $+2\Delta$,A 墙肢腹板出现 1 条水平裂缝、2 条斜向裂缝,水平裂缝位于外边缘距离底部约 1 m,斜向裂缝位于外边缘靠近内侧,基本上沿原有水平裂缝对接并斜向下发展;B 墙肢腹板出现 3 条水平裂缝、3 条斜向裂缝,其中水平裂缝位于腹板外边缘,分布于原有旧裂缝之间,斜向裂缝位于外边缘下侧,为原有水平裂缝斜向发展所致。C 墙肢在翼缘部位的 GDPS 连接区域之外出现了 3 条水平裂缝,其中 2 条裂缝倾斜向下发展并扩展至剪力墙腹板内侧,并且腹板内侧新出现 1 条斜向裂缝。D 墙肢在翼缘部位出现 3 条水平裂缝,腹板内侧出现 3 条斜向裂缝。另外,所有一、二层连梁的裂缝数量继续增多,基本上沿连梁均匀分布,且与原有裂缝交叉现象越来越明显,二层连梁混凝土开始剥落,A、B 墙肢外边缘底部混凝土开始剥落。第一次循环加载至 -2Δ,C 墙肢腹板外边缘出现 2 条斜裂缝,D 墙肢外边缘出现 1 条水平裂缝,3 条斜向裂缝,A、B 墙肢翼缘部位出现 2~3 条水平裂缝,腹板内侧出现 2~3 条斜向裂缝。所有一、二层连梁的裂缝数量增多明显,基本上沿连梁均匀分布,且与原有裂缝交叉现象明显。二层连梁混凝土开始剥落,C、D 墙肢外边缘底部混凝土开始剥落。

水平位移 $\pm3\Delta$:第一次循环加载至 $+3\Delta$,A、B 墙肢腹板外边缘又出现若干条斜向裂缝,原有裂缝开始变长,宽度变大,C、D 墙肢的翼缘部位各出现两条新水平裂缝,裂缝延伸至墙体腹板并继续沿倾斜方向向下发展。所有一、二层连梁的裂缝数量继续增多,与原有裂缝交叉,基本上布满了整个连梁。二层连梁混凝土剥落加剧,各墙肢腹板底部的混凝土剥落继续加剧。第一次循环加载至 -3Δ,C、D 墙肢腹板外边缘又出现若干条斜向裂缝,原有裂缝开始变长,宽度变大,A、B 墙肢的翼缘部位各出现 2~3 条新水平裂缝,裂缝延伸至墙体腹板并继续沿倾斜方向向下发展。所有一、二层连梁的裂缝数量继续增多,与原有裂缝交叉。二层连梁混凝土剥落加剧,各墙肢腹板底部的混凝土剥落继续加剧。

水平位移 $\pm4\Delta$:当位移加载到 $\pm4\Delta$ 时,所有墙肢腹板、翼缘裂缝的数量增多,原有裂缝宽度增大,大量腹板裂缝斜向交叉,为弯剪裂缝,翼缘的裂缝为水平受弯裂缝,腹板及翼缘墙肢底部混凝土在受压时压碎。一、二层连梁的可见裂缝数量基本保持不变。

水平位移±5Δ：加载时各墙肢腹板边缘的混凝土、连梁端部及二层叠合层拼缝处混凝土严重剥落，不断地出现混凝土掉落并传出清脆的混凝土剥离声音，进行反向加载时墙体内传出钢筋拉断的声音，MTS 测得的构件荷载–位移滞回曲线显示结构所能承受的荷载开始出现较快的下降。DH3816 应变仪显示 50% 以上应变片已经失效，由于水平位移较大且墙体开裂已经较为完全，出于安全考虑，撤走全部百分表和位移计并取消裂缝观测。

水平位移±6Δ：当第一次循环加载＋6Δ，MTS 测得的结构反力已经低于结构最大反力的 85%，空间结构模型的各墙肢和连梁混凝土继续压碎崩落，无其他特别现象，此时，认为结构已经完全破坏。在完成第一次循环－6Δ 加载后试验完全结束。整个加载过程中装配式 GDPS 连接子结构模型未出现平面外失稳的问题。

模型裂缝分布形态见图 3-109～图 3-111。

（a）A墙肢腹板

（b）A墙肢翼缘

（c）B墙肢腹板

（d）B墙肢翼缘

（e）C墙肢腹板 （f）C墙肢翼缘

（g）D墙肢腹板 （h）D墙肢翼缘

图 3-109　墙肢裂缝分布情况（GDPS 连接子结构模型试验）

（a）一层A—C连梁 （b）二层A—C连梁

图 3-110　连梁裂缝分布情况（GDPS 连接子结构模型试验）

图 3-111　楼板-连梁界节点裂缝分布情况（GDPS 连接子结构模型试验）

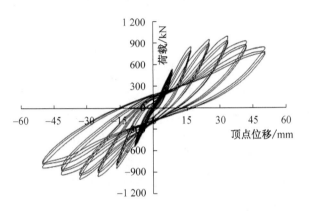

图 3-112　滞回曲线（GDPS 连接子结构模型试验）

（4）试验结果分析

GDPS 连接子结构模型的荷载-位移滞回曲线如图 3-112 所示，从开始加载到破坏整个过程分析，两个试件的荷载-位移曲线随着荷载的增大呈现了明显的弹塑性变化，可分为三个阶段：弹性阶段、弹塑性刚度退化阶段和强度退化阶段。

在开裂前，两个试件的滞回曲线几乎没有区别，均近似呈直线，加载和卸载曲线基本重合，整体刚度几乎无变化，滞回环所包围的面积很小，滞回环狭窄细长，残余变形很小，结构基本处于弹性工作阶段。随着荷载的增加，200～500 kN 期间，连梁与墙肢拼缝开裂、连梁逐渐开裂、连梁内纵筋屈服，滞回曲线开始向位移轴倾斜，出现了较小的刚度退化，主要是由于连梁的开裂和连梁内纵向钢筋的屈服起到了第一道抗震防线的作用，较早的屈服耗能。但是作为主要受力构件的剪力墙墙肢并未屈服耗能，整体结构的滞回环面积仍然较小，近似处于弹性阶段。

试验进入位移控制加载阶段后，钢筋屈服，空间结构模型逐渐出现了较为明显的加载及卸载刚度退化现象，并随着荷载的增大刚度退化现象逐渐明显，空间结构模型在卸载后存在较大的残余变形，表明空间结构模型的塑性逐渐明显。随着加载的进行，空间结构模型的荷载-位移滞回环所围面积逐渐增大，模型滞回环均出现了一定的捏缩效应，呈较窄的梭形和反 S 形的复合形状；其主要原因为剪力墙试件的破坏模式为弯剪型破坏，滞回环不会特别饱满。

空间结构模型进入荷载下降段后，滞回环仍然为梭形和反 S 形的复合形状，且滞回环面积有所增大，存在一定的捏缩现象，但捏拢程度并不明显，表明结构进入承载力下降段后仍然具有较好的变形能力和耗能能力。

模型的骨架曲线如图 3-113 所示，两个试件的荷载-位移骨架曲线可以分为三个阶段：弹性阶段、弹塑性刚度退化阶段和强度退化阶段。

加载初期到 300 kN 连梁钢筋屈服前，试件的刚度比较小，虽然剪力墙的腹板与底座坐浆层拼缝、连梁与墙肢拼缝、连梁等出现了开裂，但试件的刚度基本上没有退化，荷载-位移骨架曲线处于弹性阶段。300～550 kN 连梁内纵筋屈服，荷载-位移骨架曲

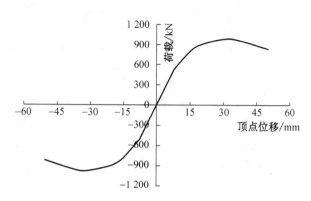

图 3-113　骨架曲线（GDPS 连接子结构模型试验）

线开始向位移轴倾斜，但由于作为主要受力构件的剪力墙墙肢并未屈服耗能，空间结构模型整体的荷载-位移骨架曲线刚度降低并不明显，仍然基本处在弹性阶段。

进入位移控制加载阶段后，剪力墙中的连梁和墙肢不断开裂以及连梁和墙肢内钢筋的逐渐屈服，两个试件的刚度开始出现较为明显的刚度退化，骨架曲线表现出较为明显的弹塑性特征。由骨架曲线可知，试件正向加载的最大荷载为 991.7 kN，负向加载的最大荷载为 982.8 kN，正负向的承载力相近。峰值点过后，随着叠合连梁和墙肢的混凝土损伤不断累积，结构的反力逐渐降低，试件骨架曲线的下降段明显地变得更为平缓，在位移为 50.5 mm 时荷载下降到 863 kN 而破坏，试件具有较好的延性。

模型刚度退化曲线见图 3-114，空间结构模型从开裂、屈服、达到峰值荷载到最终破坏的加载阶段中，空间结构模型的刚度退化现象是一个逐渐显现的过程，在力控制加载阶段刚度退化较为缓慢，进入位移控制加载阶段后刚度退化加快，说明结构的损伤在力控制加载阶段较小，进入位移加载阶段后变大。试件在正向位移从 7.8 mm 到 8.4 mm 之间

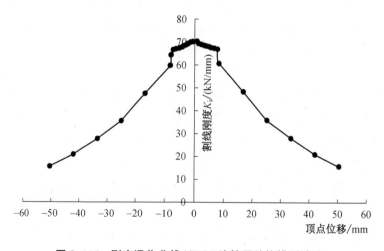

图 3-114　刚度退化曲线（GDPS 连接子结构模型试验）

以及负向位移从 8.1 mm 到 8.4 mm 之间的刚度均有一个突降,其原因包括:该阶段由力控制加载转换为位移控制加载,此时位移增加较多,而力增加较小,因此荷载与位移的比值即刚度突降;力控制加载时只循环一次,结构损伤较小,在转换为位移控制后循环 3 次,结构损伤较大,也间接造成了该阶段刚度下降更明显。

模型各阶段荷载及位移数据见表 3-44。试件的延性系数均大于 5,说明 GDPS 连接子结构模型有较好的延性。

表 3-44　模型试验测试性能参数(GDPS 连接子结构模型试验)

开裂荷载 (kN)	开裂位移 (mm)	屈服荷载 (kN)	屈服位移 (mm)	极限荷载 (kN)	极限位移 (mm)	破坏荷载 (kN)	破坏位移 (mm)	延性系数
300	4.4	550	8.4	991.7	33.7	836.0	50.5	6

模型耗能曲线见图 3-115。在加载初期,两个试件的耗能值随着结构顶点位移的增大缓慢增大,位移小于 5 mm 之前,结构耗能增量非常小,原因为该阶段连梁及墙肢都尚未屈服,结构刚度退化非常小,因此耗能值很小,增量缓慢。在加载位移大于 5 mm 之后,位移控制加载之前,结构耗能值增大的幅度开始变大,主要原因为此时连梁钢筋逐渐屈服,连梁屈服对空间结构模型耗能值的提高起到较为明显的作用,但因空间结构模型的墙肢并未屈服,整体结构仍处于弹性阶段,耗能值的增加幅度仍然小于位移控制加载阶段。进入位移控制加载阶段之后,随着墙肢内钢筋的不断屈服,空间结构模型的耗能值随着顶点位移的增大而显著提高,两个试件的耗能值均较大。在极限位移(极限荷载对应的位移)之前,耗能值与空间结构模型的顶点位移近似呈线性关系,表明了空间结构模型在位移控制加载阶段内,空间结构模型的塑性随顶点位移的增大而均匀发展,耗能值不断增大。试件的能量耗散值并未因为荷载-位移滞回曲线进入下降段而降低,表明空间结构模型具有较好的耗能能力,在结构承载力降低的情况下仍然保持了持续的滞回耗能值的增长。

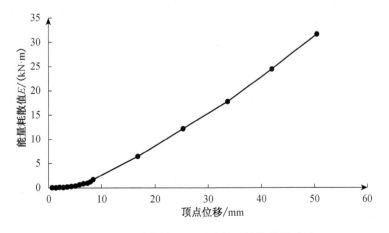

图 3-115　耗能曲线(GDPS 连接子结构模型试验)

（5）试验结论

通过 GDPS 连接子结构模型低周反复试验，可以得出如下结论：

① 试件初始开裂位置为墙肢和底座的水平拼缝处，且开裂荷载为 200 kN，表明 GDPS 连接是装配式剪力墙的薄弱部位；试件叠合连梁在 300 kN 时出现裂缝，表明连梁作为联肢剪力墙的第一道防线，通过自身的开裂抵抗外部荷载。试件的墙肢在 350 kN 时出现第一道裂缝，450 kN 时，叠合连梁中的钢筋开始屈服，试件的墙肢在 550 kN 时开始屈服。

② 加载过程中，GDPS 连接子结构模型的一、二层连梁在同一级加载荷载内同时发生开裂，并在开裂后连梁纵向钢筋迅速屈服，满足"强剪力墙弱连梁"的要求。连梁开裂后，随着加载的进行剪力墙各墙肢开始相继开裂。剪力墙的开裂率先集中在 GDPS 连接区域以上部位，初始裂缝为受弯开裂的水平裂缝形式；随着水平荷载的增大，裂缝数量逐渐增多，并在剪力墙 GDPS 连接区域内开始出现开裂；加载到一定程度后，剪力墙裂缝开始倾斜发展，最终剪力墙的开裂裂缝为典型的弯剪型裂缝。但空间结构模型所采用的 GDPS 连接未发生明显的连接失效，证明 GDPS 连接的连接性能安全可靠。

③ 低周反复荷载作用下，GDPS 连接子结构模型经历了弹性阶段、塑性累积阶段和破坏阶段。加载初期由于作为主要受力构件的剪力墙墙肢并未屈服耗能，荷载-位移骨架曲线刚度降低并不明显，基本处在弹性阶段；进入位移控制加载阶段后，剪力墙中的连梁和墙肢不断开裂以及连梁和墙肢内钢筋的逐渐屈服，刚度开始出现较为明显的刚度退化，骨架曲线表现出较为明显的弹塑性特征。

④ GDPS 连接子结构模型正向加载的最大荷载为 991.7 kN，负向加载的最大荷载为 982.8 kN，试验最终测得的空间结构模型承载力比预期稍小，主要原因为钢套筒灌浆孔设置太小（内径约 0.8～1.0 cm）致使灌浆困难，最终由于灌浆不饱满造成浆锚连接拼缝位置过早发生剪切破坏。

⑤ GDPS 连接子结构模型的耗能值-位移曲线表明，加载初期的耗能值较低，但在装配式叠合连梁屈服后，耗能值提高较为明显，加载至位移控制阶段，剪力墙发生明显的破坏后，耗能值有了大幅度提高。这表明预制装配式叠合连梁的性能较好，连梁作为剪力墙结构第一道抗震耗能构件，在满足"强剪力墙弱连梁"的要求下，仍然具有较大的耗能能力；剪力墙墙肢作为第二道防线，具有更大的抗震耗能能力。

⑥ GDPS 连接子结构模型最终的破坏形态为：装配式叠合连梁端部集中破坏形成塑性铰、连梁内纵筋基本上都达到屈服，装配式剪力墙发生弯曲破坏，剪力墙墙肢底部混凝土压碎严重，墙体的较多纵向连接钢筋屈服，形成"墙铰"，剪力墙底部竖向拼缝剪切破坏，破坏形态均表现出"混合铰"破坏机制，体现了多道抗震设防和强剪弱弯的抗震设计要求，表现出较好的抗震性能。

第4章

装配整体式混凝土框架结构
节点连接技术研究

针对装配整体式混凝土框架结构梁柱节点连接应用的瓶颈问题,提出了包括预制框架梁柱混合连接技术、钢绞线锚入式预制混凝土梁柱连接、新型锚固与附加钢筋搭接混合连接和部分高强筋预制装配式框架梁柱连接等,并开展系列足尺试件加载试验,对各种新型装配式混凝土框架梁柱连接进行了系统研究和验证。

4.1 装配整体式混凝土框架结构节点概述

框架结构由梁和柱以刚接或铰接的形式相连而成,梁、柱单元相对于墙单元,更加易于模数化、标准化和定型化,有利于采用统一的模具在工厂进行流水化制造;同时装配式混凝土框架结构空间布置更加灵活,构件连接形式多样,有利于在现场进行机械化高效率的吊装。可以说,装配式混凝土框架结构在建筑工业化进程中,具有得天独厚的推广应用优势,广泛应用于学校、医院、办公写字楼等公共建筑和民用住宅建筑中。

由于我国结构设计和施工的特点和习惯,目前大范围推广建造的装配式混凝土框架结构主要是采用叠合现浇方式进行连接的装配整体式混凝土框架,主要构件有预制梁、预制柱、预制外挂墙板、预制内墙隔板、预制楼板、预制阳台板、预制空调板、预制楼梯等。装配整体式混凝土框架结构楼板与装配整体式混凝土剪力墙结构一样采用预制混凝土叠合板,预制阳台板、预制空调板、预制楼梯等非结构构件也与装配整体式混凝土剪力墙结构中相应的构件相似。

预制柱是装配整体式混凝土框架结构的主要竖向承重和水平抗侧构件,可按照单层高度进行预制,也可将若干楼层高度作为一个单元进行预制。由于我国普遍采用梁柱节点区现浇的装配式混凝土框架结构,故而预制柱在梁柱节点区均空开不预制,但该区域保留柱纵向受力钢筋,如图 4-1 所示。

结构梁是框架结构的主要水平构件,承受楼板传递的竖向荷载,并与结构柱有效连接形成整体结构。装配整体式混凝土框架结构中,框架梁往往采用上部现浇下部预制的形式,预制构件工厂制造的预制梁仅为梁的下部分。梁箍筋上部分伸出预制梁顶面,施工现场后浇混凝土之前,需安装梁顶纵筋于箍筋内。为便于安装梁顶纵筋,在预制梁部分区域

（a）单层预制柱　　　　　　　　　　（b）多层预制柱

图 4-1　装配整体式混凝土框架结构预制柱示例

也可采用开口箍形式。预制梁一般在定型钢模中预制,底面和侧面均为质量较高的光滑面,而预制梁顶面往往制作成粗糙面,以增强与后浇混凝土的结合性能。根据梁柱节点连接构造的不同,预制梁可采用底筋伸出梁端的形式,也可采用梁端保留 U 形键槽、底筋不伸出的形式,如图 4-2 所示。

（a）预制梁底筋不伸出梁端　　　　　　　　（b）预制梁底筋伸出梁端

图 4-2　装配整体式混凝土框架结构预制梁示例

对于框架结构而言,由于梁、柱构件仅起承受荷载的作用,故而作为围护构件的预制外挂墙板必不可少。一般外挂墙板与结构之间可以发生相对移位,以减少围护构件对框架结构自身在侧向荷载作用下结构性能的影响。根据是否自带保温,外挂墙板可分为一般外挂墙板和自保温墙板,自保温墙板往往采用“三明治”墙板的形式,即内、外叶板采用混凝土制作,通过连接件形成带有中间层的“双板墙”,中间层填充保温材料。随着轻质保温混凝土材料的发展,也出现了双层外挂墙板结构,该墙板以普通混凝土板承受外荷载,轻质保温混凝土材料形成保温层附着于普通混凝土板。主要外挂墙板构件如图 4-3 所示。

(a) 一般外挂墙板   (b) 自保温墙板

混凝土   发泡陶粒
轻质混凝土
双向双层   双向双层
钢筋   钢筋

(c) 双层外挂墙板

图 4-3　装配整体式混凝土框架结构外挂墙板示例

　　框架结构具有较为灵活的空间布置特点,可以适应不同的建筑要求。预制内隔墙作为主要的分隔构件,具有轻质、隔热、隔音、便于安装等优点,广泛用于装配式混凝土框架结构中。根据制作材料不同,预制内隔墙有加气混凝土板、泡沫混凝土保温板、陶粒混凝土板等形式,如图 4-4 所示。

（a）加气混凝土预制内隔板   （b）泡沫混凝土保温板

图 4-4　装配整体式混凝土框架结构预制内隔板示例

4.1.1　结构性节点

相对于装配式混凝土剪力墙结构,装配式混凝土框架结构构件形式更加规则,连接形式却更加多样化。装配式混凝土框架结构中的结构性节点主要有柱-柱连接、梁-柱连接、主-次梁连接节点。

1) 柱-柱连接

装配式混凝土框架结构中,预制柱之间的连接往往关系到整体结构的抗震性能和结构抗倒塌能力,是框架结构在地震荷载作用下的最后一道防线,极其重要。预制柱之间的连接常采用灌浆套筒连接的方式实现,灌浆套筒预埋于上部预制柱的底部[图 4-5(a)],下部预制柱的钢筋伸出楼板现浇层之上,预留长度保证钢筋在灌浆套筒内的锚固长度加上预制柱下拼缝的宽度。现场安装时,通过"定位钢板"等装置固定下部伸出钢筋,使得下部伸出钢筋与上部预制柱的套筒位置一一对应,如图 4-5(b)所示。待楼层现浇混凝土浇筑、养护完毕后,吊装上部预制柱,下部钢筋伸入上部预制柱的灌浆套筒内,预制柱经过临时调整和固定后,进行灌浆作业。预制柱可以制作成方柱或圆柱等多种形式,采用灌浆套筒的柱-柱连接均可以实现较好的连接效果,如图 4-5(c)、(d)所示。

（a）套筒预埋于柱脚

（b）下部锚固钢筋定位钢板固定

（c）方柱套筒连接

（d）圆柱套筒连接

图 4-5　装配整体式混凝土框架预制柱连接示例

由于灌浆套筒直径大于相应规格的钢筋直径,为了保证混凝土保护层的厚度,预制柱的纵向钢筋相对于普通混凝土柱往往略向柱截面中间靠近,使得有效截面高度略小于同规格的普通混凝土柱,在预制柱计算和设计时,需要额外注意。柱脚的灌浆套筒预埋区域形成了"刚域",该处实际截面承载力强于上部非"刚域"部位,在地震荷载下,容易导致"刚域"上部混凝土压碎破坏,故在灌浆套筒上部不高于 50 mm 的范围内必须要设置一道钢筋,以提高此处混凝土的横向约束能力,加强此处的结构性能。

2)梁-柱连接

在装配式混凝土框架结构体系中,预制梁-柱连接节点对结构性能如承载能力、结构刚度、抗震性能等往往起到决定性的作用,同时深远影响着预制混凝土框架结构的施工可行性和建造方式,故而装配式混凝土框架的结构形式往往决定于预制梁-柱连接节点的形式。

预制梁-柱连接的形式多种多样,目前我国普遍采用的连接主要是节点区现浇的"湿"连接形式。根据预制梁底部钢筋连接方式不同,分为预制梁底筋锚固连接和附加钢筋搭接连接。前者连接中,预制梁底外伸的纵向钢筋直接伸入节点核心区位置进行锚固,这种节点必须有效保证下部纵筋的锚固性能,一般做法是将锚固钢筋端部弯折形成弯钩或者在钢筋端部增设锚固端头来保证锚固质量和减少锚固长度,如图 4-6 所示。

（a）钢筋锚固端板锚固连接　　　　　　（b）钢筋弯钩锚固连接

图 4-6　预制梁底筋锚固式梁-柱连接示例

图 4-7　附加钢筋搭接连接式梁-柱连接示例

采用该连接的预制梁下部纵筋往往不伸入节点核心区,而是通过伸入或者跨过节点核心区的附加钢筋与梁端伸出的钢筋进行搭接,再后浇混凝土形成整体结构。该连接形式最常见的做法是预制梁端部预留一小段 U 形薄壁键槽,梁底纵筋在键槽端部截断,附加钢筋贯穿节点核心区,并置于键槽内,如图 4-7 所示。

3)主-次梁连接

我国常规民用建筑结构中,多采用主、次梁来支撑楼板,故"等同现浇"的装配式混凝土框架结构中也大量存在着预制主-次梁的连接。预制次梁也采用叠合现浇形式,次梁上部受力纵向钢筋在现场绑扎到位后,与楼板上部钢筋一同被浇筑于后浇层内。

预制主-次梁连接节点常采用整浇式或者搁置式连接形式。多数整浇式预制主-次梁连接中,预制主梁中部预留现浇区段,底筋连续,预制次梁底筋伸出端面,伸入预制主梁空缺区段内,再后浇混凝土形成整体连接,如图 4-8(a)所示。由于预制主梁中部预留缺口,增加了预制和吊装难度,故也可设置预制主梁不留缺口的整浇主-次梁连接。该连接在主梁的连接位置处设置抗剪钢板,同时预留与次梁下部钢筋连接的短钢筋,预制次梁吊装到位后,下部伸出钢筋与主梁的预留短钢筋通过灌浆套筒进行连接,如图 4-8(b)所示。整浇式预制主-次梁连接将预制次梁下部纵向受力钢筋通过一定的方式与预制主梁下部进行了整体连接,形成类似"刚接"的形式,更加接近于现浇混凝土结构的做法,连接整体性较好,但增加了主梁面外受扭作用,且提高了建造成本。

（a）主梁预留缺口连接　　　　　　　　（b）主梁无缺口连接

图 4-8　整浇式预制主-次梁连接示例

搁置式预制主-次梁连接则往往不连接下部次梁钢筋,仅在次梁端部设置突出台阶或者"扁担"钢板,搁置于预制主梁预留的小型缺口上,如图 4-9 所示。该连接满足在预制次梁受剪承载力的情况下,形成了"铰接"节点,更加符合一般结构计算假定。

（a）突出台阶式搁置连接　　　　　　　（b）"扁担"钢板式搁置连接

图 4-9　搁置式预制主-次梁连接示例

4.1.2　非结构性节点

装配式混凝土框架结构的非结构性节点中,预制阳台板、预制空调板、预制楼梯等构件与装配整体式混凝土剪力墙结构的设计原则和连接方式类似,可参照 3.1.2 节。框架结构主要的荷载由梁、柱、楼板承担,墙构件主要起到围护、装饰、分隔、保温、隔音、防火等建筑功能,往往对主结构的整体结构性能和抗震性能影响较小。一般情况下,可认为装配式混凝土框架结构中的墙构件与主结构的连接为非结构性节点,根据墙板的类型不同,主要分为外挂墙板连接以及填充墙与结构连接。

1) 外挂墙板连接

框架结构在地震荷载作用下,会发生相应的变形,外挂墙板作为装配式混凝土框架结构的围护结构,一般不作为结构性构件考虑,以减少外挂墙板对主结构受力和变形的影响。按外挂墙板适应主结构在侧向荷载作用下变形的类型不同,可分为转动式、平动式和固定式。根据外挂墙板连接形式不同,又可分为点挂式、线挂式和点线结合式。

预制外挂墙板在合适位置处设置金属预埋件,仅依靠预埋金属件通过螺栓或者焊接与主结构相连,呈"点挂式"连接,如图 4-10(a)所示。这种连接方式允许外挂墙板在主结构建造完成后进行安装施工,属于"后挂法",不影响主结构的施工进度,安装较为灵活,但

（a）点挂式

（b）线挂式

（c）点线结合

图 4-10　外挂墙板连接示例

预埋金属件往往突出楼板,影响了建筑使用。采用线挂式连接的外挂墙板往往在上部预留伸出钢筋,如图4-10(b)所示。现场安装时,预留钢筋深入楼板或者框架梁的后浇区域,通过预留钢筋和后浇混凝土实现外挂墙板与主结构的"湿连接",连接性能可靠,整体性较好,但需要与主结构楼层同时安装,施工步骤较为固定。点挂式和线挂式相结合,即形成了点线结合的连接方式,如图4-10(c)所示。采用该种形式连接的外挂墙板分段式地预留分布钢筋,同时保留预埋金属件;现场安装时,主结构相应位置处预留局部后浇区,墙板首先通过预埋金属件进行固定,预留钢筋伸入局部后浇区,再对该区域浇筑混凝土,完成整体连接;该连接具有点挂式连接的"后安装"特点,同时局部"湿连接"保证了较好的整体性,但墙板安装步骤略繁琐。

2)填充墙与结构连接

填充墙板材自重轻,对结构整体刚度影响较小,其与主体结构连接也较为简单,主要在墙与主结构之间的缝隙中填充砂浆,并且间隔布置接缝钢筋或者小型齿块等抗剪件,保证填充墙板与主结构的连接具有一定的强度,如图4-11(a)所示。填充墙往往在楼层主体结构施工完成后进行安装。近年来,部分企业自主创新,形成了一种"先填充墙后框架梁"的吊装工法。在该工法中,首先吊装填充墙板,然后吊装预制梁,预制梁底部形成"凹"形,将填充墙板"夹"在预制梁底部,如图4-11(b)所示。

（a）接缝钢筋　　　　　　　　（b）"先填充墙后框架梁"工法连接

图4-11　填充墙与结构连接示例

4.2　预制框架梁柱不对称混合连接技术研究

在研究多种预制混凝土框架梁柱连接的基础上,课题组结合框架结构的受力特点和施工的便捷性,提出一种应用于框架结构体系的新型预应力梁柱连接形式,该连接结合了预应力筋和非对称配筋的普通钢筋,称为不对称混合连接。该连接的具体形式如下:预制梁、柱的连接通过后张预应力及梁截面上部普通钢筋连接形成整体。预应力筋穿过预留孔道将柱两侧横梁连接在一起,可根据需要向孔道灌浆或者不灌浆,形成有粘结或者无粘结预应力连接。预应力筋在设计地震作用下始终保持弹性,结构非线性变形主要发生在梁柱接缝,梁柱连接面采用纤维砂浆或高强灌浆料作为连接材料,梁柱连接面普通钢筋采用机械连接方式连接,在梁端部设普通钢筋无粘结段。在地震荷载作用下,梁柱接缝张开,预应力筋拉力增加,产生恢复力使接缝闭合,将梁柱拉回原来的位置;普通钢筋在竖向荷载作用下,承担梁截面弯矩荷载;在地震荷载作用下,随着接缝的张开和闭合交替受拉和受压,起到耗散地震能量的作用。该连接仅在梁上部叠合层后浇混凝土内埋设普通钢筋与预埋在柱内的钢筋通过直螺纹套筒连接,给施工带来了很大的便利性(图 4-12);梁柱接触面压接处涂抹环氧树脂黏合剂,梁端剪力依靠梁柱接触面预压力产生的摩擦力进行传递。

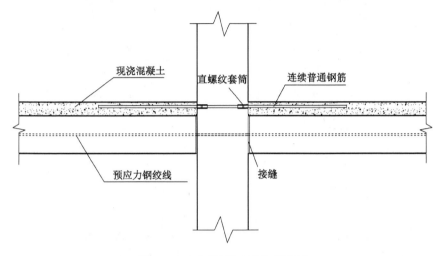

图 4-12 不对称混合连接示意图

1) 试验研究

为了研究预制框架梁柱混合连接的抗震性能,进行了三组不对称混合连接边框架节点的足尺试验。梁截面尺寸为 $h \times b = 550 \text{ mm} \times 250 \text{ mm}$,长度为 1.9 m;柱截面尺寸为 $h \times b = 500 \text{ mm} \times 400 \text{ mm}$,长度为 1.8 m。柱完全预制,梁为预制叠合梁,在梁和柱内相应位置预留预应力孔道。梁上部离梁端 300 mm 处预留 600 mm × 100 mm 的缺口,普通耗能钢筋从缺口处穿入预留孔道与柱内的普通钢筋采用机械套筒连接。试件加工图纸见图 4-13,具体参数见表 4-1。

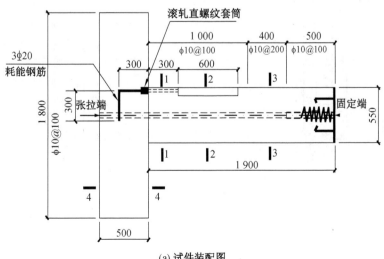

(a) 试件装配图

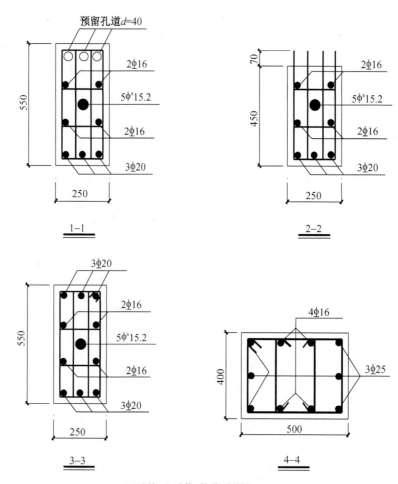

(b) 试件1和试件2的截面详图

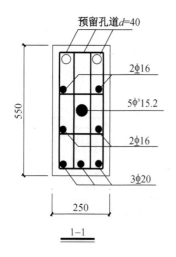

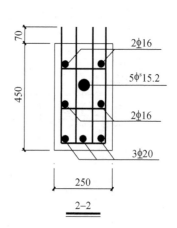

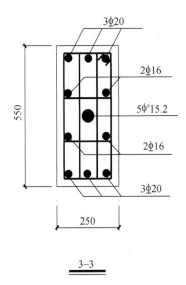

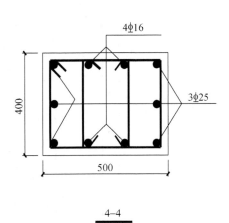

3-3

4-4

(c) 试件3截面详图

图 4-13　试件加工图

表 4-1　试件的主要设计参数

试件编号	预应力筋的配筋情况	梁截面有效初始压应力(MPa)	普通耗能钢筋的配筋情况	耗能钢筋的无粘结长度(mm)	节点核心区体积配箍率
1	5φ^{s}15.24 钢绞线	2.79	3 Φ 20	300	1.175%
2	5φ^{s}15.24 钢绞线	3.64	3 Φ 20	250	1.175%
3	5φ^{s}15.24 钢绞线	3.22	2 Φ 20	100	1.175%

混凝土强度设计等级为 C50,细石混凝土设计强度为 C40。各项材料性能在东南大学结构实验室里测定。试件主要材料的材料力学性能见表 4-2 和表 4-3。

表 4-2　试件主要材料性能(单位:MPa)

混凝土抗压强度	混凝土弹性模量	钢绞线极限强度	钢绞线弹性模量	灌浆料抗压强度	细石混凝土抗压强度	细石混凝土弹性模量
53.9	3.45×10⁴	1 860	1.95×10⁵	32.24	41.6	3.16×10⁴

表 4-3　普通钢筋的力学性能

钢筋等级	钢筋直径(mm)	屈服强度(MPa)	极限强度(MPa)	弹性模量(MPa)	断后伸长率(%)
HRB335	25	350	535	1.98×10⁵	32.5
HRB335	20	353	528	1.98×10⁵	34
HRB335	16	370	525	2.0×10⁵	32
HPB235	10	305	420	2.0×10⁵	26.7

试验在东南大学结构实验室的节点试验机上完成,加载装置示意图如图 4-14 所示。

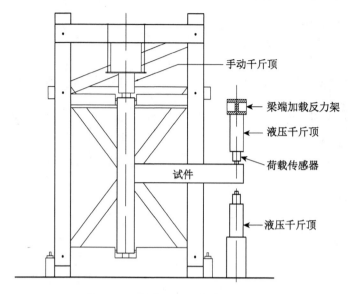

手动千斤顶

梁端加载反力架

液压千斤顶

荷载传感器

试件

液压千斤顶

图 4-14　节点试验加载装置示意图

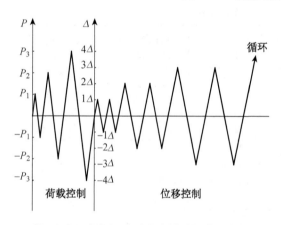

图 4-15　试验力-位移混合控制加载程序图

柱顶采用 200 t 油压手动千斤顶施加轴向力,梁端通过上下两个液压千斤顶模拟低周反复荷载。梁端加载时,第 1~3 次循环加载到理论屈服荷载的 50%、70%、100%。当梁端第一次达到屈服荷载时,定义为位移延性系数 $\mu_\Delta = 1$,进入位移控制节点,取梁端屈服时位移的倍数来逐级加载,即 $\mu_\Delta = 2, 3, \cdots$。在每级变形值下反复循环 2~3 次,图 4-15 为试验力-位移混合控制加载程序图。当荷载值低于最高荷载值(P_{max})的 80%~85% 时,认为试件破坏,停止加载。

2) 试验现象

试件 1 正向加载至 25.3 kN 时,接触面上部开裂。负向加载至 16.7 kN 时,接触面下部开裂。正向加载至 60 kN 时,后浇混凝土与预制梁缺口部位出现垂直裂缝,随着楼层转角的增加,接触面裂缝增大;梁身裂缝也增多,但裂缝基本集中在预制梁缺口后浇混凝土部分。加载到 2Δ 时,梁混凝土出现斜裂缝,并随着荷载的增加向截面中部开展。当楼层转角为 0.03 时,接触面附近的梁截面上下混凝土呈三角形剥落,接触面裂缝宽度为 25 mm。加载到 4Δ 时,极限楼层转角达到 0.049,梁柱节点核心区出现 45° 交叉斜裂缝。第二次循环中,极限承载力小于峰值承载力的 85%,构件破坏。卸载后,所有裂缝均能够闭合,梁端残余变形约为 25 mm。

试件 2 正向加载至 29.8 kN 时，梁柱接触面上部开裂，负向加载至 24 kN 时，接触面下部开裂。裂缝宽度为 0.1 mm，接触面裂缝张开后，迅速向中和轴方向延伸至 1/4 梁高的范围。位移控制阶段，1Δ 加载时，正向加载至楼层转角 0.007 5，梁缺口后浇混凝土与预制梁缺口侧边出现裂缝。负向加载至楼层转角 0.007 4 时，梁侧面上部约 1/3 梁高处出现第一条斜裂缝，沿约 45°向下开展。3Δ 阶段，向上加载至楼层转角为 0.026 时，接触面附近的梁上部混凝土有压碎迹象，上部保护层混凝土呈现鳞状剥落。4Δ 第二次循环时，上部混凝土被压碎，混凝土保护层完全剥落，剥落长度约为 1/3 梁高。同时，构件的承载力下降至峰值承载力的 85％以下，构件破坏。

试件 3 正向加载至 19.2 kN 时，接触下部开裂，负向加载至 28.8 kN 时，接触面上部开裂。2Δ 加载阶段，楼层转角达 0.02 时，接触面附近梁上下混凝土保护层均出现受压斜裂缝。第二次循环中，接触面裂缝宽度最大为 8 mm，在梁上部的接近保护层核心区又出现两条平行的斜裂缝。3Δ 加载阶段，当楼层转角为 0.025 时，梁混凝土保护层开始剥落。4Δ 第二次循环，当楼层转角为 0.037 时，上部混凝土被压碎，构件承载力下降至峰值承载力的 85％以下，构件破坏。

整个过程中，混凝土柱并未出现裂缝，从三个试件的破坏形态来看，均为梁端出现"塑性铰"的弯曲破坏，符合"强柱弱梁"的要求。三个试件的最终破坏形态如图 4-16 所示。

（a）试件1破坏形态

（b）试件3破坏形态　　　　　　　　　　（c）试件2破坏形态

图 4-16　试件最终破坏形态

3）试验结果分析

（1）主要试验结果

主要试验结果见表 4-4。

表 4-4　普通钢筋的力学性能

试件编号	方向	开裂荷载 P_{cr} (kN)	屈服荷载 P_y (kN)	屈服位移 Δ_y (mm)	极限转角 θ_y (rad)	峰值荷载 P_u (kN)	极限位移 Δ_u (mm)	极限转角 θ_u (rad)
试件 1	正向	25.3	106.0	24.8	0.012	153	100	0.049
	负向	16.7	88.0	20.0	0.009 8	118	100	
试件 2	正向	29.8	120.6	19.4	0.009 5	159	75	0.037
	负向	24.0	99.0	20.0	0.009 8	115	75	
试件 3	正向	28.8	103.6	19.0	0.009 3	142	75	0.037
	负向	19.2	91.0	18.7	0.009 2	96.8	75	

（2）滞回曲线

本次试验三个试件的荷载-位移滞回曲线如图 4-17 所示。

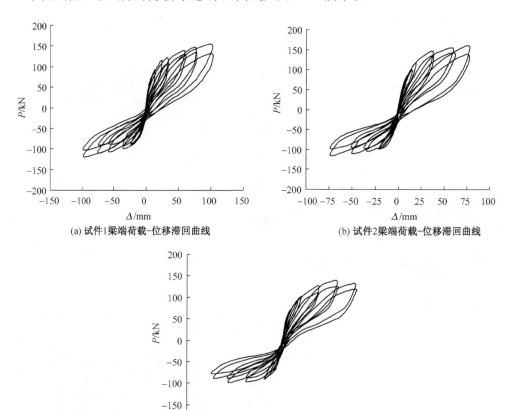

(a) 试件1梁端荷载-位移滞回曲线　　　　(b) 试件2梁端荷载-位移滞回曲线

(c) 试件3梁端荷载-位移滞回曲线

图 4-17　试件荷载-位移滞回曲线

三个试件的滞回曲线显示有明显的捏缩现象,整体形状均呈 S 形,预应力效应明显,变形恢复能力较强,曲线呈不对称形状,正向加载的曲线更为饱满。试件开裂以前,滞回环接近直线。试件开裂至屈服阶段,滞回环逐渐偏离原来的直线形,包含的面积逐渐扩大。正向加载时,曲线由 S 形逐渐过渡到弓形,显示出现浇混凝土节点的滞回特征。负向加载时,曲线比较陡峭,试件变形恢复能力较强,表现出明显的预应力混凝土节点的滞回特征。

试件 1 的最大楼层转角达到 0.049,结构变形能力良好。构件达到屈服以后,随着梁端位移的增加,试件承载力一直在增加,梁端位移达到 100 mm 时,在该位移下的第二次循环承载力下降至峰值点的 85% 以下,试件破坏,残余变形较大。

试件 2 的最大楼层转角为 0.037,变形能力与试件 1 相比较为不足。在梁端位移达到 75 mm 时的第二次循环时,承载力已经下降到最大承载力的 85% 以下,构件破坏,最终残余变形小于试件 1。试件 2 的屈服荷载大于试件 1 的屈服荷载。

试件 3 的最大楼层转角为 0.037,屈服荷载小于试件 1 和试件 2,骨架曲线带有明显的下降段。试件 3 屈服后,滞回环面积逐渐增大,但由于普通耗能钢筋的面积小于试件 1 和试件 2 的,滞回环的面积也较小。

（3）骨架曲线

三个试件的骨架曲线如图 4-18 所示。三个试件均经历了开裂—屈服—破坏三个主要阶段。普通耗能钢筋仅配置在梁截面上部,正向加载的承载力大于负向加载的承载力。

（4）刚度及其退化

刚度退化是结构动力性能的重要特点之一,试件的刚度采用割线刚度的形式进行比较,见图 4-19。

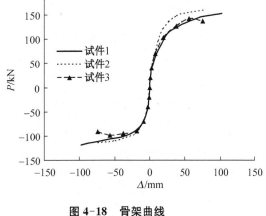

图 4-18　骨架曲线

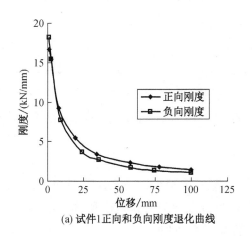

(a) 试件1正向和负向刚度退化曲线　　(b) 试件2正向和负向刚度退化曲线

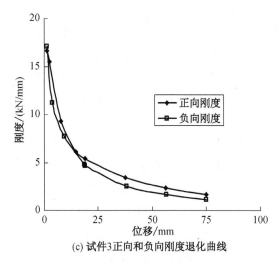

(c) 试件3正向和负向刚度退化曲线

图 4-19 试件刚度退化曲线

可以看出,三个试件的初始刚度比较接近,负向加载时的刚度退化比正向加载时的刚度退化速度要快。预应力的存在,提高了构件的刚度,预应力越大,构件刚度提高越大。

（5）节点延性

延性是衡量结构抗震性能的重要指标之一,构件或者结构延性常用位移延性系数表示,即极限位移与屈服位移之比。三个试件的位移延性系数见表 4-5。

表 4-5 试件位移延性系数

试件编号	加载方向	等效屈服位移 Δ_y(mm)	极限位移 Δ_u(mm)	位移延性系数 μ_Δ
试件 1	正向	24.8	100	4.03
	负向	20.0	100	5.0
试件 2	正向	19.4	75	3.87
	负向	20.0	75	3.75
试件 3	正向	19.0	75	3.95
	负向	18.7	75	4.01

试件 1~试件 3 的位移延性系数在 3.75~5.0 之间,表现出较好的延性。三个试件的延性大小关系为:试件 1＞试件 3＞试件 2,说明截面初始压应力越大,构件的延性越低。

（6）试件的耗能性能

结构在地震荷载作用下的耗能能力常用等效黏滞阻尼系数表示,即滞回曲线一周所耗散的能量与假想的弹性直线在达到相同位移时所包围的面积之商乘以系数 $1/(2\pi)$。三个试件在屈服、达到峰值和破坏时的等效黏滞阻尼系数见表 4-6。

表 4-6　试件的等效黏滞阻尼系数

试件编号	屈服时 h_{e1}	峰值荷载时 h_{e2}	破坏荷载时 h_{e3}
试件 1	6.5%	9.6%	10.1%
试件 2	5.6%	9.1%	9.3%
试件 3	5.8%	8.2%	7.9%

由表 4-6 可以看出：

① 随着位移的增加，等效黏滞阻尼系数逐渐增大，表明构件的耗能能力随着加载位移的增加逐渐增强。

② 试件 1 的等效黏滞阻尼系数最大，耗能能力最强。试件 2 与试件 1 相比，只有预应力度较高，但等效黏滞阻尼系数较小，说明预应力度降低耗能能力。

③ 试件 3 的耗能钢筋面积仅为试件 1 和试件 2 的 2/3，但由于其普通钢筋的无粘结段长度较短，屈服后应变增长率大于试件 1 和试件 2，所以最终试件 3 的耗能能力并没有降低太多，仅比试件 1 下降约 20%，比试件 2 下降约 10%。所以，合理优化普通钢筋的配筋率和无粘结段长度以及初始预应力的大小，可以改善不对称混合连接的耗能能力。

4）主要结论

通过对三个不对称混合连接试件的低周反复荷载试验研究，可以得出以下结论：

（1）试验结束时，试件 1～试件 3 的层间位移角分别为 0.049、0.037、0.037，说明不对称混合连接具有较强的变形能力。通过合理的设计，可以使得该连接的破坏呈现为梁铰机制破坏。试验中未观察到接触面有剪切滑移，说明在不设置牛腿的情况下，该连接能够依靠摩擦力满足抗剪要求。

（2）试件的开裂荷载大小主要与截面混凝土的初始有效预压应力有关，普通钢筋的不对称配置对正向加载和负向加载的开裂荷载影响较小。增加初始预应力能够提高试件的屈服荷载。

（3）由于预应力的作用，三个试件的残余变形较小，滞回曲线均有明显的捏缩现象。预应力的存在，提高了构件的刚度，预应力越大，构件刚度提高越大。

（4）由于普通耗能钢筋的不对称配置，三个试件的滞回曲线均呈现明显的不对称形态。正向加载时，曲线相对饱满，耗能能力较强；负向加载时，曲线比较狭窄，耗能能力较差，三个试件的最大等效黏滞阻尼系数在 8%～10% 之间。

（5）试件的初始预应力大小、普通耗能钢筋的配筋率和无粘结段长度均对试件的延性、耗能能力有影响，优化普通耗能钢筋的配筋率与无粘结段长度可以提高不对称混合连接的耗能能力。

4.3　钢绞线锚入式预制混凝土梁柱连接技术研究

一般预制梁底部钢筋锚固于节点区的连接往往存在着梁纵筋与柱纵筋或者梁纵筋之

间相互干扰的问题。为了避免这个问题,在工厂生产预制构件时就需要采取额外的措施保证钢筋之间相互错开,或者直接改变构件的截面尺寸和钢筋的布置位置,这就增大了制作和建造的精度要求,提高了构件预制加工的难度,增加了生产的成本。钢筋位置的微小偏差可能导致预制构件之间无法良好地连接,影响结构连接的质量。这些问题增大了预制混凝土框架结构的应用难度,成为了预制混凝土框架结构应用的障碍。

为解决这些问题,课题组提出一种钢绞线锚入式预制混凝土梁柱连接技术,该连接特点如下:预制梁上部同楼板一起进行叠合现浇,梁下半部分采用先张法预制预应力梁形式;梁端预留键槽,为了使节点在反复荷载作用下,塑性铰外移离柱面一段距离,键槽部分箍筋在按抗震设计要求加密的基础上进一步加密,一般采用间距 50 mm;钢绞线在键槽内部分和伸出预制梁部分为无预应力段,端部通过压花机形成压花锚;为了提高梁端混凝土抗裂性能,下部架立筋采用普通带肋钢筋,但在键槽端面处,增设一段局部无粘结段。预制梁构造形式见图 4-20。

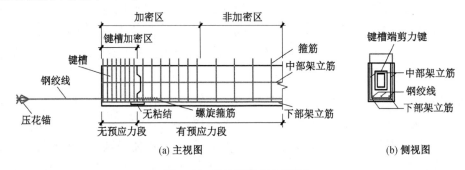

图 4-20　预制梁构造示意图

节点拼装示意图见图 4-21。带压花锚的钢绞线根据锚固长度需要,可伸入节点核心区内或者对面预制梁的键槽内进行锚固;在节点拼装时,附加两端带扩大头的直钢筋,结合下部架立筋增设无粘结段的措施,使得键槽端面新老混凝土结合处成为相对强度最低的地方,拟实现塑性铰的外移;最后通过后浇混凝土实现梁柱节点的整体连接。

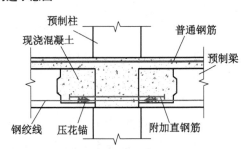

图 4-21　钢绞线锚入式预制混凝土梁柱连接整体拼装

1) 试验研究

为了研究该连接的抗震性能以及检验部分构造措施的有效性,进行了包括现浇对比试件在内的五个节点低周反复足尺试验。五个连接试件的类型见表 4-7。

试验节点外形和截面尺寸均相同:柱截面为 550 mm×550 mm,总柱长 1 950 mm;梁截面为 550 mm×300 mm,梁长 2 000 mm。梁、柱构件采用 C40 混凝土,梁、柱纵向钢筋均采用 HRB335 级普通钢筋,箍筋采用 HRB235 级钢筋,预制梁钢绞线采用 1860 级12.7 mm的七股钢绞线。

表 4-7   五个试件的类型

构件编号	构件类型	详细说明
XJ1	现浇构件	普通钢筋混凝土对比试件
YZ2	预制构件	钢绞线锚入式预制预应力梁与预制柱连接
YZ3	预制构件	下部构造钢筋缺少无粘结段
YZ4	预制构件	缺少附加直钢筋
YZ5	预制构件	下部构造钢筋缺少无粘结段,同时缺少附加直钢筋

现浇构件 XJ1 和预制构件 YZ2 的配筋见图 4-22。

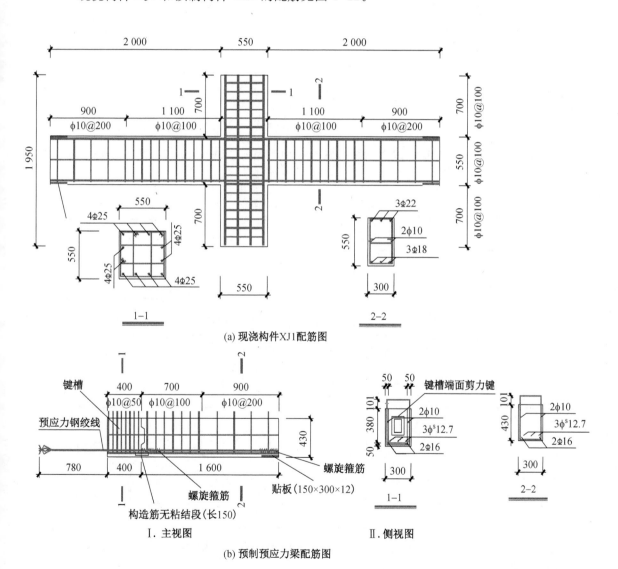

(a) 现浇构件XJ1配筋图

Ⅰ. 主视图   Ⅱ. 侧视图

(b) 预制预应力梁配筋图

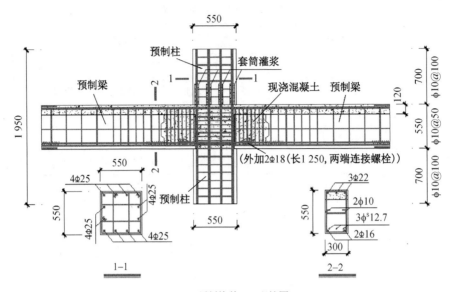

(c) 预制构件YZ2配筋图

图 4-22 现浇对比构件 XJ1 和预制构件 YZ2 配筋图

试件材料力学性能在东南大学结构试验室和工程力学试验室测定,结果见表 4-8 和表 4-9。

表 4-8 混凝土的力学性能

混凝土批次	设计强度	f_{cu}^0(MPa)	E_c(MPa)
第一批	C40	51.5	34 781.4
第二批	C40	42.7	33 193.4

表 4-9 普通钢筋及预应力钢绞线力学性能

钢筋等级	直径 (mm)	屈服强度 (MPa)	极限强度 (MPa)	弹性模量 ($\times 10^5$ MPa)	断后伸长率(%)
HRB335	16	372	535	2.00	29.40
HRB335	18	368	528	2.00	28.89
HRB335	22	359	539	2.00	28.24
HRB335	25	350	547	2.00	26.40
HRB235	10	317	458	2.10	22.50
钢绞线	12.7	1 620	1 927	1.95	4.57

低周反复荷载试验在东南大学混凝土及预应力混凝土结构教育部重点实验室进行,试验加载装置示意图见图 4-23。

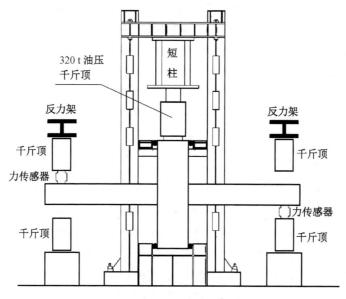

图 4-23 试验加载装置示意图

在试验中,通过 320 t 油压千斤顶保持柱轴力恒定不变。在梁端通过千斤顶施加竖向反对称低周反复荷载,来模拟地震荷载,向上为正,向下为负。试验加载分力控制阶段和位移控制阶段,在屈服之前以力控制加载,每级循环一次。当向下加载的力-位移曲线出现斜率变化时,认为构件屈服,将此时的位移作为屈服位移,进入位移控制阶段,此后以屈服位移的倍数作为每级加载的控制位移,每级循环三次。试件承载力下降到极限承载力的 85% 以下时,认为试件破坏,停止加载。

2) 试验现象

现浇对比构件 XJ1 的一端向上荷载加载至 35 kN 时,在该端距梁柱结合面大约 5 cm 处,下部首先出现裂缝,加载到 60 kN 时,在梁根部发现了肉眼能识别的竖向裂缝。当荷载达到 90 kN 循环时,在距梁柱结合面 5 cm 处,上下裂缝相贯通。随着加载的进行,裂缝分布逐渐向加载端方向扩展,裂缝开展方向逐步倾斜。进行 2Δ 第一次循环时,梁根部下端出现受压裂缝。3Δ 第一次循环后,梁根部下端混凝土少许剥落,节点核心区下边缘出现水平向裂缝,核心区出现大致呈 45° 方向的交叉裂缝。4Δ 循环加载过程中,梁根部下端混凝土大块脱落,混凝土损坏掉落严重,露出了下部纵向钢筋,荷载下降。进行 5Δ 第二次循环时,下部钢筋被拉断,加载终止。

预制构件 YZ2 加载至 24 kN 时,在距离梁柱结合面约 40 cm 处(键槽端部附近),梁下部出现了自下而上的裂缝。加载至 32 kN 时,仍在距梁柱结合面约 40 cm 处,出现自上向下的裂缝,加载至 36 kN 时,在距梁柱结合面约 3 cm 处出现自上向下的裂缝。与现浇节点加载现象类似,随着加载进行,裂缝逐渐扩展,梁的预应力段,下部出现的裂缝比上部裂缝出现得晚。进入位移控制加载以后,进行 1Δ 循环时,节点核心区下边缘出现横向裂缝。进行 2Δ 第一次循环加载时,节点核心区出现交叉裂缝,柱下端出现横向裂缝。进入

3Δ循环后,节点核心区上边缘出现横向裂缝,梁根部下端混凝土出现横向受压裂缝,有少许剥落。4Δ第一次循环结束后,梁根部下端混凝土大块剥落,4Δ第二次循环后,梁根部下端键槽侧壁有少许脱落,露出下部钢绞线及构造钢筋,加载过程中,可发现钢绞线受压时有蓬松散开的现象。加载至5Δ第二次循环时,荷载下降,加载即告终止。试验完成后,凿开梁根部下端混凝土及键槽侧壁混凝土观察发现,钢绞线蓬松散开部位为另一侧梁钢绞线压花锚的锚固位置,如图4-24(f)所示。

YZ3加载现象与YZ2现象类似。加载至26 kN时,在距离梁柱结合面约40 cm处,梁下部出现了自下而上的细小裂缝。当进行90 kN循环时,节点核心区下边缘已出现横向裂缝。进行1Δ第一次循环时,节点核心区对角线下方约15 cm处出现斜向裂缝。进行3Δ第一次循环时,节点核心区上边缘以及柱下端出现横向裂缝。4Δ第一次循环结束后,梁根部下端混凝土同样大块剥落。进行4Δ第三次循环时,荷载下降。为了了解此后的性能,进行5Δ的一次循环试加载,发现向上的荷载值明显降低,加载即告终止。

YZ4节点加载荷载达到23 kN时,同样在距离梁柱结合面约40 cm处,梁下部即出现自下而上的裂缝。进入位移控制加载后,进行2Δ第一次循环时,梁根部下端混凝土出现横向受压裂缝。进行3Δ第一次循环时,节点核心区出现斜向约45°方向的交叉裂缝,加载梁根部下端混凝土少量剥落。进行3Δ第二次循环时,梁下表面大块混凝土剥落。进行4Δ第一次循环时,梁下端键槽侧壁开始脱落,露出内部钢绞线,在后续加载的过程中,同样可以观察到钢绞线在受压时蓬松散开,受拉时恢复原状的现象。加载至4Δ第三次循环时,荷载已显著降低,停止加载。

YZ5节点试验现象与YZ4节点无显著差别,距离梁柱结合面约40 cm处最早出现自下而上的开裂荷载,其值为25 kN。同样在4Δ循环时,梁下端键槽侧壁脱落,能够观察到钢绞线受压时蓬松散开,受拉时恢复原状的现象,同时能够看到钢绞线散开处有一根钢丝断裂。进行5Δ加载时,向下加载的荷载值下降不明显,但向上加载的荷载值下降非常明显,加载终止。

试件的破坏形态如图4-24所示。

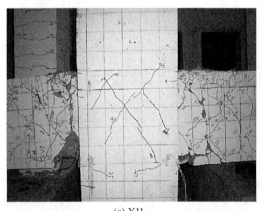 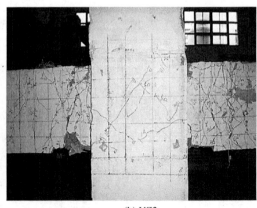

(a) XJ1　　　　　　　　　　　　　　　(b) YZ2

(c) YZ3

(d) YZ4

(e) YZ5

(f) 钢绞线蓬松散开情况

图 4-24　试件破坏形态

3）试验结果分析

（1）滞回曲线

五个试件的滞回曲线如图 4-25 所示。

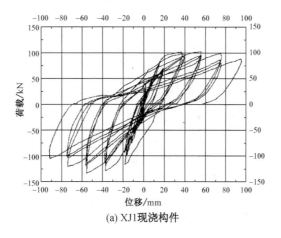

(a) XJ1 现浇构件

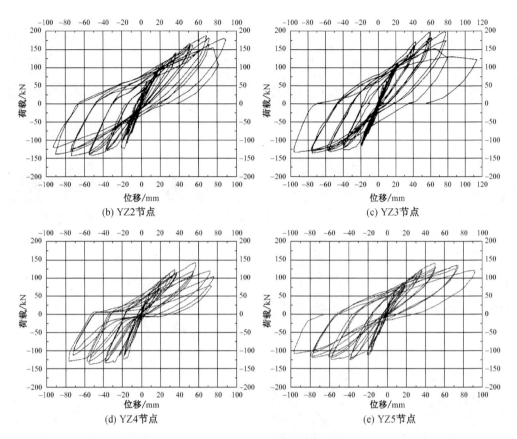

图 4-25　试件滞回曲线

五个试件的滞回曲线分析如下：

① XJ1 现浇对比试件在加载初期，滞回环接近于直线，耗能极小。随着加载荷载增大，裂缝逐渐展开，残余变形逐渐变大，滞回环开始呈现梭形形状。加载 100 kN 时，向上加载的曲线出现明显的屈服平台段，说明试件向上加载已经屈服。位移控制后，曲线形状呈现耗能较好的饱满梭形形状。从 4Δ 循环加载开始，曲线开始出现少许捏缩现象，滞回环呈现出反 S 形。总体来说，XJ1 试件作为现浇节点，其滞回曲线非常饱满，耗能较好。

② YZ2 试件和 YZ3 试件的主要区别在于试件架立筋是否有局部无粘结段。二者滞回曲线形状较为接近，荷载控制阶段，向上和向下加载的曲线形状相似。进入位移控制以后，滞回曲线向上部分和向下部分有明显区别。向下加载时，曲线有屈服平台段，呈现梭形形状；向上加载时，由于钢绞线没有屈服平台，加载曲线呈直线状，卸载曲线形状则接近普通钢筋混凝土试件，但残余变形相对较小。概括来说，YZ2 和 YZ3 试件的滞回曲线下半部分为梭形，上半部分呈现弓形，捏缩效应相对较大。

③ 由于 YZ2 和 YZ3 试件的梁端箍筋较密，对梁端混凝土环向约束较好，相比于 XJ1 现浇构件，YZ2 和 YZ3 试件向下加载时的滞回曲线较为饱满，未出现反 S 形曲线，说明 YZ2 和 YZ3 向下加载的滞回耗能较好。

④ YZ4 和 YZ5 试件的滞回曲线总体形状与 YZ2 和 YZ3 的曲线相近，但由于没有附

加直钢筋,其荷载极值较 YZ2 和 YZ3 要低很多,且上、下两个方向的每次循环极值在 4Δ时,都开始下降。

⑤ YZ5 试件从 3Δ 第二次循环开始,滞回曲线下半部分出现少许捏缩。YZ4 试件滞回曲线下半部分从 3Δ 第一次循环开始,便开始有少量捏缩,上半部分从 4Δ 第一次循环开始,有少量捏缩。YZ4 试件相对于 YZ5 试件,其滞回曲线耗能相对较差。

（2）骨架曲线

五个试件的骨架曲线如图 4-26 所示。

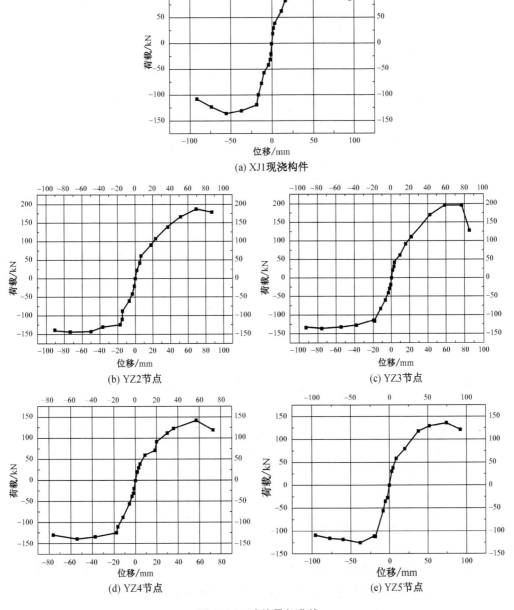

(a) XJ1现浇构件

(b) YZ2节点

(c) YZ3节点

(d) YZ4节点

(e) YZ5节点

图 4-26　试件骨架曲线

研究试件的骨架曲线,可以发现:

XJ1 节点为典型的现浇构件骨架曲线,经过了弹性—屈服—极限的过程,从屈服到极限破坏有着较长的发展过程,延性较好。YZ2 和 YZ3 试件骨架曲线类似,相对于现浇构件,向下加载破坏的荷载值下降不明显,表现较好。而向上的曲线没有明显的屈服点,并且荷载值随着位移值的增加一直上升,直到破坏时才开始下降。同样,YZ4 和 YZ5 试件向下的骨架曲线形状与现浇构件非常相像,向上的骨架曲线与 YZ2 和 YZ3 类似,但极限荷载值相对于 YZ2 和 YZ3 较小。

(3)强度和延性

预制节点向下加载时,主受拉筋为上部普通钢筋,从荷载-位移曲线上可以明显看出拐点,屈服位移和屈服强度可直接判断出。当预制节点向上加载时,钢绞线主要受拉,向上的荷载-位移曲线上无明显的拐点,故只能对骨架曲线上半部分进行分析,确定向上加载屈服位移和屈服强度。此处采用常见的几何作图法来确定,作直线 OA 与曲线初始段相切,与过 U 的水平线交于 A 点;作垂线 AB 与曲线交于 B 点,连 OB 并与水平线交于 C 点,作垂线 CY 与曲线交于 Y 点,即为屈服点。

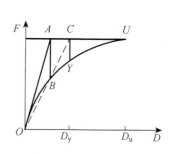

图 4-27 屈服点确定

延性采用位移延性系数来表示,各试件的强度和延性见表 4-10。

表 4-10 强度(kN)、位移(mm)及延性系数表

构件编号	加载方向	屈服强度 F_y	峰值强度 F_{max}	强屈比 F_{max}/F_y	屈服位移 D_y	极限位移 D_u	延性系数 D_u/D_y
XJ1	向上	85.34	101.27	1.19	16.69	94.99	5.69
	向下	118.47	135.25	1.14	18.3	82.61	4.51
YZ2	向上	126.73	187.23	1.48	31.52	86.89	2.76
	向下	124.68	143.4	1.15	17.5	90.76	5.19
YZ3	向上	136.57	195.34	1.43	30.95	80.0	2.58
	向下	119.15	136.74	1.15	19.5	92.81	4.76
YZ4	向上	102.09	141.97	1.39	24.99	71.40	2.86
	向下	120.70	138.31	1.15	15.93	76.38	4.79
YZ5	向上	96.44	141.13	1.46	22.71	92.09	4.06
	向下	103.5	124.93	1.21	16.29	96	5.89

从表 4-10 可知:

各试件向下加载的屈服强度及峰值强度相差不大,说明在本试验中,向下加载时,下部混凝土受压时起主要作用,下部配筋受压对节点承载力影响不大。向上加载时,钢绞线

受拉力,节点承载力均有较大提高,其中由于 YZ2 节点和 YZ3 节点有附加直钢筋,相对于 YZ3 节点和 YZ4 节点而言,其承载力提高最大达 38.4%。向上加载时,预制节点强屈比较大,最大达 1.48,与现浇节点相比提高 24.4%,说明从强度的角度来说,预制节点安全储备较大。

向下加载时,预制节点的延性较好,与现浇节点相当。向上加载时,预制节点的极限位移值 D_u 与现浇节点相比较小,说明预制节点在破坏时所能达到的变形值与现浇节点相比略有不足。根据几何作图法确定预制节点的屈服位移 D_y,其值大于现浇节点,且差别较大,位移延性系数受极限位移值和屈服位移值的影响,预制节点向上的延性系数均小于现浇节点,除 YZ5 节点达到 4.06,其他预制节点均在 3 以下。

(4) 刚度退化

试件的刚度可用割线刚度来表示,刚度退化曲线如图 4-28 所示。

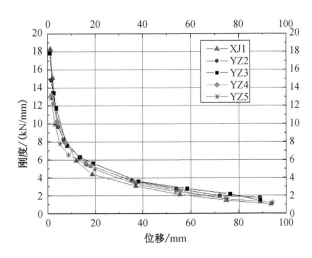

图 4-28 试件刚度退化曲线

由图 4-28 可知:五个试件的退化刚度曲线总体趋势一致,在初始阶段,刚度退化较快,进入屈服以后,刚度退化逐渐变缓。在弹性阶段,所有预制节点的刚度值小于现浇节点,说明就初始刚度而言,预制试件不如现浇构件。屈服以后,预制试件刚度值均大于现浇节点,说明预制梁端键槽段的箍筋加密以及钢绞线应力的增加能够提高试件屈服后刚度。YZ2 和 YZ3 的刚度值大于 YZ4 和 YZ5 的,说明附加直钢筋在一定程度上能够提高预制试件的刚度。

(5) 能量耗散能力

试件的能量耗散能力以试件的累计耗能和等效黏滞阻尼系数来表示,试件的总累计耗能和等效黏滞阻尼系数见图 4-29。

由图 4-29 可知:在加载前期,现浇节点的耗能较预制节点的要大,在加载后期,YZ2 和 YZ3 节点的耗能上升趋势较快,接近破坏时,总体累积耗能值甚至超过现浇构件,说明 YZ2 和 YZ3 节点在地震中接近极限状态时,消耗的能量有较大的提高。YZ4

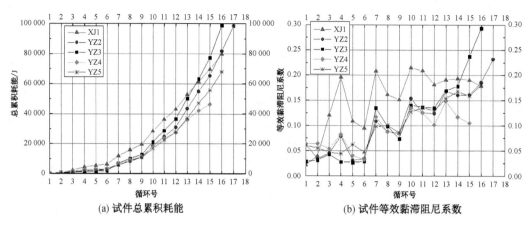

(a) 试件总累积耗能　　　　　　　(b) 试件等效黏滞阻尼系数

图 4-29　试件耗能能力

和 YZ5 节点耗能能力较 YZ2 和 YZ3 节点耗能均要差,说明附加直钢筋能显著提高节点耗能能力。

从等效黏滞阻尼系数图上可以看出,现浇节点构件等效黏滞阻尼系数总体均大于预制节点的,有着较强的耗能能力,从 4△ 循环开始,等效黏滞阻尼系数下降,此时滞回曲线出现捏缩现象。预制节点等效黏滞阻尼系数呈现阶梯上升的趋势,即耗能能力随着位移的增加而逐渐增强。四个预制构件等效黏滞阻尼系数在第 13 循环之前较接近,说明在加载的中前期,预制试件耗能能力相差不大。试件临近破坏时,YZ2 和 YZ3 节点等效黏滞阻尼系数上升较大,说明 YZ2 和 YZ3 构件在临近破坏时,其耗能能力有较大增强。

4) 试验有限元分析

本节选用非线性分析能力较强的大型通用有限元软件 ABAQUS 对试验构件作数值分析,由于试验结果显示,有无架立筋无粘结段对构件的受力性能影响不大,故本节仅分析现浇构件 XJ1 及无架立筋无粘结段的预制构件 YZ3 和 YZ5,并与试验结果对比。

(1) 有限元模型建立

混凝土材料模型采用混凝土损伤塑性模型和我国《混凝土结构设计规范》(GB 50010—2010)附录建议的混凝土本构模型,利用 C3D8R 实体减缩积分单元模拟混凝土部分,钢筋及钢绞线的应力-应变关系均采用双折线随动强化模型,利用三维二节点线性桁架单元 T3D2 模拟钢筋和钢绞线,柱下端面采用不动铰支座,上端面约束柱截面中心线在节点平面内的水平位移,同时为了避免应力集中,在柱上下端面及梁端加载处设置了刚性垫片。考虑试验的特点和计算效率,本次分析采用单向荷载作用下的荷载-位移曲线与试验骨架曲线进行对比,以试验实际位移对模型进行位移加载,建立的有限元模型如图 4-30 所示。

(2) 计算结果分析比较

经 ABAQUS 软件单调加载计算后所得的荷载-位移曲线与试验荷载-位移滞回曲线的骨架曲线如图 4-31 所示。

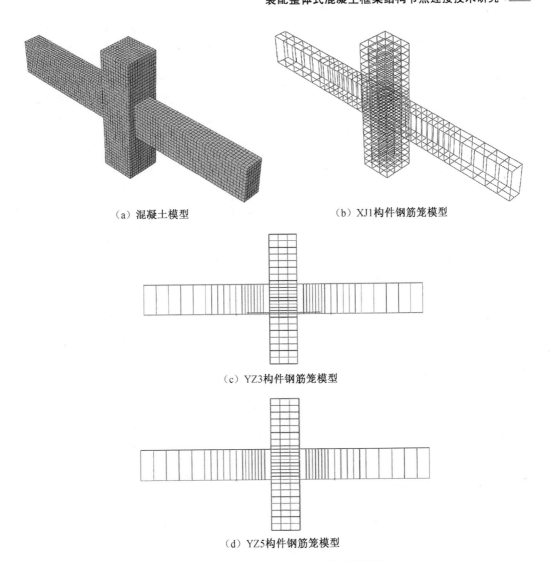

（a）混凝土模型　　　　　　　　（b）XJ1构件钢筋笼模型

（c）YZ3构件钢筋笼模型

（d）YZ5构件钢筋笼模型

图 4-30　混凝土模型及各构件钢筋笼模型

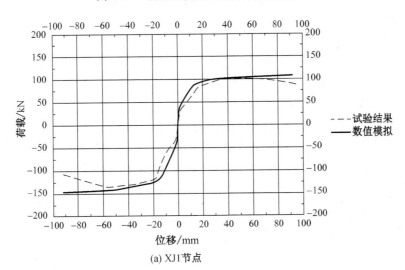

（a）XJ1节点

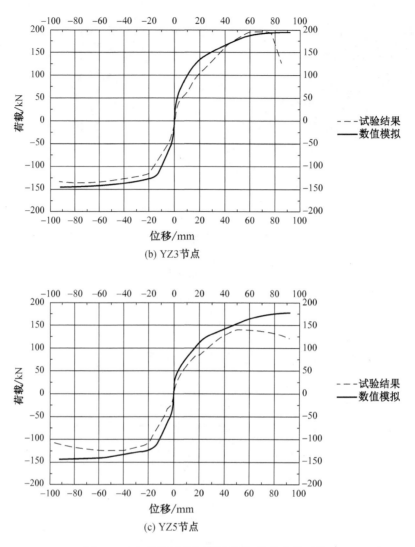

(b) YZ3节点

(c) YZ5节点

图 4-31　各构件计算与试验荷载-位移曲线对比

由图 4-31 可以看出,计算得到的荷载-位移曲线总体趋势与试验所得的骨架曲线较接近,计算所得的屈服荷载比试验值略大,屈服位移略小,刚度比试验值略大,XJ1 节点和 YZ3 节点向上加载的峰值荷载值与试验值较接近,其他峰值荷载均是计算值大于试验值。出现这种偏差的主要原因在于节点经历低周反复荷载循环作用,损伤逐渐累积,随着混凝土开裂加剧和局部压碎、节点附近钢筋与混凝土粘结退化、钢筋反复拉压的包辛格效应等各类非线性因素的影响越来越显著,这些因素对节点刚度及极限承载力等都有一定的削弱作用。而计算分析时将钢筋单元嵌入混凝土单元中,钢筋节点的自由度由周围混凝土单元节点自由度的内插值进行约束,两者共同变形,无滑移,这种方法一定程度上能改善模拟计算的效果,但难以准确模拟实际结构受力中钢筋与混凝土发生严重粘结滑移时试件刚度及位移的变化。

计算所得的三个节点向下加载的曲线差别不大,向上加载时,梁下部受力筋存在着较大差别,XJ1 现浇节点为普通钢筋,YZ3 节点为钢绞线与附加直钢筋混合受力,YZ5 节点为钢绞线单独受力。可以看出,普通钢筋作为受力筋,节点荷载-位移曲线存在着较长的屈服平台段,而有钢绞线受力时,荷载随着位移持续增长,刚度在退化,但平台段较小,这与试验结果较接近。总体来说,计算所得的荷载-位移能够客观反映各节点试件的受力性能。

等效塑性应变(Equivalent Plastic Strain,PEEQ)表示整个加载过程中混凝土塑性损伤的累积结果,压缩等效塑性应变 PEEQ 大于 0 表明混凝土材料发生了屈服,其能直观地反映试件的破坏形态。

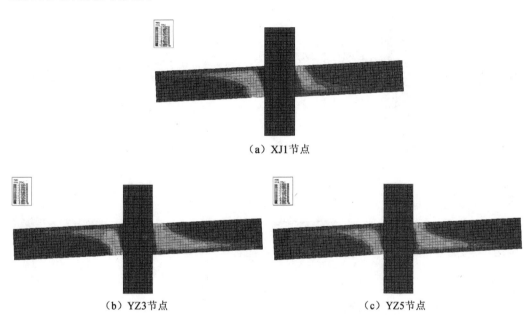

(a) XJ1 节点

(b) YZ3 节点   (c) YZ5 节点

图 4-32   各节点试件等效塑性应变云图

由等效塑性应变云图可以看出,各试件的塑性应变主要集中发生于梁根部,这与试验结果较接近,节点破坏表现为梁铰破坏机制。对于 XJ1 现浇构件,向下加载的极限荷载值大于向上加载的极限荷载值,相应的塑性破坏区更大,YZ3 节点和 YZ5 节点则相反,向上加载的塑性破坏区较大,向下加载的塑性破坏区较小,而 YZ3 节点相对于 YZ5 节点向上加载的塑性破坏区更大,YZ3 节点相对于 YZ5 节点的极限承载力更大,说明极限承载力的大小与混凝土塑性破坏有着直接的关系,塑性破坏较大的节点更能够发挥出节点的承载潜力。

ABAQUS 的损伤塑性模型在材料积分点处不会演化出现裂纹,但可以通过塑性应变(PE)来反映裂纹的开展情况。塑性应变表示应力超过混凝土的抗拉强度,并且产生裂缝。其中最大主拉塑性应变云图可直观地反映裂缝的分布情况,其数值可以间接反映混凝土宽度的大小。三个节点在屈服和极限时的裂缝开展情况如图 4-33 所示。

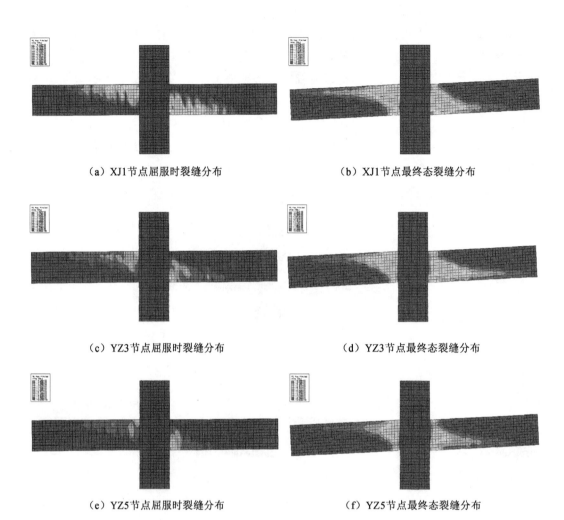

（a）XJ1节点屈服时裂缝分布　　　　　　　（b）XJ1节点最终态裂缝分布

（c）YZ3节点屈服时裂缝分布　　　　　　　（d）YZ3节点最终态裂缝分布

（e）YZ5节点屈服时裂缝分布　　　　　　　（f）YZ5节点最终态裂缝分布

图4-33　各节点试件裂缝分布形态

从图4-33可以看出,计算所得的各构件裂缝分布比较相似,在屈服时,裂缝主要为受弯裂缝分布,而最终破坏状态时,出现大量斜裂缝,这与试验现象相近。YZ3与YZ5节点向上加载产生的裂缝分布较现浇构件XJ1要大,这与其极限承载力的提高有关。

由于钢绞线应力较大,影响普通钢筋应力分布的观察,为了有效区别及方便显示,本节仅显示普通钢筋的Mises应力云图,节点最终形态钢筋笼的应力分布情况如图4-34所示。

从图4-34中可以看出,各构件梁端部钢筋应力较大,三个节点构件主要受拉纵筋均出现了较长的屈服段,YZ3节点的附加直钢筋有较大的屈服,较好地发挥了附加直钢筋的作用,YZ3节点和YZ5节点下部架立筋也有着一定的应力分布,说明其也会参与节点受力,有助于限制梁下部的裂缝开展。梁根部箍筋均有较大的应力分布,一些部位出现了屈服,说明节点在破坏时,箍筋约束力较大,对于延缓混凝土完全破坏有着较大的作用,在梁端进一步加密箍筋是有必要的。

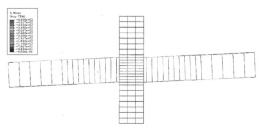

（a）XJ1节点最终态钢筋笼应力云图

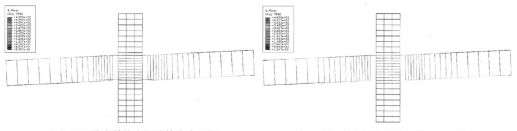

（b）YZ3节点最终态钢筋笼应力云图　　　（c）YZ5节点最终态钢筋笼应力云图

图4-34　各节点试件钢筋笼应力云图

5）参数变化分析

在上述模拟分析的基础上，通过节点核心区与键槽区混凝土等级的变化以及附加钢筋直径的变化，对改变参数的新型预制混凝土框架梁柱节点进行数值模拟计算，主要对比分析向上加载的荷载-位移曲线同原有曲线的区别；分析核心区与键槽区混凝土等级影响时，将其提高到C45和C50，其他参数不变；分析不同附加筋直径时，增大附加筋直径为22 mm 和 25 mm，其他参数不变。

由图4-35 和图4-36 可以看到，提高节点核心区以及梁端键槽区混凝土强度或者增大附加直钢筋的直径能够在一定程度上改善节点受力性能，在中间阶段，提高上述参数，

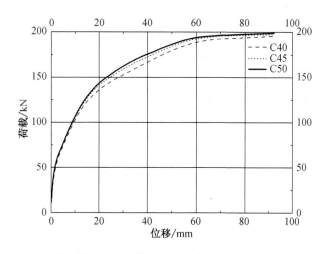

图4-35　节点核心区和键槽区不同混凝土强度荷载-位移对比图

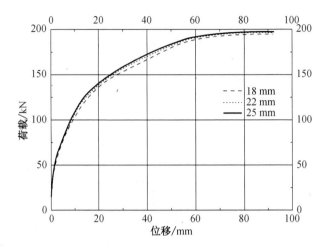

图 4-36 不同附加筋直径荷载-位移曲线对比图

节点刚度有了较显著的提高;但在初始弹性阶段,荷载-位移曲线几乎重合,在极限状态,极限荷载相差也不大,说明在初始弹性阶段以及极限状态,上述参数的变化对节点的受力性能影响有限。

6) 主要结论

通过五个足尺试件的低周反复荷载试验和有限元计算分析,可以得到以下结论:

① 预制节点梁端承受向上的荷载时,钢绞线作为主受拉筋,其滞回曲线饱满程度不如现浇节点。预制构件向上的骨架曲线不存在明显的屈服平台段,其极限承载力相对于现浇构件提高较多。预制节点的刚度退化、滞回耗能、等效黏滞阻尼系数在中前期不如现浇构件,但在加载后期,预制节点的上述指标提高较大,部分指标超过现浇构件,说明预制节点有着较大的安全储备。

② 向下加载时,预制构件的各项性能指标与现浇构件相当。向上加载时,钢绞线作为受拉钢筋受力,预制构件的变形能力与现浇构件相比略显不足。而通过作图法获得的屈服位移比现浇构件大,计算所得的位移延性系数较小。

③ 通过预制构件之间的试验结果比较分析,可以发现附加直钢筋的存在对预制节点的极限承载力、刚度、耗能能力均有提高,说明在增设附加钢筋对构件抗震性能是有益的。而下部架立筋增设局部无粘结段对预制构件的抗震性能影响不大,可以去掉该措施。

④ 利用 ABAQUS 软件对试验中的三个节点进行非线性有限元分析并与试验值对比。分析表明:利用混凝土损伤塑性模型分析钢筋混凝土节点能够客观反映试件受力性能;下部架立筋的存在能够起到限制裂缝开展的作用,梁端键槽段箍筋进一步加密是必要的;提高节点核心区及键槽区混凝土强度或者增大附加筋直径能够在一定程度上提高节点刚度,但影响有限。

4.4　新型梁端底筋锚入式预制梁柱连接节点技术研究

　　为提高梁端底筋锚入式预制梁柱连接节点生产和建造效率,有效缓解伸出底筋造成的相互碰撞的问题,普遍从大直径大间距的思路出发来改进装配式混凝土框架梁柱连接的构造形式,即提高预制梁底部伸出钢筋的直径,减少底部伸出钢筋的根数,钢筋与钢筋之间的距离也相应加大,从而降低了伸出钢筋互相碰撞和干扰的概率。

　　在 25 层的南通海门龙信老年公寓大楼中应用了一种新型预制混凝土框架的锚固与附加钢筋搭接混合连接,其具有良好的结构性能,且便于工厂生产和现场施工,取得了较好的效果。该连接方式的特点如下:柱采用预制混凝土形式,预制叠合梁端留有 U 形键槽,梁下部底筋从键槽底壁伸出,保证锚固长度,在现场拼装时,伸出的底筋进入节点核心区,并且在梁端键槽中增设 U 形钢筋,最后现浇混凝土形成整体连接,如图 4-37 所示。该新型连接预制梁下部纵筋采用大直径大间距的方式改善制造和施工的便利性,仅保留两根钢筋伸出梁端锚入节点核心区,并且主要依靠梁底部的钢筋锚固来保证连接节点整体的抗震性能,附加 U 形钢筋作为辅助手段进一步提高和改善结构性能。

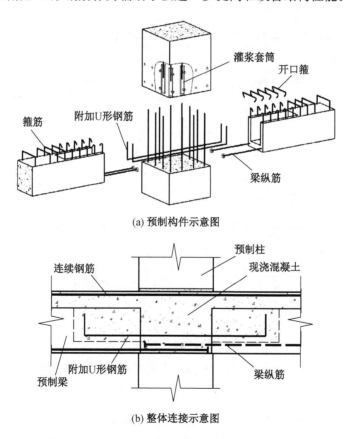

(a) 预制构件示意图

(b) 整体连接示意图

图 4-37　新型锚固与附加钢筋搭接混合连接示意图

装配式混凝土结构的施工相对于现浇混凝土而言,精度要求高,容许现场调整的误差小,从而导致了生产和建造总成本的上升,同时影响了进度。若增加预制混凝土构件现场施工的灵活性,特别是预制构件钢筋分布的可变动性,将大大降低装配式混凝土现场安装的难度,提高现场施工的速度,从而减少制作和建造的总成本,进一步增强预制混凝土的应用优势。

为了实现上述目的,课题组提出一种部分高强筋预制装配式框架梁柱连接形式。该连接构造形式如图 4-38 所示,其特点如下:柱可采用预制或现浇形式,预制柱通过竖向钢筋灌浆套筒连接,梁采用叠合现浇形式,梁上半部分与楼板一起现浇,梁端预留 U 形键槽,梁下部受力钢筋采用具有一定柔性的 12 mm、14 mm 和 16 mm 小规格 600 MPa 级热处理带肋高强钢筋,根据需要可设置一层或者两层高强筋在梁连接端伸出,向上弯起形成弯钩,伸出部分侧弯避开柱主筋,锚固于节点核心区内,再后浇混凝土形成预制件的整体连接。为改善该连接的抗震性能,在梁端键槽内部增设环绕高强筋的小型矩形封闭箍筋,形成内部芯梁,用以提高键槽区下部混凝土承载力及变形能力。

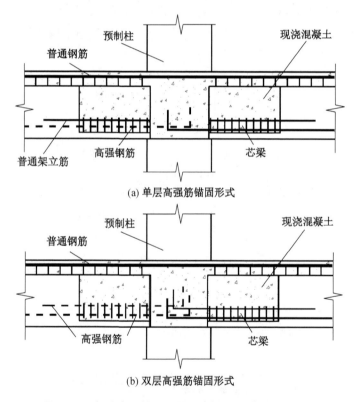

图 4-38　部分高强筋预制装配式框架梁柱连接示意图

1) 试验研究

为研究新型锚固与附加钢筋搭接混合连接和新型部分高强筋预制装配式框架梁柱连接的抗震性能,开展了 5 个足尺模型低周反复荷载试验。

现浇对比试件编号为 S1,设计详图如图 4-39 所示。柱底预埋四根直径为 32 mm 的

精轧螺纹钢,用以连接加载固定装置。试件混凝土强度等级采用 C40。柱端和梁端分别
包裹矩形钢板,以防止端部在试验中发生局部破坏。

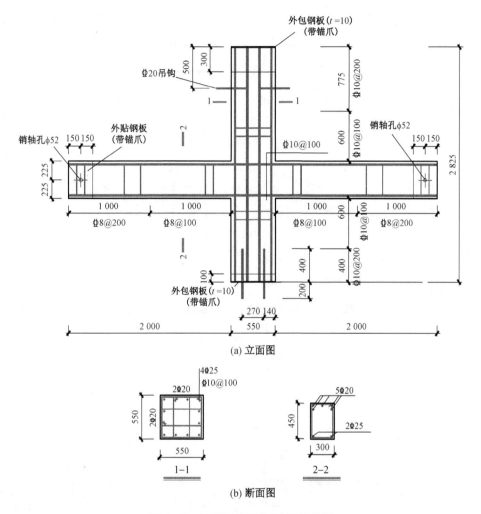

(a) 立面图

(b) 断面图

图 4-39 现浇对比试件 S1 设计详图

采用"等弯矩原则"对预制试件进行设计,试件尺寸与现浇对比试件相同,预制柱及叠
合现浇层部分的配筋与现浇对比试件完全相同。新型锚固与附加钢筋搭接混合连接的试
验试件共两个,分别编号为 S2 和 S3。试件 S2 在计算梁固定端正弯矩方向(下部钢筋受
拉)抗弯承载力时,不考虑附加 U 形钢筋的贡献,仅考虑预制梁本身下部纵筋作为受拉钢
筋产生的截面抗弯承载力。试件 S3 在计算梁固定端正弯矩方向(下部钢筋受拉)抗弯承
载力时,将附加 U 形钢筋和预制梁下部纵筋均作为受力钢筋。S2 和 S3 试件的预制梁设
计详图如图 4-40 所示。

预制试件 S2 和 S3 的预制梁与下段预制柱通过在叠合层和节点连接区域后浇混凝
土来连接,上段预制柱通过灌浆套筒与下部实现连接,组装完成后的详图如图 4-41
所示。

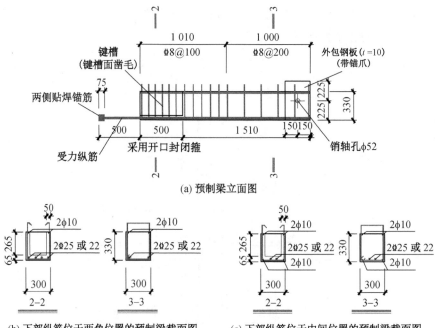

(a) 预制梁立面图

(b) 下部纵筋位于两角位置的预制梁截面图   (c) 下部纵筋位于中间位置的预制梁截面图

图 4-40 预制试件 S2 和 S3 预制梁设计详图

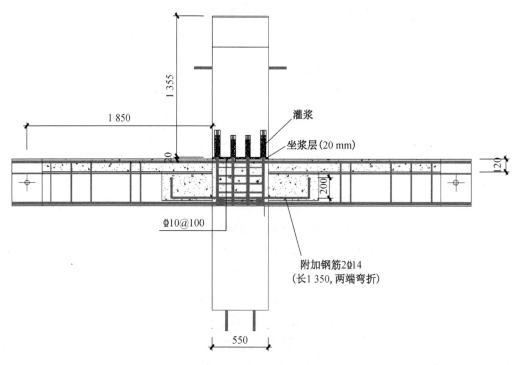

图 4-41 预制试件 S2 和 S3 组装件设计详图

新型部分高强筋预制装配框架梁柱连接的试验试件共两个,分别编号为 S4 和 S5。试件 S4 梁端锚固于节点核心区的高强钢筋仅有一层,而试件 S5 在梁端一定的截面高度上设置了局部高强钢筋,并锚入节点核心区,故在计算梁固定端正弯矩方向(下部钢筋受拉)抗弯承载力时,试件 S5 的预制梁下部两层锚固筋均作为受拉钢筋。试件 S4 和试件 S5 的预制梁设计详图如图 4-42 所示。

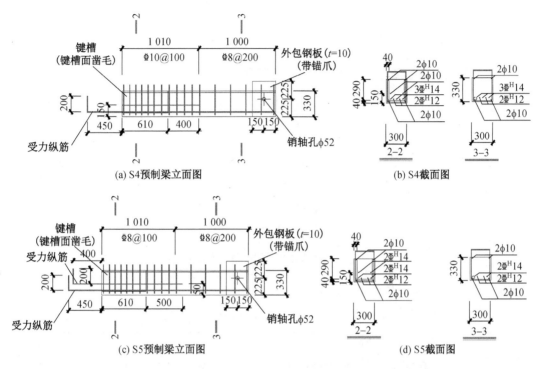

图 4-42　预制试件 S4 和 S5 预制梁设计详图

试件 S4 和 S5 的预制柱采用"多层连续"的预制方式,即上下段预制柱纵筋连续不断开,梁柱节点核心区部位混凝土不预制,在预制构件组装时,预制试件 S4 和 S5 的预制梁和预制柱通过后浇混凝土形成整体,组装完成后的详图如图 4-43 所示。

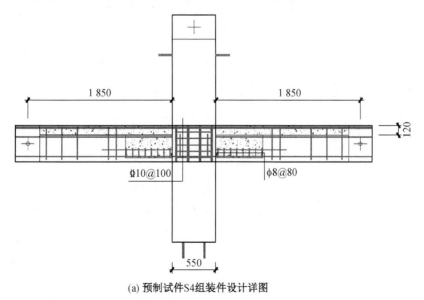

(a) 预制试件S4组装件设计详图

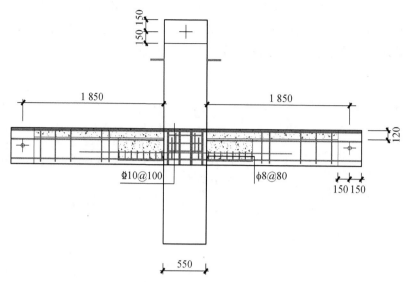

(b) 预制试件S5组装件设计详图

图 4-43　预制试件 S4 和 S5 组装件设计详图

5 个试件的大致情形见表 4-11。

表 4-11　试件基本信息

试件编号	梁端截面上部配筋	梁端截面下部配筋	键槽箍筋形式	柱截面配筋	预制柱连接方式	梁端正方向抗弯承载力设计值(kN·m)	备注
S1	5⨁20	3⨁20	—	4⨁25+8⨁20	—	117.3	现浇对比试件
S2	5⨁20	2⨁25+2⨁14	开口箍	4⨁25+8⨁20	套筒连接	121.3	混合连接,设计时不考虑附加筋
S3	5⨁20	2⨁22+2⨁14	开口箍	4⨁25+8⨁20	套筒连接	126.7	混合连接,设计时考虑附加筋
S4	5⨁20	3⨁H14+2⨁H12	闭口箍	4⨁25+8⨁20	整体预制	125.4	高强筋节点,梁端单层高强筋
S5	5⨁20	2⨁H14+2⨁H12 2⨁H14	闭口箍	4⨁25+8⨁20	整体预制	114.1	高强筋节点,梁端双层高强筋

为了模拟梁柱十字形节点在地震荷载作用下的结构响应特性,试件柱端和梁端均设置铰支座,在恒定竖向荷载作用下,对试件施加水平低周反复荷载,进行拟静力试验,试验装置如图 4-44 所示。

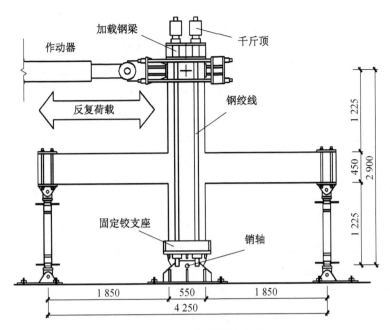

图 4-44 加载装置示意图

本次试验采用位移角控制,位移角为作动器加载位移与柱反弯点距离之比。在正式加载之前,进行加载位移为 1 mm 和 2 mm 的预加载,每级加载一次,以检验加载系统是否正常工作。正式加载的位移角为 0.2%、0.25%、0.35%、0.5%、0.75%、1%、1.5%、2%、2.75%、3.5%、4.25%等,每级循环三次,如图 4-45 所示。

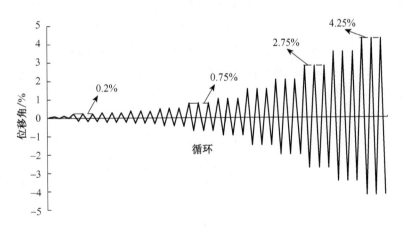

图 4-45 试验加载制度

试验具体加载过程为:①施加轴压。一次性施加轴压到预定轴压力,试验轴压比达到 0.27。②预加载。通过作动器施加 1 mm 和 2 mm 的水平位移,每级循环一次,通过作动器采集的滞回曲线检查加载系统是否正常工作,并消除试件与加载装置间存在的间隙。③正式开始试验。按照加载制度,施加水平荷载,直至试件破坏。当某一次加载循环的最大荷载小于整个加载过程的峰值荷载的 80%时,认为试件完全破坏,加载终止。

2）试验现象

五个试件的破坏过程大体上相似，在 0.034％位移角预加载时，都处于弹性阶段，未出现裂缝。试件开裂后，均在梁上先出现受弯裂缝，随着加载的进行，裂缝逐渐变多变密，变长变宽，并开始出现斜裂缝。在加载位移角达到 1％至 1.1％左右，试件加载的荷载-位移曲线斜率大幅度减小，进入屈服阶段。斜裂缝增多，竖向受弯裂缝数量稍有增加，宽度提高较多，位移角达到 2.75％至 3.5％时，梁端开始出现受压裂缝，并有少量混凝土剥落。位移角加载达到 4.25％时，梁端混凝土大量破坏，特别是梁端下部混凝土大量剥落，往往能露出下部纵筋，并观察到纵筋受压弯曲的现象，试件在这一级加载下均达到破坏（荷载低于峰值荷载的 80％）。

现浇试件 S1 的破坏过程呈现出普通钢筋混凝土构件的破坏特点。从梁固定端（与柱相交处）到悬挑端（支撑铰位置），加载产生的梁弯矩由大变小，裂缝的发展基本符合弯矩分布特点，接近梁固定端部位的裂缝相对较宽，裂缝最宽位置出现在梁端距柱大约 10 cm 处的位置，沿着远离梁固定端的方向，裂缝逐渐变窄。

由于构造形式的不同，这两类新型梁底筋锚入式预制混凝土梁柱连接试件的裂缝发展过程呈现出不同于现浇试件的特点。新型锚固与附加钢筋搭接混合连接试件 S2 在进行第一级正式加载时出现了多条裂缝，试件 S3 在预加载阶段增加了柱端位移为 3 mm 的单循环加载，位移角为 0.10％，此时便在距离梁柱交接面 50 cm 处出现了第一条裂缝，该位置是预制叠合梁键槽端部新老混凝土结合位置。故可以认为新型锚固与附加钢筋搭接混合连接试件的第一条裂缝都是出现在键槽端部新老混凝土结合的位置，说明该部位新老混凝土粘结的抗拉强度相对于整浇混凝土较低。在带裂缝阶段，该部位处的裂缝相对于其他部位的裂缝一直都是最宽的，加载到 1％位移角时，宽度达到最大，为 1 mm 左右。进入屈服阶段以后，梁端部靠近柱的裂缝逐渐成为主要裂缝，持续变宽，但是键槽端部新老混凝土结合位置处的裂缝相对于试件未开裂前却有很大程度上的缩小，小于 1 mm，不影响试件最终的破坏形态。

新型部分高强筋预制装配式框架梁柱连接试件 S4 和 S5 在 0.069％的预加载阶段便出现了裂缝，在加载到 0.01％时，两个试件的梁上不同位置都出现了多条细裂缝，这是由于高强底筋位于梁端键槽底壁的上部，在梁截面的位置相对其他试件更加偏上一些，导致纵筋下部较厚的混凝土内无纵筋抵抗裂缝，从而试件 S4 和 S5 开裂更早，并且裂缝数量在预加载阶段相对较多。在新型部分高强筋预制装配式框架梁柱连接试件中，预制叠合梁键槽更长，端部新老混凝土结合在距离梁柱交接面 60 cm 处。在加载位移角达到 0.75％之前，试件 S5 在该处的裂缝是最宽的，试件 S4 在该处的裂缝与其他裂缝相差无几，相对于其他靠近柱的裂缝，该位置更加靠近支撑铰端，弯矩较小，同试件 S2 和 S3 一样，都说明了键槽端部新老混凝土粘结的抗拉强度相对于整浇混凝土较低。加载位移角超过 0.75％后，梁柱交接处的裂缝成为了最宽的裂缝。特别是进入屈服以后，梁柱交接处裂缝进一步变宽，而其他裂缝则基本不再变宽，说明试件的变形主要集中于梁柱交接处，随着加载的进行，逐渐出现斜裂缝，梁端截面上下边缘处混凝土逐渐受压破坏，但区域相对其他试件较小。

总体而言，这两类新型梁底筋锚入式预制混凝土梁柱连接均带有键槽，键槽端部新老混凝土粘结的抗拉强度较低，即使处于弯矩相对较小的位置，预制试件仍然有相当大的概率在键槽端部新老混凝土结合的位置处首先出现受弯裂缝，故这两类试件的抗裂能力相对于现浇试件较弱。然而试件进入屈服以后，梁端靠近柱的位置是主要破坏区域，键槽端部新老混凝土粘结处的裂缝基本不发展，不影响试件最终的破坏形态。新型部分高强筋预制装配式框架梁柱连接试件的破坏过程呈现出明显的不同，其主要裂缝位于梁柱交接处，其他位置处受弯裂缝小于 1 mm，相对于现浇试件和新型锚固与附加钢筋搭接混合连接试件试件，破坏更加集中。

试件最终破坏形态如图 4-46 所示。

(a) S1

(b) S2   (c) S3

(d) S4   (e) S5

图 4-46　试件最终破坏形态

3）试验结果分析

（1）滞回曲线

本次试验中各构件的滞回曲线采用弯矩-位移角曲线的形式表达，如图 4-47 所示。弯矩为作动器测得的荷载值与上下柱端铰的距离之乘积，位移角为作动器测得的加载端位移与上下柱端铰的距离之商。

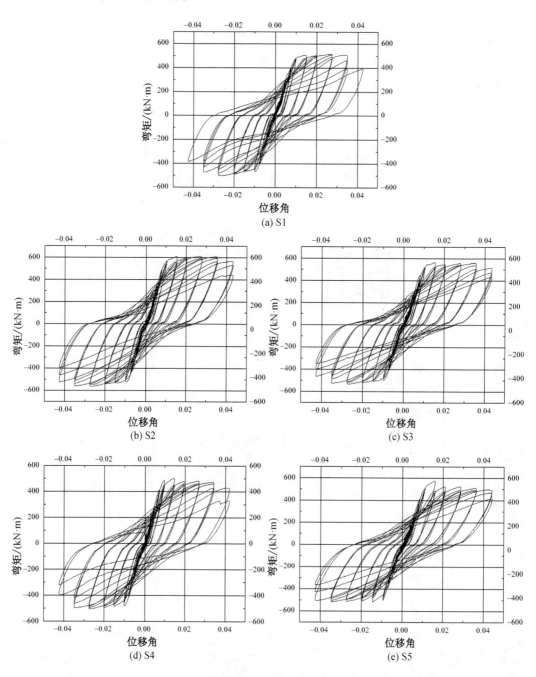

(a) S1

(b) S2　　　　　　　　(c) S3

(d) S4　　　　　　　　(e) S5

图 4-47　试件滞回曲线

由试件的滞回曲线可知：

在加载初期，现浇对比试件 S1 表现出较好的线弹性性质，耗能极小。随着加载位移增大，裂缝逐渐展开，残余变形变大，逐步出现梭形滞回环的迹象。从加载开始到加载至 2%位移角这一级，可以看到各级三次循环的曲线重合度很高，说明构件的恢复能力很强，加载到 4.25%这一级时，曲线的捏缩效应明显，呈现出一定的反 S 形，下部纵筋出现明显的压曲和滑移现象，并且循环只加载了一次，荷载便下降到峰值荷载的 80%，达到破坏。总体来说，试件 S1 作为现浇节点，其滞回曲线非常饱满，耗能较好。

试件 S2 和试件 S3 为新型锚固与附加钢筋搭接混合连接，从滞回曲线来看，其形状较为接近，但是可以看出试件 S2 的屈服荷载和极限荷载都明显高于 S3 构件。S2 和 S3 两个试件的曲线与试件 S1 的曲线大致相似，在位移角为 1.5%的这一级出现屈服平台，并且曲线开始出现捏缩效应，呈现为弓形；但是直到 3.5%位移角这一级，恢复性能才开始出现明显的下降，说明试件 S2 和试件 S3 的恢复性能都优于试件 S1；在 4.25%位移角这一级，两个构件都循环加载了三次，荷载才出现明显的下降，说明对于大位移加载的承受能力来说，试件 S2 和试件 S3 都强于试件 S1。

试件 S4 和试件 S5 为新型部分高强筋预制装配式框架梁柱连接，从滞回曲线来看，两个试件大致相似，但是可以看出 S5 的滞回能力强于 S4，试件 S4 在 4.25%位移角第一次循环时，滞回曲线开始呈现反 S 形，第二次循环加载后，滞回曲线接近 Z 形，此时荷载大幅下降，构件破坏；试件 S5 在 4.25%位移角加载循环三次的滞回环均为弓形，耗能能力良好，但第三次加载的荷载下降明显，认为试件 S5 破坏。S4 和 S5 两个试件相较于试件 S1 来说，屈服荷载和极限荷载值也相差不多，滞回曲线大致相似，但试件 S4 和试件 S5 在 4.25%位移角捏缩现象好于试件 S1，并且试件 S4 和试件 S5 的滞回能力和大位移荷载的承受能力强于试件 S1。

（2）骨架曲线

五个试件的骨架曲线如图 4-48 所示。

由五个试件的骨架曲线可知：

现浇试件 S1 为典型的现浇构件骨架曲线，经过了弹性—屈服—极限—破坏的过程，从屈服到极限破坏有着较长的发展过程，延性较好。

试件 S2 和 S3 骨架曲线形状与试件 S1 很像，但屈服强度和极限强度值都高于试件 S1，其稳定的屈服平台也比试件 S1 要长，并且在大位移加载下骨架曲线下降缓慢，表现出很好的承载能力和延性，有利于抗震。试件 S2 屈服平台上不同点的弯矩值比试件 S3 相应的弯矩值高 5%～10%，说明试件 S2 下部较大的钢筋确实提高了试件的抗弯强度。

试件 S4 和 S5 的骨架曲线总体形状与现浇构件类似，但是现浇试件 S1 的屈服平台发展趋势是先略微上升再突然下降，而试件 S4 和 S5 的屈服平台大体上均是呈略微下降的趋势。除了试件 S4 负方向的骨架曲线在 4.25%位移角时大幅度下降，试件 S4 正方向曲线和试件 S5 骨架曲线在 4.25%位移角时均较为平缓，可以认为部分高强筋预制梁柱连接试件在大位移下具有更好的承载能力和延性，有利于抗震。

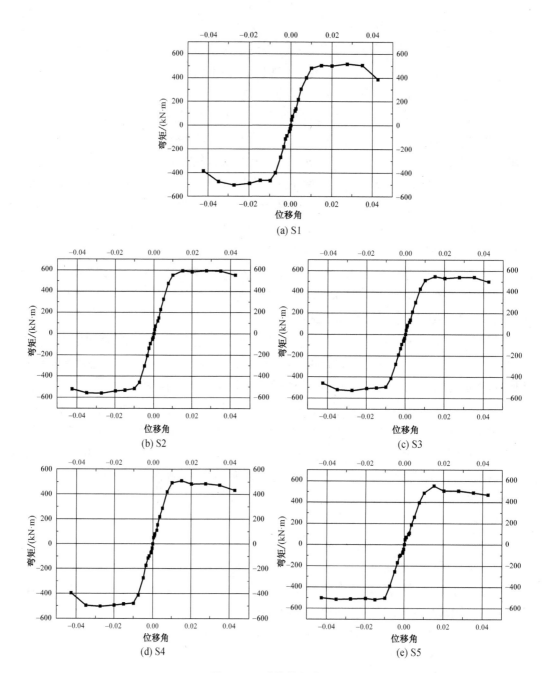

图 4-48　试件骨架曲线

（3）强度和延性

本试验采用等面积法确定试件的屈服点，即等效的二折线与原曲线围合的面积相等，原曲线上与等效二折线的转折点相对应的点被认为是试件屈服点，从而确定试件的屈服位移和屈服强度。

五个试件的屈服强度、峰值强度等相关数据见表 4-12。从试验结果来看，预制试件

S2、S3、S4 和 S5 的正、反方向屈服强度平均值比现浇试件 S1 分别提高了 13.0%、6.3%、0.6% 和 6.5%；预制试件 S2、S3 和 S5 正、反方向峰值强度平均值比现浇试件 S1 分别提高了 1.3%、5.3% 和 4.6%，而试件 S4 比现浇试件 S1 降低了 0.7%。除了试件 S4 的峰值强度与现浇试件 S1 基本相当，其他预制试件的屈服强度和峰值强度相对于试件 S1 均有一定程度的提高，说明从构件强度上来说，预制构件均不弱于现浇构件。从强屈比来看，预制构件也与现浇构件相差无几，具有相对较高的强度安全储备。预制试件 S2 的强度相对于现浇试件提高较多，预制试件 S3 的强度并不低于现浇试件，说明从强度上来说，附加 U 形钢筋可有效提高节点承载力，在设计时，应该计算在内，还可以节省材料，使设计更加合理。

表 4-12　试件强度

试件	方向	屈服强度 （kN·m）	峰值强度 （kN·m）	强屈比	强屈比 平均值
S1	正向	483.00	518.78	1.07	1.08
	反向	−460.72	−500.63	1.09	
S2	正向	550.80	593.46	1.08	1.08
	反向	−515.74	−560.19	1.09	
S3	正向	506.83	545.72	1.08	1.07
	反向	−496.25	−527.74	1.06	
S4	正向	468.76	510.05	1.09	1.07
	反向	−478.53	−502.40	1.05	
S5	正向	502.63	552.10	1.10	1.06
	反向	−502.28	−514.78	1.02	

本试验中以位移角作为依据进行加载控制，故采用位移角延性系数进行试件延性特性的分析。极限位移角 δ_u 采用荷载下降至峰值荷载 80% 所对应的位移角，屈服位移角仍采用等面积法确定，试件的延性系数见表 4-13。

表 4-13　试件延性系数

试件	方向	屈服位移角 （%）	极限位移角 （%）	延性系数	平均延性 系数
S1	正向	1.00	4.07	4.08	3.82
	反向	−1.12	−4.00	3.57	
S2	正向	0.99	4.25	4.29	3.97
	反向	−1.16	−4.25	3.65	
S3	正向	0.99	4.25	4.29	4.07
	反向	−1.11	−4.25	3.85	

续表 4-13

试件	方向	屈服位移角（%）	极限位移角（%）	延性系数	平均延性系数
S4	正向	0.91	4.25	4.65	4.38
	反向	−1.04	−4.25	4.10	
S5	正向	1.13	4.25	3.76	3.97
	反向	−1.02	−4.25	4.17	

从表中数据可知,所有试件的延性系数基本接近于4,说明五个试件在低周反复荷载作用下均属于延性破坏,预制试件的位移角延性系数均高于现浇试件,在反复荷载作用下表现出更好的延性性能。除了试件S5,其他试件反向延性系数均比正向延性系数略小,这是由于由等面积法确定的反向屈服位移角略高造成的。

（4）刚度退化

提取所有试件每级加载的第一次循环的割线刚度作为该级位移角加载下的刚度,绘制于同一图中,如图4-49所示。现浇试件S1和预制试件S2、S3、S4、S5的初始刚度分别为110 323.3、106 303.5、105 764.2、105 047.0、107 138.7(kN/mm),现浇试件的初始刚度比预制试件略高,说明预制构件之间存在的拼缝确实削弱了预制试件整体的刚度,但程度非常小。试件开裂以后,现浇试件与预制试件的刚度基本无太大差别。0.25%至1%位移角加载的过程中受到了柱底铰支座摩擦的影响,暂不讨论。位移角大于1%以后,试件均开始屈服,试件S2的位移角大于其他试件,这是由于试件S2梁底纵筋以及附加钢筋的总配筋量略高,使得其在屈服以后的刚度相对于其他试件略高。部分高强筋连接节点试件由于采用高强钢筋,故梁底总配筋量相对较低,但从图4-49来看,其屈服以后的刚度与现浇试件几乎一样,说明高强筋节点试件梁端键槽内小型箍筋的加强

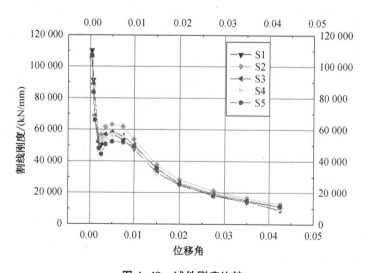

图 4-49　试件刚度比较

作用在一定程度上有助于提高试件在屈服阶段的刚度。位移角达到 4.25％时,试件均达到破坏,而现浇试件 S1 刚度下降最多,刚度最低,说明在大位移角下,现浇试件破坏最严重。

（5）耗能能力分析

试件的能量耗散能力以试件的累计耗能和等效黏滞阻尼系数来表示,试件的总累计耗能和等效黏滞阻尼系数见图 4-50。

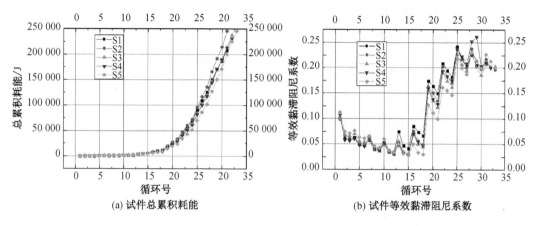

图 4-50　试件耗能能力

由图 4-50(a)可知,试件 S2 相对于其他试件累积耗能上升最快,破坏时,总的累积耗能也最大。试件 S3 和 S4 与现浇试件 S1 的累积耗能曲线几乎重合,与现浇试件的变化趋势最为接近,但由于循环加载的次数多于现浇试件 S1,试件 S3 和 S4 最终累积耗能高于现浇试件。试件 S5 累积耗能曲线在上升的过程中低于其他试件,然而最终破坏时的累积耗能高于现浇试件 S1 和单层锚固的部分高强筋预制节点试件 S4。总体来说,新型锚固与附加钢筋搭接混合连接试件的累积耗能最高,强于现浇试件和新型部分高强筋预制装配式框架梁柱连接试件;单层锚固的部分高强筋预制节点试件累积耗能不弱于现浇试件,但双层锚固的部分高强筋预制节点试件由于梁最底层纵筋配筋较少,使得其在加载过程中的累积耗能低于现浇试件,但当上层纵筋在试件接近破坏时,可以大幅提高累积耗能,使得最终的累积耗能强于现浇试件。

由图 4-50(b)可知,从第 16 次循环到第 27 次循环(1％位移角到 2.75％位移角)的范围,现浇试件 S1 的等效黏滞阻尼系数高于预制试件,说明在该范围内,现浇试件滞回曲线更加饱满,预制试件由于天然存在的拼缝等原因,等效黏滞阻尼系数确实相对较低,但程度较小。从第 28 次循环(3.5％位移角)开始,现浇试件 S1 滞回曲线捏缩效应开始变得明显,等效黏滞阻尼系数相对于预制试件开始渐渐降低,在第 31 次循环(4.25％位移角)时,现浇试件 S1 的等效黏滞阻尼系数仅比试件 S3 的等效黏滞阻尼系数高 1％,基本可以认为最低,故除了试件 S3,其他预制试件在大位移角加载阶段,等效黏滞阻尼系数均高于现浇试件,表现出更好的耗能能力。

4）试验有限元分析

（1）有限元模型建立

建立新型梁端底筋锚入式预制梁柱连接节点有限元模型的基本原则与 4.3 节相似，此处不再赘述，建立的有限元模型如图 4-51 和图 4-52 所示。

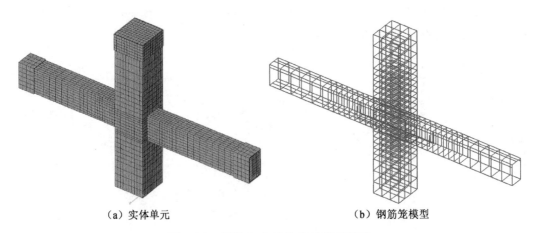

（a）实体单元　　　　　　（b）钢筋笼模型

图 4-51　试件 S2 和试件 S3 有限元模型

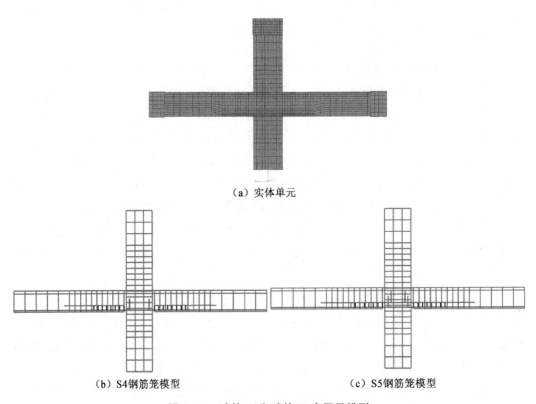

（a）实体单元

（b）S4钢筋笼模型　　　　　　（c）S5钢筋笼模型

图 4-52　试件 S4 和试件 S5 有限元模型

（2）计算结果分析比较

预制试件 S2 至 S5 的有限元单调弯矩-位移角曲线与实测滞回曲线如图 4-53 所

示。从图中可以看到,有限元分析计算所得的弯矩-位移角曲线较好地包络了试验实测滞回曲线,计算的屈服位移角与实际屈服位移角较为接近,峰值弯矩值与试验实测值相比略高,但相差不大,试件 S2、S3、S4、S5 的有限元峰值荷载分别比实测值高 3.6%、4.9%、10.7% 和 2.4%。事实上,由于循环退化效应的存在,反复荷载作用下钢筋混凝土构件滞回曲线的包络线确实会低于单调荷载下的荷载-变形曲线,故而说明有限元分析较好地反映了实际试件在水平荷载作用下的受力性能,进而可以了解相关抗震性能。

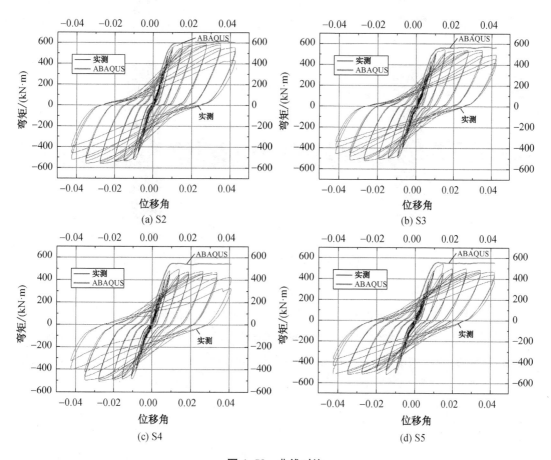

图 4-53　曲线对比

构件的破坏形态以压缩等效塑性应变(Equivalent Plastic Strain, PEEQ)表示,压缩等效塑性应变 PEEQ 大于 0 表明混凝土材料发生了屈服,预制试件 S2 至 S5 在位移极限值下的 PEEQ 分布如图 4-54 所示,PEEQ 指数越高图颜色越浅。从图中可知,各试件的等效塑性应变主要集中于梁端,表现为梁铰破坏机制,与试验结果较为接近。其中,新型锚固与附加钢筋搭接混合连接试件 S2 和 S3 梁上部破坏区域相对于新型部分高强筋预制装配式框架梁柱连接试件 S4 和 S5 更大,这是由于试件 S2 和 S3 在附加钢筋端部位置附近,梁下部配筋量存在突变造成的。

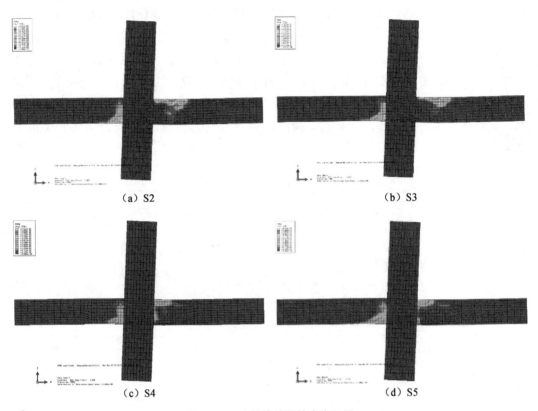

图 4-54　试件等效塑性应变云图

5）参数变化分析

（1）新型锚固与附加钢筋搭接混合连接附加钢筋直径参数分析

附加 U 形钢筋作为新型锚固与附加钢筋搭接混合连接的重要组成部分,其起到增强该连接抗震性能的作用。在设计该连接时,附加筋的规格往往依靠经验确定,具有一定的随意性。通过改变附加筋的直径,进行有限元分析计算,其他参数不变,结果如图 4-55 所

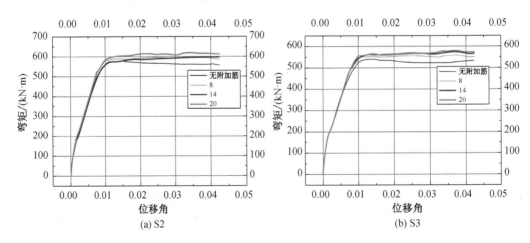

图 4-55　不同附加筋直径有限元计算对比

示。从图中结果可知,附加 U 形钢筋对于试件屈服之前的性能影响很小。屈服以后,无附加 U 形钢筋或者附加 U 形钢筋直径过小(直径 8 mm)会导致其承载能力随着位移角的增长而减少,从而影响大位移角下该连接节点的抗震性能。根据有限元计算结果,本文建议附加 U 形钢筋直径至少在 14 mm 以上。

(2) 新型部分高强筋预制装配式框架梁柱连接小型箍筋间距参数分析

在新型部分高强筋预制装配式框架梁柱连接中,预制梁端键槽内增设小型箍筋用以加强梁端下部的混凝土受压承载能力是重要的措施,为了进一步探究该部位小型箍筋的影响,通过改变小型箍筋的间距,进行有限元分析计算,其他参数不变,结果如图 4-56 所示。从图中结果可知,小型箍筋间距对于新型部分高强筋预制装配式框架梁柱连接整体构件的宏观力学性能影响不大。但当不存在小型箍筋时,大位移角下的试件承载能力会有所下降,说明小型箍筋在一定程度上能够提高试件的抗震能力,在该连接形式中增设小型箍筋是必要的。从分析结果来看,小型箍筋的间距只要达到 100 mm 便可以起到作用,故本文建议新型部分高强筋预制装配式框架梁柱连接中小型箍筋的间距可取为 100 mm。

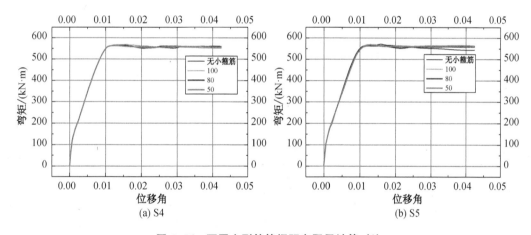

图 4-56　不同小型箍筋间距有限元计算对比

6) 主要结论

通过五个足尺试件的低周反复荷载试验和有限元计算分析,可以得到以下结论:

① 对于试件强度,预制构件均略高于现浇构件,采用"等弯矩"原则设计可以保证梁端底筋锚入式预制梁柱连接试件强度满足等同现浇的原则;从强屈比来看,预制构件也与现浇构件相差无几,具有相对较高的强度安全储备。预制试件在中小变形的情况下,强度退化比现浇试件更加明显,进入大变形以后(位移角大于 2%),现浇试件强度退化系数相对于预制试件下降更大,说明预制试件更能维持构件的强度,安全性比现浇试件更高。包括现浇试件在内的五个试件在低周反复荷载作用下均属于延性破坏,预制试件的位移角延性系数均高于现浇试件,在反复荷载作用下表现出更好的延性性能。对于刚度,预制构件之间存在的拼缝确实削弱了预制试件整体的刚度,使得现浇试件的初始刚度比预制试

件略高,但程度非常小。对于耗能能力,新型锚固与附加钢筋搭接混合连接试件的累积耗能最高,强于现浇试件和新型部分高强筋预制装配式框架梁柱连接试件,双层锚固的部分高强筋预制节点试件在加载过程中的累积耗能低于现浇试件,但试件接近破坏时,累积耗能大幅提高,最终的累积耗能强于现浇试件。

　　② 根据有限元分析结果,新型锚固与附加钢筋搭接混合连接附加 U 形钢筋直径取值至少在 14 mm 以上,新型部分高强筋预制装配式框架梁柱小型箍筋的间距可取为 100 mm。

第5章

新型预制叠合板技术研究

楼板作为结构承受荷载的重要传力构件,其性能可靠直接决定了结构竖向承载力以及结构抗侧力构件的协同工作能力。为保证装配整体式混凝土结构的整体性能及抗震性能,国家行业标准《装配式混凝土结构技术规程》(JGJ 1—2014)要求其楼盖宜采用叠合楼盖,即采用叠合板。因此,叠合板将成为我国装配整体式混凝土结构中采用的主流楼盖形式,对其构造研发与性能研究尤为重要。

5.1 叠合板技术概述

叠合式构件由工厂预制部分和现场浇筑部分构成,其最初是为了解决大型预制构件的安装和现浇结构高空支模等复杂施工问题而提出的,经过长期的研究与应用,最终发展成为混凝土构件预制和现浇施工工艺相结合的叠合式构件。

叠合板是叠合式构件的重要形式,由预制底板和叠合层构成。其中,预制底板既在施工阶段充当施工底模,承担其自重及其上施工荷载,又在使用阶段作为构件的一部分,发挥其结构承载力。叠合层为施工阶段现场浇筑,与预制底板一起形成结构楼板,同时,对于装配整体式混凝土结构,叠合层现浇混凝土的应用尤其重要,其发挥着类似于砖混结构中"圈梁"的作用,各预制结构构件在水平方向上通过叠合层现浇混凝土连接,进一步确保装配式混凝土结构在水平荷载作用下的整体性。因此,行业标准《装配式混凝土结构技术规程》(JGJ 1—2014)第6.6.1条建议"装配整体式结构的楼盖宜采用叠合楼盖"。

叠合式构件将分成明显的两阶段形成最终结构,按其受力性能可以分为"一次受力叠合结构"和"二次受力叠合结构"两类。按照国家标准《混凝土结构设计规范》(GB 50010—2010)第9.5.1条的描述,当叠合板在施工过程中有可靠支撑时,其底板在施工阶段充当模板所产生的变形很小,可以认为其对结构成型后的内力和变形影响可以忽略,因此,可以按整体受弯构件设计计算,即"一次受力叠合结构";而当叠合板在施工过程中无可靠支撑时,其底板在施工阶段将产生较大的变形,以致影响了结构成型后截面应力分布及变形,此时应按两阶段进行设计计算,即"二次受力叠合结构"。而对于叠合板,由于对其变形控制要求较为严格,且对作为永久模板的预制底板在施工阶段的变形有严格要求($\leqslant l/250$,l 为底板跨度,$l < 7$ m),因此,一般将叠合板视为"一次受力叠合构件"。

根据叠合板构件形式与受力特性,对其研究主要针对以下几方面问题:

（1）预制底板的优化设计。通过对预制底板进行截面形式优化、配筋方案改变（如采用先张法预应力预制构件），研发自重轻、厚度薄且跨越能力强的预制底板，以实现节约材料、降低结构高度同时尽量减少施工阶段临时支撑的综合目的。

根据底板配筋方案，现阶段我国常用的叠合板分为钢筋混凝土叠合板和预制预应力叠合板，其中，钢筋混凝土叠合板较有代表性的是钢筋桁架叠合板，预制预应力叠合板较有代表性的是采用预制预应力薄板作为底板或预制带肋底板的叠合板，三种叠合板见图5-1。

|（a）钢筋桁架叠合板 | （b）预制预应力底板 | （c）预制带肋底板 |

图5-1 我国叠合板的主要形式

（2）预制底板接缝处理措施。根据预制底板之间接缝受力情况，分为分离式接缝和整体式接缝，对其处理措施也完全不同。分离式接缝一般为单向板非受力边，其构造应避免接缝在正常使用阶段产生裂缝，接缝处不设置间隙、无需支设模板，单向板非受力钢筋不伸出板端，且一般在板侧边做成燕尾形状，并在接缝现浇层内设置附加钢筋以防止接缝开裂。整体式接缝一般用于双向板，其构造应保证垂直接缝方向板的连续受力，因此，接缝应设置一定宽度现浇段并支设模板，板底钢筋伸出并两次弯折锚固于接缝内及叠合层现浇混凝土内，当现浇带宽度满足钢筋锚固长度要求时，可直接90°弯折锚固于接缝混凝土内。

（3）预制与现浇混凝土结合面的处理措施。为保证叠合构件预制与现浇混凝土受力整体性，两者结合面一般采用粗糙面、抗剪构造钢筋等措施增强界面抗剪能力。对于叠合板，由其构件形式及生产特点决定，往往采用钢筋桁架（钢筋桁架叠合板）、人工或机械拉毛（预制预应力底板）进行结合面处理。长期研究表明，以上种种措施均可保证混凝土结合面的抗剪性能，且已被行业普遍认可，因此，现阶段对于预制与现浇混凝土结合面一般均按照规范规定相关构造措施进行适当处理即可。

目前，国内工程普遍采用的叠合板形式为钢筋桁架叠合板和预制预应力叠合板。对于钢筋桁架叠合板，其由欧洲技术直接引进，国内尚处于初级应用阶段，即对其结构性能缺乏充分认识，对与传统叠合构件有明显区别的钢筋桁架的结构作用尚不清晰，一般仅将其作为界面抗剪构造钢筋及施工吊装用吊点看待；对于预制预应力叠合板，普遍存在由预应力引起的反拱导致的板接缝处的高低差问题。基于以上现状，针对钢筋桁架叠合板的受力性能及预制预应力叠合板的构造优化进行深入研究，解决工程应用盲点及难点，为其快速推广及发展提供技术支撑。

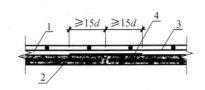

1—后浇混凝土叠合层；2—预制板；3—后浇层内钢筋；
4—附加钢筋

(a) 分离式

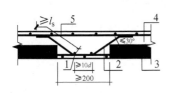

1—通长构造钢筋；2—纵向受力钢筋；3—预制板；
4—后浇混凝土叠合层；5—后浇层内钢筋

(b) 整体式

图 5-2 叠合板接缝处理措施

5.2 钢筋桁架叠合板技术研究

钢筋桁架叠合板由预埋钢筋桁架的预制钢筋混凝土底板和叠合层现浇混凝土构成，其构造示意图见图 5-3。钢筋桁架单元由 1 根上弦钢筋、2 根下弦钢筋及 1 对波浪形腹筋组成，上、下弦钢筋与腹筋通过专业全自动钢筋焊接设备点焊成型，桁架截面呈三角形。上、下弦钢筋采用成盘供应的热轧钢筋 HRB400、HRB500 或冷轧带肋钢筋 CRB500 级；腹杆采用成盘供应的热轧钢筋 HPB300 级。

与传统钢筋混凝土叠合板相比，钢筋桁架叠合板一般被认为存在以下特点：上、下弦钢筋可充当楼板结构用钢筋，减少材料浪费；钢筋桁架可在一定程度上提高叠合板刚度，增强其跨越能力，可减少施工阶段临时支撑数量；露出预制底板的钢筋桁架节点可作为吊点，方便施工，减少预埋；钢筋桁架制造有专门的自动化设备，提高钢筋骨架制作效率。

1）试验目的

通过系列试验，掌握带钢筋桁架预制底板的力学性能，探讨钢筋桁架叠合双向板的接缝及支座节点构造。

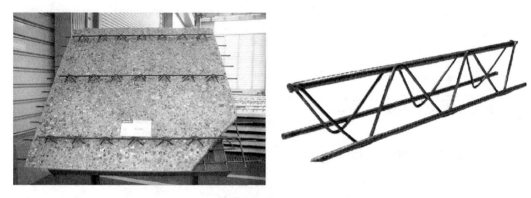

图 5-3　钢筋桁架叠合板构造示意图

2）试件设计

本次试验共有 4 组，第一组为 3.6 m×1.8 m 的预制底板，第二组为 3.6 m×1.8 m 的叠合单向板，第三组为 3.6 m×3.6 m 的现浇双向板，第四组为 3.6 m×3.6 m 的叠合双向板。

（1）预制底板

底板的尺寸为 3.6 m×1.8 m，将钢筋桁架倒置绑扎在已经生产好的钢筋网片上，底板配筋均采用⊈8。预制底板试件设计详图见图 5-4。

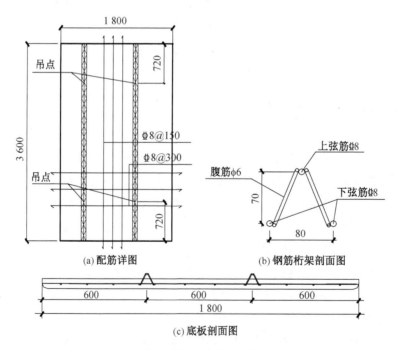

(a) 配筋详图　　　　　(b) 钢筋桁架剖面图

(c) 底板剖面图

图 5-4　底板设计详图（钢筋桁架叠合板试验）

将绑扎好的钢筋放在钢模板上，浇筑 50 mm 厚混凝土即可，混凝土强度等级为 C30。

（2）叠合单向板

为了模拟实际工程中板的受力情况并保证试件的稳定性，在地上设置一圈地梁，因而柱底可视为固定端。为模拟连续的单向板，将板周从柱子轴线向外挑出 450 mm。叠合单向板试件设计详图见图 5-5。

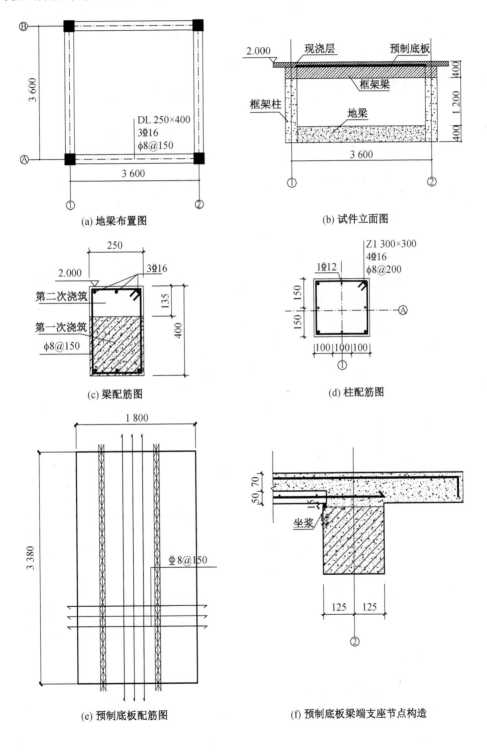

(a) 地梁布置图

(b) 试件立面图

(c) 梁配筋图

(d) 柱配筋图

(e) 预制底板配筋图

(f) 预制底板梁端支座节点构造

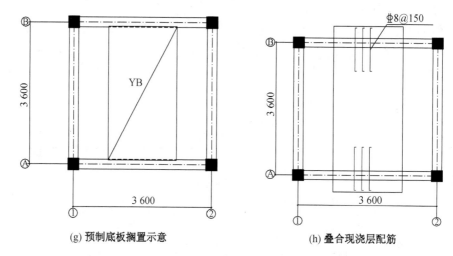

(g) 预制底板搁置示意   (h) 叠合现浇层配筋

图 5-5　叠合单向板设计详图（钢筋桁架叠合板试验）

将预制底板按照图示搁置在梁端上，设置支撑后，在预制底板上浇筑 70 mm 厚现浇层。

（3）叠合双向板与现浇双向板

为了模拟实际工程中板的受力情况并保证试件的稳定性，在地上同样设置一圈地梁，因而柱根可视为固定端。为模拟四边固支的双向板，将板周从柱子轴线向外挑出 450 mm。叠合双向板试件设计详图见图 5-6。

将预制底板搁置在梁端上，并将预制底板侧边预留出的钢筋按照拼缝连接示意图弯折，待安装好支撑后，在顶面浇筑 70 mm 厚现浇混凝土成型。

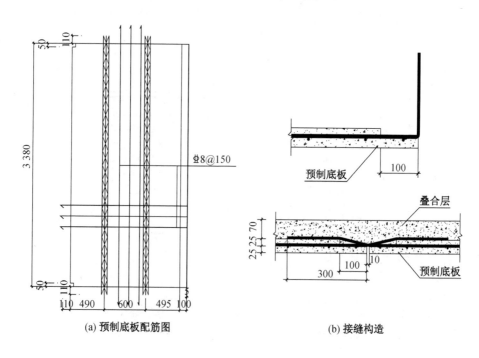

(a) 预制底板配筋图   (b) 接缝构造

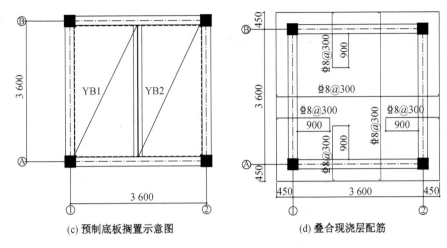

(c) 预制底板搁置示意图　　　　　(d) 叠合现浇层配筋

图 5-6　叠合双向板设计详图(钢筋桁架叠合板试验)

现浇双向板的尺寸与叠合双向板的尺寸相同,除了没有钢筋桁架外,其他配筋与预制叠合双向板相同。搭设好模板及支撑(间距 1 200 mm)后,直接浇筑混凝土成型。

试件制作混凝土采用 C30 强度等级,预制部分与现浇部分混凝土立方体试块实测强度分别为 32.4 MPa、36 MPa。试件制作所用钢筋力学性能指标见表 5-1。

表 5-1　钢筋力学性能指标(钢筋桁架叠合板试验)

钢筋直径(mm)	钢筋规格	屈服强度(MPa)	抗拉强度(MPa)	弹性模量(MPa)
6	HPB300	343.2	402.5	2.24×10^5
8	HRB400	572.9	714.8	1.98×10^5
12	HRB400	559.7	692.1	1.98×10^5
16	HRB400	560.3	701.4	2.01×10^5

3) 试验加载方案

(1) 预制底板

由于试验现场条件限制,只能利用砂包堆载来模拟试验荷载,用于试验加载的砂袋质量分为 10 kg、20 kg、40 kg,重量分别为 0.1 kN、0.2 kN、0.4 kN。开始试验前在板面用墨线弹出方格网见图 5-7(a),以便于将砂袋均匀摆放。

为了得到较为理想的数据,正式试验加载前,需要对预制底板进行预加载,从而可以保证所有试验仪器在正式加载时能够正常顺利地工作。预加载进行两级荷载的加载即加载后荷载分别为 0.25 kN/m²、0.5 kN/m²。在此阶段,试件始终处于弹性工作阶段,观察试验仪器是否正常工作,确认仪器正常工作后,将预加载的荷载卸掉,仪器应该能够回到原点。准备工作做完后,可以开始试件的正式加载。

正式进行试验时,分别在 15 个方格范围内依次进行加载。每级荷载的增加量为0.5 kN/m²。每级荷载持荷 10 min,待变形基本稳定后采集一次钢筋应变和位移计的数据,同时对裂缝的出现和开展情况进行观察并予以标记。

考虑到预制底板的对称性,测量各级竖向荷载下预制底板的竖向位移的位移计主要布置在半个底板内,分别沿板中线、边梁等间距布置,测点布置见图 5-7(b)。

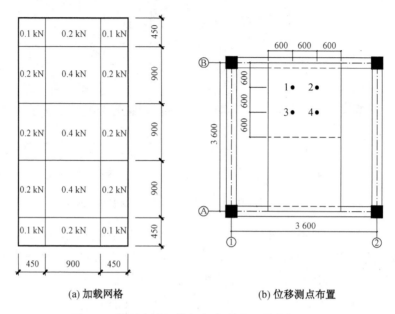

(a) 加载网格 (b) 位移测点布置

图 5-7 预制底板加载方案(钢筋桁架叠合板试验)

(2) 叠合单向板

加载方案与预制底板基本相同,仅荷载级差不同。在预加载阶段,两级荷载分别为 $0.5~\text{kN/m}^2$、$1.0~\text{kN/m}^2$;正式加载时,每级荷载的增加量为 $1.0~\text{kN/m}^2$。

位移计测点布置见图 5-8。

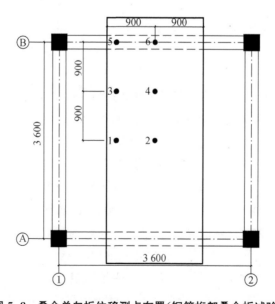

图 5-8 叠合单向板位移测点布置(钢筋桁架叠合板试验)

（3）叠合双向板与现浇双向板

加载方案与叠合单向板基本一致，仅加载网格发生变化，位移计测点也不相同，详见图 5-9。

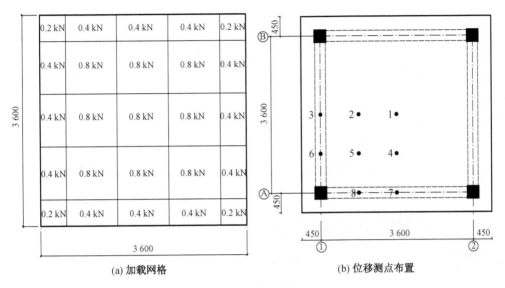

(a) 加载网格　　　　　　　　　　　(b) 位移测点布置

图 5-9　双向板加载方案（钢筋桁架叠合板试验）

4）试验现象与试验结果分析

（1）预制底板

每级加载 0.5 kN/m²，施加第 5 级荷载前，预制底板处于弹性工作状态，加载至第 5 级即施加荷载为 2.5 kN/m² 时在板底距板端约 $L/4$ 处开始出现横向通长细微裂缝，预制底板进入带裂缝工作状态，施加至第 16 级荷载时，跨中最大挠度已经达到 $L/200 = 9$ mm，施加至第 20 级荷载时，预制底板板底最大裂缝已经达到 0.2 mm，此时跨中最大处的挠度为 12 mm。试验现象及试验结果见图 5-10。

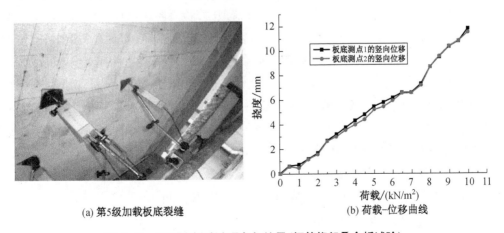

(a) 第5级加载板底裂缝　　　　　　　(b) 荷载-位移曲线

图 5-10　预制底板试验现象与结果（钢筋桁架叠合板试验）

加载至第 20 级荷载时，预制底板纵向钢筋才刚刚屈服，即整个加载过程中，纵向钢筋始终处于弹性工作阶段。

预制底板模拟施加的荷载为叠合层自重以及浇筑叠合层时的施工荷载，叠合层厚度为 70 mm，叠合层自重即为 1.75 kN/m²，施工荷载取 1.5 kN/m²。取预制底板支撑间距为 1.8 m，即在预制底板中间加一个支撑。加载第 6 级荷载时，挠度已经达到了 6 mm，即预制底板在浇筑叠合层且叠合层未凝固产生强度之前已经产生了较大挠度，而且板底出现了裂缝，显然影响叠合层浇筑后整个叠合板的使用。加载最终，预制底板的最大挠度值约为 12 mm。

（2）叠合单向板

理论上钢筋混凝土构件从开始受力到最后破坏会经历三个阶段：第一是未裂阶段；第二是带裂缝工作阶段；第三是破坏阶段。本次试验由于加载限制，仅有前两个阶段。试验现象及试验结果见图 5-11。

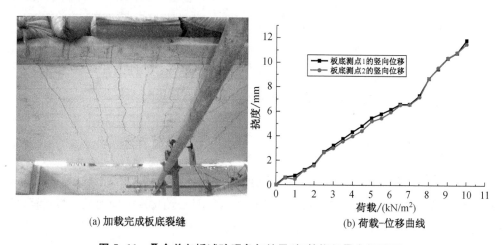

(a) 加载完成板底裂缝　　　　(b) 荷载-位移曲线

图 5-11　叠合单向板试验现象与结果（钢筋桁架叠合板试验）

由图 5-11(b)可以看出，叠合单向板的跨中竖向位移在板未开裂之前增长比较缓慢，大体上与荷载呈线性关系。当加载至第 10 级荷载时，板底跨中出现横向通长细小裂缝，此时板底跨中挠度为 3.76 mm。当板底出现裂缝之后，板底跨中竖向位移的增长速度加快，同时板底跨中附近出现多条裂缝，随着荷载继续增加，裂缝由跨中逐渐向两边增加，最外侧裂缝约在距支座 $L/4$ 处。加载至第 20 级荷载时，板侧裂缝开始从预制层进入叠合层，裂缝宽度不断增加，加载至第 23 级荷载时，跨中最大挠度达到跨度的 1/250，跨中最大裂缝宽度为 0.4 mm，此后由于砂袋堆载高度限制，结束加载。而叠合层与预制层的叠合面自始至终未出现水平方向的裂缝。

叠合单向板的纵向钢筋在加载至第 21 级荷载时开始屈服，钢筋桁架的下弦筋仍未屈服。加载结束，支座处负弯矩钢筋的应力大约是跨中钢筋应力的 2 倍。

（3）叠合双向板与现浇双向板

与叠合单向板相同，由于加载限制，未进入破坏阶段。试验现象及试验结果见图 5-12。

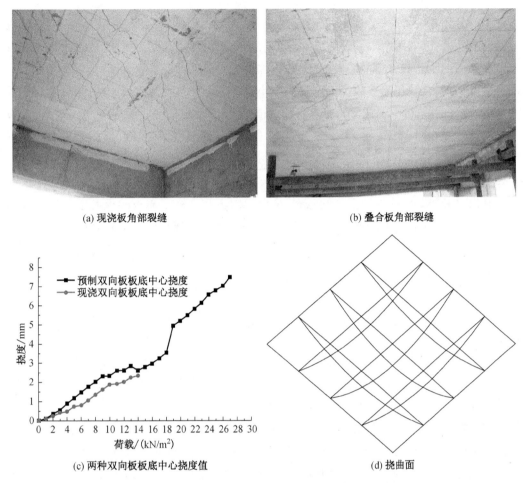

(a) 现浇板角部裂缝 (b) 叠合板角部裂缝

(c) 两种双向板板底中心挠度值 (d) 挠曲面

图 5-12 双向板试验现象与结果(钢筋桁架叠合板试验)

现浇双向板:每级加载 1.0 kN/m²,前期加载阶段,荷载比较小,挠度和钢筋应变都很小,且板底挠度和钢筋应变的增加都基本呈线性关系,构件处于未裂阶段。当加载至第 16 级荷载时,现浇双向板的板底中心挠度为 2.5 mm,板底钢筋仍未屈服,板底未出现裂缝,由于砂袋高度限制,采用废弃混凝土块进行加载,每块混凝土块重量为 50 kN,混凝土块下面已经堆放足够多的砂袋,可以认为相当于加载 3.86 kN/m² 的均布荷载。当继续加载第二个混凝土块后,荷载总值达到 23.72 kN/m² 时板底中心部位首先出现细小裂缝,四个角部也出现微细的裂缝,这标志着双向板板底由未裂阶段进入带裂缝工作阶段。此时板中心点处的挠度为 3.2 mm。继续加混凝土块,听到混凝土"吱吱吱吱"的开裂声音,板底开始出现大量裂缝,最大裂缝达到了 0.5 mm,而挠度迅速增大,板底中心挠度达到了 16 mm,为板跨度的 1/225,板底钢筋明显屈服,此时荷载总值为 27.58 kN/m²。由于试验条件的限制和安全性的考虑,无法再加更大的荷载将板压坏。

叠合双向板:跟现浇双向板一样,每级加载 1.0 kN/m²,前期加载阶段,荷载比较小,挠度和钢筋应变都很小,且板底挠度和钢筋应变的增加都基本呈线性关系,构件处于未裂阶段,当加载至第 18 级荷载即施加荷载 18 kN/m² 时,板底中间区域开始出现裂缝,此时板底钢筋开始屈服,加载至第22级荷载时,角部开始出现细微裂缝,加载至第27级荷载时,板底中心及板底四个角部裂缝继续开展,板底最大裂缝宽度为0.8 mm,此时挠度由于试验条件的限制和安全性的考虑,无法再加更大的荷载将板压坏。

加载初期,板底各测点的竖向位移的大小基本与距板中点的距离成反比,叠合双向板的荷载-位移曲线如图5-12所示,当荷载总值达到18 kN/m² 时,板底开始出现裂缝,板中心点处的挠度为3.55 mm,是板跨度的1/1 014,从荷载-位移曲线可以看出,当板底出现裂缝后刚度明显变化;当最终荷载总值达到27 kN/m² 时,板中心点处的挠度为7.49 mm,是板跨度的1/480。从叠合双向板和现浇双向板的板底中心的挠度值对比图可以看出,加载初期,构件处于弹性状态,叠合双向板和现浇双向板的板底中心挠度值吻合较好,在构件开裂以后,叠合板挠度增加较快。从叠合双向板的挠曲面图中可以看出,叠合双向板在承受竖向均布荷载下,板竖向变形的形状始终保持"碟形",这与普通现浇混凝土双向板的试验结果相一致。

5) 试验结论

(1) 对钢筋桁架混凝土叠合板的预制底板在施工阶段的受力性能进行了试验研究。根据试验现象以及数据分析,支撑间距选为1.8 m,在施工阶段的荷载作用下,板底已经出现裂缝,影响预制底板叠合后的使用。根据后续有限元补充分析结果,建议支撑间距限定在不大于1.6 m,该结论已被江苏省建筑标准设计图集《钢筋桁架混凝土叠合板》(苏G25—2015)采纳。

(2) 叠合单向板受力性能与整体现浇单向板基本相同,其裂缝与变形规律和现浇单向板一致,但是挠度大于整体现浇单向板,即在相同荷载条件下,叠合板刚度及抗裂性能略低于现浇单向板。极限承载能力由于试验条件限制未能加载至破坏,但是从试验结果看,可以满足正常使用阶段的承载力要求。整个试验加载过程中叠合板未出现预制层与叠合层相对错动现象,说明该种通过叠合面扫毛及钢筋桁架结合作用的叠合面抗剪能力是可以保证的。

(3) 叠合双向板其受力性能与整体现浇双向板基本相同,其裂缝与变形规律和现浇双向板一样,但是挠度大于整体现浇双向板,开裂荷载略小于整体现浇双向板。通过与整体现浇双向板的对比分析得到的叠合双向板的开裂荷载与现浇双向板的相差不大。极限承载能力由于试验条件限制未能加载至破坏,但是从试验结果看,可以满足正常使用阶段的承载力要求。叠合双向板在加载全过程并未在中间拼缝连接处出现裂缝或者发生破坏,说明拼缝连接的做法能够较好地保证叠合双向板的整体性。整个试验加载过程中叠合板未出现预制层与叠合层相对错动现象,再次说明该种通过叠合面扫毛及钢筋桁架结合作用的叠合面抗剪能力是可以保证的。

5.3 新型预制预应力叠合板技术研究

综合钢筋桁架叠合板、预制预应力薄板及预制带肋底板的结构性能优势及预制生产技术特点,提出了一种新型的预制预应力叠合板,其构造见图 5-13。先预制带钢筋桁架的条状混凝土板,后浇筑预制预应力薄板,在薄板混凝土未初凝前,将带钢筋桁架的条状混凝土板翻转 180°,将弦杆钢筋压入薄板混凝土内,形成新型的带肋预制预应力底板,并最终养护成型。

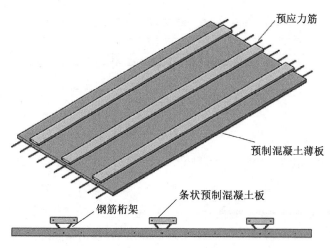

预应力筋

预制混凝土薄板

条状预制混凝土板

钢筋桁架

图 5-13　新型预制预应力叠合板构造示意图

与既有的三种预制底板比较,其具有以下优点:①与钢筋桁架叠合板比较,高强预应力筋的采用,可有效降低楼板内钢筋的用量;②与预制预应力底板及预制带肋底板比较,钢筋桁架带条状翼缘板的采用,可有效提高预应力薄板的刚度,增加薄板的抗裂性能;③钢筋桁架的空隙方便了楼板内预埋电线管的任意向穿越,并有效增加新、老混凝土的接触面,保证叠合板的整体工作性能。

1) 试验目的

通过系列试验,研究新型预制预应力底板的力学特性,探索底板接缝构造及支座节点做法。

2) 试件设计

本次试验分为 2 组,一组为预制底板,一组为双向叠合板。试验叠合楼板平面尺寸为 3 600 mm×3 600 mm,总厚度为 120 mm,其中,预制底板厚 40 mm,上部叠合层厚 80 mm。

(1) 预制底板

预制底板平面尺寸为 1 685 mm×3 380 mm,混凝土强度等级为 C40,纵向预应力筋采用 1570 级 11 根 $\phi^H 4.8$ 螺旋肋高强消除应力钢丝,张拉控制应力取 $0.65 f_{ptk}$,采用夹片式锚具;横向非预应力筋强度等级采用 HRB400,按 ϕ 8@200 配置。预制底板设计详图见图 5-14。

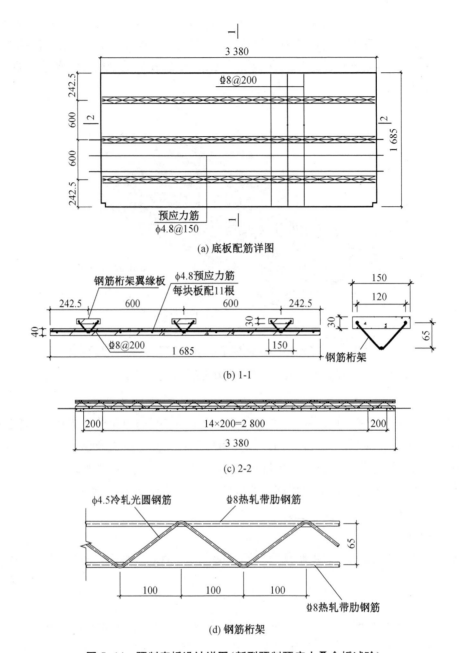

图 5-14 预制底板设计详图（新型预制预应力叠合板试验）

（2）双向叠合板

由 2 块预制底板拼接，再浇筑上部叠合层混凝土形成 1 块双向叠合板。叠合层混凝土强度等级为 C30。为了模拟实际工程中楼板的受力情况并保证试件的稳定性，将柱子根部通过地梁拉结，因而柱根可视为固定端。本次试验楼板的周边约束条件为四边固支，为模拟四边固支的双向板，将板周从柱子轴线向外挑出 450 mm。试件设计详图见图5-15。

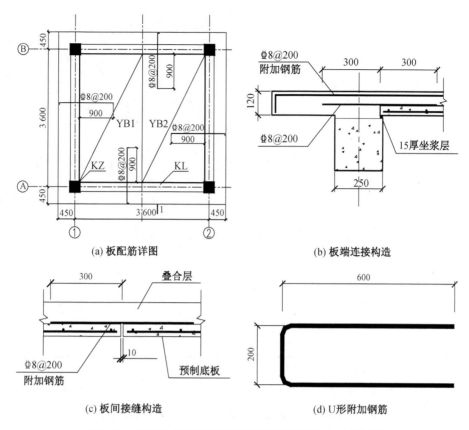

(a) 板配筋详图　　　　　　　　　　(b) 板端连接构造

(c) 板间接缝构造　　　　　　　　　　(d) U形附加钢筋

图 5-15　双向叠合板设计详图（新型预制预应力叠合板试验）

3）试验加载方案

本次试验分为预制底板施工阶段模拟试验和叠合双向板静力加载试验。

（1）预制底板施工阶段试验

为验证预制底板施工阶段的承载能力，对预制底板在有支撑（跨中设置 1 道支撑）和无支撑两种情况下分别进行加载试验。约束条件为两端简支，采用对砂袋堆模拟竖向均布荷载。加载时，在板面划分好方格网，接着在底板上逐级加砂袋。试件加载方案见图 5-16。

该加载试验是为了检验预制底板施工阶段的受力性能是否满足要求，所考虑的荷载有底板的自重、叠合层的自重荷载（取 2.0 kN/m²）及施工荷载（取 1.5 kN/m²）。在这些荷载的共同作用下底板的最大挠度不应超过 $l/200$，且板底不应出现裂缝。实际的外加检验荷载为 3.5 kN/m²。

用于堆载的砂袋质量有 20 kg 和 40 kg 两种规格，每一级荷载各加两袋，共 120 kg，即每一级均布荷载约为 0.21 kN/m²。开始试验前在板面用墨线弹出方格网，以便于将砂袋均匀摆放。

为了保证所采集的数据的有效性，正式试验加载前，需要对预制底板进行预加载，确

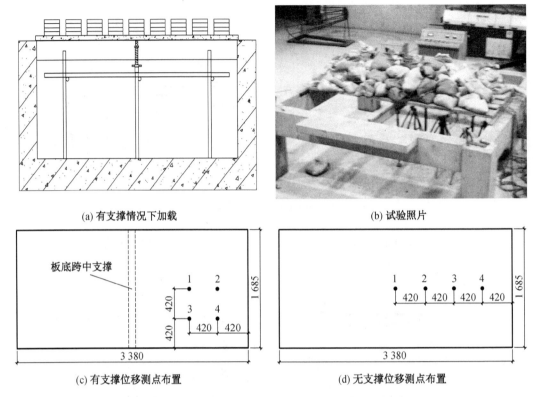

(a) 有支撑情况下加载　　　　　　　　　　　　(b) 试验照片

板底跨中支撑

(c) 有支撑位移测点布置　　　　　　　　　　　(d) 无支撑位移测点布置

图 5-16　预制底板试验加载方案(新型预制预应力叠合板试验)

保所有试验仪器在正式加载时能够正常工作。预加载分两级进行,即加载后荷载分别为
$0.21\ \mathrm{kN/m^2}$、$0.42\ \mathrm{kN/m^2}$。在此过程中,试件始终处于弹性阶段,观察试验仪器是否正常工作,确认仪器正常工作后,将预加载的荷载卸掉,仪器应该能够回到原点。准备工作做完后,可以开始试件的正式加载。

正式进行加载试验时,在已划分好的方格范围内逐级加载。每级荷载的增加量为
$120\ \mathrm{kg}$ 即 $0.21\ \mathrm{kN/m^2}$。每级荷载持荷 $10\ \mathrm{min}$,待变形基本稳定后采集一次钢筋应变和位移计的数据,板底出现裂缝后每级荷载持荷 $15\ \mathrm{min}$,观察裂缝的开展情况并予以标记。

(2) 叠合双向板静力试验

本次试验为加载至双向叠合板极限破坏,采用液压千斤顶分配梁多点加载来模拟竖向均布荷载,试验加载见图 5-17。用 1 台油泵同时带动 4 台千斤顶,每台千斤顶所施加的压力经过分配梁两级分配后传至 4 个加载点,共布置 16 个加载点同步加载。

加载过程采用油压表读数和压力传感器双控的方法进行控制,但以标定过的压力传感器读数为准。

与预制底板试验一样,正式试验加载前,先进行预加载,保证所有试验仪器在正式加载时能够正常工作。加载分两级进行,每一级荷载为 $1\ \mathrm{kN/m^2}$,即加载后荷载分别为
$1\ \mathrm{kN/m^2}$、$2\ \mathrm{kN/m^2}$。在此过程中,试件始终处于弹性阶段,观察试验仪器是否正常工作,

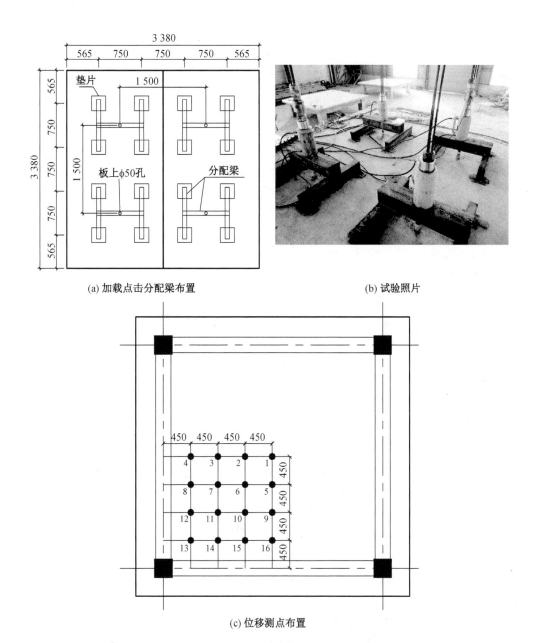

(a) 加载点击分配梁布置

(b) 试验照片

(c) 位移测点布置

图 5-17　叠合双向板静力试验加载方案（新型预制预应力叠合板试验）

确认仪器正常工作后，将预加载的荷载卸掉，仪器应该能够回到原点。准备工作做完后，可以开始试件的正式加载。

正式进行加载试验时，每级荷载的增加量为 $1.0 \ kN/m^2$，逐级加载至双向板破坏后进行逐级卸载。每级荷载持荷 10 min，待变形基本稳定后采集一次钢筋应变和位移计的数据，同时观察是否出现裂缝，板底出现裂缝后每级荷载持荷 15 min，观察裂缝的开展情况并予以标记。

4) 试验现象与试验结果分析

(1) 预制底板施工阶段试验

有支撑:按每级荷载增量为 210 kg,即每一级均布荷载为 0.21 kN/m² 逐级加载,加载至第 18 级荷载时,总外荷载为 3.78 kN/m²,已超过检验荷载 3.5 kN/m²,不再继续加载,此时预制板板底和跨中支撑处板面均未出现裂缝,1/4 跨中心点处竖向位移最大,为 2.04 mm。

有支撑情况下,4 个位移计测得的数据均较小,受试验仪器数据采集精度的限制,3、4 号测点采集的位移数据不稳定,会出现数据跳跃的情况,这两组数据无效;1/4 跨位置 1、2 号测点采集的相邻两级荷载作用下的位移数据变化值很小,甚至没有变化,无法绘制荷载-位移曲线,但总体上随荷载逐渐增大而增大,加载结束时总荷载为 3.78 kN/m²(不含自重),最大位移 $f = 0.19$ mm $< l_0/200 = 8.45$ mm,且预制底板底面和跨中支撑处上表面均未出现裂缝,满足规范要求。

无支撑:按每级荷载增量为 210 kg,即每一级均布荷载为 0.21 kN/m² 逐级加载,加载至第 18 级荷载时,总外荷载为 3.78 kN/m²,已超过检验荷载 3.5 kN/m²,不再继续加载,此时预制板板底未出现裂缝,跨中中心点处竖向位移最大,为 9.38 mm。

无支撑情况下,各测点竖向位移见图 5-18,由图中可知加载结束时总荷载为 3.78 kN/m²(不含自重),最大位移 $f_1 = 7.55$ mm $= L_0/447$,预制底板底面未出现裂缝,说明跨度为 3.6 m 的叠合楼板在浇筑上部叠合层混凝土时,不需要设置支撑。

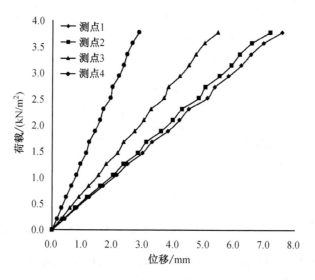

图 5-18　无支撑底板荷载-位移曲线(新型预制预应力叠合板试验)

(2) 叠合双向板静力试验

每级加载 1.0 kN/m²,当加载至 23 kN/m² 时,板间拼缝处开始出现细微裂缝,裂缝宽度为 0.02 mm,板中心最大挠度为 4.02 mm;随着荷载的增大,拼缝处裂缝向两边延长,裂缝宽度也随之增大,加载至 32 kN/m² 时,叠合板顶面沿梁四周在支座负弯矩的作用下出现一圈裂缝,裂缝宽度为 0.18 mm。加载至 34 kN/m² 时,板底纵向跨中区域出现裂缝,此时最大裂缝宽度为 0.2 mm,中心点最大挠度为 9.18 mm,叠合板达到正常使用极限状态。加载至 44 kN/m² 时,最大裂缝宽度为 1.5 mm,中心点最大挠度为 20.35 mm,叠合板达到承载能力极限状态。加载至 63 kN/m² 时,拼缝处和板顶面支座处裂缝宽度达到 3 mm,中心最大挠度达到 70.11 mm,约为板跨度的 1/50,此时挠度急剧增大,且拼缝处混凝土出现剥落的现象,出于安全考虑停止加载,进入卸载阶段,卸载过程中各测点的位移值逐渐减小,卸载完成后,中心点的残留变形值为 32.15 mm。

叠合板中心点的荷载-位移曲线如图 5-19 所示,从图中可以看出,加载初期中心点竖向位移随荷载增加而线性增加,结构处于弹性受力阶段;加载至 25 kN/m²(不含自重荷载,下同)时,荷载-位移曲线在 A 点出现拐点,此时竖向位移为 4.45 mm,随后斜率减小,结构刚度有所降低,但 AB 段仍近似于一段直线,位移保持线性增加;加载至 35 kN/m² 时,曲线出现第二个拐点 B 点,此时竖向位移为 9.18 mm,BC 段曲线斜率逐渐减小,刚度不断退化,结构进入弹塑性受力阶段;加载至 64 kN/m² 时,曲线出现第三个拐点 C 点,此时竖向位移为 70.11 mm,CD 段曲线呈下降趋势,荷载随位移增大逐渐降低,由此可判断在 C 点处,叠合板已破坏,不适合再继续承载,加载至 D 点时,出于安全的考虑,停止加载;DE 段为卸载过程,卸载过程中结构变形逐渐恢复,外荷载完全卸掉后,叠合板中心点的竖向位移值为 32.15 mm,随着时间的推移,该值仍会进一步减小,但本试验未对其进行长期监测,所以叠合板最终的不可恢复的塑性变形值要小于实测值 32.15 mm。

由图 5-19 所示的 16 个测点所采集到的位移数据,可绘制出结构达到承载能力极限状态时的楼板挠度曲面,其呈现出典型的双向板挠度曲面形状,证明该叠合楼板具有较好的双向受力性能。从图中可看出两个方向上对称位置处的挠度大小相当,非预应力方向的挠度略大于预应力方向的,这是由于预应力方向预应力的施加提高了该方向的刚度,而

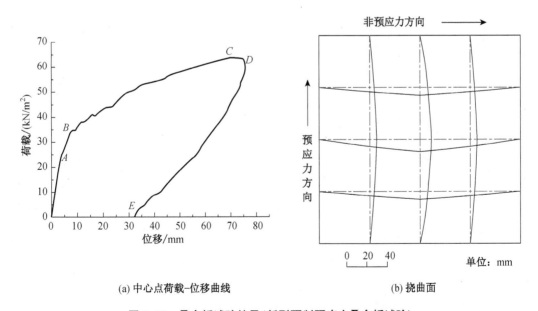

(a) 中心点荷载-位移曲线　　　　　　(b) 挠曲面

图 5-19　叠合板试验结果(新型预制预应力叠合板试验)

非预应力方向非预应力钢筋在板间拼缝处截断,整体性不及钢筋通长布置的预应力方向,拼缝的存在削弱了结构刚度。

本次试验的试件叠合面采用自然粗糙面,由两块预制底板拼成的双向叠合板均布加载直至最终破坏过程中,未出现沿叠合面水平裂缝或滑移,说明自然粗糙面即可保证叠合板层间整体受力。

5)试验结论

为研究新型预应力叠合楼板的受力性能,进行了静力加载试验。共设计和制作 3 块预制底板,其中一块用于施工阶段模拟试验,另两块用于双向叠合板试验。试验结果表明:预制底板的抗裂性能可保证在放张和吊装过程中不开裂;在施工荷载作用下,预制底板在有支撑和无支撑情况下均未开裂,且挠度均满足规范要求;双向叠合板的开裂荷载为 $23\ kN/m^2$,达到正常使用状态时的荷载为 $34\ kN/m^2$,达到承载能力极限状态时的荷载为 $44\ kN/m^2$,最终破坏时的荷载为 $63\ kN/m^2$;双向叠合板在均布荷载作用下的挠度曲面和裂缝开展分布情况均与传统双向板相似,具有较好的双向受力性能,且其刚度、承载能力和抗裂性能均满足规范要求。

第6章

装配整体式混凝土结构设计技术研究

装配式混凝土结构作为我国建筑工业化的重要发展内容,在设计方面与传统现浇结构最显著的差别,在于其作为"工业化产品",需要建筑、结构、设备、装修等多专业有机协同,基于信息化手段对各专业设计进行深度融合,实现满足建筑功能、结构性能、部品部件生产、构件施工安装及建筑装修等系统要求的一体化设计。

装配式混凝土结构设计充分强调了其"产品"特性,是对传统现浇结构设计的重大变革,其设计内容具有很强的系统性、逻辑性,本书重点针对装配整体式混凝土结构的结构设计方面内容,从结构设计原则与方法、预制构件拆分、预制构件设计和连接设计等方面进行研究与论述。

6.1 装配整体式混凝土结构设计概述

6.1.1 结构设计特点

与传统现浇混凝土结构由现场浇筑混凝土一次成型不同,装配整体式混凝土结构由工厂生产的预制构件在现场通过安装、连接形成整体结构,并要求由离散的预制构件通过适当措施进行连接以达到与现浇混凝土结构相当的整体性,这对预制构件间的连接节点构造性能提出了更高要求。同时,构件预制质量既是确保现场施工效率的前提,也是保障结构正常使用性能和耐久性的重要因素,因此,对预制构件设计的精度和深度也提出了更高要求。

因此,装配整体式混凝土结构应重视预制构件设计及连接设计,强调构件设计和连接设计与整体结构设计的协调性与逻辑性,在此基础上,才能真正实现优质预制、高效施工,充分发挥装配整体式混凝土结构的技术优势。

6.1.2 结构设计原则

装配整体式混凝土结构设计遵循的基本原则仍然是"等同现浇",要求其设计结果能够基本达到同条件下现浇混凝土结构的承载力、延性及整体性。通过前述系列预制剪力墙连接节点、预制框架梁柱连接节点以及子结构模型的抗震性能试验,均证实了装配整体式混凝土结构可较好地实现"等同现浇"性能指标。反过来讲,从性能角度出发,可以将装配整体式混凝土结构视为现浇混凝土结构。同时,装配整体式混凝土结构设计过程中应充分发挥预制混凝土技术优势,实现高效施工。

因此,概括来讲,装配整体式混凝土结构设计应符合以下基本原则:

(1) 结构体系应合理、高效,结构规划宜简单、规则、对称并宜采用大空间布局,结构竖向构件应连续贯通、水平构件应保证竖向构件协调受力;

(2) 预制构件布置合理、拆分高效,在保证整体性能的同时,最大程度实现标准化、模数化;

(3) 预制构件设计应针对整个施工过程的各种不利工况进行复核和验算,并兼顾生产、运输及安装要求;

(4) 连接节点和接缝应受力明确、构造合理、保证构件之间可靠传力,并应兼顾生产、运输及安装要求。

6.1.3 结构设计流程与方法

根据《装配式混凝土结构住宅建筑设计示例(剪力墙结构)》(15J939-1),装配式结构与现浇结构的建设流程明显不同,其更强调结构与装修的协同,更注重结构与装修一体化的构件加工图设计,两者对比见图 6-1。

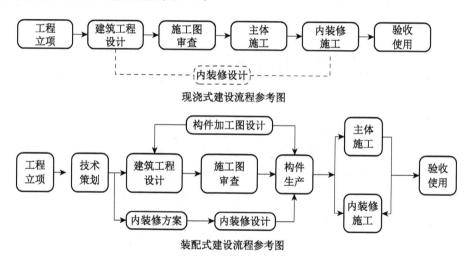

图 6-1 装配式混凝土结构设计流程

对于装配式混凝土结构设计方面,由于装配式混凝土结构的发展在我国尚处于初级阶段,对其结构性能、设计方法研究尚不够充分,相应的设计软件配套不足,因此,现阶段为实现"等同现浇"的设计过程为:

(1) 按照现浇混凝土结构进行整体分析与设计。将装配整体式混凝土结构看作现浇混凝土结构,套用既有现浇混凝土结构相关设计规范,沿用现浇混凝土结构设计软件,对整体结构进行分析与设计,确定结构方案,完成对结构构件的初步设计。

(2) 将整体结构进行合理拆分。根据不同结构类型,兼顾构件生产工艺要求、运输与吊装要求等多方面因素,对整体结构进行拆分,形成离散的预制构件。

（3）构件与节点深化设计。根据结构整体设计结果和构件拆分方案,对构件进行深化设计,明确结构配筋、防火防水保温构造、吊点设计、预埋预留、装饰装修做法等技术要点;根据构件深化设计结果和构件拆分方案,对构件连接节点进行深化设计,明确连接构造做法、防火防水保温构造等技术要点。最终形成构件生产或施工图纸,进入生产与施工流程。

以试点工程江苏省南通市海门中南世纪城 33# 楼为例,其采用了基于全金属波纹管浆锚连接的全预制剪力墙结构技术,其结构设计过程示意见图 6-2。

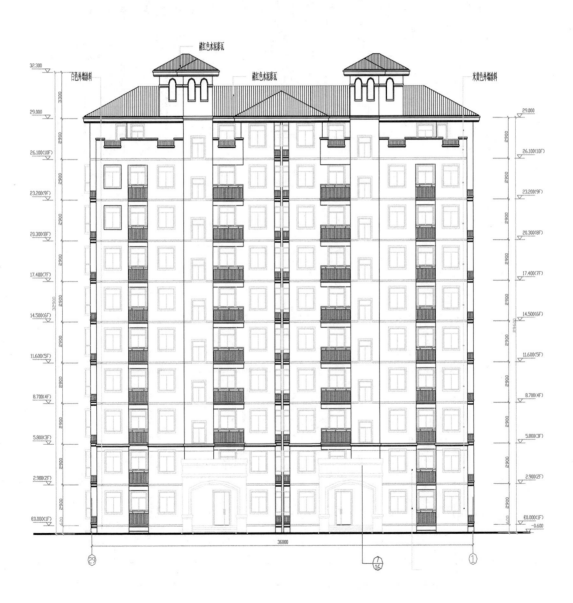

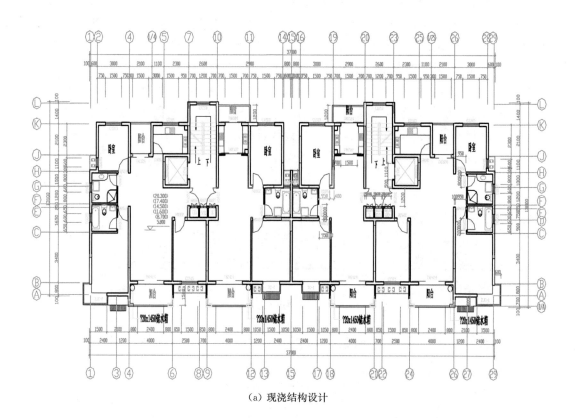

（a）现浇结构设计

（b）竖向构件拆分

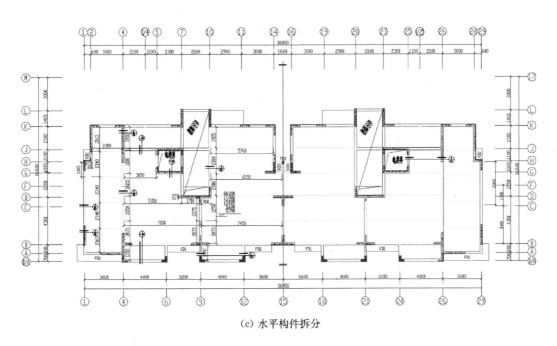

(c) 水平构件拆分

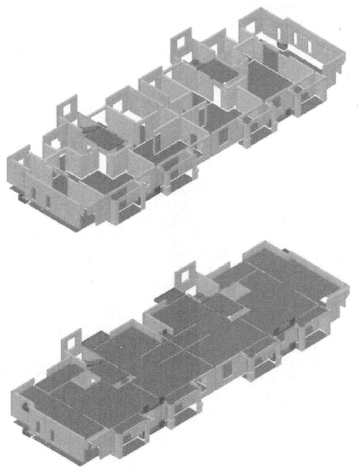

(d) 标准层构件拆分三维图

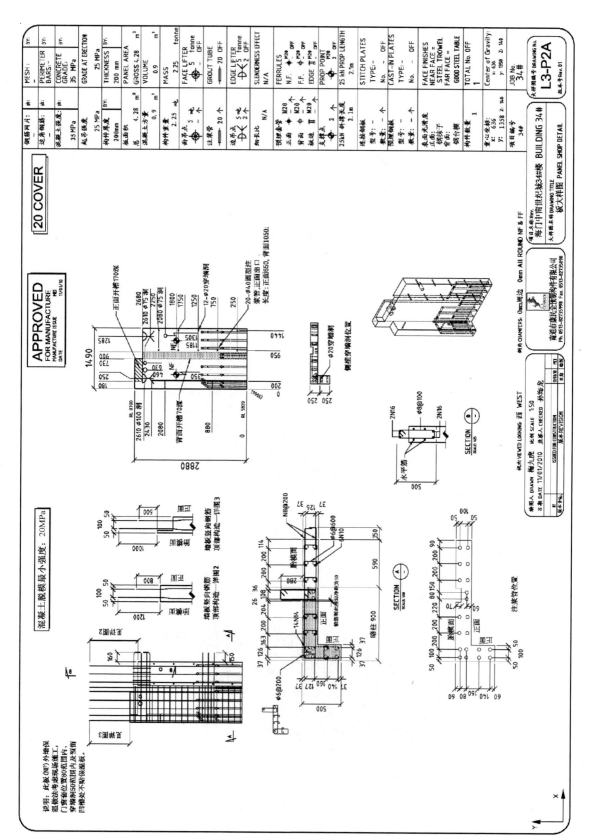

(e) 构件详图（墙板）

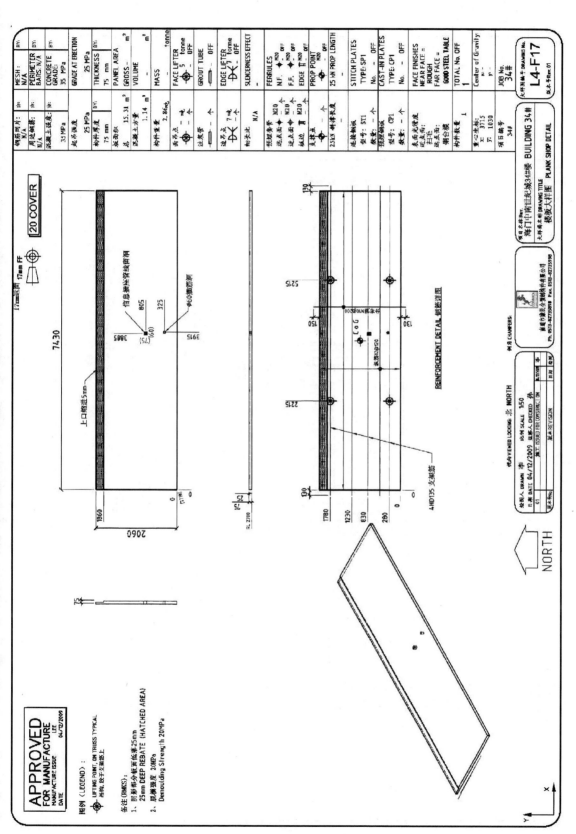

（f）构件详图（楼板）

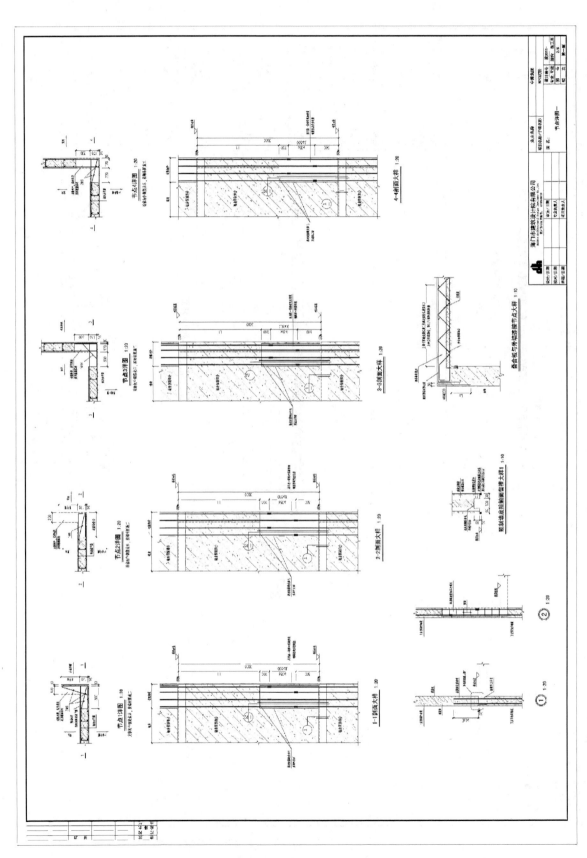

(g)-1 节点详图

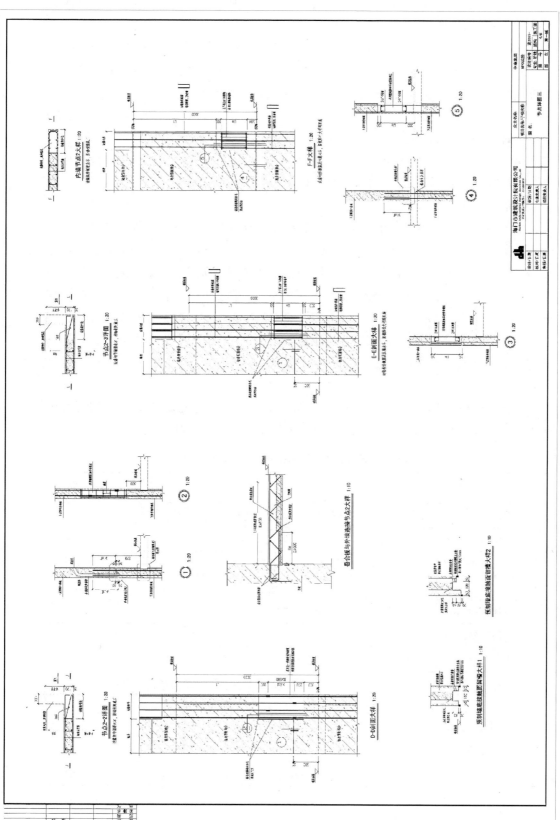

（g）-2 节点详图

图 6-2 装配整体式混凝土结构设计过程示例（海门中南世纪城 33# 楼）

诚然,上述设计过程明显效率不高,但充分契合我国当前行业技术水平与发展现状,为装配式建筑的发展与应用提供了必要的设计依据与手段。

同时,应注意避免走进"等同现浇"的认识误区,认为装配整体式混凝土结构的设计应严格执行既有现浇混凝土结构设计规范的相关条文规定,配套现浇混凝土结构的标准规范限制了预制混凝土技术优势的发挥,往往造成构件预制困难、成本上升,甚至无法应用。"等同现浇"实质是指性能的等同,而不是设计、构造等具体技术要点的机械等同,只要能有充分试验数据证明其能实现性能等同,改变或突破现浇混凝土规范条文的规定是允许的。本书涉及的钢筋连接方面的浆锚连接接头和 GDPS 套筒灌浆连接接头、剪力墙/框架结构方面的构件连接节点构造以及叠合板技术均经历了质疑、验证、肯定的过程,关键技术研究成果现已被装配式建筑领域标准规范广泛采纳。

另外,在国家宏观政策的倡导下,各地纷纷加强对装配式混凝土结构的推广工作,出台文件普遍涉及预制率、装配率或预制装配率等设计控制指标要求,此举措对引领及促进装配式混凝土结构的发展发挥了积极作用,但同时也造成个别单位、部分项目为满足类似控制设计指标,盲目地应用装配式混凝土结构技术,其做法已基本违背了装配整体式混凝土结构的基本原则与方法,造成"该现浇的做预制",严重影响结构整体性能,造成安全隐患,这是不可取的。因此,建议在符合装配整体式混凝土结构基本设计原则与方法的前提下,进一步通过构件优化设计,以实现更高的预制率与装配率,充分发挥装配整体式混凝土结构技术优势。

为便于参考,将装配整体式混凝土结构设计主要遵循的相关现浇混凝土结构规范标准及近年来国家和地方颁布的装配式混凝土结构相关规范列于表 6-1。

表 6-1　装配整体式混凝土结构相关设计规范

序号	标准序号	标准名称	备注
1	GB 50010—2010(2015 年版)	《混凝土结构设计规范》	国家
2	GB 50011—2010(2016 年版)	《建筑抗震设计规范》	国家
3	GB 50666—2011	《混凝土结构工程施工规范》	国家
4	GB 50204—2015	《混凝土结构工程施工质量验收规范》	国家
5	JGJ 3—2010	《高层建筑混凝土结构技术规程》	行业
6	GB/T 51231—2016	《装配式混凝土建筑技术标准》	国家
7	JGJ 1—2014	《装配式混凝土结构技术规程》	行业
8	JGJ 224—2010	《预制预应力混凝土装配整体式框架结构技术规程》	行业
9	DGJ32/TJ 125—2016	《装配整体式混凝土剪力墙结构技术规程》	江苏省
10	DB11/1003—2013	《装配式剪力墙住宅结构设计规程》	北京市
11	DGJ08—2154—2014	《装配整体式混凝土公共建筑设计规程》	上海市

序号	标准序号	标准名称	备注
12	DBJ/CT082—2010	《润泰预制装配整体式混凝土房屋结构体系技术规程》	上海市
13	DB37/T5018—2014	《装配整体式混凝土结构设计规程》	山东省
14	DBJ15—107—2016	《装配式混凝土建筑结构技术规程》	广东省
15	SJG18—2009	《预制装配整体式钢筋混凝土结构技术规范》	深圳市
16	DBJ51/T038—2015	《四川省装配整体式住宅建筑设计规程》	四川省
17	DBJ13—216—2015	《福建省预制装配式混凝土结构技术规程》	福建省
18	DB13(J)/T179—2015	《装配整体式混凝土剪力墙结构设计规程》	河北省
19	DBJ41/T154—2016	《装配整体式混凝土结构技术规程》	河南省
20	DB42/T1044—2015	《装配整体式混凝土剪力墙结构技术规程》	湖北省
21	DB21/T1924—2011	《装配整体式建筑技术规程(暂行)》	辽宁省
22	DB21/T2000—2012	《装配整体式剪力墙结构设计规程(暂行)》	辽宁省
23	DB34/T1874—2013	《装配整体式剪力墙结构技术规程(试行)》	安徽省

6.1.4 预制构件拆分

预制构件拆分是装配整体式混凝土结构设计的核心过程,具体拆分工艺由建筑功能、结构体系、构件预制条件及现场安装能力等决定,并且直接影响结构的可靠性、经济性以及预制率、装配率等控制指标的实现。因此,预制构件拆分是一项综合性极强的工作,需要建筑、结构、预制工厂、施工单位乃至项目预算部门的共同参与。

对于典型的非结构构件,如楼梯、空调板等,一般采用全预制构件,示例见图 6-3。

(a)预制楼梯　　　　　　　　　　(b)预制空调板

图 6-3　典型预制非结构构件

针对预制构件拆分过程中与结构可靠性相关的问题,做出详细论述。

1)基本原则

从结构角度看,预制构件拆分将直接决定预制构件设计与连接节点设计,为确保结构

的整体性能与抗震性能,其应遵循的基本原则包括:

(1) 拆分应尽量遵循少规格、多组合原则,统一和减少构件规格。

(2) 尽量选择应力较小或变形不集中的部位进行构件拆分,当无法避免时,应采取有效加强措施。

(3) 相邻构件拆分应考虑构件连接处构造的合理性。

(4) 某些结构抗震重要部位及关键构件,要求采用现浇混凝土:

① 地下室;

② 剪力墙结构底部加强部位的剪力墙;

③ 框架结构首层柱及顶层楼盖;

④ 平面复杂或开洞较大的楼层楼盖;

⑤ 高层建筑电梯井筒及框-剪结构的剪力墙构件等重要抗侧力构件;

⑥ 转换层的转换梁柱、部分框支剪力墙结构的框支层及上一层等。

2) 剪力墙结构拆分方案

(1) 基本原则

对装配整体式混凝土剪力墙结构的拆分,主要集中于预制墙板的拆分,除要求现浇的剪力墙外,其拆分过程应遵循的基本原则为:

① 预制剪力墙板宜全部为规整的一字形截面的平板类构件;

② 预制墙板沿竖向宜按楼层高度拆分,接缝设置于楼板标高处;

③ 预制墙板沿水平方向拆分宜根据剪力墙位置(拐角处、相交处等)进行确定,并充分考虑非结构构件(填充墙、分隔墙等)及建筑构件(门窗等)的设计要求;

④ 预制墙板与预制楼板的拆分应相协调。

(2) 具体方案

由于装配整体式剪力墙结构缺乏在高层建筑中的应用经验和灾害检验,对其技术性能,尤其是抗震性能,国内仍然持相对审慎的态度,剪力墙关键部位仍然推崇现浇结构,这直接影响到结构构件布置与拆分方案。对国内常用做法进行归类分析,按照现浇量由大到小分 3 种构件拆分方案进行论述。

① 外墙全预制或半预制、内墙全现浇

此构件拆分方案即第一章提到的"内浇外挂"体系,其外墙采用全预制构件或 PCF 构件,而内墙全部采用现浇混凝土。

作为一种比较保守的方案,其在结构设计中仅考虑内部现浇剪力墙的抗水平荷载作用贡献,可以被认为完全符合现浇结构的所有原则与规定,因此,其本质就是现浇混凝土结构,在装配式混凝土结构在我国的推广初期得到了较广泛的应用。但是,分析认为,该方案对现浇混凝土结构突破有限,很难充分发挥预制混凝土优势,且在当前对预制率、装配率要求越来越高的行业背景下,该方案将越来越不适宜采用。

为提高结构预制率与装配率,同时保证结构整体性能与抗震性能,提出了外墙全预制或半预制、内墙部分预制部分现浇方案(图 6-4),而内墙预制或现浇方案则可参考后述两种方案。

　　（a）外墙全预制　　　　　　　　　　　（b）内墙部分预制

图 6-4　"外墙全预制、内墙部分预制"方案施工照片

　　② 剪力墙边缘构件全现浇

　　考虑到剪力墙边缘构件是剪力墙关键受力部位,对剪力墙构件的延性及耗能能力等抗震指标影响显著,其可靠性将直接决定剪力墙的力学性能及整体结构的抗震性能。因此,剪力墙边缘构件全部现浇(图 6-5),使得该部位完全满足现浇混凝土结构的相关规定与要求,且通高设置的现浇边缘构件可发挥对中部预制墙板的约束作用,则认为该方案下的装配式剪力墙结构可基本达到"等同现浇"性能目标,也成为我国相关国家与行业标准主推的做法。

　　由于剪力墙边缘构件尺寸较大,且有时需要进一步加大现浇带长度以满足水平钢筋锚固要求,造成现场施工量较大。

图 6-5　"剪力墙边缘构件全现浇"方案施工照片　　**图 6-6　"剪力墙边缘构件部分预制"方案施工照片**

　　③ 剪力墙边缘构件部分预制

　　为有效减少现场施工量,提出剪力墙边缘构件部分预制方案(图 6-6),现浇带仅设置在墙端。该方案是基于第 3 章相关试验研究成果的基础上提出的,通过合理的钢筋配置与合适的现浇带长度与位置设置,认为该方案下结构仍能保证整体性与抗震性能。

由于剪力墙边缘构件部分预制、部分现浇,其受力整体性仍然受到质疑,但由于其有效提高了预制效率、大大降低了现场工作量,常受到应用单位的青睐。

剪力墙结构中的连梁由于跨度一般较小,且常与门窗等洞口一起,一般有条件均将连梁与剪力墙板整体预制;当无法实现时,则将连梁单独预制,现场再与剪力墙连接。两种拆分方案见图 6-7。

(a) 与墙板整体预制　　　　　　　　　　(b) 单独预制

图 6-7　连梁拆分方案施工照片

为减少现场砌筑作业,剪力墙结构中的填充墙一般均采用预制构件。与剪力墙同平面的填充墙,一般与剪力墙整体预制;与剪力墙垂直的填充墙,则单独预制,现场与剪力墙连接。两种拆分方案见图 6-8。

(a) 与剪力墙板整体预制　　　　　　　　(b) 单独预制

图 6-8　填充墙拆分方案施工照片

3）框架结构拆分方案

（1）基本原则

对装配整体式混凝土框架结构的拆分,主要集中于预制柱、梁的拆分,除要求现浇的

框架柱、梁外,拆分过程应遵循的基本原则为:

① 预制柱一般按楼层高度进行拆分,其长度可为 1 层、2 层或 3 层高,也可在水平荷载作用效应较小的柱高中部进行拆分;

② 预制梁可按其跨度拆分,即在梁端拆分,也可在水平荷载作用效应较小的梁跨中进行拆分;

③ 预制柱、梁与预制楼板的拆分应相协调。

(2) 具体方案

与剪力墙结构不同,装配整体式框架结构在国外已有大量研究基础和应用经验,对其构件拆分方案已基本成熟和定型,根据预制构件形式,选取几种有代表性的方案进行具体论述。

① 单/多层预制柱、整跨预制梁

柱按楼层进行预制,可视情况单层预制或多层预制;梁从端部分割,整跨预制;柱、梁节点处现浇,其方案施工照片见图 6-9。该方案构件形式简单、预制方便,在多种技术体系中得到采用。

(a) 预制柱	(b) 预制梁
(c) 构件拼装	(d) 节点

图 6-9 "单/多层预制柱、整跨预制梁"拆分方案施工照片

② 单层预制柱、莲藕梁

框架结构中,梁、柱构件的纵向受力钢筋在连接节点区汇集,且由于受力需要,节点区往往箍筋较多,导致梁、柱节点区钢筋密集,现场施工难度较大。特别在装配式混凝土框架结构中,采用现浇方式的预制梁、柱节点区的连接施工往往成为影响结构施工效率的主要因素之一,且质量难以保证,存在着降低节点结构性能的风险。

为了提高节点区的质量,减少现场"湿"作业量,可将梁、柱节点进行预制。在装配式混凝土框架结构拆分时,将梁在跨中进行拆分,形成"莲藕梁"的形式,如图 6-10(a)所示。这种拆分方案中,梁、柱节点与梁作为预制整体,柱一般按照单层楼进行拆分,预制柱混凝土高度为单层楼高减去节点区高度,但应该保证预制柱纵向受力钢筋伸出。

（a）莲藕梁

（b）单层柱

（c）莲藕梁吊装

图 6-10 "单层预制柱、莲藕梁"拆分方案施工照片

这种拆分方式保证了节点区的制造质量,实现"强连接"形式,结构性能优越。但莲藕梁的节点区需要留设孔道,便于预制柱纵向钢筋穿过,对制造和施工的精度要求较高,同时莲藕梁形状相对不规则,制作和运输难度也相对较高。

③ 十字形预制梁柱体方案

框架结构的梁柱节点在地震荷载下往往是受力最大的部分,上述两种装配式混凝土框架结构拆分方案均在节点区或者紧靠节点区的位置进行连接,在该处存在着天然拼缝,在一定程度上会影响到结构性能。为进一步提高梁、柱节点区的质量和性能,可将框架梁、柱均在中间弯矩较小处进行拆分,形成类似"十字形"的整体预制梁柱体,现场连接时在梁、柱的中部进行连接,连接区域往往留有缺口,通过现场浇筑混凝土形成整体,如图 6-11 所示。

（a）十字形预制梁柱体　　　　　　　　（b）现场安装

图 6-11　"十字形预制梁柱体方案"拆分方案施工照片

4）叠合楼板拆分方案

（1）基本原则

作为传递结构竖向与水平荷载的重要构件,一般通过叠合现浇层保证结构水平荷载的传递,而竖向荷载的传递则与其拆分方案密切相关。为保证竖向荷载的有效传递,除要求现浇楼板外,其拆分过程应遵循的基本原则为:

① 叠合楼板宜按墙、柱、梁等竖向构件结构平面位置进行拆分;

② 拼缝宜设置在受力较小处,即拼缝方向宜与楼板短边方向平行;

③ 注意与剪力墙、框架柱、框架主次梁等其他构件拆分的协调性。

（2）具体方案

叠合楼板拆分方案相对简单,但应注意板宽的规格化以及拼缝方向,以免板块型号过多影响经济性或拼缝交错带来施工不便。叠合楼板拆分方案示例见图 6-12。

5）预制外挂墙板拆分方案

（1）基本原则

作为框架结构重要的围护构件,一般采用预制构件,满足特殊的建筑外形要求及与主体结构的连接要求,其拆分过程应遵循的基本原则为:

① 在满足运输与安装能力的前提下,应尽量增大墙板尺寸、减少节点数量;

② 应合理考虑窗口位置及其对窗洞口的处理;

③ 拼缝宜处于梁轴线或柱轴线位置;

④ 注意与作为支座的剪力墙、框架柱、框架梁等主体构件拆分的协调性。

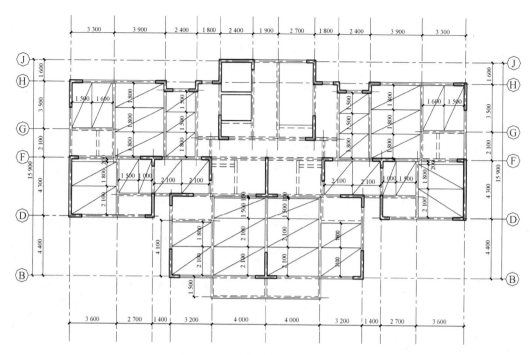

图 6-12 叠合楼板拆分方案示例

（2）具体方案

由于建筑外墙一般形式多变且窗口较多，根据窗洞口及柱梁位置进行预制外挂墙板的拆分，形成了多种组合形式方案［图 6-13(a)］，而我国装配式混凝土建筑中较常采用最后两种方案［图 6-13(b)］。

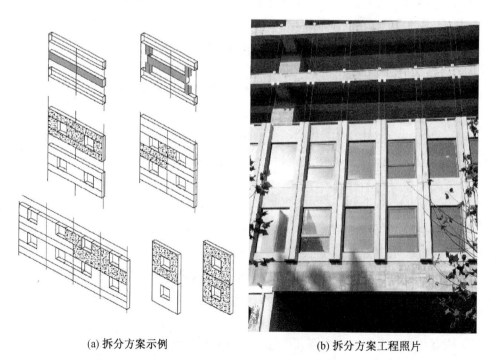

(a) 拆分方案示例　　　　　(b) 拆分方案工程照片

图 6-13　预制外挂墙板拆分方案示例

6.2 预制构件设计

6.2.1 基本要求

装配整体式结构预制构件设计是一个系统工程,其应满足建筑、结构、施工、装修装饰、设备等各个专业要求。仅从结构角度看,与现浇混凝土结构不同,装配整体式结构预制构件除应根据受力情况进行承载能力极限状态计算、正常使用极限状态验算及构造设计外,尚需针对构件预制、运输及安装过程中的力学问题进行必要的核算,即《装配式混凝土结构技术规程》(JGJ 1—2014)要求的对制作、运输和堆放、安装等短暂设计状况下的预制构件验算工作。

预制构件承载能力极限状态计算、正常使用极限状态验算及构造设计可直接遵循现浇混凝土结构构件相关方法与要求,但考虑到接缝和节点对构件及结构整体性可能带来的削弱,在既有现浇结构设计规定基础上,对关键参数进行了适当修正,根据相关国家、行业与地方标准条文,将关键修正之处总结如下:

(1)《装配式混凝土结构技术规程》(JGJ 1—2014)第 8.1.1 条:抗震设计时,对同一层内既有现浇墙肢也有预制墙肢的装配整体式剪力墙结构,现浇墙肢水平地震作用弯矩、剪力宜乘以不小于 1.1 的增大系数。

(2)《高层建筑混凝土结构技术规程》(JGJ 3—2010)第 5.2.2 条:在结构内力与位移计算中,现浇楼盖和装配整体式楼盖中,梁的刚度可考虑翼缘的作用予以增大。近似考虑时,楼面梁刚度增大系数可根据翼缘情况取 1.3～2.0。对于无现浇面层的装配式楼盖,不宜考虑楼面梁刚度的增大。

(3)《高层建筑混凝土结构技术规程》(JGJ 3—2010)第 5.2.3 条:在竖向荷载作用下,可考虑框架梁端塑性变形内力重分布对梁端负弯矩乘以调幅系数进行调幅,装配整体式框架梁端负弯矩调幅系数可取为 0.7～0.8,现浇框架梁端负弯矩调幅系数可取为 0.8～0.9。

(4)《装配式混凝土建筑技术标准》(GB/T 51231—2016)第 5.3.3 条:内力和变形计算时,应计入填充墙对结构刚度的影响。当采用轻质墙板填充墙时,可采用周期折减的方法考虑其对结构刚度的影响;对于框架结构,周期折减系数可取 0.7～0.9;对于剪力墙结构,周期折减系数可取 0.8～1.0。

(5)《装配式混凝土结构技术规程》(JGJ 1—2014)第 10.1.3 条:对外挂墙板和连接节点进行承载力验算时,其结构重要性系数 γ_0 应取不小于 1.0,连接节点承载力抗震调整系数 γ_{RE} 应取 1.0。

(6)《装配式混凝土结构技术规程》(JGJ 1—2014)第 6.2.2 条:预制构件在翻转、运输、吊运、安装等短暂设计状况下的施工验算,应将构件自重标准值乘以动力系数后作为等效静力荷载标准值。构件运输、吊运时,动力系数宜取 1.5;构件翻转及安装过程中就位、临时固定时,动力系数可取 1.2。

(7)《装配式混凝土结构技术规程》(JGJ 1—2014)第 6.2.3 条:预制构件进行脱模验算时,等效静力荷载标准值应取构件自重标准值乘以动力系数后与脱模吸附力之和,且不宜小于构件自重标准值的 1.5 倍。动力系数与脱模吸附力应符合下列规定:①动力系数不宜小于 1.2;②脱模吸附力应根据构件和模具的实际状况取用,且不宜小于 $1.5\ \text{kN/m}^2$。

预制构件短暂设计状况下的设计验算,应考虑以下内容:

① 脱模、翻转、吊装吊点设计与结构验算;

② 堆放、运输支承点设计与结构验算;

③ 安装过程临时支撑设计及结构验算。

6.2.2 构件设计详图

《装配式混凝土结构技术规程》(JGJ 1—2014)第 3.0.6 条要求"预制构件深化设计的深度应满足建筑、结构和机电设备等各专业以及构件制作、运输、安装等各环节的综合要求"。因此,构件设计详图应能表达详尽的图素与示例,以满足生产与安装需求。

构件设计详图应能明确表达以下信息:

① 构件 3D 示意图及平、立、剖详图,预埋吊件以及其他埋件的细部构造图;

② 构件的装配位置、相关节点详图及临时斜撑、临时支架详图;

③ 构件几何信息(质心)、材料信息(钢筋、混凝土、预埋件材料强度及用量)及重量等。

6.2.3 构件设计详图示例

给出预制墙板构件、预制框架结构构件、预制叠合板等构件的详图实例,以供参考。

1) 预制墙板

图 6-14 表达出了带详细编号(L2-P31 表达出楼层与平面位置)的预制墙板的 3D 视图及平面视图、构件配筋与构造详图、支撑点与吊点位置,并给出了混凝土强度、面积、混凝土方量、重量、吊点与洞口布置数量、预埋件型号、构件重心位置等重要信息。

2) 预制框架结构构件

图 6-15 表达出了带详细编号(L2-P39B 表达出楼层与平面位置)的预制框架柱的 3D 视图及平面视图、构件配筋与构造详图、支撑点与吊点位置,并给出了混凝土强度、面积、混凝土方量、重量、吊点与洞口布置数量、预埋件型号、构件重心位置等重要信息。

图 6-16 表达出了带详细编号(L2-B25 表达出楼层与平面位置)的预制框架梁的 3D 视图及平面视图、构件配筋与构造详图、支撑点与吊点位置,并给出了混凝土强度、面积、混凝土方量、重量、吊点与洞口布置数量、预埋件型号、构件重心位置等重要信息。

3) 预制叠合板

图 6-17 表达出了带详细编号(L3-F13C 表达出楼层与平面位置)的预制叠合板的 3D 视图及平面视图、构件配筋与构造详图、支撑点与吊点位置、接线盒设置,并给出了混凝土强度、面积、混凝土方量、重量、吊点与洞口布置数量、预埋件型号、构件重心位置等重要信息。

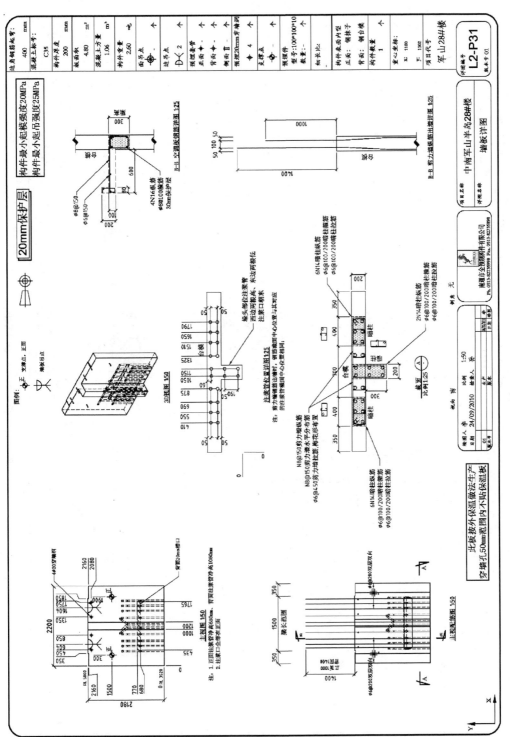

图 6-14　预制墙板设计详图实例

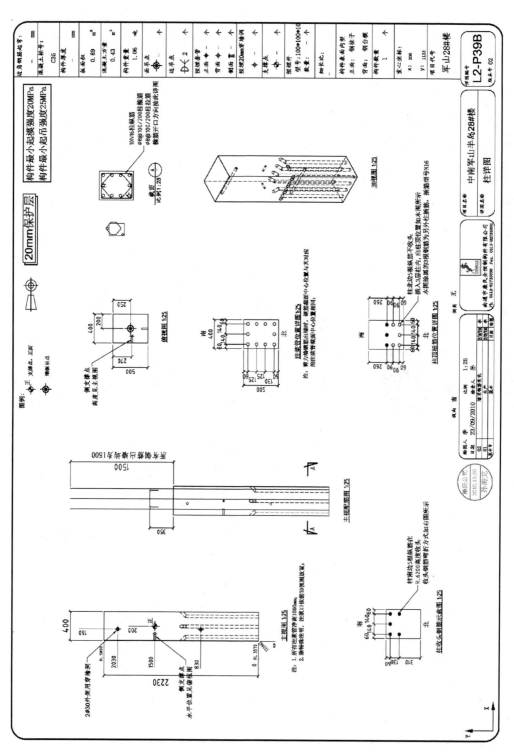

图 6-15　预制框架柱设计详图实例

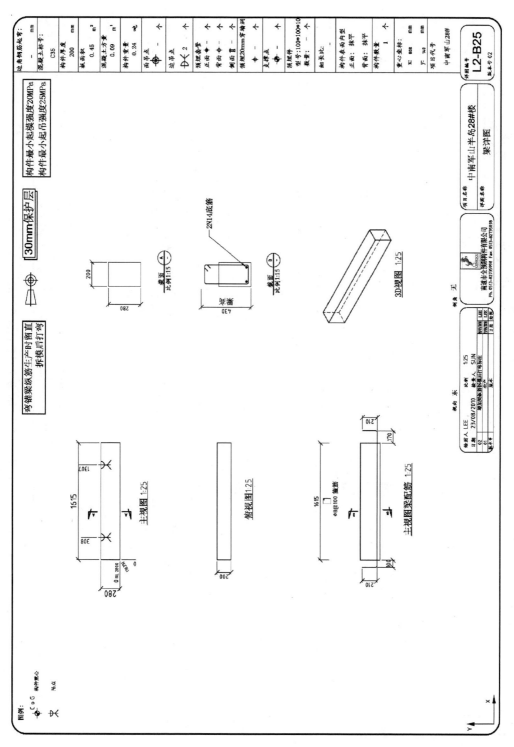

图 6-16 预制框架梁设计详图实例

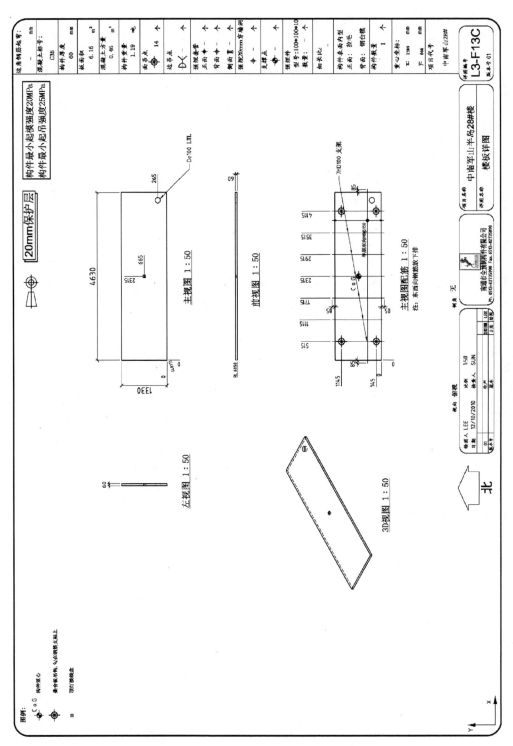

图6-17　预制叠合板设计详图实例

6.3 连接设计

对于装配整体式混凝土结构,构件连接可靠性是保证结构整体性能与抗震性能的最关键环节,因此,连接设计的合理性与安全性尤其重要。装配整体式混凝土结构主要涉及钢筋连接采用的浆锚连接与套筒灌浆连接和预制构件间后浇混凝土连接。基于试验研究结果,结合既有规范标准的规定,对钢筋连接及后浇混凝土连接的具体设计要求进行论述。

6.3.1 钢筋浆锚连接设计

针对金属波纹管浆锚连接(图 6-18),开展了大量接头力学性能试验及连接节点试件的低周反复荷载加载试验,基于试验结果,提出了钢筋浆锚连接设计的具体要求。

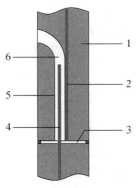

(a) 钢筋浆锚连接
1—预制墙板;2—墙板预埋钢筋;3—坐浆层;
4—浆锚钢筋;5—金属波纹管;6—灌浆料

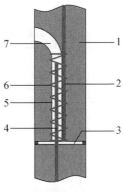

(b) 约束钢筋浆锚连接
1—预制墙板;2—墙板预埋钢筋;3—坐浆层;
4—浆锚钢筋;5—金属波纹管;6—螺旋箍筋;
7—灌浆料

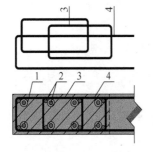

(c) 焊接封闭箍筋约束钢筋浆锚连接
1—金属波纹管;2—边缘构件竖向钢筋;
3—焊接封闭箍筋;4—水平分布钢筋

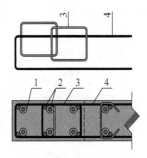

(d) 扣接封闭箍筋约束钢筋浆锚连接
1—金属波纹管;2—边缘构件竖向钢筋;
3—焊接封闭箍筋;4—水平分布钢筋

图 6-18 金属波纹管钢筋浆锚连接设计图

1）钢筋浆锚连接设计要求

（1）钢筋伸入金属波纹管内的长度不少于 l_{aE}。

（2）预埋金属波纹管的直线段长度应大于浆锚钢筋长度 30 mm。

（3）预埋金属波纹管的内径应大于浆锚钢筋直径不少于 15 mm。

（4）水泥基灌浆料应满足抗压强度、流动度、膨胀率及泌水率等综合性能指标。

2）约束钢筋浆锚连接设计要求

（1）螺旋箍筋宜采用圆环形，且应沿金属波纹管直线段全范围布置。

（2）螺旋箍筋保护层厚度不应小于 15 mm，螺旋箍筋之间净距不宜小于 25 mm，螺旋箍筋下端距预制混凝土底面之间净距不宜大于 25 mm。

（3）螺旋箍筋开始与结束位置应有水平段，长度不小于一圈半。

（4）螺旋箍筋可选用 HPB300 级、HRB335 级和 HRB400 级热轧钢筋，可按表 6-2 确定螺旋箍筋配置方案。

（5）焊接封闭箍筋或扣接封闭箍筋可根据现浇墙板箍筋配置，按照配箍率等同原则进行代换。

表 6-2　约束钢筋浆锚连接用螺旋箍筋选用表

钢筋直径（mm）	抗震等级		
	一级	二、三级	四级
$\phi \leqslant 14$	$\phi 6@50$	$\phi 6@75$	$\phi 6@100/\phi 4@40$
$14 < \phi \leqslant 18$	$\phi 8@40$	$\phi 6@40$	$\phi 6@50$

6.3.2　钢筋 GDPS 套筒灌浆连接设计

GDPS 套筒（图 6-19）在制造工艺、结构特性与力学性能上均和既有套筒产品有明显区别，基于大量拉拔试验、反复拉压试验及型式检验数据，对其提出具体设计要求。

（1）套筒宜采用 Q345、Q390 等有较好延伸率的无缝钢管加工，相应材质需符合《结构用无缝钢管》（GB/T 8162—2008）的要求。

（2）套筒内肋高度和单侧内肋（剪力槽）数量应满足表 6-3 要求。

（3）套筒长度应根据试验确定，且每侧灌浆连接锚固段的长度不宜小于 8 倍钢筋直径；现场装配端预留钢筋调整长度不应小于 20 mm。

（4）套筒沿长度方向的中心点两侧无滚压环肋的平直段长度不宜小于 4.5 倍钢筋直径。

（5）套筒外径和壁厚应根据试验确定。

（6）套筒灌浆段最小内径与连接钢筋公称直径差最小值不宜小于 10 mm。

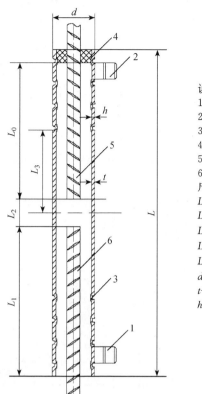

说明：
1—灌浆孔；
2—排浆孔；
3—内肋；
4—橡胶塞；
5—预制端钢筋；
6—现场装配端钢筋
尺寸：
L—灌浆套筒总长；
L_0—预制端锚固长度；
L_1—现场装配端锚固长度；
L_2—现场装配端预留钢筋调整长度；
L_3—平直段；
d—灌浆套筒外径；
t—灌浆套筒壁厚；
h—内肋高度

图 6-19　GDPS 套筒构造设计图

表 6-3　套筒内肋高度和单侧内肋（剪力槽）数量要求

钢筋直径(mm)	12～14	16	18	20	22	25～28
内肋高度(mm)	≥1.5	≥2	≥2	≥2	≥2.5	≥2.5
单侧内肋数量	≥3	≥4	≥4	≥4	≥4	≥5

6.3.3　后浇混凝土连接设计

后浇混凝土连接一般用于预制剪力墙水平连接、双板叠合剪力墙连接、预制剪力墙与水平叠合构件（叠合连梁、叠合板）、预制框架柱与叠合框架梁的连接、叠合框架梁与叠合板的连接以及叠合板之间的连接，其设计要求详述如下。

1）预制剪力墙水平连接

由于剪力墙一般采用一字形截面板类预制构件，当剪力墙墙长较长或遇到纵横墙相交的情况，则产生了预制剪力墙在水平方向上的连接节点，一般通过留设一定宽度后浇混凝土连接。

预制剪力墙水平连接设计的关键问题集中在两个方面：一是后浇混凝土范围；二是水平钢筋及箍筋在后浇混凝土内的设计。

　　《装配式混凝土结构技术规程》(JGJ 1—2014)第 8.3.1 条规定:当接缝位于纵横墙交接处的约束边缘构件区域时,约束边缘构件的阴影区域[图 6-20(a)]宜全部采用后浇混凝土,并应在后浇段内设置封闭箍筋。当接缝位于纵横墙交接处的构造边缘构件区域时,构造边缘构件宜全部采用后浇混凝土[图 6-20(b)];当仅在一面墙上设置后浇段时,后浇段的长度不宜小于 300 mm[图 6-20(c)]。非边缘构件位置,相邻预制剪力墙之间应设置后浇段,后浇段的宽度不应小于墙厚且不宜小于 200 mm;后浇段内应设置不少于 4 根竖向钢筋,钢筋直径不应小于墙体竖向分布筋直径且不应小于 8 mm;两侧墙体的水平分布筋在后浇段内的锚固、连接应符合现行国家标准《混凝土结构设计规范》(GB 50010—2010)的有关规定。

　　对于边缘构件位置,由于要求水平钢筋在后浇混凝土的锚固以充分发挥其强度、提供剪力墙抗剪承载力,且现阶段普遍认为该部位属于水平钢筋与后浇混凝土内箍筋的搭接,

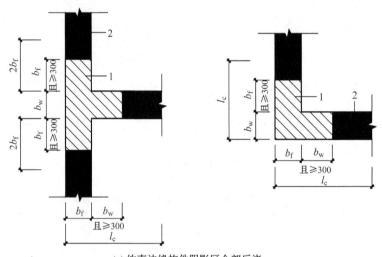

(a) 约束边缘构件阴影区全部后浇

l_c—约束边缘构件沿墙肢的长度;1—后浇段;2—预制剪力墙

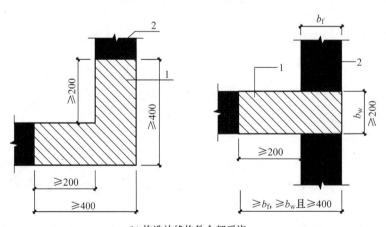

(b) 构造边缘构件全部后浇

1—后浇段;2—预制剪力墙

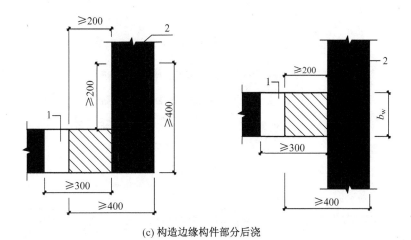

(c) 构造边缘构件部分后浇
1—后浇段；2—预制剪力墙

图 6-20　预制剪力墙后浇混凝土连接构造示意

因此,对后浇混凝土的长度偏保守地按照钢筋搭接长度来确定。这种做法造成边缘构件位置后浇混凝土长度过长,甚至为避免麻烦,将边缘构件全部现浇,即产生了第 6.1.4 节所述的"剪力墙边缘构件全现浇"方案。

但是,完成的钢筋扣接连接力学性能试验(第 3.3 节)及子结构抗震性能试验(第 3.6 节),认为钢筋扣接连接可保证水平钢筋的锚固及连接节点的整体性,基于此可大大减小后浇混凝土范围,其长度一般要求不小于 300 mm 及剪力墙厚度的较大值。

当然,在技术推广的初期,由于缺乏应用经验及灾后检验,技术审慎是必要的,作为过渡手段的保守做法也是可取的,但为了科学利用预制混凝土技术优势,建议大胆合理应用既有有效研究成果,避免机械化认识"等同现浇"带来的效率低下,实现高效施工。

2) 双板叠合剪力墙连接

双板叠合剪力墙的内、外两层预制墙板之间形成的空隙为现浇混凝土提供了良好的条件,同时,为契合"等同现浇"设计理念,对其剪力墙板在竖向及水平方向的连接,均通过双板内后浇混凝土连接,主要解决钢筋在后浇混凝土内锚固问题。

水平方向连接:对于边缘构件位置[图 6-21(a)],一般将边缘构件全部现浇,双板叠合剪力墙的水平钢筋全部锚入现浇边缘构件内。对于非边缘构件位置[图 6-21(b)],可采用类似钢筋扣接连接构造。

竖向连接:对于边缘构件位置,一般将边缘构件全部现浇,其做法与普通现浇剪力墙相同。对于竖向分布钢筋(图 6-22),可采用错开的 U 形钢筋搭接在后浇混凝土内。

3) 预制剪力墙与水平叠合构件连接

为简化预制及安装工艺,剪力墙结构中预制剪力墙与连梁一般为整体预制,当不能实现时,则存在预制剪力墙与预制连梁连接节点,其一般通过预制剪力墙局部后浇混凝土及叠合连梁叠合层现浇混凝土连接实现,其主要解决连梁钢筋在局部后浇混凝土范围内的锚固问题。

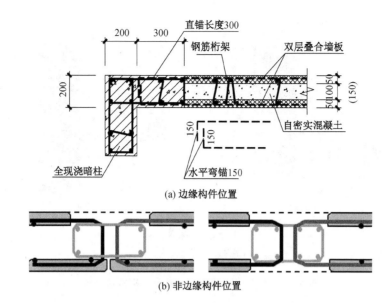

(a) 边缘构件位置

(b) 非边缘构件位置

图 6-21 双板叠合剪力墙水平方向后浇混凝土连接构造示意

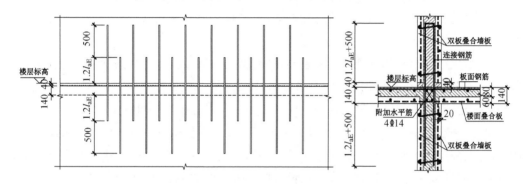

图 6-22 双板叠合剪力墙竖向后浇混凝土连接构造示意

如图 6-23 所示,一般在预制剪力墙对应连梁位置处预留凹口,连梁底筋 90°弯折形式或直线形式伸入凹口内,并满足锚固长度要求。

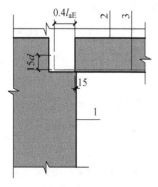

(a) 钢筋弯折锚固方案
1—预制剪力墙；2—叠合梁；
3—预制梁下部纵向受力钢筋

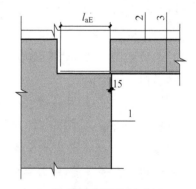

(b) 钢筋直线锚固方案
1—预制剪力墙；2—叠合梁；
3—预制梁下部纵向受力钢筋

图 6-23 预制剪力墙与连梁后浇混凝土连接构造示意

　　预制剪力墙作为叠合板的支座,一般有中间支座、端支座、降板中间支座等几种形式,其具体构造做法见图 6-24。叠合板底筋一般伸出锚固在预制墙顶后浇混凝土内,当不伸出时,则由墙体内伸出附加钢筋与底板钢筋形成搭接。

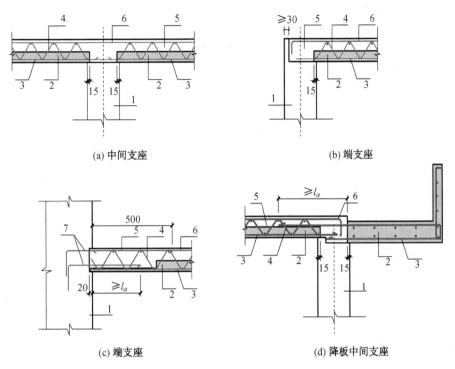

(a) 中间支座　　　　　　　　　　　　　　(b) 端支座

(c) 端支座　　　　　　　　　　　　　　(d) 降板中间支座

图 6-24　预制剪力墙与叠合板后浇混凝土连接构造示意

1—支座墙;2—预制底板;3—纵向受力钢筋;4—桁架钢筋;
5—后浇混凝土叠合层;6—后浇层内钢筋;7—附加钢筋

　　4) 预制框架柱与叠合框架梁的连接

　　预制框架柱与叠合框架梁主要采用节点区后浇的形式进行连接,需要解决叠合梁端竖向接缝的受剪承载力计算和节点区钢筋锚固及构造问题。

　　叠合梁端竖向接缝的受剪承载力主要由叠合层混凝土受剪承载力、剪力键槽根部受剪承载力和钢筋销栓抗剪力构成,可按照《装配式混凝土结构技术规程》(JGJ 1—2014)第7.2.2 条规定进行计算。

　　在"等同现浇"装配式框架结构中,预制框架柱与叠合框架梁的连接仍然必须遵守"强节点弱构件"的原则。《装配式混凝土建筑技术标准》(GB/T 51231—2016)规定:装配整体式框架梁柱节点核心区抗震受剪承载力验算和构造应符合现行国家标准《混凝土结构设计规范》(GB 50010—2010)和《建筑抗震设计规范》(GB 50011—2010)中的有关规定。因此,预制框架柱与叠合框架梁的连接处的钢筋设置,需按照《混凝土结构设计规范》(GB 50010—2010)和《建筑抗震设计规范》(GB 50011—2010)中关于节点抗震承载力计算的要求进行设计。

预制框架柱与叠合框架梁的纵向钢筋在后浇节点区内采用直线锚固、弯折锚固或机械锚固的方式时,其锚固长度应符合现行国家标准《混凝土结构设计规范》(GB 50010—2010)中的有关规定;当预制框架柱与叠合框架梁纵向钢筋采用锚固板时,应符合现行国家标准《钢筋锚固板应用技术规程》(JGJ 256—2011)中的相关规定。

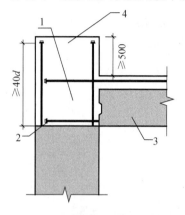

图 6-25 预制柱及叠合梁框架顶层端节点构造示意

1—后浇区;2—梁下部纵向受力钢筋锚固;3—预制梁;4—柱延伸段;5—梁柱外侧钢筋搭接

关于预制框架柱与叠合框架梁的纵向钢筋在后浇节点区内锚固连接的构造要求,可参照《装配式混凝土建筑技术标准》(GB/T 51231—2016)的第 5.6.5、5.6.6、5.6.7 条的规定。值得强调的是:对框架顶层端节点,柱宜伸出屋面并将柱纵向受力钢筋锚固在伸出段内(图 6-25),伸出段长度不宜小于 500 mm,伸出段内箍筋间距不应大于 5d(d 为柱纵向受力钢筋直径)且不应大于 100 mm;柱纵向钢筋宜采用锚固板锚固,锚固长度不应小于 40d;梁纵向受力钢筋应锚固在后浇节点区内,且宜采用锚固板的锚固方式。

根据第 4.3 和 4.4 节的研究,对于端部设有 U 形键槽的预制叠合梁,由于梁端部现浇混凝土所占截面积比例较大,该类预制梁均不存在受剪破坏的情况,故端部设 U 形键槽的预制叠合梁可不进行接缝处受剪承载力计算。在 U 形键槽内设置附加钢筋时,其在 U 形键槽内的长度宜大于梁端塑性铰长度加上钢筋锚固长度。

5) 叠合框架梁与叠合板的连接

叠合梁作为叠合板的支座,其做法与预制剪力墙类似,其做法设计要求见图 6-26。

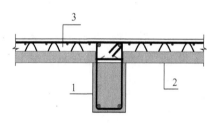

图 6-26 叠合框架梁与叠合板后浇混凝土连接构造示意

1—叠合梁;2—叠合板;3—后浇混凝土

6) 叠合板之间的连接

叠合板之间拼缝,按其受力形式,可分为整体式拼缝与分离式拼缝,可采用图 6-27 连接构造。对于整体式拼缝,除图中规定外,叠合板厚度不应小于 10d(d 为弯折钢筋直径的较大值),且不应小于 120 mm,通长构造钢筋不少于 2 根,且直径不应小于该方向预制板内钢筋直径;对于分离式拼缝,除图中规定外,附加钢筋截面面积不宜小于预制板中该方向钢筋面积,钢筋直径不宜小于 6 mm、间距不宜大于 250 mm。

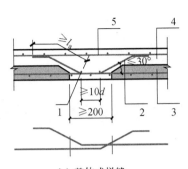

（a）整体式拼缝一
1—通长构造钢筋；2—纵向受力钢筋；
3—预制底板；4—后浇混凝土叠合层；
5—后浇层内钢筋

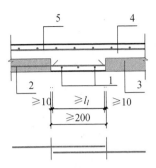

（b）整体式拼缝二
1—接缝处顺缝板底纵筋；2—纵向受力钢筋；
3—预制底板；4—后浇混凝土叠合层；
5—后浇层内钢筋

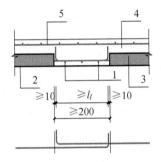

（c）整体式拼缝三
1—接缝处顺缝板底纵筋；2—纵向受力钢筋；
3—预制底板；4—后浇混凝土叠合层；
5—后浇层内钢筋

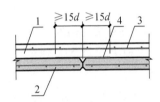

（d）分离式拼缝
1—后浇混凝土叠合层；2—预制底板；
3—后浇层钢筋；4—附加钢筋

图 6-27　叠合板后浇混凝土连接构造示意

第**7**章
构件预制技术与安装工艺研究

构件预制与安装是装配整体式混凝土结构施工的重要环节,也是实现结构设计意图的关键过程。先进的构件预制技术和合理的安装工艺是构件品质、施工质量及结构可靠性与耐久性的重要保障。

7.1 构件预制技术研究

装配式混凝土结构构件通常采用工厂化预制,而工厂化预制是装配式混凝土结构的重要特色。在既有工厂化预制技术的基础上,提出了可突破预制工厂有效辐射半径限制的构件"游牧式"预制技术以及突破传统工艺的短线法预应力叠合板生产线,拓展了构件工厂化预制技术,实现了构件的高效预制。

7.1.1 构件工厂化预制综述

1) 预制构件工厂简介

预制构件工厂一般由混凝土搅拌设备、钢筋加工生产线、构件预制生产线及构件存储区等组成有机系统,以完成构件制作、养护及存储等综合功能。典型的预制构件工厂内各生产线的功能分区见图 7-1。

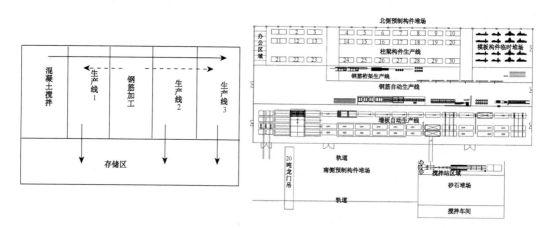

图 7-1 预制构件工厂生产线平面布置示意

对于预制构件生产线,生产工艺主要分为固定模台法和移动模台法(亦称流水线)两种。预制墙板和叠合楼板底板类厚度小于 400 mm 的平面构件大多采用移动模台法生产,该方法可组织为流水自动化生产线,即各生产工序依靠专业自动化设备进行有序生产,并按一定的生产节奏在生产线上行走,最终经过立体养护窑养护成型,从而形成完整的流水作业[图 7-2(a)]。柱、梁、楼梯、阳台等尺寸较大和非规则构件在传统的固定模台上进行预制生产[图 7-2(b)],该类构件预制以手工操作为主,用工量偏大。

（a）移动模台法　　　　　　　　　　（b）固定模台法

图 7-2　预制构件生产线生产工艺

预制构件工厂内的系统化生产线由系列自动化生产设备组成,包括钢筋加工设备、预制底板和预制墙板流水线生产线设备、混凝土制备搅拌设备、中央控制室等组成,各部分功能简述如下。

（1）钢筋加工设备

钢筋加工设备包括数控钢筋弯箍机、数控钢筋调直切断机、数控立式弯曲中心、数控剪切生产线、自动钢筋桁架焊接生产线、钢筋焊网机等,形成一个自动化钢筋加工系统,完成钢筋调直、钢筋剪切、钢筋半成品加工、铺设钢筋、钢筋骨架制作、钢筋网片安装等一系列工序操作,典型加工设备照片见图 7-3。

（a）钢筋自动弯曲成型机　　　　　　　　（b）钢筋桁架自动成型机

（c）钢筋焊接网片自动成型机

图7-3 典型钢筋加工自动化成型机

（2）预制底板和预制墙板流水线生产线设备

预制底板和预制墙板流水线生产线设备主要包括能做循环平移的移动模台、混凝土布料机、混凝土振动密实和抹平装置、码垛机和蒸汽养护设备（分布式养护室或立体蒸养窑），相关设备照片见图7-4。

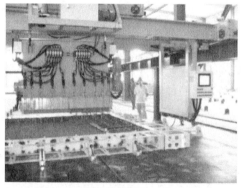

（a）移动模台　　　　　　　　　　　　　　（b）布料机

（c）振动台　　　　　　　　　　　　　　　（d）抹平机

| （e）码垛机 | （f）蒸汽养护设备 |

图 7-4　典型预制底板和预制墙板流水线设备

（3）混凝土制备搅拌设备

混凝土制备搅拌站，主要将水泥、砂、石和掺和料及外加剂按设计的混凝土配合比进行上料搅拌，利用在空中轨道上行走的混凝土运料罐送至布料机进行布料。

（4）中央控制室

流水线中央控制室，主要结合预制构件的生产流程，对构件在流水线上的生产节奏配合工人流水作业进行集中控制。

2）典型构件预制技术

在装配整体式混凝土结构中，典型的预制构件种类有预制柱、预制梁、预制底板、预制内墙板、预制夹心外墙板（包含带门、窗的外墙板）、预制楼梯和阳台板等。

（1）预制柱

一般在工厂固定模台上进行预制，钢筋笼在固定模台内侧进行绑扎安装，柱底纵向钢筋安装连接钢套筒［图 7-5(a)］。预制柱侧模可固定在模台台面钢板上，一端模固定外露钢筋，另一端模固定钢筋连接钢套筒［图 7-5(b)］。为加快柱预制效率，可采用覆盖膜布、通入蒸汽进行养护。

| （a）钢筋笼安装 | （b）侧模和端模安装 |

图 7-5　预制柱生产工艺

（2）预制梁

一般在工厂固定模台上进行生产,梁钢筋安装时,端部钢筋根据设计要求,或做90°弯钩,或做端锚。梁端部模板应根据深化设计图要求,与不同的剪力键槽槽型相匹配[图7-6(a)]。对于先张法预应力预制梁,在长线台座上先张拉钢绞线至设计值[图7-6(b)],并分节段绑扎梁内非预应力钢筋,浇筑混凝土并养护达到设计要求的强度后进行整体放张,拆模将预制梁构件吊运至堆放场地。

（a）RC梁　　　　　　　　　　（b）先张法预应力梁

图7-6　预制梁生产工艺

（3）预制底板

常用的预制底板有两类:一类为预制钢筋桁架底板[图7-7(a)],混凝土强度为C30～C40,一般在流水线上预制;另一类为先张法预应力底板[图7-7(b)],混凝土强度为C40,一般在先张法预应力台座上预制。

（a）钢筋桁架底板　　　　　　　（b）先张法预应力底板

图7-7　预制底板生产工艺

（4）预制墙板

预制墙板的类型主要有带外保温的预制夹心外墙板和带门窗的预制外墙板,还有预制内墙板。

预制夹心保温外墙板[图7-8(a)]是由三层构造组成:内、外叶两层预制混凝土板和中间层保温板。外叶混凝土板厚度通常为60 mm,并根据不同的建筑设计风格做成不同的外表面形式,可以是清水混凝土,或者装饰混凝土,也可以在预制阶段反打混凝土粘贴瓷砖或石材,或者做成颗粒、磨砂、抛光和水磨石效果。位于中间的夹心保温层厚度为20~70 mm 不等,按不同工程地区的保温要求设置。内叶墙板厚度根据围护墙板和承重墙板的不同功能要求进行调整。承重墙板厚度一般为 180~200 mm,可作为高层装配式混凝土剪力墙结构的承重墙板;围护墙板内叶厚度一般为 80~120 mm 不等。内、外叶混凝土墙板间通常采用具有低导热率的 FRP 玻纤筋连接件或不锈钢连接件进行连接[图7-8(b)],连接件的间距按设计要求进行布置,一般为 300~400 mm。

预制内墙板可以在工厂流水线上利用移动模台进行预制,也可以利用固定模台进行预制。预制内墙板多为剪力墙结构中分布钢筋区域的墙板单元,一般按一字形墙板进行预制[图 7-8(c)],方便进入抽屉式蒸汽养护窑进行养护和运输现场安装。

（a）预制夹心保温外墙板　　　　　　（b）FRP连接件　　　　　　（c）预制内墙板

图 7-8　预制墙板生产工艺

3）我国预制构件工厂现状

预制构件工厂是生产预制构件的重要载体,其合理的投入与设计是确保工厂效率、保证构件质量、实现现场施工的重要保障。近年来,在国家宏观政策的强力激励及市场积极导向下,很多地方积极争先投入预制构件工厂的建设,以快速占据装配式混凝土建筑市场份额。

纵观我国大量企业投产及后续运营情况,对其存在的弊病或在初期规划中未能充分考虑的问题总结如下:

（1）生产对象不明

装配式混凝土结构包括剪力墙结构、框架结构及框-剪结构三种主要形式,各种结构形式的主要构件形式、尺寸与预制工艺有较大差别。大量企业在制定自身装配式建筑发展目标时,未能理清主要应用方向,盲目投产,例如拟开发装配式框架结构建筑的企业投产自动化程度高,但更适用于墙板类构件的流水线生产线,导致工厂生产不能适应具体工程应用,造成资源浪费,工厂自身也很难盈利。

（2）过度强调自动化程度

企业斥巨资盲目引进国外极为先进的智能化流水生产线,与国内发展现状明显"水土不服",具体体现在:一是,国外高度自动化的智能流水生产线往往与某种具体技术体系配套,如欧洲代表性的双板叠合剪力墙技术,其技术可变更性或设备可定制化程度相对较低,当要制作需符合我国规范要求的构件时,其自动化效率往往得不到充分利用;二是,忽视了我国劳动力成本仍然未达到发达国家水平,其未能成为工厂投产的控制经济指标,在工厂内配置适当的劳动力代替过高要求的自动化设备,在我国当前经济技术条件下,将更具有市场生命力。

(3) 过度集中于预制构件制作

对于装配式混凝土结构,虽然预制构件制作是工程量的主体,但是不能忽视的是,用于预制或安装的部品部件也尤其重要,其决定了构件的预制品质和安装质量,往往部品部件的技术研发长度与生产能力更能代表行业先进水平,这是目前我国发展装配式混凝土建筑被严重忽视的内容。

(4) 技术攻关不足

当前预制构件工厂主要技术及设备大量引自国外,尚处于初级的引进消化吸收阶段,对既有技术及设备与我国对构件预制要求有矛盾或冲突的地方思考还不够深入,不科学的解决方法虽然解除了燃眉之急,但其代价也是可观的。

7.1.2 构件"游牧式"预制技术

受到构件形状、尺寸、重量及实际运输条件等多方面因素的制约,预制构件工厂的有效辐射半径有限。针对该问题,课题组提出了在施工现场附近建立临时预制工厂的"游牧式"预制技术,并通过结构设计的优化,良好解决了在现场建立预制构件工厂时,既要保证一定的生产能力和构件质量,确保安全、施工有序进行;又要考虑其临时性,不能够投入过多的时间、精力和成本等的关键矛盾问题。

"游牧式"预制工厂顶棚采用经过优化设计的大跨度张力刚架结构,其生产区域包括:模板加工区、钢筋加工区、楼梯加工区、台模场地、构件堆放区和构件装车区。施工中垂直与水平运输机械为一台 10 t 30 m 跨龙门吊(型号为 MH10-30A3),另外,有剪板机、弯折机、电焊机以及钢筋弯曲机、切断机、调直机若干台用于模板与钢筋加工;材料转运、构件运输时配合有汽车吊等机械。其平面布置示意图见图 7-9,部分现场照片见图 7-10。

构件制作的精度控制,模具的设计和制作是一个重要环节。该预制构件工厂生产预制构件采用卧式制作,卧式制作的底模台座采用高强度钢模板,在 2 m 长度上表面平整度不大于 1 mm,具有足够的刚度、强度。模板构造满足钢筋入模、混凝土浇筑和养护及拆模等要求,并便于清理和脱模剂的涂刷,见图 7-11、图 7-12。厂区内共设有 60 块底模台座,平面尺寸为 3.2 m×9 m,可重复使用,能够满足"游牧式"预制的要求。

构件的养护在可移动的阳光棚内进行,保证了养护效果,并提高了预制效率。

虽然此处"游牧式"预制工厂仍显相对粗陋,却是对预制工厂建设定性思维的勇敢突破,取得了良好的应用效益,值得进一步研发与应用。

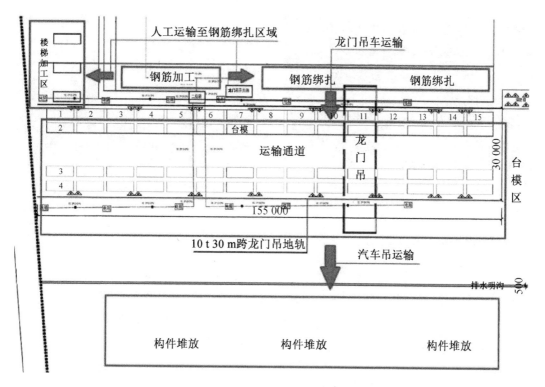

图 7-9 "游牧式"预制工厂平面布置示意图

（a）厂区全景照片

（b）龙门吊

（c）汽车吊

（d）顶棚内作业

图 7-10 "游牧式"预制工厂现场照片

图 7-11 "游牧式"预制工厂不锈钢模台   图 7-12 "游牧式"预制工厂侧模与不锈钢模台面的固定

7.1.3 短线法预应力叠合板生产线

目前,预应力混凝土叠合板的制作采用多模台拼接成长线台座,预张拉后再单根张拉或整体张拉,最后整体放张的工艺,只适合固定台座张拉,由模台外的混凝土基础及张拉构件承载持荷,不能适用到模台循环流转的环形生产线或前述的"游牧式"预制技术中。针对上述缺陷,课题组研发了单模台整体张拉装置,形成短线法预应力叠合板生产技术,克服了相关技术瓶颈。

短线法预应力张拉方案为:预应力钢丝套上钢环垫片,一端做墩头处理。钢模台上按设计要求设置若干平行排列设置的预应力钢丝,预应力钢丝一端由设置在钢模台上的锁筋板固定,另一端由设置在钢模台上的活动张拉板固定,活动张拉板由设置在模板上的连接装置并通过驱动装置使其移动实现张拉。活动张拉板与高强螺纹钢筋连接,螺纹钢筋上穿设有固定在模台端部的固定端板,固定端板由和粗螺纹钢筋配合的锁紧螺母限位。图 7-13 给出了预应力底板张拉示意图与照片。

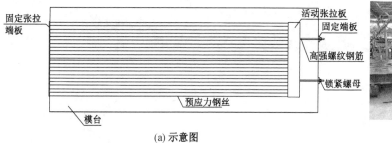

(a) 示意图   (b) 张拉照片

图 7-13 短线法预应力张拉

短线法预应力叠合板生产线具有以下优势:

(1)采用单模台非预张整体张拉装置,只需要一次整体张拉,无需预张拉。整体张拉可一次性张拉几十根钢筋,比使用锚夹头一次张拉一根,效率可提高几十倍;放张也是整体放张,不同于锚夹头单根放张后还要剪去多余出来的钢丝,并且要敲击锚夹头里的锥形夹片,节约了大量的人工和时间。

(2)省去锚夹具,经济效益显著。镦出的半球形头部和特制垫片在节点处可间接起到锚固的作用,加强了预制部分和现浇部分连接的牢固程度。

(3)传统的锚夹具需锚接长度,此部分锚接钢丝至少有10～15 cm需切断,不仅消耗刀具和人工,而且浪费钢筋。由于使用锚夹头需要比实际需要的钢筋长度至少要多出150～200 mm的锚夹长度,放张后此部分钢丝还需剪掉,本技术节约了钢筋,并节省了剪钢丝的工序。

(4)传统张拉使用锚夹具单根张拉,由于每根预张的张拉力难以精确一致,从而几十根整体张拉合力也难以保证精确。还有更重要的一点,锚夹具夹持高强钢丝是线接触,由于锚夹具的磨损程度不同,钢丝预张后会产生程度不同的滑动松软现象,从而张拉力就变得不可预知,甚至因锚夹具磨损太严重夹持不住高强钢丝使高强钢丝以很大的速度水平射出,造成工伤事故。本技术不使用锚夹具,不存在以上问题,而且由于是刚性固定高强钢筋,保证了每次张拉力都精准统一,从而保证张拉的精准控制和产品质量的一致。

(5)长线台座法需浇筑大体积的混凝土基础来承受张拉载荷,本技术由钢模台自身持荷,张拉力的持荷是通过特制垫片持荷并传递到模台上,由钢制模台承受张拉力,张拉由张拉端板和活动张拉端板实现。

(6)本技术装置具有可移动性,可随模台移动,解决了"游牧式"生产的最大技术难点,可以进入养护窑养护,提高了生产效率,尤其解决了以模台沿滚道环形封闭运转为特性的环形生产线上预应力张拉的实际应用问题。

7.2 构件安装工艺研究

装配式混凝土结构预制构件安装工艺涉及构件预制成型后出厂直至现场安装成型后验收的全过程,包括构件存放与运输、现场临时堆放、吊装等具体施工环节。各个环节紧密联系,应采取有效控制措施保证各环节安装质量,才能真正保证结构成型质量。在既有构件安装工艺基础上,针对框架结构构件安装问题进行深入研发,提出了系列安装新工艺,以实现高效安装。

7.2.1 构件安装工艺概述

预制构件安装涉及构件的存放与运输、施工现场临时堆放、构件吊装及灌浆等过程。

1)预制构件的存放与运输

构件预制完成并经质量验收合格后,将存放在工厂内专用场地上,为避免二次运输,存放场地一般设在靠近预制构件的生产线及龙门吊等起重机械所能达到的起重范围内。构件存放应考虑其种类、规格、运输时间、次序等因素进行合理布置,充分利用场地,有效利用起吊与运输设备。

下面对预制楼板、预制楼梯、预制墙板及预制柱、梁等几种典型预制构件的存放与运输方式进行简要论述。

（1）预制楼板、楼梯的存放与运输

预制楼板和楼梯一般采用叠放的存放方式[图 7-14(a)、(b)]，场地应平整、坚实且排水良好，宜采用混凝土硬化地面。最下层构件应用木方等垫实，预埋吊件向上，标志向外。各层间用 100 mm×100 mm 的长方木或 100 mm×100 mm×200 mm 的木垫块垫实，各层垫木或垫块应在同一垂直线上，避免下层预制构件产生弯曲变形。垫木或垫块在构件下的位置宜与脱模、吊装时的起吊位置一致；垫木或垫块应铺设平整、牢固、坚实，堆垛层数应根据构件与垫木或垫块的承载能力及堆垛的稳定性确定。

预制楼板和楼梯运输过程中仍然采用叠放方式，要求与存放相同，见图 7-14(c)。

（a）存放（楼板）　　　　　　（b）存放（楼梯）　　　　　　（c）运输（楼板）

图 7-14　预制楼板、楼梯的存放与运输

（2）预制墙板的存放与运输

预制墙板一般采用专门设计的插放架或靠放架并立放的存放方式，运输过程中同样宜采用立放方式（图 7-15）。插放架、靠放架应有足够的强度和刚度，并需支垫稳固。对

（a）插放存放　　　　　　　　　　　（b）靠放存放

（c）插放运输　　　　　　　　　　　（d）靠放运输

图 7-15　预制墙板的存放与运输

于采用靠放架立放的构件,宜对称靠放且外饰面朝外,其倾斜角度宜与地面保持大于 80°,并对称靠放,构件上部宜采用木垫块隔离。

（3）预制柱、梁的存放与运输

预制柱与预制梁等细长线型构件在存放与运输过程中宜平放,并采用两道垫木支撑,见图 7-16。

（a）预制柱　　　　　　　　　　　　（b）预制梁

图 7-16　预制柱、梁平放

2）预制构件的临时堆放

构件运输至现场并通过进场检验后,应在专门场地进行临时堆放,等待吊装。具体堆放方式与构件存放方式基本相同。除此以外,尚需注意以下问题:

（1）堆放场地应平整坚实,堆放应满足地基承载力、构件承载力和防倾覆等要求。

（2）构件堆放区应按吊装顺序和构件种类进行合理分区,再按照吊装顺序、规格、品种、所属楼栋号等分区堆放构件,不同构件堆放之间宜设宽度为 0.8~1.2 m 的通道。

（3）堆放的位置在塔吊回转半径范围以内,避免起吊盲点和二次倒运。卸放和吊装工作范围内应能满足其周转使用的要求,不能有障碍物阻挡。

（4）构件堆放时,应与周围建筑物保持大于 2 m 的距离。每 2~3 堆垛设一条纵向通道,每 25 m 设一条横向通道,通道宽度为 0.8~0.9 m。同时必须留有一定的挂钩和绑扎操作的空间。

（5）对不同的构件宜各自选用合适的堆放方式,堆放应满足规范和设计要求。

（6）各种构件堆放时两端的垫木和端部距离应基本一致,以便吊装时对称地安装索具;否则,板被吊起后两端高低相差较多,不好就位和安装,且吊索可能发生滑动导致构件摔落地面,有安全隐患。

3）吊装机械及吊具

与全现浇高层建筑混凝土结构施工相比,装配式结构施工前更应注意对塔式起重机的型号、位置、回转半径等技术参数的选择,根据工程所在位置与周边道路、卸车区、存放区位置关系,再结合构件拆分图和结构图计算构件数量、重量及各构件吊装部位和工期要求,合理排布吊装机械的位置、数量和型号。吊机尽量布置在靠近最重的构件处,以有效覆盖最大吊装面积为宜。某工程塔吊设置现场照片见图 7-17。

图7-17 吊装预制构件的塔吊附着臂伸入墙内固定于楼面结构

任何吊具在确定前,都需要根据构件的特点分别设计加工,取吊具要吊装的最大单体构件重量以及最不利状况的取值标准计算对吊具本身的受力、吊点的受力进行验算分析,确保吊具、构件的安全使用,同时要求构件在吊装过程中不断裂、不弯曲、不发生变形。因此必须选择既有足够能力,又能满足使用方式的恰当长度的吊索具;假如多个吊索具被同时使用起吊负载,必须选用同样类型吊索具。无论附件或软吊耳是否需要,必须慎重考虑吊索具的末段和辅助附件及起重设备相匹配。现阶段装配式混凝土结构施工现场索具绝大部分采用钢丝绳或铁链。构件预埋吊点形式多样,有吊钩、吊环、吊耳、可拆卸埋置式接驳器以及型钢、方通等形式,吊点可按构件具体状况选用。预制构件上的吊点承载力要做专门计算复核,考虑混凝土拔出锥的抗剪强度。

同时为了确保预制构件在吊装时吊装钢丝绳的竖直,避免产生水平分力导致构件旋转问题,现场一般采用吊装梁或吊装框架(图7-18)。可根据各种构件吊装时不同的起吊点位置,设置模数化吊点,从而加工模数化通用吊装梁(或结合吊装框架),以此来加快安装速度,提高作业效率。由于构件吊点的埋设难免出现误差,容易导致构件在起吊后出现一边高一边低的情况,为此,可在较短吊索的一端或两端使用手动葫芦,随时可以调整构件的平衡。

（a）吊装框架

（b）吊装梁

图7-18 吊装预制构件的专用吊索具

4）构件安装工艺

（1）预制墙板安装

预制墙板安装流程为:预制墙板进场检查、堆放→按施工图放线→安装调节预埋件和墙板安装位置坐浆→预制墙板起吊、调平→预留钢筋对位→预制墙板就位安放→斜支撑安装→墙板垂直度微调就位→摘钩→浆锚钢筋连接节点灌浆。

根据施工图用经纬仪、钢尺、卷尺等测量工具在施工楼面上弹出轴线以及预制剪力墙构件的外边线,轴线误差不得超过 5 mm。同时在预制剪力墙构件中弹出建筑标高1 000 mm控制线以及预制构件的中线。要尽量保证弹出的墨线清晰且不会过粗,以保证预制墙板的安装精度。同时由于预制剪力墙构件的竖向连接基本上通过套筒灌浆连接,套筒内壁与钢筋距离为 6 mm 左右,因此,为了保证被连接钢筋的位置准确、便于准确对位安装,在浇筑前一层时可以用专用的钢筋定位架来控制其位置准确性(图 7-19)。

图 7-19　浇筑叠合层楼面混凝土时用定位架控制连接钢筋的准确位置

在起吊前,应选择合适的吊具、钩索,并提前安装支撑系统所需的工具埋件,检查吊装设备和预埋件,检查吊环以及吊具质量,确保吊装安全。预制墙板下部 20 mm 的灌浆缝可以使用预埋螺栓或者垫片来实现,该垫块的标高误差不得超过 2 mm。剪力墙长度小于 2 m 时,可以在墙端部 200~800 mm 处设置两个螺栓或者垫片;如果剪力墙长度大于2 m,可适当增加预埋螺栓或者垫片的数量[图 7-20(a)]。

开始吊装时,下方配备 3 人,1 人为信号工,负责与塔吊司机联系,其他 2 人负责确保构件不发生磕碰。设计吊装方案时要注意确保吊索与墙体水平方向夹角大于 45°,现场常采用钢扁担起吊[图 7-20(b)],能有效达成此项要求。起吊时要遵循"三三三制",即先将预制剪力墙吊起离地面 300 mm 的位置后停稳 30 s,工作人员确认构件是否水平、吊具连接是否牢固、钢丝绳是否交错、构件有无破损;确认无误后所有人员远离构件 3 m 以上,通知塔吊司机可以起吊。如果发现构件倾斜等情况,要停止吊装,放回原来位置,重新调整以确保构件能够水平起吊。

预制剪力墙构件的套筒内壁与钢筋距离为 6 mm 左右,允许的吊装误差很小,因此构件在吊到设计位置附近后,要求将构件缓缓下放,在距离作业层上方 500 mm 左右的位置停止。安装人员用手扶住预制剪力墙板,配合塔吊司机将构件水平移动到构件安装位置,就位后缓缓下放,安装人员要确保构件不发生碰撞[图 7-20(c)]。下降到下层构件的预留钢筋附近停止,用反光镜确认钢筋是否在套筒正下方,微调至准确对位,指挥塔吊继续下放[图 7-20(d)]。下降到距离工作面约 50 mm 后停止,安装人员确认并尽量将构件控制在边线上,然后塔吊继续下放至垫片或预埋螺母处;若不行则回升到 50 mm 处继续调整,直至构件基本到达正确位置为止。

（a）预制墙板底部安装位置标高调节垫片

（b）用扁担梁和配套索具吊装预制墙板

（c）预制墙板扶正缓放准备就位

（d）用反光镜将被连接钢筋插入钢套筒

图 7-20　预制墙板吊装就位基本作业过程

预制剪力墙板就位后,塔吊卸力之前,需要采用可调节斜支撑螺杆将墙板进行固定。螺杆与钢板相互连接,再使用螺栓和连接垫板与预埋件连接固定在预制构件上,确保牢固,就可以实现斜支撑的功能。每一个剪力墙构件至少用不少于 2 根斜支撑进行固定。现场工地常使用两长两短 4 根斜支撑或者两根双肢可调螺杆支撑外墙板(图 7-21),内墙板常使用 2 根长螺杆支撑。斜支撑一般安装在竖向构件的同一侧面,并要求呈"八"字形,斜撑与预制墙板间的投影水平夹角为 70°~90°,与楼面的竖向夹角为 45°~60°。斜撑安装前,首先清除楼面和剪力墙板表面预埋件附近包裹的塑料薄膜及迸溅的水泥浆等,露出预埋连接钢筋环或连接螺栓丝扣,检查是否有松动现象,如出现松动,必须进行处理或更换。然后将连接螺栓拧到预埋的内螺纹套筒中,留出斜撑构件连接铁板厚度。接着将撑杆上的上下垫板沿缺口方向分别套在构件及地面上的螺栓上。安装时应先将一个方向的垫板套在螺杆上,再通过调节撑杆长度,将另一个方向的垫板套在螺杆上。最后将构件上的螺栓及地面预埋螺栓的螺母收紧。此处调节撑杆长度时要注意构件的垂直度能够满足设计要求。

图 7-21　预制墙板就位后用可调节斜支撑校正垂直度

构件安装标高调整可以通过构件上弹出的 1 000 mm 线以及水准仪来测量,每个构件都要在左右各测一个点,误差控制在 ±3 mm 以内。如果超过标准,可能是以下问题:①垫片抄平时出现问题或者后来被移动过;②水准仪操作有误或者水准仪本身有问题;③某根钢筋过长导致构件不能完全下落;④构件区域内存在杂物或者混凝土面上有个别突出点使得构件不能完全下落。重新起吊构件后可以从这些因素上进行检查,然后重新测量,直至误差满足要求。

左右位置调整有整体偏差和旋转偏差之分。如果是整体偏差,让塔吊施加 80％构件重量的起升力,用人工手推或者撬棍的方式整体移位。如果是旋转偏差,可以通过伸缩斜支撑的螺杆来进行调整。如果前后位置也不能满足要求,在调整完左右位置后,塔吊施加 80％构件重量的起升力,用斜支撑收缩往内和伸长往外的方式调整构件的前后位置。

通常情况下,垂直度与高度调整完毕后不会出现倾斜的情况,如果出现了倾斜的情况,可能是构件自身存在质量问题,最好能再次检查构件本身;否则就要注意到垫片是否出现了移动、损坏等偶然状况。在完成上述微调后,剪力墙板即可临时固定,然后方可松开构件吊钩,进行下一块构件的吊装。

(2)预制梁板安装

预制梁板的安装施工流程:预制梁板进场检查、堆放→按图放线→设置梁底和板底临时支撑→起吊→就位安放→微调就位→摘钩。

根据施工图运用经纬仪、钢尺、卷尺等测量工具在施工平面上弹出轴线以及预制梁板构件的外边线和中线,作为安装和调整位置的主要依据,轴线误差不得超过 5 mm,以保证预制梁板的安装精度。如果由于剪力墙安装高度有所误差,导致预制梁板的高度误差较大,可以在剪力墙构件上放上垫片(剪力墙高度不够时采用,注意进行混凝土浇筑前要做好封堵工作,以免出现漏浆的情况)或者进行剔凿处理(剪力墙高度太高)。

预制板构件安装前应根据测量放线结果安装支撑构件的架体。预制板底支撑可以采用普通扣件式或者盘扣式钢管支架(图 7-22)。板中间也可以选择采用高度可调的独立钢支撑,一根独立钢支撑的受荷面积不应大于 3 m×3 m,具体的钢管间距及布置应当按照设计规范并计算验证是否满足强度和稳定要求来确定。临时支撑顶部的木枋水平标高利用水准仪调整至准确位置，间距不宜大于 1.8 m，距离墙、梁边净距不宜大于 0.5 m，竖向连续支撑层数不应少于 2 层。首层支撑架体的地基必须坚实，架体必须有足够的刚度和稳定性。

(a) 可调钢支柱支撑　　　　　　　　　(b) 盘扣式钢管支架支撑

图 7-22　预制板下的钢管支撑

预制板的面积较大，厚度一般为 60 mm，相对平面内刚度较小，质量较大。因此，预制板的吊装一般采用专用的钢框式吊装架，进行多点吊装，吊点应沿垂直于桁架筋的方向设置(图 7-23)。

图 7-23　钢筋桁架预制板的多点吊装

预制梁吊装一般利用钢扁担采用两点吊装，注意吊装过程中需控制吊索长度，使其与钢梁的夹角不小于 60°，钢扁担下的索具与梁垂直，尽量保证构件的垂直受力。预制梁下部的竖向支撑可采取点式支撑(图 7-24)，支撑间距应根据适当的计算来确定。单根预制梁至少设置两道可靠的端部支撑，双节预制梁的每一节按照单根预制梁的要求设置临时支撑。注意预制梁和现浇部分交接的地方要增设一根竖向支撑。

预制梁板起吊前要试吊，起吊时也要严格遵循"三三三制"，先吊离地面 300 mm 后暂停 30 s，以调整构件水平度和检查吊装设备完好，确认构件平稳后所有人员离开 3 m，再

图 7-24　安装预制梁下部设置的临时点式支撑

匀速移动吊臂靠近建筑物。预制梁板构件下放时要做到垂直向下安装,在靠近作业层上方 200 mm 时暂停。施工人员手扶着梁板调整方向,将构件的边线和位置控制轴线对齐,并对构件端部的钢筋进行调整,使其预留钢筋与作业面上的钢筋交叉错位。钢筋对位后,将梁板缓慢下放,严禁快速猛放,以避免冲击过大造成构件破损。

构件吊装完毕后利用撬棍对板的水平位置进行微调,保证搁置长度,允许偏差不得超过 5 mm。但是调整时要注意先垫一小木块,以免直接使用撬棍损坏边角。同时进行标高检核,不符合要求的利用支撑的可调顶托调整。若只通过可调顶托的微调难以修正,可配合千斤顶一类的工具,先减少支撑的受力再行调整。最后即可摘钩,进行下一步的叠合面层钢筋绑轧。

(3) 预制楼梯安装

现阶段预制楼梯安装有两种方式:一种是类似梁板的安装,下设临时支撑,吊装就位后与叠合梁板一起现浇一部分,形成现浇节点的连接;另一种是利用预埋件和灌浆连接。由于第一种方式的安装流程与梁板相似,这里着重介绍第二种预埋件连接的方式。

预制楼梯构件的安装流程:预制楼梯进场检查、堆放→楼梯上下口铺设 20 mm 砂浆找平层→按图放线→预制楼梯吊装→就位安放→微调控位→预埋件连接并灌浆→摘钩。

在梯段上下口的梯梁上设置两组 20 mm 垫片并抄平,铺 20 mm 厚 M10 水泥浆找平层,标高要控制准确,水泥砂浆采用成品干拌砂浆。根据图纸,在楼梯洞口外的梁板上画出楼梯上、下梯段板安装控制线,在墙面上画出标高控制线。注意楼梯侧面距离结构墙体预留 30 mm 空隙,为保温砂浆抹灰层预留空间。预制楼梯起吊时,将吊索连接在楼梯平台的两端(必要时可以借助其他工具如钢扁担等,设置多个吊点),楼梯抬离地面约 300 mm 时暂停,用水平尺检测、调整踏步平面的水平度,以便于楼梯就位。待构件平稳时匀速缓慢地将构件吊至靠近作业层上方 200 mm 的安装位置上方暂停。施工人员手扶着楼梯调整方向,将构件的边线和梯梁上的位置控制轴线对齐,然后缓慢下放(图 7-25)。

图 7-25　预制楼梯的四点吊装

　　基本就位后再用撬棍等微调楼梯板,然后校正标高直到位置正确。将梁板现浇部分浇筑完毕后吊装楼梯并按照设计固定,吊装时搁置长度至少为 75 mm。主体结构的叠合梁内预埋件和梯段板的预埋件通过机械连接或者焊接连接,然后一端直接在预留孔洞附近灌 C40 级灌浆料进行连接并用砂浆封堵[图 7-26(a)],另一端则是在预留孔洞上部采用砂浆封堵[图 7-26(b)]。这样可以认为两端形成一端固定、一端滑动的连接,工程实际当中,如果有地震一类的偶然荷载,支座端的转动和滑动变形能力能满足结构层间位移的要求,来保证梯段的完整性。

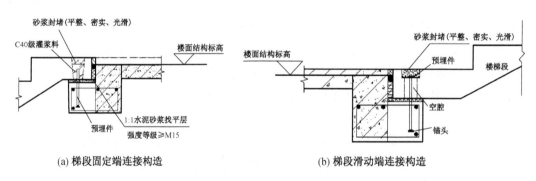

(a) 梯段固定端连接构造　　　　　　　　　　(b) 梯段滑动端连接构造

图 7-26　预制楼梯上端和下端的连接构造

(4) 构件安装工艺

　　剪力墙板之间的连接采用浆锚套筒灌浆连接,这是一种现在装配式结构里预制构件间常用的连接方式,是确保竖向受力构件连接可靠的重要方法。其主要施工流程是:灌浆孔检查→预制墙板底部接缝四周封堵→高强灌浆料灌浆。

　　采用套筒灌浆连接技术,首先要选用一个厂家提供的配套的套筒和灌浆材料,产品质量要保证验收合格。在灌浆前,应该检查露出混凝土楼面被连接钢筋的长度、位置和倾斜度是否满足规范要求,还要注意检查位于低处的灌浆孔和位于高出的排浆孔是否畅通,使用细钢丝从上部排浆孔伸入套筒,如从底部可伸出,且能从下部灌浆孔看见细钢丝,即可确保灌浆孔畅通且没有异物,否则会导致灌浆料不能填充满套筒,造成钢筋连接不符合要求。

预制柱定位后,将预制构件接缝的四周利用坐浆料进行封闭;预制墙板构件在吊装前沿长度方向进行分仓,每仓的长度控制在 1 200 mm 左右,预制墙板底部用不低于墙体混凝土强度的坐浆料进行坐浆,形成密闭程度合格的灌浆连接腔,保证在最大约为 1 MPa 的灌浆压力下密封仍然有效。

灌浆作业应采取压浆法从套筒下口灌注,即从钢套筒下方的灌浆孔处向套筒内压力灌浆。基本作业为从预制构件的套筒下端靠中间的灌浆孔注入,待上方的排浆孔连续均匀流出浆料后,按照浆料排出的先后顺序,依次用专用的橡胶塞对灌排浆孔进行封堵,封堵时灌浆泵要一直保持压力。当灌浆料从上口流出时应及时封堵,持压 30 s 后再封堵下口,直至所有灌、排浆孔出浆并封堵牢固后再停止灌浆(图 7-27)。在浆料初凝前要检查灌浆接头,如发现漏浆处要及时处理。在灌浆的过程中,仍然需注意固定预制构件的位置,避免构件因任何外界因素产生错动,再导致返工。

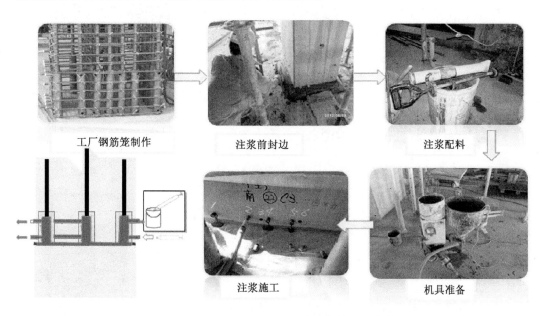

工厂钢筋笼制作　　注浆前封边　　注浆配料

注浆施工　　机具准备

图 7-27　预制构件底部钢筋连接套筒灌浆作业

灌浆的同时要注意以下几点:灌浆全过程中都要有监理观察检查施工质量并记录;M80 的高强灌浆料的水灰比一般为 0.12～0.13,准确计量灌浆料和水的体积,使其按照设计配比搅拌均匀。并且要求每工作班制作一组试件,对流动性、强度等性能进行试验测定,保证每组浆料质量都能够满足生产要求;灌浆料初凝前必须用完;构件和灌浆层在灌浆完 24 h 内不能有任何振动或碰撞;工程施工如遇气温较低的冬季,灌浆的环境温度宜维持在 5 ℃以上。而且在 2 天左右的浆料凝结硬化过程中要采取措施加热钢筋套筒连接处,保证温度不低于 10 ℃。

7.2.2　先墙后梁的安装工艺

装配式混凝土框架结构一般需待柱、梁等主体结构构件安装到位后,再砌筑或安装非结构墙体,导致施工作业空间受限制而效率降低。为解决该问题,课题组提出了先墙后梁的安装工艺。

墙体采用工厂制作陶粒混凝土内隔墙条板,采用轻质高强黏土陶粒、水泥、砂、加气剂及水配制成轻质混凝土,板内放入冷拔钢丝网架,采用平模生产工艺,生产时先浇筑一叶墙板陶粒混凝土层,中间再安装 EPS 泡沫板,最后浇筑另一叶墙板陶粒混凝土层。

本安装工艺采用先安装内隔墙,后安装梁的安装方法。当内隔墙的位置在梁中间时,框架梁在工厂制作时梁下部留设混凝土凹槽。内隔墙安装校正完成后用斜支撑临时固定。安装框架梁,梁下部的凹槽固定陶粒混凝土墙板,见图 7-28(a)。当陶粒混凝土内隔

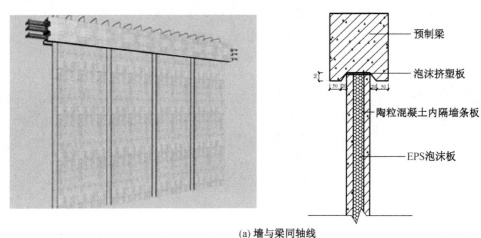

(a) 墙与梁同轴线

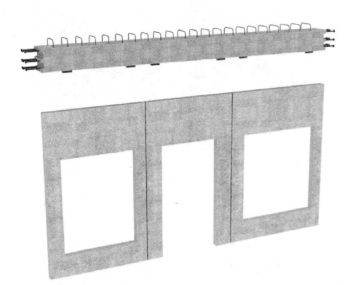

(b) 墙与梁偏心

图 7-28　先墙后梁的安装

墙条板与梁一边平齐时,预制梁在工厂生产完成时,在预制梁的底部弹好控制线,每 1 m 安装一个 U 形钢片,在相对应的陶粒混凝土内墙板上方预制时留设混凝土凹槽,用 U 形钢片实现陶粒混凝土内隔墙条板的固定,见图 7-28(b)。

先墙后梁安装工艺具有以下特点:

(1) 陶粒混凝土内隔墙条板是指按照合理的配方和科学的工艺,由工厂预制完成后运输至施工现场,然后在住宅或公共建筑中现场拼装。这种内隔墙条板具有轻质高强(容重约 1 300 kg/m³)、保温隔热性能好、耐火性能好、抗渗性能好、隔声性能好、生产自动化程度高、施工适应性强、综合成本较低等优点。采用陶粒混凝土内隔墙条板不仅可以免抹灰湿作业,而且可以避免其他轻质隔墙腻子脱落、板缝开裂等弊病,具有良好的装饰施工性能,可广泛应用于民用建筑分户墙、分室墙以及厨厕隔墙等。

(2) 本安装工艺可以顺利解决装配式建筑内隔墙的安装问题,传统的内隔墙安装均为柱、梁、楼板、外墙完成后安装内隔墙,建筑物内运输、安装、与主体结构的连接固定是施工中的难点,施工效率低,质量难以控制。

第8章

工程应用案例

我国当前阶段装配式混凝土结构领域的技术研发的显著特点是直接服务于实际工程，以解决我国劳动力成本上升问题，呼应节能减排的强烈要求，最终实现建筑业的转型升级与行业的可持续发展。

在对装配整体式混凝土结构涉及的钢筋连接技术、剪力墙结构节点连接技术、框架结构连接技术、新型预制叠合板技术、结构设计技术及构件预制与安装技术等全方位的深入研究与总结的基础上，大量专项技术在实际工程中得到了应用检验，取得了良好的应用效益。

8.1 装配整体式剪力墙结构应用案例

8.1.1 海门中南世纪城 3.5 期 96# 楼项目

1) 工程概况

江苏省海门市中南世纪城 96# 楼项目，位于江苏省海门市人民路与浦江路交接口（夏热冬冷地区），为民用住宅楼。

参建单位：海门中南世纪城开发有限公司（建设单位）；海门市建筑设计院有限公司（设计单位）；南通建筑工程总承包有限责任公司（施工单位）；建业恒安工程建设管理有限公司（监理单位）。

2) 结构设计概况

该楼地下 2 层、地上 32 层，总高度为 95.4 m，总长度 74 m，设一道变形缝，建筑面积地上 26 179 m²、地下 1 857 m²。地震设防烈度，6 度；地震分组，第二组；场地类别，Ⅲ类；特征周期，0.55 s。基本风压，0.45 kN/m²；基本雪压，0.25 kN/m²。

该楼采用剪力墙结构体系，地下室顶板为上部结构的嵌固端，剪力墙抗震等级为三级（地下 2 层为四级），底部加强层高度为 1～4 层（标高−0.040～11.810 m）。结构平面布置图见图 8-1。

3) 装配式技术应用

本工程底部加强层现浇、底部加强层以上采用基于金属波纹管浆锚连接的装配式混凝土剪力墙结构技术体系。装配式结构的预制构件平面布置方案见图 8-2。

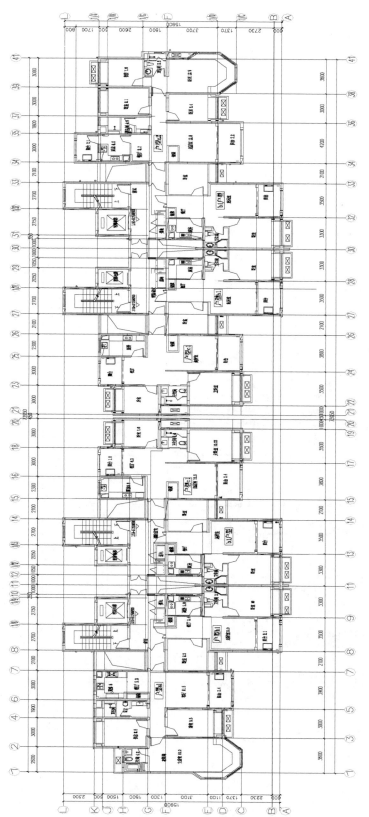

图 8-1　结构平面布置图(96#楼)

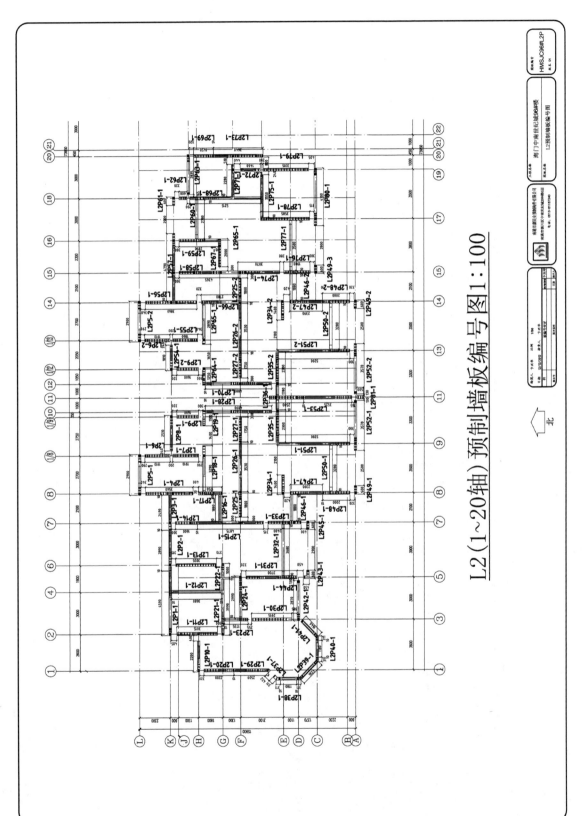

L2（1~20轴）预制墙板编号图1:100

（a）预制墙板

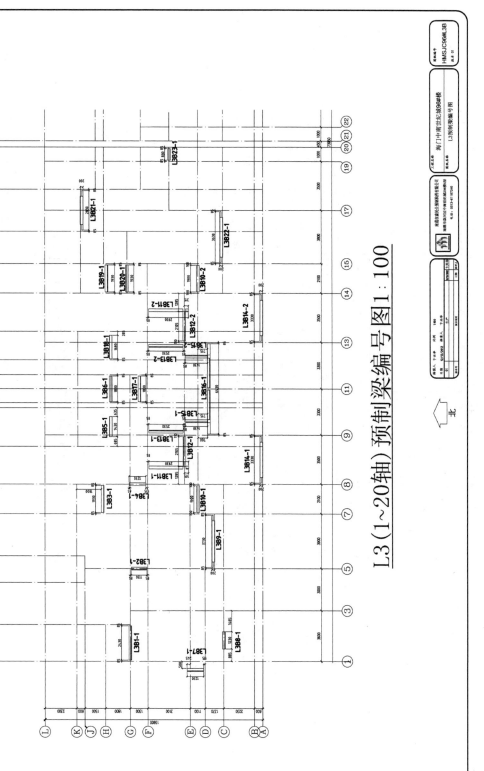

L3（1~20轴）预制梁编号图 1：100

（b）预制梁

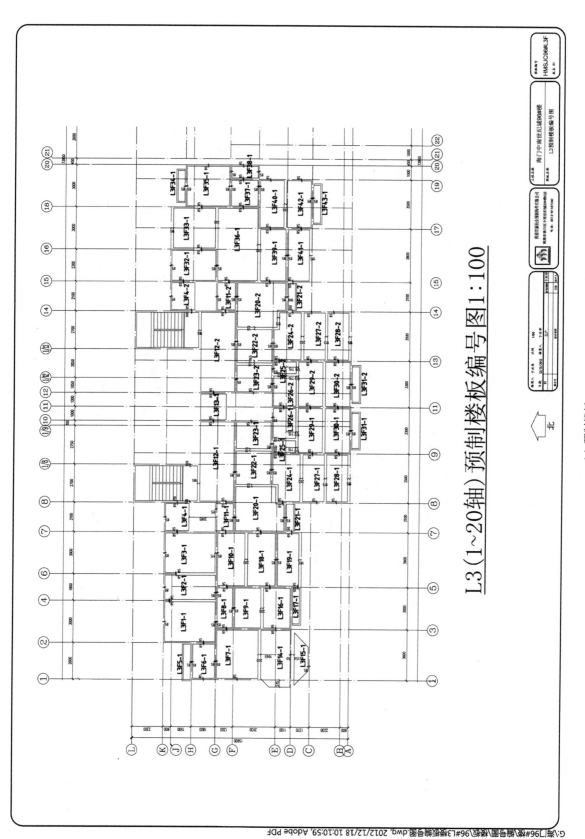

L3(1~20轴)预制楼板编号图1:100

(c) 预制楼板

图 8-2　预制构件平面布置图(96#楼)

　　本工程总高度为 95.4 m,超出了当时的江苏省标准《预制装配式剪力墙结构体系技术规程》(DGJ32/TJ 125—2011)的高度限制,属超限结构。为突破应用高度限制、保证结构整体性能与抗震性能,集中应用了焊接封闭箍筋约束金属波纹管浆锚连接剪力墙技术,并合理设置了同层预制墙体之间的现浇连接带,强化了剪力墙构件连接,保证了结构可靠性。

　　关键技术措施包括:①在边缘构件转角增加现浇连接带,增强其整体性;②约束边缘构件箍筋间距不超过 50 mm;构造边缘构件浆锚搭接区箍筋间距为 50 mm,其余为 150 mm,均较现浇结构进行了大幅度的加强;③箍筋改用封闭焊接箍,并采取环环相扣的搭接形式,增强对混凝土的约束。

　　技术应用示意图及相关照片见图 8-3。

(a) 底部四层现浇

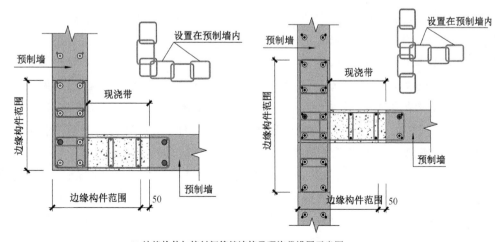

(b) 边缘构件扣接封闭箍筋连接及现浇带设置示意图

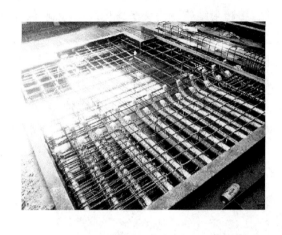

(c) 扣接封闭箍筋约束浆锚　　　　　　　(d) 扣接封闭箍筋连接竖向节点

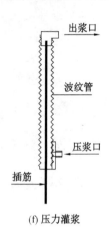

(e) 现浇连接带现场照片　　　　　　　　(f) 压力灌浆

图 8-3　技术应用示意图与照片(96#楼)

4）工程应用总结

本工程为我国乃至世界首栋百米级装配式混凝土剪力墙结构,基于节点研发与试验研究成果,创新应用了扣接封闭箍筋约束金属波纹管浆锚连接剪力墙技术,获得了业内专业认可,实践效果良好。在此基础上,进一步对江苏省工程建设地方标准《预制装配式剪力墙结构体系技术规程》(DGJ32/TJ 125—2011)进行了修订,引入创新技术,拓展了装配式混凝土剪力墙结构的应用范围,促进了其快速健康发展。

通过本工程应用,虽然实现了在应用高度限制方面的重大突破,但应该看到,由于发展初期的技术审慎,保守地将结构底部加强部位现浇做法,一方面,未能充分利用既有研究成果,另一方面,同一工程先现浇后预制,工艺及具体工序转换带来了更大的投入,降低了效率。因此,有必要进一步探讨底部加强部位预制的可行性,彻底脱离现浇理念的束缚,充分发挥装配式混凝土结构的技术优势。

8.1.2　苏州太湖论坛城 7# 地块项目

1）工程概况

苏州太湖论坛城 7# 地块项目,位于苏州市太湖度假区,蒯祥路以南,香山南路以东（夏热冬冷地区）,为民用住宅楼。

参建单位:苏州市花万里房地产开发有限公司（建设单位）;苏州市城市建筑设计院有限责任公司（设计单位）;江苏中南建筑产业集团有限责任公司（施工单位）;苏州卓越建设项目管理有限公司（监理单位）。

2）结构设计概况

7# 地1.1期为 1#、2#、10#、11# 楼4栋17层住宅,建筑面积约 3.4 万 m²。地震设防烈度为6度（0.05g）,丙类建筑,地震分组为第一组,场地类别为Ⅲ类,特征周期为 0.53 s;基本风压为 0.45 kN/m²,基本雪压为 0.40 kN/m²。结构形式为剪力墙结构,剪力墙抗震等级为四级,底部加强层为2层以下（标高-2.000~5.770 m）。结构平面布置简图见图 8-4。

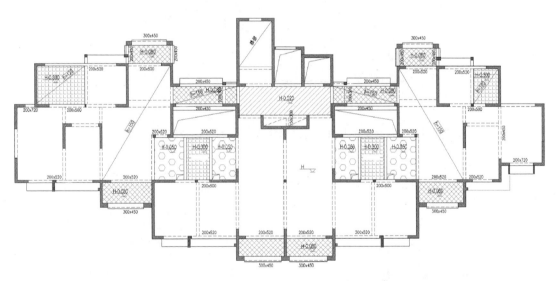

图 8-4　结构平面布置简图（苏州太湖论坛城 7# 地块）

3）装配式技术应用

项目首次采用"游牧式"预制技术,施工现场由装配区和一个预制厂组成。其中 1.1 期项目中共包含 1#、2#、10#、11# 四幢楼,其中 2# 楼分为东侧、西侧两个单元,因此装配区又分为五个施工区,每个施工区布置1台 QTZ125 型塔吊。

项目效果图及施工现场总平面图见图 8-5。

项目主体工程均为17层住宅结构工程,2层以下为现浇钢筋混凝土结构,3层以上为装配式结构,采用基于金属波纹管浆锚连接剪力墙技术体系。装配式结构的预制构件平面布置方案图见图 8-6。

（a）项目效果图

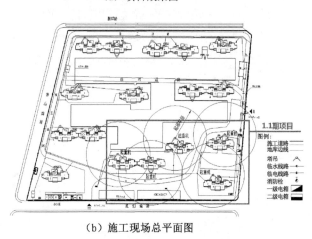

（b）施工现场总平面图

图 8-5　项目效果图与施工现场总平面图（苏州太湖论坛城 7# 地块）

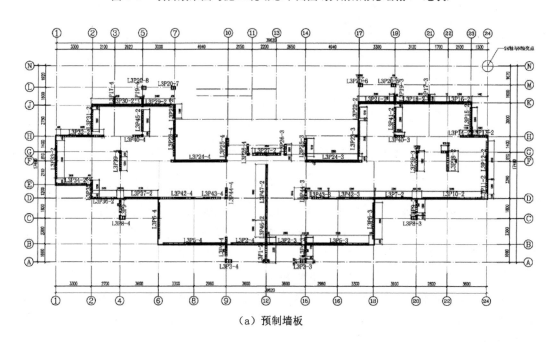

（a）预制墙板

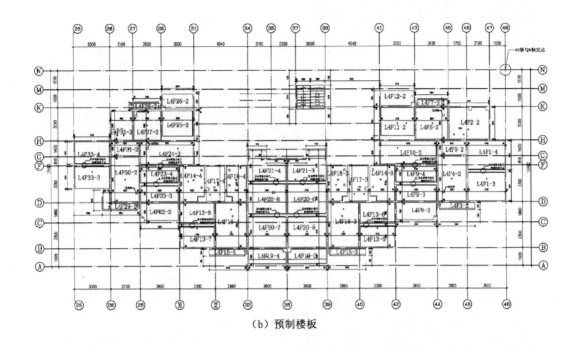

（b）预制楼板

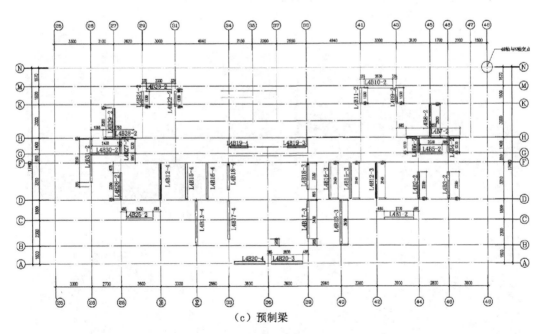

（c）预制梁

图 8-6　预制构件平面布置图（苏州太湖论坛城 7# 地块）

现场构件吊装及节点施工照片见图 8-7。

（a）预制墙板插放架

（b）预制墙板吊装

（c）预制梁吊装

（d）预制楼板吊装

（e）预制墙板支撑

（f）预制墙板灌浆

（g）现浇节点

（h）现浇混凝土

图 8-7　现场构件吊装与节点施工照片（苏州太湖论坛城 7# 地块）

4）工程应用总结

本工程首次在实际项目中成功应用了"游牧式"预制技术，在获得良好应用效果的同时，取得了宝贵的应用经验。

在工程应用情况总结的基础上，认为"游牧式"预制技术仍然需要尽快解决以下两方面问题：一是，当前的"游牧式"预制技术仍然比较原始，仍然停留在将预制工厂搬至现场附近的简单考虑，未能深入思考涉及的设备、机械、装置能真正实现可移动、可组装，真正实现灵活机动的"游牧式"，而这需要结合更多专业的积极创新；二是，"游牧式"预制既是对预制技术的重大突破，也为施工现场的组织管理带来巨大挑战。施工现场存在预制和现浇两大施工工艺的交叉和结合，现场的施工组织管理水平将直接决定工程施工对人、材、机及时间的利用效率，也是保证安全高效施工和结构成型质量的重要保障。采用基于信息化（BIM）的管理手段，建立信息化、可视化施工管理平台，应是提高组织管理水平、提高施工效率的重要途径。

8.1.3　江苏元大装配整体式住宅试验示范项目

1）工程概况

江苏元大装配整体式住宅试验示范项目，主要功能为住宅，包含 2 栋住宅示范样板楼，由南京长江都市建筑设计股份有限公司设计。项目位于江苏省宿迁市，在江苏元大建筑科技有限公司预制构件厂区内。

2）结构设计概况

项目 1# 楼地上 11 层，地下 1 层，总建筑面积约 5 000 m²，建筑高度 33.3 m，总长度 39.3 m，总宽度 12.2 m，高宽比为 2.73，长宽比为 3.21，位于 8 度（0.3g）抗震设防区。基础形式为桩基础，采用边长为 400 mm 的预制混凝土方桩，桩长约 22 m。

项目效果图及结构平面图见图 8-8。

(a) 项目效果图

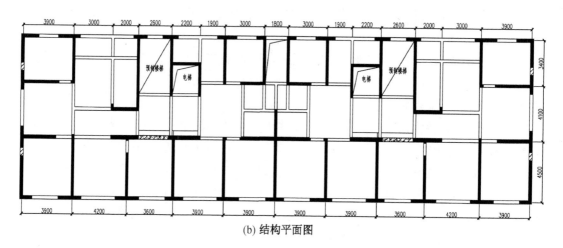

(b) 结构平面图

图 8-8　项目效果图与结构平面图(元大住宅楼)

3)装配式技术应用

该工程为我国 8 度(0.3g)抗震设防区采用双板叠合剪力墙结构体系(DWPC)的首个项目,所有预制构件均由江苏元大建筑科技有限公司引进德国生产线进行自行生产,包括:预制混凝土双板叠合剪力墙、预制混凝土单面叠合墙和钢筋桁架叠合楼板。结构体系采用钢筋混凝土装配式叠合剪力墙结构,其中 1、2 层底部加强层,外墙采用预制外墙模(PCF)加保温现浇剪力墙,内墙采用普通现浇剪力墙;3 层以上南北两侧外墙采用 PCF 加保温现浇剪力墙,东西两侧山墙采用加保温叠合剪力墙(DWPC),内墙采用DWPC剪力墙,边缘构件都为全现浇。所有楼板都采用钢筋桁架叠合楼板,阳台和楼梯都采用预制构件,梁采用现浇结构。

考虑到较高的抗震要求,在 DWPC 技术基础上,进行了系列构造加强,以确保其抗震性能。

(1) DWPC 剪力墙水平分布筋设计

为了保证 DWPC 剪力墙两侧预制板生产的标准化和现场边缘构件施工的可操作性,控制水平分布筋的钢筋直径不大于 10 mm,选用ϕ10。DWPC 剪力墙两侧预制板的水平分布筋锚入边缘构件内直线段 300 mm,并水平弯锚 150 mm,可以达到与现浇剪力墙相同的水平筋锚固效果,满足规范要求的锚入长度和构造要求,见图 8-9。

(2) DWPC 剪力墙竖向分布筋设计

DWPC 剪力墙的竖向分布筋按现行国家相关规范要求设计为ϕ10@200,剪力墙水平拼缝处的连接参照安徽省地方标准《叠合板式混凝土剪力墙结构技术规程》(DB34/810—2008),采用 U 形筋错开搭接,水平接缝处的竖向分布筋的计算按搭接处的实际墙厚计算并满足构造要求,见图 8-10。

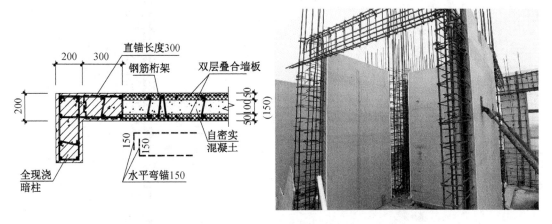

图 8-9　DWPC 剪力墙水平分布筋（元大住宅楼）

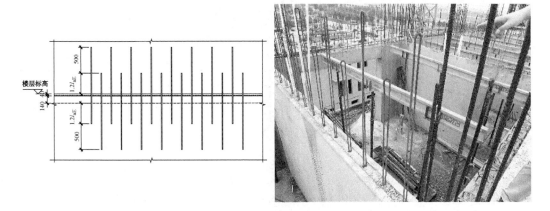

图 8-10　DWPC 剪力墙竖向分布筋（元大住宅楼）

（3）DWPC 剪力墙水平接缝设计

DWPC 剪力墙水平接缝设在每层预制墙板的上下两端，示范项目剪力墙抗震构造措施按一级考虑，按规范要求需要对剪力墙水平接缝进行验算。在验算 DWPC 剪力墙水平接缝时，在水平接缝处墙体的有效截面由 200 mm 减小为 150 mm。对水平接缝验算不满足要求的部位，调整连接钢筋面积，使其满足构造要求。同时构造要求水平接缝处连接钢筋的面积不小于墙体竖向分布筋的 1.1 倍，见图 8-11。

（4）DWPC 剪力墙边缘构件设计

示范项目 3 层及以上 DWPC 剪力墙的边缘构件区域采用全部现浇。由于工程抗震设防烈度为 8 度（0.3g），部分 DWPC 剪力墙在地震作用组合下出现拉力，因此将边缘构件的构造配筋率由 $\max(0.08A_c, 6\,\text{Φ}14)$ 提高为 $\max(0.08A_c, 6\,\text{Φ}16)$，其中 A_c 为边缘构件全截面面积。同时，对边缘构件采用计算配筋的，在满足计算配筋的基础上增加 $0.02A_c$ 配筋。此外，由于 DWPC 剪力墙水平分布筋锚入边缘构件中的水平直段为 300 mm，未伸至墙体端部，因此设计中现浇边缘构件的外围箍筋间距和直径与 DWPC 剪力墙水平分布筋相同，见图 8-12。

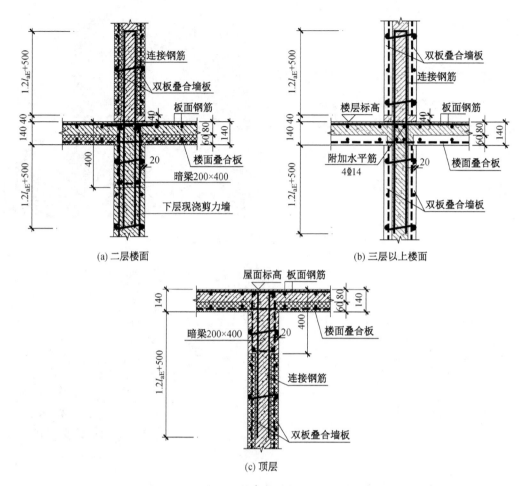

(a) 二层楼面   (b) 三层以上楼面

(c) 顶层

图 8-11 DWPC 剪力墙水平接缝（元大住宅楼）

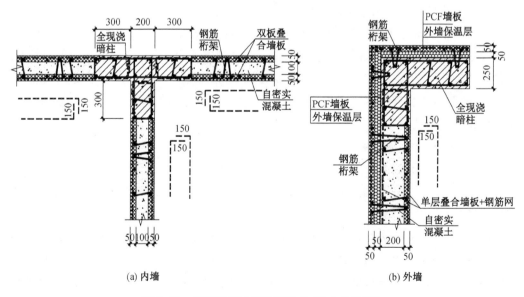

(a) 内墙   (b) 外墙

图 8-12 DWPC 剪力墙边缘构件（元大住宅楼）

（5）外墙保温与预制构件一体化设计

示范项目采用外墙保温与预制构件一体化生产,工厂生产时首先加工制作外模板形式预制构件(PCF),并与夹心保温材料结合,实现保温与结构一体化的预制混凝土外挂板,见图 8-13。

(a) 带保温层PCF

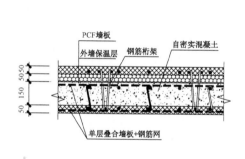

(b) 夹心保温双板叠合墙

图 8-13　保温一体化墙体(元大住宅楼)

（6）叠合楼板接缝设计

对钢筋桁架叠合楼板板侧接缝,采用在拼缝上方放置与拼缝方向垂直的 U 形分布构造钢筋(图 8-14),构造钢筋长度满足搭接长度要求。

4）工程应用总结

江苏元大装配整体式住宅试验示范项目,是 DWPC 剪力墙结构体系在国内 8 度(0.3g)区的首次采用,积累了宝贵的应用经验。

通过工程应用实际情况总结,发现 DWPC 仍然存在不足。在施工过程中,由于 DWPC 两侧预制板之间的空间有限且钢筋密集,普通混凝土浇筑振捣难度增加,因此影响

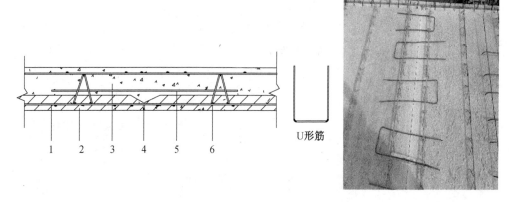

图 8-14　叠合楼板接缝（元大住宅楼）

1—钢筋网片；2—叠合楼板；3—现浇混凝土；4—板缝；5—附加 U 形筋；6—构造桁架

现浇混凝土的密实程度及墙体质量，降低了 DWPC 剪力墙结构的抗震性能，并且中间层混凝土质量难以判断。在设计过程中，预制部分均偏安全地不考虑其对强度和刚度的贡献，一方面造成了材料浪费，另一方面，忽略其强度与刚度贡献与构件实际受力情况不符，形成结构安全的设计盲区。

因此，应加强对 DWPC 现浇层更优良施工性能混凝土材料的研发，保证施工质量与结构可靠性，并提升 DWPC 设计水平，建立其专用的设计方法，以合理指导工程实践。

8.2　装配整体式框架/框剪结构应用案例

8.2.1　南通海门老年公寓项目

1）工程概况

南通海门老年公寓项目，位于海门市新区龙馨家园小区（所属气候区：夏热冬冷地区），用于老年人居住和养老，由江苏运杰置业有限公司建设，南京长江都市建筑设计股份有限公司设计，龙信建设集团有限公司施工建造。

2）结构设计概况

该工程地下 2 层，地上 25 层，地上建筑面积约 16 000 m²，地下建筑面积约 2 000 m²，地上结构总高度 82.6 m，高宽比为 4.56，长宽比为 2.33。该工程建筑结构的设计使用年限为 50 年，结构安全等级为二级，抗震设防类别为标准设防类，简称丙类，抗震设防烈度为 6 度，设计地震分组为第二组，设计基本地震加速度值为 0.05g。

项目标准层平面布置如图 8-15 所示，项目建成实景如图 8-16 所示。

3）装配式技术应用

该工程结构体系采用装配整体式框架-剪力墙结构（预制框架＋现浇剪力墙），底部加强层部位三层及以下采用现浇，四层以上主体结构中除剪力墙采用现浇外，柱预制，梁板叠合预制，结构标准层的预制率达到 47.5%，建筑装配化技术主要有以下内容：

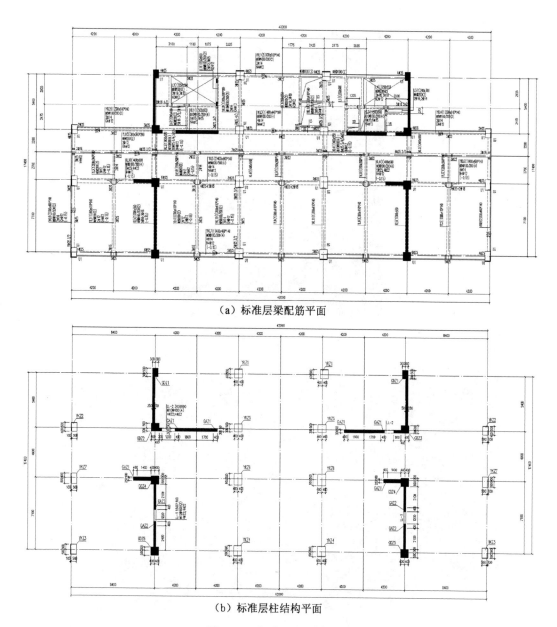

（a）标准层梁配筋平面

（b）标准层柱结构平面

图 8-15 标准层平面布置图

（1）结构主体竖向构件采用预制混凝土框架柱、预制女儿墙；

（2）结构水平构件采用预制混凝土框架梁、预制混凝土叠合板、预制混凝土梯段板；

（3）围护结构采用成品外墙挂板及成品内墙板；

（4）内装采用 CSI 住宅建筑装修体系。

在结构构件中，预制混凝土框架角柱和边柱外侧设置 PC 外模，减少现场的外模板的设置量，预制混凝土框架柱外皮上需根据脱膜、吊装、支撑的要求留设所需的预埋件；预制混凝土框架柱与现浇剪力墙采用单向预留墙体水平钢筋的方式连接，交界面在预制混凝土框架柱上设置抗剪齿槽；在预制混凝土框架柱底每根柱主筋的位置埋设钢套筒，柱的纵

图 8-16　项目建成实景图

（a）预制柱外侧设置PC外模

（b）预制柱底面设置粗糙面

图 8-17　预制柱

向钢筋采用套筒灌浆（直螺纹＋灌浆）连接。预制混凝土框架柱的底部设置键齿，键齿均匀布置，键齿深度 50 mm，同时柱底做成粗糙面；柱顶做成粗糙面，粗糙面的凹凸深度 6 mm。

　　预制混凝土框架柱的上下连接接头设置于每层预制混凝土框架柱底，在预制混凝土框架柱底每根柱主筋的位置埋设钢套筒（直螺纹＋灌浆），吊装上层预制混凝土框架柱时需在下层预制混凝土框架柱顶四角放置 20 mm 厚的钢垫片将上下预制混凝土框架柱隔开作为灌浆的填充面。预制混凝土框架柱顶留出钢筋，并保证钢筋伸入上层预制混凝土框架柱钢套管内满足伸入长度至少 8d 的要求。上下预制混凝土框架柱间及连接钢套管内采用高强度灌浆料压力填充,确保了上下预制混凝土框架柱间的整体受力性能。钢套筒范围内设柱箍筋不少于三道,且预制混凝土框架柱下部箍筋加密区长度比一般现浇框架柱加长 300 mm。

（a）预制柱底部设置套筒　　　　　　　　（b）预制柱底部灌浆连接

图 8-18　预制柱连接

预制混凝土框架梁两端设 U 形抗剪键槽,底部保留两根纵向受力钢筋伸出键槽底壁外,在外侧边和高低板连接处叠合梁高的一侧设计 PC 模板;预制混凝土框架梁叠合面的凹凸不小于 6 mm。

（a）预制梁外侧设置PC外模　　　　　　　（b）预制端面底部伸出两根钢筋

图 8-19　预制梁

预制梁、柱连接集中应用了第 4.4 节中的新型预制混凝土框架的锚固与附加钢筋搭接混合连接,如图 8-20 所示,每根梁仅两根底部纵向钢筋伸入节点区域,降低钢筋相碰的几率,施工快捷高效,同时在 U 形键槽内设置 U 形附加钢筋,可增强连接的整体性能。

规范规定,预制混凝土叠合板受力方向支座处,底部钢筋需要伸入梁、墙等结构构件中,且长度需大于 $15d$ 且超过结构构件中线的位置。现场施工时,伸出钢筋与结构构件钢筋相碰,难以吊装到位。为方便现场施工,预制混凝土叠合板受力方向底筋在端部与 $\phi 6@200$ 细钢筋搭接,$\phi 6$ 搭接钢筋伸出端部,重叠搭接长度不小于 $0.8l_a$,如图 8-21 所

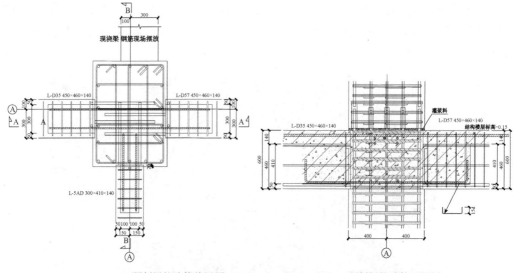

(a) 预制梁柱连接俯视图　　　　(b) 预制梁柱连接正视图

(c) 预制梁柱连接现场实景

图 8-20　预制梁柱连接

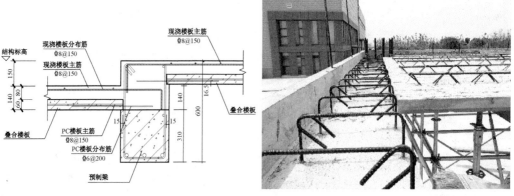

(a) 预制叠合板端支座节点构造　　　(b) 预制叠合板 φ6 细钢筋伸入预制梁叠合层内

图 8-21　预制叠合板支座节点

示。现场安装时，$\phi 6$ 钢筋较为"柔软"，便于吊装工人现场调整，效率较高，且能保证结构性能。

4）工程应用总结

该工程在装配式混凝土框架结构基础上设置了多片现浇剪力墙，形成了装配整体式框架-剪力墙结构（预制框架＋现浇剪力墙）体系，提高了建筑结构的整体抗震性能，使得总高度达到 82.6 m，是目前该类结构中最高的建筑工程实际案例，具有较高的代表性。

结构连接节点构造时，综合考虑了结构整体性和施工可操作性，在预制梁、柱连接节点方面具有较大的改进，并且通过本课题组的试验研究验证了该节点有效的抗震性能，给其他类似工程提供了借鉴意义。

同时应当看到，由于存在着现浇剪力墙等构件，使得现场施工仍然需要进行较大量的支模和现浇混凝土作业，不能显著体现装配式混凝土框架结构快速安装施工的优势，还需要进一步的研究和实践提升。

8.2.2　南京河西新城区南部小学项目

1）工程概况

南京河西新城区南部小学项目位于江苏省南京市建邺区高庙路与永初路交界处西北角，由南京市河西新城区国有资产经营控股（集团）有限责任公司建设，南京金宸建筑设计有限公司设计，江苏通州四建集团有限公司总承包，江苏元大建筑科技有限公司生产预制构件。

该项目总占地面积为 22 800 m²，总建筑面积约 21 050 m²，其中有 12 630 m² 教育及研究建筑，2 105 m² 办公楼建筑，6 315 m² 其他建筑，简单全装修。其主体为框架结构，最高为 5 层，结构高度 19.2 m。项目效果图如图 8-22 所示。

（a）项目总效果图　　　　　　　　　　（b）综合楼效果图

图 8-22　项目效果图

2）装配式技术应用

该项目从一层开始均为装配式混凝土结构，框架梁采用现浇混凝土形式，框架柱采用预制混凝土形式，框架柱在房屋结构中为方形截面，在走廊位置为圆形截面，楼板采用预制叠合板形式，预制叠合板布置如图 8-23 所示。

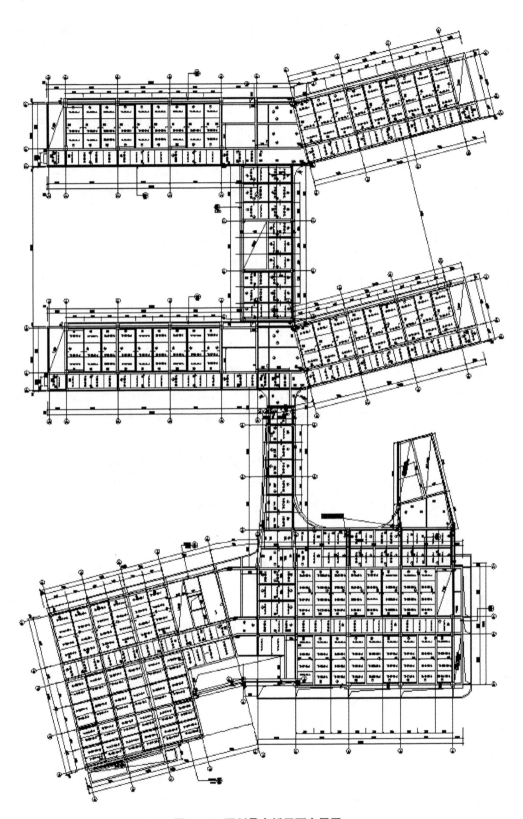

图 8-23　预制叠合板平面布置图

　　预制柱底部埋置灌浆套筒，通过灌浆连接上下层柱，顶层柱钢筋端部通过塞孔焊连接锚固端板。预制柱吊装前，在楼层上预制柱位置埋置螺栓孔，拧入螺栓调节柱底标高，再将预制柱吊装站立于螺栓上。为便于现场吊装，预制叠合板端部采用$\phi6@120$伸出钢筋与预制叠合板底筋搭接，保证其与预制叠合板底部分布钢筋等强，现场吊装工人通过"掰动"伸出钢筋，可有效伸入现浇框架梁钢筋笼，吊装迅捷。相关现场施工照片见图 8-24。

（a）预制柱标高调整螺栓

（b）楼梯间预制柱

（c）预制柱底部灌浆

（d）顶层预制柱端锚

（e）现场叠合板

（f）叠合板吊装

（g）叠合板端部钢筋伸入现浇梁　　　　　　（h）楼层施工完毕

图 8-24　现场施工照片（南京河西新城区南部小学）

3）工程应用总结

常规装配式混凝土框架结构一般采用预制梁、预制柱或者预制梁、现浇柱组成主体结构，而该项目采用了预制混凝土柱、预制叠合楼板和现浇混凝土梁结合的建造方式，保证了最低预制率的要求。通过梁钢筋现场绑扎，减少现场预制构件钢筋相互碰撞干扰的问题，现场吊装相对更加容易。该建造形式是传统建筑企业对装配式混凝土结构进行尝试性建造的较为稳妥的方式。

为进一步提高装配式混凝土框架结构的应用面，框架结构的主要构件，包括梁、板、柱等，均可采用预制的形式，充分体现装配式混凝土框架的建造优势，应大力推动发展。

参考文献

［1］American Concrete Institute（ACI）. Guide to Emulating Cast-in-Place Detailing for Seismic Design of Precast Concrete Structures. ACI 550. 1R-09 ［S］. Farmington Hills, MI, 2009

［2］American Concrete Institute（ACI）. Building Code Requirements for Structural Concrete and Commentary. ACI 318-11 ［S］. Detroit，2011

［3］Preacst/Prestressed Concrete Institute. PCI Design Handbook（7th edition）［M］. Preacst/Prestressed Concrete Institute，USA，2010

［4］Comité euro-international du béton. CEB-FIP Model Code 1990：Design Code ［S］，FIB-Féd. Int. du Béton，1993

［5］中华人民共和国住房和城乡建设部.装配式混凝土建筑技术标准：GB/T 51231—2016 ［S］.北京：中国建筑工业出版社,2016

［6］中华人民共和国住房和城乡建设部,国家质量监督检验检疫总局.建筑抗震设计规范：GB 50011—2010［S］.北京：中国建筑工业出版社,2010

［7］中华人民共和国住房和城乡建设部.混凝土结构设计规范：GB 50010—2010［S］.北京：中国建筑工业出版社,2010

［8］中华人民共和国住房和城乡建设部.装配式混凝土结构技术规程：JGJ 1—2014［S］.北京：中国建筑工业出版社,2014

［9］中华人民共和国住房和城乡建设部.钢筋机械连接技术规程：JGJ 107—2010［S］.北京：中国建筑工业出版社,2010

［10］中华人民共和国住房和城乡建设部.高层建筑混凝土结构技术规程：JGJ 3—2010［S］.北京：中国建筑工业出版社,2010

［11］江苏省住房和城乡建设厅.装配整体式混凝土剪力墙结构技术规程：DGJ32/TJ 125—2016［S］.南京：江苏科学技术出版社,2016

［12］中华人民共和国住房和城乡建设部.建筑抗震试验规程：JGJ/T 101—2015［S］.北京：中国建筑工业出版社,2015

［13］中华人民共和国住房和城乡建设部.钢筋套筒灌浆连接应用技术规程：JGJ 355—2015［S］.北京：中国建筑工业出版社,2015

［14］(日)社团法人预制建筑协会.预制建筑总论［M］.朱邦范,译.北京：中国建筑工业出版社,2012

［15］(日)社团法人预制建筑协会.预制建筑技术集成 第2册：W-PC的设计［M］.薛伟辰,胡

伟,译. 北京:中国建筑工业出版社,2012

[16] (日)社团法人预制建筑协会. 预制建筑技术集成 第4册:R-PC的设计[M]. 李峰,译. 北京:中国建筑工业出版社,2012

[17] 唐九如. 钢筋混凝土框架节点抗震[M]. 南京:东南大学出版社,1989:316

[18] 朱张峰. 新型预制装配式剪力墙结构抗震性能研究[D]. 南京:东南大学,2011

[19] 张建玺. 装配式剪力墙结构水平连接抗震性能研究[D]. 南京:东南大学,2012

[20] 袁富. 预制装配剪力墙结构边缘构造优化及抗震性能研究[D]. 南京:东南大学,2013

[21] 陈云钢. 预制装配式剪力墙结构水平接缝抗震性能评价与设计方法研究[D]. 南京:东南大学,2014

[22] 肖全东. 装配式混凝土双板剪力墙抗震性能试验与理论研究[D]. 南京:东南大学,2015

[23] 朱寅. 工字型预制装配式剪力墙抗震性能研究[D]. 南京:东南大学,2015

[24] 王俊. 预制装配剪力墙结构推广应用技术的改进研究[D]. 南京:东南大学,2016

[25] 吴东岳. 浆锚连接装配式剪力墙结构抗震性能评价[D]. 南京:东南大学,2016

[26] 梁培新. 预应力装配式混凝土框架结构的抗震性能试验及施工工艺研究[D]. 南京:东南大学,2008

[27] 管东芝. 梁端底筋锚入式预制梁柱连接节点抗震性能研究[D]. 南京:东南大学,2017

[28] 丁桂平. 装配式混凝土结构新型叠合楼板技术研究[D]. 南京:东南大学,2013

[29] 熊鑫鑫. 装配式混凝土结构新型预应力叠合楼板技术研究[D]. 南京:东南大学,2014

[30] 姜洪斌,张海顺,刘文清,等. 预制混凝土结构插入式预留孔灌浆钢筋锚固性能[J]. 哈尔滨工业大学学报,2011,43(4):28-31

[31] 姜洪斌,张海顺,刘文清,等. 预制混凝土插入式预留孔灌浆钢筋搭接试验[J]. 哈尔滨工业大学学报,2011,43(10):18-23

[32] 马军卫,尹万云,刘守城,等. 钢筋约束浆锚搭接连接的试验研究[J]. 建筑结构,2015,45(2):32-35,79

[33] Einea A, Yamane T, Tadros M K. Grout-filled Pipe Splices for Precast Concrete Construction [J]. PCI Journal, 1995, 40(1): 82-93

[34] Kim Y. A Study of Pipe Splice Sleeves for Use in Precast Beam-column Connections[D]. University of Texas at Austin, 2000

[35] Kim H K. Confining Effect of Mortar-Filled Steel Pipe Splice[J]. Architectural Research, 2008, 10(2): 27-35

[36] Kim H K. Structural Performance of Steel Pipe Splice for SD500 High-strength Reinforcing Bar under Cyclic Loading[J]. Architectural Research, 2008, 10(1): 13-23

[37] Kim H K. Bond Strength of Mortar-filled Steel Pipe Splices Reflecting Confining Effect [J]. Journal of Asian Architecture and Building Engineering, 2012, 11(1): 125-132

[38] Jansson P O. Evaluation of Grout-filled Mechanical Splices for Precast Concrete Construction[R]. The National Academies of Sciences, Engineering, and Medicine, 2008

[39] Ling J H, Abd. Rahman A B, Ibrahim I S, et al. Behaviour of Grouted Pipe Splice under

Incremental Tensile Load[J]. Construction and Building Materials, 2009, 23(3): 90-98

[40] Ling J H, Abd. Rahman A B, Ibrahim I S. Feasibility Study of Grouted Splice Connector under Tensile Load[J]. Construction and Building Materials, 2014, 50(1): 530-539

[41] Ameli M J, Parks J E, Brown D N, et al. Seismic Evaluation of Grouted Splice Sleeve Connections for Precast Reinforced Concrete Bridge Piers[C]//Proceedings of the 7th National Seismic Conference on Bridges & Highways. 2013

[42] Sayadi A A, Rahman A B A, Jumaat M Z B, et al. The Relationship Between Interlocking Mechanism and Bond Strength in Elastic and Inelastic Segment of Splice Sleeve[J]. Construction and Building Materials, 2014, 55(55): 227-237

[43] Sayadi A A, Rahman A B A, Sayadi A, et al. Effective of Elastic and Inelastic Zone on Behavior of Glass Fiber Reinforced Polymer Splice Sleeve[J]. Construction and Building Materials, 2015, 80: 38-47

[44] Henin E, Morcous G. Non-proprietary Bar Splice Sleeve for Precast Concrete Construction[J]. Engineering Structures, 2015, 83: 154-162

[45] 郭正兴,郑永峰,刘家彬,等. 一种钢筋浆锚对接连接的灌浆变形钢管套筒:中国, ZL201320407071.4[P]. 2014-01-15